“十四五”普通高等院校计算机类专业系列教材

网络互联技术与实践

蒋中云　主编

中国铁道出版社有限公司
CHINA RAILWAY PUBLISHING HOUSE CO., LTD.

内容简介

随着互联网技术的广泛应用和网络规模的不断扩大，很多时候要求网络工程师熟悉并能应用不同厂商的产品，按需求搭建网络并负责其维护和升级。本书融合了多厂商技术，以当前主流厂商思科和华为的设备为基础，重点讲述了网络互联技术问题，涵盖了网络互联基本概念、二层交换技术、三层交换技术、路由技术、公网接入技术、网络安全技术、网络规划与设计、网络故障检查等方面的知识。本书内容贴近工作实际，围绕网络互联技术的规划设计和使用展开论述，并通过众多的案例来帮助读者理解和实现网络互联。

本书可作为本科院校网络工程、计算机科学与技术等专业相关网络互联技术课程的教材，也可作为从事网络安全、网络管理、系统集成等相关技术人员的参考书。

图书在版编目（CIP）数据

网络互联技术与实践 / 蒋中云主编 . —北京：中国铁道出版社有限公司，2023.7

“十四五”普通高等院校计算机类专业系列教材

ISBN 978-7-113-30149-1

Ⅰ.①网… Ⅱ.①蒋… Ⅲ.①互联网络－高等学校－教材 Ⅳ.① TP393. 4

中国国家版本馆 CIP 数据核字（2023）第 062197 号

书　　名：网络互联技术与实践
作　　者：蒋中云

策　　划：王春霞　　　　**编辑部电话：**（010）51873628
责任编辑：王春霞　贾淑媛
封面设计：刘　颖
责任校对：苗　丹
责任印制：樊启鹏

出版发行：中国铁道出版社有限公司（100054，北京市西城区右安门西街 8 号）
网　　址：http://www.tdpress.com/51eds/
印　　刷：三河市兴达印务有限公司
版　　次：2023 年 7 月第 1 版　2023 年 7 月第 1 次印刷
开　　本：850 mm×1 168 mm 1/16　**印张：**20.25　**字数：**516 千
书　　号：ISBN 978-7-113-30149-1
定　　价：55.00 元

前 言

党的二十大报告强调，要加快建设网络强国、数字中国。展望未来，网络强国建设的伟大实践，将需要更多、更高素质的互联网技术人才。随着互联网技术的广泛应用和网络规模的不断扩大，一个复杂的网络环境往往会涉及多个厂商的网络设备，故政企单位很多时候要求网络工程师具备“多厂商”网络设备调试的能力。本书顺应时代发展要求，以当前主流厂商思科和华为的设备为基础，重点讲述了网络互联技术问题，涵盖了网络互联基本概念、交换机技术、路由器技术、公网接入技术、网络安全技术、网络规划与设计、网络故障检查等方面的知识，力求从简洁、全面、前沿的视角分析网络互联技术的规划和使用，并通过众多的案例来帮助读者理解和实现网络互联。

全书分为 9 章：

第 1 章重点介绍了网络互联基本概念，包括计算机网络的定义、分类、组成，计算机网络分层结构，网络互联设备和网络互联介质，IP 地址、划分子网、VLSM 和 CIDR。

第 2 章介绍了思科模拟器软件和华为模拟器软件的基本使用方法，介绍了网络设备本地连接管理和远程连接，以及网络设备命令行基本操作，并对比分析了思科和华为设备常用配置命令。

第 3 章介绍了交换机的基本工作原理、分类和选型参数，以及思科和华为交换机的基本配置；讲解了生成树协议基本工作原理，以及思科和华为交换机的生成树配置；介绍了链路聚合技术，以及思科和华为交换机的链路聚合配置；阐述了 VLAN 及其划分方法、Trunk 技术，以及思科和华为交换机的 VLAN 配置。

第 4 章重点介绍了三层交换技术，包括三层交换机简介、思科和华为设备三层接口的配置；介绍了不同 VLAN 之间通信的原理，以及思科和华为设备利用单臂路由和三层交换机实现 VLAN 间通信的配置；介绍了网关冗余技术 VRRP 和 HSRP，以及思科设备 HSRP 的配置、华为设备 VRRP 的配置；介绍了 DHCP 的基本工作原理，以及思科和华为设备 DHCP 服务器和 DHCP 中继器的配置。

第 5 章介绍了路由器基本功能、分类和选型参数，以及思科和华为路由器的基本配置。介绍了路由表及几种常见的路由协议的概念、应用场合和设计要点。重点阐述了思科和华为设备的静态路由配置、RIP 动态路由协议配置、OSPF 动态路由协议配置。

第6章介绍了广域网协议PPP及其两种身份验证方式，以及思科和华为设备PPP配置。重点阐述了NAT技术的作用，不同类型NAT的特点、适用场合，以及思科和华为路由器的NAT配置。介绍了GRE隧道技术的基本工作原理、利用GRE隧道通过公网连接局域网的方法，以及思科和华为设备GRE隧道技术的配置。

第7章介绍了网络安全基础知识，以及常见网络攻击手段及其防御措施。重点介绍了思科和华为设备安全登录技术及其配置、思科和华为交换机端口安全技术及其配置、思科和华为设备访问控制技术及其配置。阐述了防火墙的定义、功能，介绍了防火墙技术分类，重点介绍了思科和华为防火墙及其配置。

第8章为网络规划与设计综合应用，综合运用网络互联技术设计并组建典型的中型企业网，并在思科和华为模拟器软件上仿真测试。

第9章阐述了网络故障的检查方法及网络故障原因分析。对常用的网络故障测试命令，如ipconfig、ping、tracert、netstat、arp、nslookup、nbtstat、route命令，说明了它们的基本功能和使用方法。介绍了Wireshark软件的界面和基本用法，并利用Wireshark软件抓包及进行分析。

本书的编写基于网络工程实践，从网络互联应用实验到网络规划与设计综合应用，逐步深入，力求将复杂的网络技术应用到实际的工作中，达到理论联系实际的目的。本书侧重于实践操作技能的培养，包含86个实践操作视频。

本书由上海建桥学院的蒋中云主编，由上海建桥学院王瑞、北京华晟经世信息技术股份有限公司张思、公安部第三研究所刘云编写，最后由上海建桥学院蒋中云统稿定稿。本书在编写过程中，得到了上海建桥学院信息技术学院领导的关心和支持，在此一一表示衷心的感谢。

由于网络互联技术发展非常快，本书涉及内容较多，加之编者水平有限、时间仓促，书中难免存在不足之处，敬请广大读者和同行批评指正，以便进一步完善提高。欢迎通过电子信箱06035@gench.edu.cn来信告知。

编　者

2023年4月

目　录

第1章 网络互联基础

在计算机网络与信息通信领域里，TCP/IP是最基本的协议。基于Internet的Web访问等网络服务都离不开TCP/IP。本章主要介绍了计算机网络的基本知识和网络互联基本概念，包括计算机网络的定义、分类、组成，针对目前两种主要的网络体系结构——OSI参考模型和TCP/IP系统结构，详细介绍了各层的功能及其对比。

网络互联在计算机网络中占有较重要的位置。本章还介绍了网络互联设备、网络互联介质，IP地址、子网划分、VLSM和CIDR。

学习目标

- 理解计算机网络的定义和分类。
- 了解网络体系结构，理解OSI参考模型和TCP/IP体系结构的区别。
- 了解网络互联的基本概念，掌握常见网络互联设备及介质的作用及适用场合。
- 理解IP地址的作用，掌握子网划分的方法，并能够在网络规划和设计实践中灵活运用。
- 养成对比学习的习惯，分析不同技术的优劣和适用场合，明白技术与工程的不同，形成“工程学”思维分析和解决复杂网络问题。

1.1 计算机网络概述

1.1.1 计算机网络的定义

计算机网络是当今热门的学科之一，在过去的几十年里取得了快速的发展，社会经济、文化以及人们日常生活对网络的依赖也日益显著。

计算机网络（Computer Network）是通信技术与计算机技术密切结合的产物，是计算机科学发展的重要方向之一。计算机网络是将分布在不同地理位置、具有独立功能的计算机系统利用通信线路和通信设备互相连接起来，在网络协议和网络软件的规范下，实现数据通信和资源共享的计算机系统的集合。

理解计算机网络的定义应该把握以下几点：

(1) 计算机网络连接的对象是具有独立计算功能的计算机系统。具有独立计算功能的计算机系统是指入网的每一个计算机系统都有自己的软、硬件系统，都能独立的工作，各个计算机系统之间没有控制和被控制的关系，网络中的任意一个计算机系统只在需要使用网络服务时才自愿登录上网，进入网络工作环境。

(2) 计算机网络的连接要通过通信设施来实现。通信设施一般都由通信线路、相关的通信设备等组成。通信线路即通信介质，可以是光纤、双绞线、微波等多种形式。一个地域范围较大的网络中可能使用多种介质。将计算机系统与通信介质连接，需要使用一些与介质类型有关的接口设备以及信号转换设备。

(3) 联网的计算机之间相互通信时必须遵守共同的网络协议。所谓协议，就是联网的计算机之间在进行通信时必须遵守的通信规则。

(4) 计算机互联的目的主要是实现数据通信和资源共享，需要有相关的网络软件支持。资源是指网络中可以共享的所有软、硬件，包括程序、数据库、存储设备、打印机等。

由以上定义可知，带有多个终端的多用户系统、多机系统都不是计算机网络。通信部门的电话、电报系统都是通信系统，也不是计算机网络。我们可以随处接触到各式各样的计算机网络，有企业网、校园网，还有提供多种多样接入方式的因特网等。

1.1.2 计算机网络的分类

根据不同的标准，可以将计算机网络进行不同的分类。按通信所使用的介质，计算机网络分为有线网络和无线网络。按使用网络的对象，计算机网络分为公众网络和专用网络。按网络传输技术，计算机网络分为广播式网络和点到点式网络。按照网络传输速度，计算机网络分为低速网络和高速网络。按照拓扑结构，计算机网络分为总线网、环状网、星状网、树状网和网状网。按地理覆盖范围，计算机网络分为局域网、城域网和广域网。最常见的分类方式主要有按照拓扑结构和覆盖地理范围来分类。

1. 按网络拓扑结构分类

计算机网络拓扑（Topology）是通过网络中节点与通信线路之间的几何关系表示网络结构，是对网络中各节点与链路之间的布局及其互联形式的抽象描述，反映网络中各实体间的结构关系。拓扑结构中节点用圆圈表示，链路用线表示。常见的计算机网络的拓扑结构有总线、环状、星状、树状和网状，如图 1-1-1 所示。

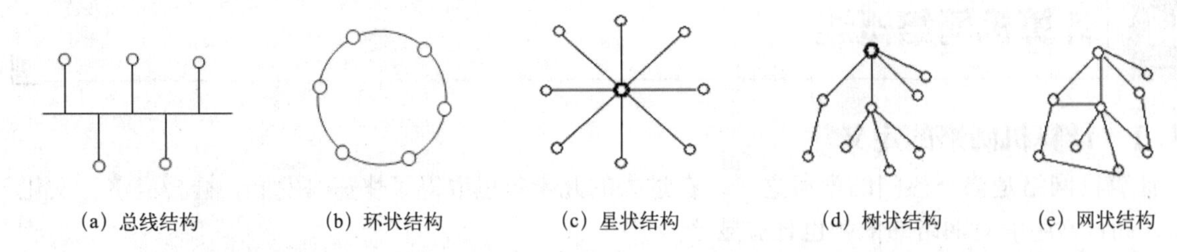

图 1-1-1 基本网络拓扑结构

（1）总线网络

总线结构是指采用单根数据传输线作为通信介质，所有的节点都通过相应的硬件接口直接连接到通信介质，如图 1-1-1（a）所示。所有节点共享一条数据通道，一个节点发出的信息可以被网络上的其他节点接收。由于所有的节点共享一条公用的传输链路，所以一次只能有一个节点发送数据。一般情况下，为了避免两个以上节点同时发送数据产生的冲突，总线网络采用 CSMA/CD（Carrier Sense Multiple Access/Collision Detection，载波监听多路访问 / 冲突检测）协议作为控制策略。

总线网络结构简单、易于扩展，安装和使用方便，需要铺设的线缆最短、成本低，单个节点的故障不会涉及整个网络，具有较高的可靠性，因此是普遍使用的网络结构之一。其缺点是实时性较差，易于发生数据碰撞，线路争用现象比较严重；总线传输距离有限，通信范围受到限制；总线上的故障会导致整个网络瘫痪，故障诊断和隔离比较困难。

总线结构适用于计算机数目相对较少的局域网络，通常这种局域网络的传输速率在 100 Mbit/s，网络传输介质选用同轴电缆。总线结构曾流行了一段时间，典型的总线局域网有传统以太网。

（2）环状网络

环状结构由沿固定方向连接成封闭回路的网络节点组成，每一节点与它左右相邻的节点连接，是一个点对点的封闭结构，如图 1-1-1（b）所示。所有的节点共用一个通信环路，都可以提出发送数据的请求，获得发送权的节点可以发送数据。环状网络常使用令牌来决定哪个节点可以访问通信系统。在环状网络中数据流只能是单方向的，每个收到数据包的节点都向它的下游节点转发该数据包，直至目的节点。数据包在环网中“环游”一圈，最后由发送节点回收。

环状网络的主要优点为：结构简单，易于实现；数据沿环路传送，简化了路径选择的控制；当网络确定时，传输时延确定，实时性强。环状网络的主要缺点是：可靠性差，环中任一节点与通信链路的故障都将导致整个系统瘫痪；故障诊断与处理比较困难；控制、维护和扩充都比较复杂。

环状网络是单向传输，适合用光纤作为通信介质，这样可以大大提高网络的速度和加强抗干扰的能力。例如，20 世纪 80 年代中期发展起来的一项局域网技术 FDDI（Fiber Distributed Data Interface，光纤分布式数据接口）网络采用的就是环状结构。

（3）星状网络

在星状网络结构中，各节点通过点到点的链路与中央节点连接，如图 1-1-1（c）所示。中央节点执行集中式控制策略，控制全网的通信，因此中央节点相当复杂，负担比其他各节点重得多。

星状网络的主要优点是：网络结构和控制简单，易于实现，便于管理；网络延迟时间较短，误码率较低；局部性能好，非中央节点的故障不影响全局；故障检测和处理方便；适用结构化智能布线系统。

主要缺点是：使用较多的通信介质，通信线路利用率不高；对中央节点负荷重，是系统可靠性的瓶颈，其故障可导致整个系统失效。

总的来说，星状结构相对简单，便于管理，建网容易，是局域网普遍采用的一种拓扑结构。采用星状结构的局域网，一般使用双绞线或光纤作为传输介质，符合综合布线标准，能够满足多种宽带需求。

（4）树状网络

在树状网络中，网络中的各节点形成了一个层次化的结构，树状结构是星状结构的一种扩充，每个中心节点与端用户的连接仍为星状，而中央节点级联成树，如图 1-1-1（d）所示。

树状网络的主要优点是：结构比较简单，成本低；系统中节点扩充方便灵活，系统具有较好的可扩充性；在这种网络中，不同层次的网络可以采用不同性能的实现技术，如主干网和二级网可以分别采用 1000 Mbit/s 和 100 Mbit/s 的以太网实现。

主要缺点是：在这种网络系统中，除叶节点及其相联接的链路外，任何一个节点或链路产生的故障都会影响整个网络。

在树状结构中，节点按层次进行连接，信息交换主要在上、下节点之间进行，相邻及同层节点之间一般不进行数据交换或数据交换量小。树状网络适用于汇集信息的应用要求。

(5) 网状网络

网状网络又称为无规则网络。在网状结构中，节点之间的连接是任意的，没有规律，如图 1-1-1(e)所示。其主要优点是系统可靠性高，但结构复杂，必须采用路由选择算法和流量控制方法。目前广域网基本上都是采用网状结构。

2. 按网络的覆盖范围分类

最能反映网络技术本质特征的分类标准是网络的覆盖范围，按网络的覆盖范围可以将网络分为局域网、城域网和广域网。

(1) 局域网

局域网（Local Area Network，LAN）是一种传输距离有限，传输速率较高，以共享网络资源为目的的网络系统。局域网的地理覆盖范围在几千米之内，一般应用在办公楼群和校园网中。一个局域网可以容纳几台或几千台计算机，被广泛应用于工厂及企事业单位的个人计算机和工作站的组网方面，除了文件共享和打印机共享服务之外，局域网通常还包括与因特网有关的应用，如信息浏览、文件传输、电子邮件及新闻组等。局域网具有以下特点：

① 覆盖的地理范围较小，一般在几千米以内，如一个房间、一个楼层、一幢大楼或一个园区范围内。

② 数据传输率高，稳定可靠。局域网有较高的通信带宽，数据传输速率高，一般在 10 Mbit/s ~ 10 Gbit/s。网络间数据传输安全可靠，误码率低，一般为 0.000001 ~ 0.0001。

③ 一般属于一个单位所有，易于建立、维护和扩展。

(2) 城域网

城域网（Metropolitan Area Network，MAN）是规模介于局域网和广域网之间的一种较大范围的高速网络，其覆盖范围一般为几千米到几十千米，通常在一个城市内。城域网设计的目标是要满足几十千米范围之内的企业、机关、公司的多个局域网互联的需求。例如，一些大型连锁超市在某一城市各分店的超市结算系统与库存系统。目前城域网多采用的是与局域网相似的技术，主要用于 LAN 互联及综合声音、视频和数据业务。

(3) 广域网

广域网（Wide Area Network，WAN）也称为远程网，是远距离的大范围的计算机网络。这类网络的作用是实现远距离计算机之间的数据传输和信息共享。广域网可以是跨地区、跨城市、跨国家的计算机网络，覆盖的范围一般是几十千米到几千千米的广阔地理范围，通信线路大多借用公用通信网络（如公用电话网）。在我国，广域网一般为网络运营商所有，如中国电信、中国移动、中国联通等。

广域网与局域网相比，有以下特点：

① 覆盖的地理范围广，通常在几千米至几千、几万千米，网络可跨越市、地区、省、国家乃至洲，覆盖全球。

② 数据传输速率比较低，一般在 64 kbit/s ~ 2 Mbit/s，最高可达到 45 Mbit/s。但随着广域网技术的发展，广域网的传输速率正在不断提高。目前通过光纤介质，采用 POS 技术，广域网传输速率可达到 155 Mbit/s，甚至更高。

③ 数据传输延时较大，例如卫星通信的延时可达几秒。

④ 数据传输质量低，例如误码率较高、信号误差大。

⑤ 广域网的管理和维护都较为困难。

1.1.3 计算机网络的组成

从网络组成的硬件和软件角度来看，可以将计算机网络分成网络硬件系统和网络软件系统。网络硬件系统是指构成计算机网络的硬件设备，包括各种计算机硬件、终端设备及通信设备。常见的网络硬件有计算机主机、网络终端、传输介质、网卡、集线器、交换机、路由器等。网络软件系统主要包括网络通信协议、网络操作系统和各类网络应用系统。常见的网络软件系统有服务器操作系统、工作站操作系统、网络通信协议、设备驱动程序、网络管理系统、网络应用软件等。

从网络系统自身功能上看，计算机网络应该能够实现数据处理与数据通信两大基本功能。所以，将应用与通信功能从逻辑上分离，产生了通信子网与资源子网的概念。计算机网络从逻辑上分为通信子网和资源子网两大部分，二者在功能上各负其责，通过一系列网络协议把二者紧密结合起来，共同实现计算机网络的功能。资源子网负责面向应用的数据处理，实现网络资源的共享；通信子网负责面向数据通信处理和通信控制。

资源子网是网络中数据处理和数据存储的资源集合，负责数据处理和向网络用户提供网络资源，实现网络资源的共享。它由拥有资源的用户主机、终端、外设和各种软件资源组成。

通信子网是网络中数据通信部分的资源集合，主要承担着全网的数据传输、加工和变换等通信处理工作。它是由通信控制处理机、传输线路和通信设备组成的独立的数据通信系统。通信控制处理机作为通信子网中的网络结点，一方面作为资源子网的主机、终端的接口，将主机和终端连入通信子网内；另一方面又作为通信子网的数据转发结点，完成数据的接收、存储、校验和转发等功能，实现将源主机的数据准确发送到目的主机的作用。

电信部门提供的网络一般都作为通信子网，企业网、校园网中除了服务器和计算机外的所有网络设备和网络线路构成的网络也可称为通信子网。通信子网与具体的应用无关。

1.2 OSI 参考模型与 TCP/IP 体系结构

1.2.1 OSI 参考模型

1. OSI 参考模型的产生

在网络发展的早期，网络技术的发展变化非常快，计算机网络变得越来越复杂，新的协议和应用不断产生，而网络设备大部分都是按厂商自己的标准生产的，不能兼容，很难相互进行通信。

为了解决网络之间的兼容性，实现网络设备间的相互通信，国际标准化组织在 20 世纪 80 年代初提出了 OSI 参考模型（Open System Interconnection Reference Model，开放系统互联参考模型），很快成为计算机网络通信的基础模型。OSI 参考模型是应用在局域网和广域网上的一套普遍适用的规范集合，它使得全球范围的计算机平台可进行开放式通信。OSI 参考模型说明了网络的架构体系和标准，并描述了网络中的信息是如何传输的。多年以来，OSI 参考模型极大地促进了网络通信的发展，也充分体现了为网络软件和硬件实施标准化做出的努力。

2. OSI 参考模型的层次结构

OSI 参考模型采用了层次结构，将整个网络的通信功能划分为七个层次，并规定了每层的功能以及不同层如何协同完成网络通信。这七层从低到高依次为：物理层、数据链路层、网络层、传输层、会话层、表示层和应用层，如图 1-2-1 所示。

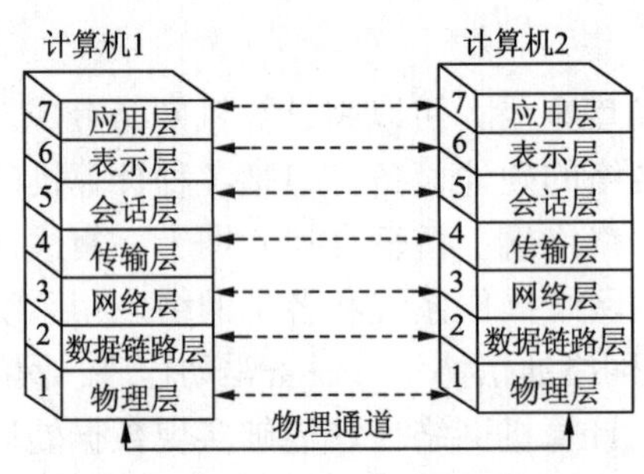

图 1-2-1　OSI 参考模型的结构

OSI 参考模型的每一层都负责完成某些特定的通信服务，并只与紧邻的上层和下层进行数据的交换。

（1）物理层

OSI 参考模型的最低层，其主要任务是提供网络的物理连接。物理层是建立在物理介质上，它提供的是机械和电气接口，而不是逻辑上的协议和会话。主要包括电缆、物理端口和附属设备，如双绞线、同轴电缆、接线设备、RJ-45 接口（Registered Jack，注册的插座）、串口和并口等在网络中都是工作在这一层。

物理层提供的服务包括：物理连接、物理服务数据单元顺序化（接收物理实体收到的比特顺序，与发送物理实体所发送的比特顺序相同）和数据电路标识。

（2）数据链路层

数据链路层是建立在物理传输能力的基础上，以帧为单位传输数据，其主要任务就是进行数据封装和数据链路的建立。封装的数据信息中，地址段含有发送节点和接收节点的地址，控制段用来表示数据连接帧的类型，数据段包含实际要传输的数据，差错控制段用来检测传输中帧出现的错误。

数据链路层的功能包括：数据链路连接的建立与释放、构成数据链路数据单元、数据链路连接的分裂、定界与同步、顺序和流量控制和差错的检测和恢复等方面。

（3）网络层

网络层属于 OSI 中的较高层次，主要解决网络与网络之间的通信问题。网络层的主要任务是提供路由，即选择到达目标主机的最佳路径，并沿该路径传送数据包。除此之外，网络层还要能够消除网络拥挤，具有流量控制和拥挤控制的能力。

网络层的功能包括：建立和拆除网络连接、路径选择和中继、网络连接多路复用、分段和组块、服务选择和传输和流量控制。

（4）传输层

传输层主要解决数据在网络之间的传输质量问题，用于提高网络层服务质量，提供可靠的端到端的数据传输，如常说的 QoS（Quality of Service，服务质量）就是这一层的主要服务。

传输层的功能包括：映像传输地址到网络地址、多路复用与分割、传输链路的建立与释放、分段与重新组装、组块与分块。

（5）会话层

会话层利用传输层来提供会话服务，会话可能是一个用户通过网络登录到一个主机，或一个正在建立的用于传输文件的会话。

会话层的功能主要有：会话连接到传输连接的映射、数据传送、会话连接的恢复和释放、会话管理、令牌管理和活动管理。

（6）表示层

表示层用于数据管理的表示方式，如用于文本文件的 ASCII 码（American Standard Code for Information Interchange，美国信息交换标准代码），用于表示数字的补码表示形式。如果通信双方用不同的数据表示方法，它们就不能互相理解。表示层就是用于屏蔽这种不同之处。

表示层的功能主要有：数据语法转换、语法表示、表示连接管理、数据加密和数据压缩。

（7）应用层

应用层是 OSI 参考模型的最高层，它解决的也是最高层次问题，即程序应用过程中的问题，它直接面对用户的具体应用。应用层包含用户应用程序执行通信任务所需要的协议和功能，如电子邮件和文件传输等，在这一层，TCP/IP 中的 FTP（File Transfer Protocol，文件传输协议）、SMTP（Simple Mail Transfer Protocol，简单邮件传输协议）、POP3（Post Office Protocol - Version 3，邮局协议版本 3）等协议得到了充分应用。

3. OSI 参考模型中的数据传输过程

在 OSI 参考模型中，对等层之间经常需要交换信息单元，对等层协议之间需要交换的信息单元叫做协议数据单元（Protocol Data Unit，PDU）。节点对等层之间的通信并不是直接通信，它们需要借助于下层提供的服务来完成，所以，通常说对等层之间的通信是虚通信。

为了实现对等层通信，单数据需要通过网络从一个节点传送到另一个节点前，必须在数据的头部（和尾部）加上特定的协议头（和协议尾），这种增加数据头部（和尾部）的过程叫做数据打包或者数据封装。同样，在数据到达接收节点的对等层后，接收方将识别、提取和处理发送方对等层增加的数据头部（和尾部）。接收方这种将增加的数据头部（和尾部）去除的过程叫做数据拆包或数据解封。

实际上，数据封装和解封的过程与通过邮局发送信件的过程是相似的。当有一份报价单(Data)要寄给海外的客户，将之交给秘书之后，秘书会把信封（Header1）打好，然后贴好邮票投进邮筒，邮局再将信件分好类，把相同地区的邮件放进更大的邮包（Header2）附运，然后航空公司也会把邮件和其他货物一起用飞机机柜（Header3）运达目标机场；目的地机场只接管不同飞机机柜（Header3）所运来的货物，然后把邮包（Header2）交给对方邮局，邮局邮件分好类后，再把信封（Header1）递送到客户那里，然后客户打开信封就可以看到报价单（Data）了。

数据从主机 A 的应用层传送到主机 B 的应用层主要经过以下步骤，如图 1-2-2 所示。

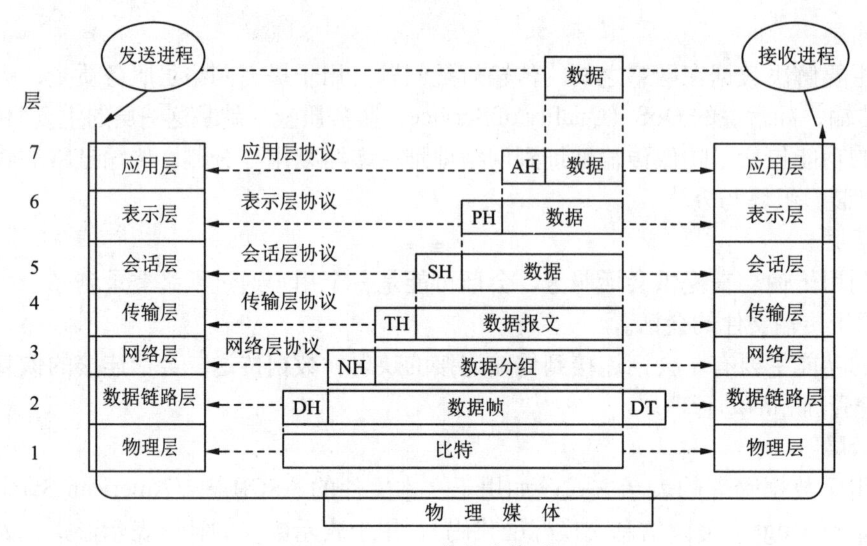

图 1-2-2　OSI 数据传输过程

① 当主机 A 的数据传送到应用层时，应用层在数据上加入本层控制报头，然后传送到表示层。

② 表示层在接收到的数据上加入本层的控制报头，然后传送到会话层。

③ 依此类推，每层在从上层接收到的数据上加入它们自己的控制报头，然后传送到下一层。在较低层，数据被分割为较小的数据单元，例如传输层数据单元称为报文（Message），网络层数据单元称为数据包或分组（Packet），数据链路层数据单元称为帧（Frame），而物理层数据单元称为比特流。

④ 当比特流到达目的节点主机 B 时，再从物理层依次上传。每层对各层的控制报头进行处理，对数据重新进行整合，去除每层的报头，并将用户数据上交高层，直至数据传送给主机 B。

在 OSI 参考模型的七层中，除了物理层之间可以直接传送信息外，其他各层之间实现的是间接传送，即在发送方主机的某一层发送的信息必须经过该层以下的所有层，通过传输介质传送到接收方主机，并层层上传直至到达与信息发送层所对应的层。

1.2.2　TCP/IP 体系结构

1. TCP/IP 体系结构的产生

OSI 参考模型是理论上比较完善的体系结构，对各层协议考虑得比较周到。OSI 模型的诞生为清晰地理解互联网、开发网络产品和设计网络等带来了极大的方便。但是，OSI 参考模型过于复杂，难以完全实现；OSI 参考模型的各层功能具有一定的重复性，效率较低；再加上 OSI 参考模型提出时，TCP/IP 已逐渐占据主导地位，因此 OSI 参考模型并没有流行开来，也没有存在一种完全符合 OSI 参考模型的协议族。

TCP/IP 起源于 20 世纪 60 年代末美国政府资助的一个分组交换网研究项目，20 世纪 90 年代已发展成为计算机之间最常用的网络协议。它是一个真正的开放系统，因为协议族的定义及其多种实现可以免费或花很少的钱。它已经成为“全球互联网”或“因特网”的基础协议族。

TCP/IP 的特点：开放的协议标准，可以免费使用，并且独立于特定的计算机硬件与操作系统；独立于特定的网络硬件，可以运作在局域网、广域网中；统一的网络地址分配方案，使得整个 TCP/IP 设备在网络中都具有唯一的地址；标准化的高层协议，可以提供多种可靠的用户服务。

TCP和IP是因特网体系结构中的两个最主要的协议的名称，因此采用TCP/IP来命名这一体系结构。

2. TCP/IP 体系结构的层次

与 OSI 参考模型一样，TCP/IP 体系结构也采用层次化结构，每一层负责不同的通信功能。TCP/IP 简化了层次设计，将网络结构划分为四层，自下至上依次是：网络接口层、互联网层、传输层、应用层，各层包括相应的协议，如图 1-2-3 所示。

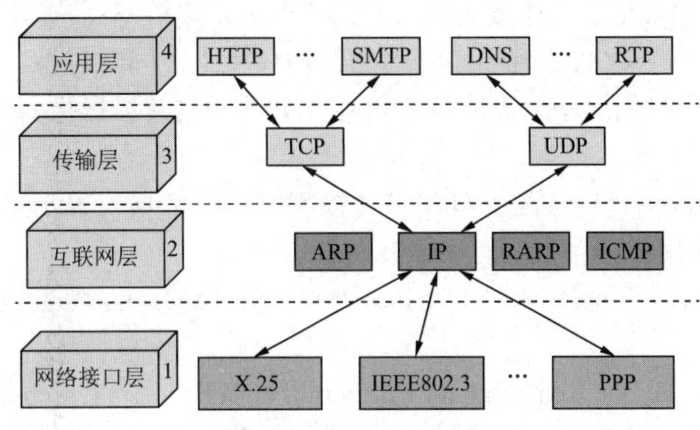

图 1-2-3 TCP/IP 体系结构

下面简要介绍各层的功能。

（1）网络接口层

网络接口层（Network Interface Layer）也称为主机－网络层（Host-to-Network Layer），相当于 OSI 参考模型中的物理层和数据链路层。网络接口层在发送端将上层的 IP 数据报封装成帧后发送到网络上；数据帧通过网络到达接收端时，该节点的网络接口层对数据帧进行拆封，并检查数据帧中包含的硬件地址。如果该地址就是本机的硬件地址或者是广播地址，则上传到网络层，否则丢弃该帧。

网络接口层是 TCP/IP 与各种 LAN 或 WAN 的接口。TCP/IP 模型没有为该层定义专用协议，实际应用时根据网络类型和拓扑结构可采用不同的协议。如局域网普遍采用的IEEE 802系列协议，广域网经常采用的帧中继、X.25、点对点协议（Point-to-Point Protocol，PPP）。

PPP 协议是一种行之有效的点到点通信协议，可以支持多种网络层协议（如 IP、IPX 等），支持动态分配的 IP 地址，并且 PPP 数据帧设置了校验字段，因而 PPP 协议在网络接口层具有差错校验功能。

（2）互联网层

互联网层（Internet Layer）相当于 OSI 参考模型中的网络层，其主要功能是解决主机到主机的通信问题，以及建立互联网络，负责为数据分组选择路由、将数据上交给传输层或接收从传输层传来的数据。该层定义了正式的 IP 数据报格式和协议。

IP 协议是互联网层的核心协议，互联网层的功能主要由 IP 完成。IP 定义了数据分组的格式、寻址方式、数据分组的合并和拆装规则等。除了 IP，互联网层还定义了其他协议，如地址解析协议（Address Resolution Protocol，ARP）、反向地址解析协议（Reverse Address Resolution Protocol，RARP）、因特网控制报文协议（Internet Control Message Protocol，ICMP）等。

（3）传输层

传输层（Transport Layer）相当于 OSI 参考模型中的传输层，用于实现从源主机到目的主机的端到端的通信。同样，有了传输层提供的服务，可对高层屏蔽掉底层实现的细节。

传输层定义了两个主要的端到端协议：传输控制协议（Transport Control Protocol，TCP）、用户数据报协议（User Datagram Protocol，UDP）。

- TCP 是一种可靠的、面向连接的协议，但响应速度较慢，适用于可靠性要求较高、数据量大的应用。如应用层的 SMTP、FTP 等服务是利用传输层的 TCP 进行传输。
- UDP 则是一种不可靠的、无连接的协议，其特点是传输效率高、开销小，但传输质量不高。UDP 主要用于不需要数据分组顺序到达的传输环境中，同时也被广泛地用于对数据精确度要求不高而对响应时间要求较高的网络传输（如传输语音或影像）中。

（4）应用层

应用层（Application Layer）包含了 OSI 参考模型中的会话层、表示层和应用层的所有功能。目前，互联网上常用的应用层协议主要有下面几种。

- 简单邮件传输协议（Simple Mail Transfer Protocol，SMTP）：负责控制互联网中电子邮件的传输。
- 超文本传输协议（Hyper Text Transfer Protocol，HTTP）：提供 Web 服务。
- 文件传输协议（File Transfer Protocol，FTP）：用于交互式文件传输，如下载软件使用的就是这个协议。
- 简单网络管理协议（Simple Network Management Protocol，SNMP）：对网络设备和应用进行管理。
- 远程登录协议（Telecommunication Network，TELNET）：允许用户与使用 TELNET 协议的远程计算机通信，为用户提供了在本地计算机上完成远程计算机工作的能力。常用的电子公告牌系统 BBS 使用的就是这个协议。
- 域名系统服务（Domain Name System，DNS）：实现 IP 地址与域名地址之间的转换。
- 路由信息协议(Routing Information Protocol,RIP)：完成网络设备间路由信息的交换和更新。

其中，网络用户经常直接接触的协议是 SMTP、HTTP、FTP、TELNET 等。另外，还有许多协议是最终用户不需要直接了解但又必不可少的，如 DNS、SNMP、RIP 等。随着计算机网络技术的发展，不断有新的协议添加到应用层来。

1.2.3 OSI 参考模型和 TCP/IP 体系结构的比较

OSI 参考模型是一种比较完善的体系结构，它分为七层，每个层次之间的关系比较密切，但又过于密切，存在一些重复。它是一种过于理想化的体系结构，在实际的实施过程中有比较大的难度。但它却很好地提供了一个体系结构分层的参考，具有较好的指导作用。

TCP/IP 体系结构分为四层，层次相对要简单得多，因此在实际使用中比 OSI 参考模型更具有实用性，所以它得到了很好的发展，现在的计算机网络大多是 TCP/IP 体系结构。OSI 参考模型与 TCP/IP 体系结构的层次对应关系如表 1-2-1 所示。

1. 相似之处

OSI 参考模型和 TCP/IP 体系结构都采用分层的体系结构，分层的功能大体相似。OSI 参考模型分为应用层、表示层、会话层、传输层、网络层、数据链路层、物理层。TCP/IP 体系结构分为应用层、传输层、互联网层、网络接口层。OSI 参考模型和 TCP/IP 体系结构均包括了面向应用与面向数据通信的相关层；具有功能相当的网络层、传输层；均有应用层，虽然其所提供的服务有所不同。

表 1-2-1 OSI 参考模型与 TCP/IP 体系结构对应关系

OSI 参考模型	TCP/IP 体系结构（分层和主要协议）	
应用层	应用层	FTP、SNMP、SMTP、HTTP 等
表示层		
会话层		
传输层	传输层	TCP、UDP
网络层	互联网层	IP
数据链路层	网络接口层	帧中继、PPP、IEEE 802.3
物理层		

OSI 参考模型和 TCP/IP 体系结构均是基于协议的包交换网络。OSI 参考模型和 TCP/IP 体系结构分别作为概念上的模型和事实上的标准，具有同等的重要性。二者都可以解决异构网络的互联，实现世界上不同厂家生产的计算机之间的通信。

2. 差异之处

OSI 参考模型包括了七层，TCP/IP 体系结构只有四层；TCP/IP 体系结构将 OSI 参考模型的上三层合并成了一个应用层，将 OSI 参考模型的下两层合并成了一个网络接口层。TCP/IP 体系结构层次更少，显得比 OSI 参考模型更简洁。

OSI 参考模型产生在协议发明之前，没有偏向于任何特定的协议，通用性良好；TCP/IP 体系结构正好相反，首先出现的是协议，模型实际上是对已有协议的描述，因此不会出现协议不能匹配模型的情况，但 TCP/IP 体系结构不适合任何其他非 TCP/IP 体系结构的协议栈。

TCP/IP 体系结构在设计之初就考虑到了多种异构网的互联问题，并将互联网协议（IP）作为一个单独的重要层次。OSI 参考模型只考虑了用一种标准的公用数据网络将各种不同的系统互联。

1.3 网络互联设备

随着计算机应用技术和通信技术的飞速发展，计算机网络得到了更为广泛的应用，各种网络技术丰富多彩，令人目不暇接。网络互联技术是过去 20 年中最为成功的网络技术之一。网络互联通常是指利用网络互联设备及相应的协议和技术把两个以上相同或不同类型的计算机网络联通，实现计算机网络之间的互联，组成地理覆盖范围更广、规模更大、功能更强和资源更为丰富的网络。计算机网络互联的目的是使原本分散、独立的资源能够相互交流和共享，使一个网络上的用户可以访问其他计算机网络上的资源，在不同网络上的用户能够相互通信和交流信息，以实现更大范围的资源共享和信息交流。

这种将计算机网络互联起来组成的单个大网，称为互联网（internet）。在互联网上所有的用户只要遵循相同协议，就能相互通信，共享互联网上的全部资源。所以说互联网是多个独立网络的集合，例如因特网（Internet）就是由几千万个计算机网络互联起来的、全球最大、覆盖面积最广的计算机互联网络。互联网对应英文单词 internet 中的字母 i 是小写的，泛指由多个计算机网络互联而成的计算机网络。而因特网对应英文单词 Internet 中的字母 I 是大写的，特指当前全球最大、由众多网络相互联接而成的计算机网络。WWW(World Wide Web,万维网)是因特网最基本的应用，正是WWW的简单易用和强大功能推动了因特网的发展和普及。

网络互联的目的是为了实现网络间的通信和更大范围的资源共享。但是不同的网络所使用的通信协议往往也不相同，因此网络间的通信必须要依靠一个中间设备来进行协议转换，这种转换可以由软件来实现，也可以由硬件来实现。但是由于软件的转换速度比较慢，因此在网络互联中，往往都使用硬件设备来完成不同协议间的转换功能，这种设备称为网络互联设备。网络互联的层次不同，相应所使用的网络互联设备也不相同。常用的网络互联设备有中继器、集线器、网桥、交换机、路由器、三层交换机、网关。

1.3.1 中继器和集线器

中继器（Repeater）是一种低层设备，仅用来放大或再生接收到的信号。中继器用来驱动电流在长电缆上传送，主要用于扩展传输距离，不具备自动寻址能力。通过中继器互联的网段属于同一个竞争域。中继器因为其端口数量少，目前已经很少使用，集线器（HUB）就是一个多端口的中继器。

集线器的功能与中继器相同，其实质就是一个中继器，但它是一个可以实现多台设备共享的设备。所有传输到HUB的数据均被广播到与之相连的各个端口，通过HUB互联的网段属于同一个竞争域。

根据总线带宽的不同，HUB分为10M、100M和10/100M自适应三种；若按配置形式的不同，可分为独立型HUB、模块化HUB和堆叠式HUB三种；根据管理方式的不同，可分为智能型HUB和非智能型HUB两种。HUB端口数目主要有8口、16口和24口等。

在通过增加网段来延长网络距离的情况中，需要使用中继器或者集线器。

1.3.2 网桥和交换机

网桥（Bridge）和交换机（Switch）是工作在数据链路层的设备，更具体地说是工作在局域网中数据链路层的介质访问控制子层（MAC）的互联设备。

网桥和交换机因为是数据链路层的互联设备，因此可以对物理层和数据链路层协议不同的异构网络互联。网桥与交换机互联的网络是两个不同的竞争域。网桥与交换机的作用与工作原理基本相同，但由于交换机具有更多的端口，并且通过硬件连接速度更快，因此，目前已经逐渐取代了网桥。

网桥是一种数据链路层上的网络互联设备，负责在数据链路层将信息进行存储转发，一般不对转发帧进行修改。

网桥可以用于连接同构网络，也可以连接异构网络。根据路由选择算法不同，可分为透明网桥和源路由选择网桥两种。透明网桥技术主要用于以太网环境，数据传输路线的选择由网桥完成；源路由网桥技术主要用于令牌环网，数据传输路线的选择由源站点负责。透明网桥具有学习、过滤、帧转发等功能。

交换机是更先进的网桥，除了具备网桥的基本功能，还能在节点之间建立逻辑连接，为连续大量数据传输提供有效的速度保证。

交换机工作在数据链路层，能够在任意端口提供全部的带宽；交换机能够构造一张MAC地址与端口的对照表（俗称“转发表”），根据数据帧中MAC地址转发到目的网络。交换机支持并发连接、多路转发，从而使带宽加倍。

1.3.3　路由器和三层交换机

路由器（Router）是计算机网络互联的桥梁，是连接计算机网络的核心设备。

路由器工作在网络层，一个作用是连通不同的网络，另一个作用是选择信息传送的线路。路由器的操作对象是数据包，利用路由表比较进行寻址，选择通畅快捷的近路，能大大提高通信速度，减轻网络系统通信负荷，节约网络系统资源，提高网络系统畅通率，从而让网络系统发挥出更大的效益来。

一般，人们在进行计算机网络互联时，采用“交换机 + 路由器”的连接。只需要在数据链路层互联时，大部分情况是以太网的互联，尽量采用交换机；而对需要在网络层互联时，一般是局域网与因特网的互联，采用路由器。

为了结合二层交换机和路由器的优点，出现了采用三层交换技术的三层交换机。三层交换机是一个具有三层路由功能和二层交换功能的设备。在三层交换机中，最主要的是内置了高速的专用集成电路（Application Specific Integrated Circuit，ASIC）芯片，借助于 ASIC 芯片，三层交换机可以完成在第三层上对每一个数据包都进行检查和转发的功能，而且能够达到线速。

三层交换机可以用经济的价格直接在高速硬件上实现复杂的路由功能，而不像传统的路由器通过低速软件实现，克服了传统路由器的性能瓶颈，同时也避免了扩展性能时采用高性能路由器所付出的高昂价格。

1.3.4　网关

网关（Gateway）是让两个不同类型的网络能够相互通信的硬件或软件。网关工作在 OSI 参考模型的 4 ～ 7 层，即传输层到应用层。网关是实现应用系统级网络互联的设备。

网关的主要功能是完成传输层以上的协议转换，一般有传输网关和应用程序网关两种。传输网关是在传输层连接两个网络的网关，应用程序网关是在应用层连接两部分应用程序的网关。网关既可以是一个专用设备，也可以用计算机作为硬件平台，由软件实现其功能。

1.4　网络互联介质

网络互联介质分为有线介质和无线介质两种。常见的有线介质有同轴电缆、双绞线和光纤，常见的无线介质有红外线、微波以及卫星微波等。

1.4.1　同轴电缆

同轴电缆（Coaxial Cable）是局域网中应用较为广泛的一种传输介质。同轴电缆由内、外两个导体组成，如图 1-4-1 所示。内导体是单股或多股线，外导体通常由编织线组成并包裹着内导体，内外导体之间使用等间距的固体绝缘材料来分隔，外导体用塑料外罩保护。

根据带宽和用途不同，同轴电缆可分为基带同轴电缆和宽带同轴电缆。宽带同轴电缆主要用于高带宽数据通信，支持多路复用，如有线电视的数据传送采用的有线电视（Cable Television，CATV）电缆。

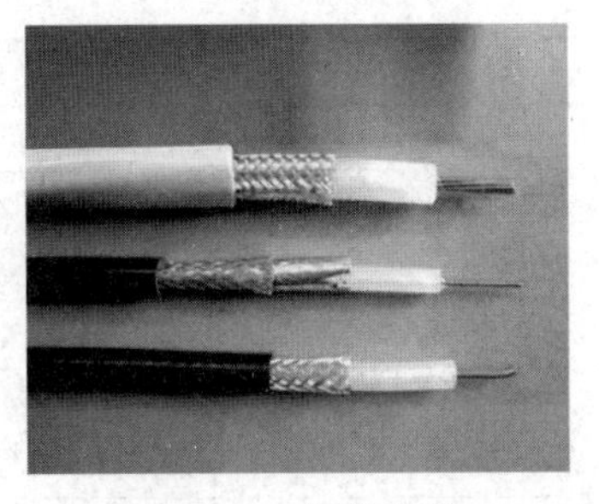

图 1-4-1　同轴电缆

局域网中常用的是基带同轴电缆。基带同轴电缆用于总线拓扑结构，即一根电缆接多台计算机，数据传输率可达 10 Mbit/s。根据基带同轴电缆的直径大小，又分为粗同轴电缆和细同轴电缆两种。粗同轴电缆多用于局域网主干，细同轴电缆多用于与用户桌面连接。

与双绞线相比，同轴电缆的抗干扰能力强，传输数据稳定，屏蔽性好。但电缆硬、曲折困难、重量重是同轴电缆的主要问题。由于安装及使用同轴电缆并不是一件容易的事情，因此，同轴电缆不适合楼宇内的结构化布线。

1.4.2 双绞线

双绞线（Twisted Pair）是综合布线工程中最常见的传输介质。双绞线是由两根具有绝缘保护层的铜导线组成的。把 2 根绝缘的铜导线按一定密度互相绞在一起，可降低信号干扰的程度，每一根导线在传输中辐射出来的电波会被另一根线上发出的电波抵消。将一对或多对双绞线放在一个绝缘套管中便成了双绞线电缆。

双绞线可分为非屏蔽双绞线（Unshielded Twisted Pair，UTP）和屏蔽双绞线（Shielded Twisted Pair，STP），如图 1-4-2 所示。

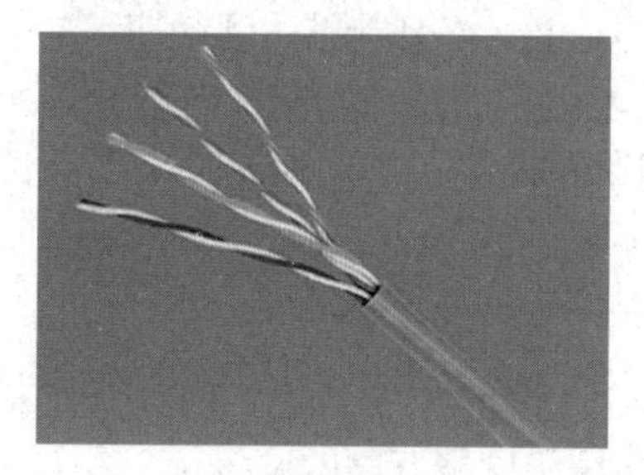

(a) 非屏蔽双绞线

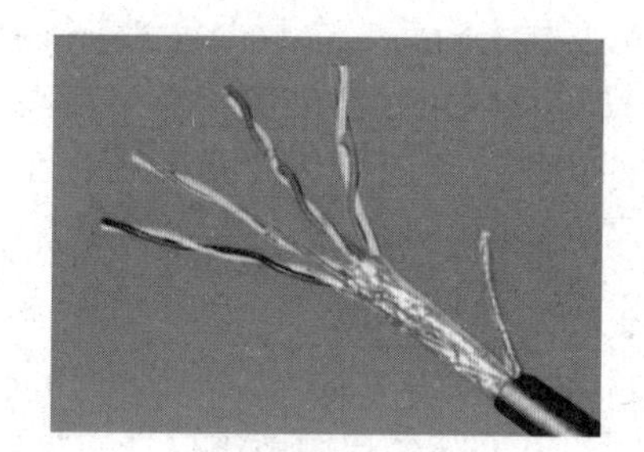

(b) 屏蔽双绞线

图 1-4-2 双绞线

屏蔽双绞线电缆的外层由铝泊包裹着，以减少辐射，防止信息被窃听，同时具有较高的数据传输速率。但是屏蔽双绞线的价格相对较高，安装时要比非屏蔽双绞线困难，必须使用特殊的连接器，技术要求也比非屏蔽双绞线电缆高。

与屏蔽双绞线相比，非屏蔽双绞线电缆外面只需一层绝缘胶皮，因而重量轻、易弯曲、易安装，组网灵活，适用于结构化布线，所以在无特殊要求的计算机网络布线中，常使用非屏蔽双绞线电缆。非屏蔽双绞线的传输距离一般为 100 m。

非屏蔽双绞线按照传输质量又分为 9 种不同的型号，如表 1-4-1 所示。

表 1-4-1 非屏蔽双绞线分类及功能

型号	功能
1 类	主要用于传输语音，该类标准主要用于电话线缆，不用于数据传输
2 类	传输频率为 1 MHz，用于语音传输和较高传输速率 4 Mbit/s 的数据传输，常见于使用 4 Mbit/s 规范令牌传递协议的令牌网
3 类	该电缆的传输频率 16 MHz，用于语音传输及较高传输速率为 10 Mbit/s 的数据传输，主要用于传统以太网
4 类	该类电缆的传输频率为 20 MHz，用于语音传输和较高传输速率为 16 Mbit/s 的数据传输，主要用于基于令牌的局域网、传统以太网和快速以太网

续表

型号	功能
5类	该类电缆增加了绕线密度，外套一种高质量的绝缘材料，传输率为100 MHz，用于语音传输和较高传输速率为100 Mbit/s的数据传输，主要用于快速以太网。这是较常用的以太网电缆
超5类	超5类衰减小，串扰少，并且具有更高信噪比、更小的时延误差，性能得到很大提高。超5类线的最大传输速率为250 Mbit/s
6类	该类电缆的传输频率为1～250 MHz，它提供2倍于超5类电缆的带宽。6类布线的传输性能远远高于超5类标准，较适用于传输速率高于1 Gbit/s的应用
超6类	超6类线是6类线的改进版，主要应用于千兆位网络中。在传输频率方面与6类线一样，也是200～250 MHz，较大传输速度也可达到1000 Mbit/s，只是在串扰、衰减和信噪比等方面有较大改善
7类	主要为了适应万兆位以太网技术的应用和发展。但它不是一种非屏蔽双绞线，而是一种屏蔽双绞线。它的传输频率至少可达500 MHz，是6类线和超6类线的2倍以上，传输速率可达10 Gbit/s

局域网上常用的为5类、超5类和6类双绞线。5类线、超5类线主要用于100BASE-T和1000BASE-T的以太网，是连接桌面设备的首选传输介质。6类线的传输性能远远高于超5类标准，适用于传输速率高于1 Gbit/s的应用。

双绞线一般用于星状网络的布线连接，采用RJ-45网络接口规范，可以连接网卡、交换机、路由器等设备。RJ-45连接器是透明插头，如图1-4-3所示，俗称水晶头，用来连接双绞线。每条双绞线两头通过RJ-45连接器与网卡和集线器（或交换机）相连。

图1-4-3　RJ-45连接器

UTP双绞线最常使用的布线标准有两个，即EIA/TIA568A标准和EIA/TIA568B标准。

- EIA/TIA568A标准。8根不同颜色的导线排列顺序为绿白、绿、橙白、蓝、蓝白、橙、棕白、棕。
- EIA/TIA568B标准。8根不同颜色的导线排列顺序为橙白、橙、绿白、蓝、蓝白、绿、棕白、棕。

使用RJ-45连接器的双绞线有两种不同的接线方法：

- 直通双绞线。一条网线两端RJ-45头中的线序排列都按照EIA/TIA568A标准或EIA/TIA568B标准排序，用于不同类型设备的连接，如计算机与交换机连接、交换机与路由器连接等。
- 交叉双绞线。一条网线两端RJ-45头中的线序排列一端按照EIA/TIA568A标准排序，另一端按照EIA/TIA568B标准排序，即第1、2线和第3、6线对调，用于相同类型设备间的连接，如计算机与计算机相连、路由器与路由器相连、计算机与路由器相连等。

1.4.3　光纤

光纤（Fiber）是光导纤维的简称，光导纤维是一种传输光束的细而柔韧的介质。光纤是细如头发般的透明玻璃丝，其主要成分为石英，光纤主要用来传导光信号，光纤由纤芯、包层、涂覆层组成，其最外层为缓冲层，如图1-4-4所示。光纤分为单模光纤和多模光纤。

1. 单模光纤

单模光纤的纤芯直径为5～10 μm，光波在光纤中以一种模式传播，可以理解为传输一束光波的光纤。单模光纤的纤芯很细，传输带宽比多模光纤的带宽更宽，传输距离长，特别适合大容量、长距离的通信系统，多用在城域网、广域网的主干线路建设上。

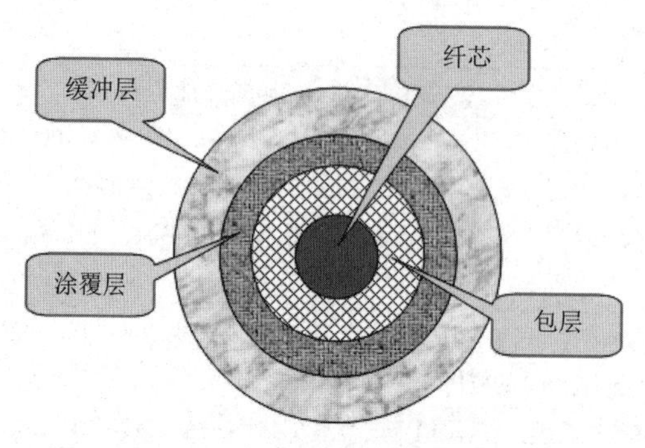

图 1-4-4　光纤结构

2. 多模光纤

多模光纤的纤芯直径为 50 ～ 100 μ m，光波在光纤中以多个模式传播，允许多个光波在一根光纤上传输。由于多模光纤的芯径比单模光纤的芯径大且容易与 LED 等光源结合，适用于短距离通信领域，在构建局域网时更有优势。

光纤通信因其抗干扰性好、传输速率高等优点，被广泛使用于通信领域。

1.4.4　无线通信介质

前面介绍了有线介质的基本特点及适用场合。但是，若通信线路要通过一些高山或岛屿，有时就很难施工；即使在城市中，挖开马路铺设电缆也不是一件容易的事；当通信距离很远时，铺设电缆既昂贵又费时。利用无线电波在自由空间的传播就可较快地实现多种通信，由于这种通信方式不使用前面所介绍的各种有线通信介质，因此，将自由空间称为“无线通信介质”。

在当今信息时代，人们对信息的需求是无止境的，很多人需要随时与社会或单位保持在线连接，需要利用笔记本电脑、掌上电脑随时随地获取信息。对于这些移动用户，同轴电缆、双绞线和光纤都无法满足，而无线通信可以解决上述问题。在无线通信中常用的载体有红外线、微波、卫星微波等。

1. 红外线

红外线用于短距离通信，如电视遥控、室内两台计算机之间的通信。红外线有方向性且不能穿过建筑物。红外线有两种传输方式：直接传输和间接传输。直接红外传输要求发射方和接收方彼此处在视线内。不能在两台没有直接空气路径的计算机间通过直接红外传输方式传输数据，就如同不能在墙后面使用遥控器切换电视频道一样。在间接红外传输中，信号通过路径中的墙壁、天花板或任何其他物体的反射来传输数据。由于间接红外传输信号不被限定在一条特定的路径上，这种传输方式不是很安全。红外传输数据的速率可以与光纤的吞吐量相匹敌。

2. 微波

微波通信是指用频率在 2 ～ 40 GHz 的微波信号进行通信。由于微波通信只能进行可视范围内的通信，并且大气对微波信号的吸收与散射影响较大，微波通信主要用于几千米范围内，速率一般为每秒零点几兆比特。

3. 卫星微波

卫星微波通信是在微波通信技术的基础上发展起来的。常用的卫星微波通信方式是利用人造卫星进行中转的一种微波接力通信。卫星微波通信的最大特点是通信距离远，且通信费用与通信距离无关。同步卫星发射出的电磁波能辐射到地球上的通信区域跨度达 18 000 多千米。只要在地球赤道上空的同步轨道上，等距离地放置 3 颗相隔 120° 的卫星，就能基本上实现全球的通信。

1.5 IP 地址与子网划分

1.5.1 IP 地址

IP 工作在 TCP/IP 体系结构的互联网层，这一层的通信是面向主机的，而 IP 地址是区分主机的唯一标识。IPv4 地址是 32 位，按照 TCP/IP 规定，IP 地址用二进制来表示，也就是 4 个字节。例如，一个采用二进制形式的 IP 地址是“00001010000000000000000000000001”，为了方便人们的使用，IP 地址经常被写成十进制的形式，中间使用符号“.”分开不同的字节。于是，上面的 IP 地址可以表示为“10.0.0.1”。IP 地址的这种表示法叫做“点分十进制表示法”，这显然比 1 和 0 容易记忆得多。

每个 IP 地址都是由两部分组成：网络号和主机号。其中：网络号标识一个物理的网络，同一个网络上所有主机需要同一个网络号，该号在互联网中是唯一的；而主机号用于确定该网络中的一个工作端、服务器、路由器或其他 TCP/IP 主机。对于同一个网络号来说，主机号是唯一的。每个 TCP/IP 主机由一个逻辑 IP 地址确定。

1. IP 地址的分类

IP 地址根据网络号的不同分为 5 种类型，A 类地址、B 类地址、C 类地址、D 类地址和 E 类地址。

（1）A 类地址

一个 A 类 IP 地址由 1 字节的网络地址和 3 字节主机地址组成，如图 1-5-1 所示。网络地址的最高位必须是“0”，地址范围为 1.0.0.1 ~ 126.255.255.254（二进制表示为：00000001 00000000 00000000 00000001 ~ 01111110 11111111 11111111 11111110）。可用的 A 类网络有 126 个，每个网络能容纳 16 777 214 台主机。

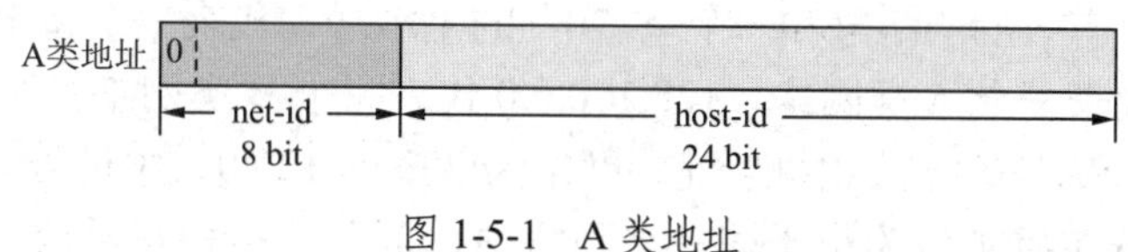

图 1-5-1 A 类地址

（2）B 类地址

一个 B 类 IP 地址由 2 个字节的网络地址和 2 个字节的主机地址组成，如图 1-5-2 所示。网络地址的最高位必须是“10”，地址范围为 128.1.0.1 ~ 191.255.255.254（二进制表示为：10000000 00000001 00000000 00000001 ~ 10111111 11111111 11111111 11111110）。可用的 B 类网络有 16 384 个，每个网络能容纳 65 534 台主机。

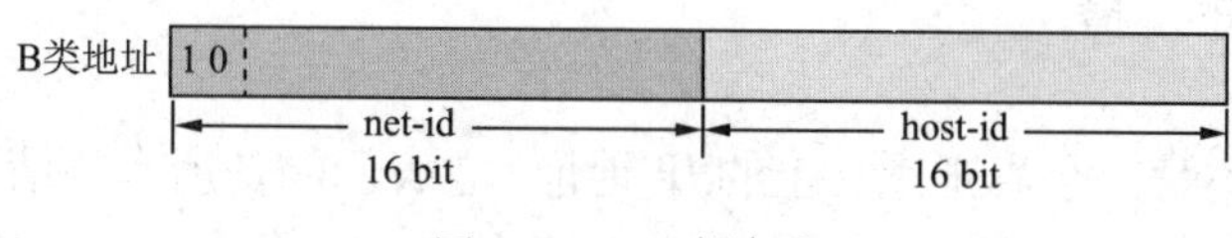

图 1-5-2 B 类地址

（3）C 类地址

一个 C 类 IP 地址由 3 字节的网络地址和 1 字节的主机地址组成，如图 1-5-3 所示。网络地

址的最高位必须是“110”。地址范围为 192.0.1.1 ～ 223.255.255.254（二进制表示为：11000000 00000000 00000001 00000001 ～ 11011111 11111111 11111111 11111110）。C 类网络可达 2 097 150 个，每个网络能容纳 254 台主机。

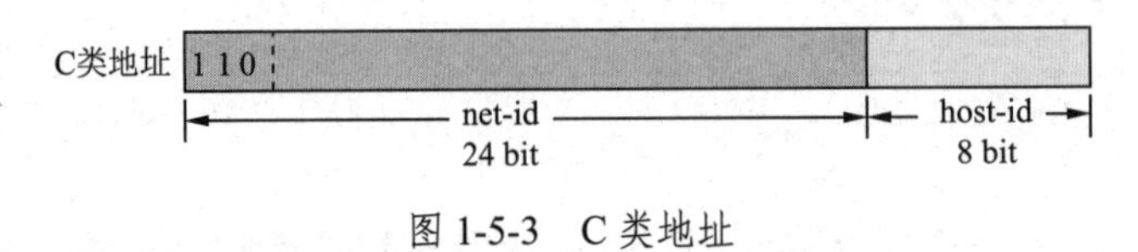

图 1-5-3　C 类地址

（4）D 类地址

D 类 IP 地址第一个字节以“1110”开始，如图 1-5-4 所示，是一个专门保留的地址。并不指向特定的网络，目前这一类地址被用在多点广播中。多点广播地址用来一次寻址一组计算机，它标识共享同一协议的一组计算机。地址范围为 224.0.0.1 ～ 239.255.255.254。

D类地址　1110　多播地址

图 1-5-4　D 类地址

（5）E 类地址

E 类 IP 地址第一个字节以“11110”开始，为将来使用保留，如图 1-5-5 所示。E 类地址保留，仅作实验和开发用。

E类地址　11110　保留为今后使用

图 1-5-5　E 类地址

2．特殊的 IP 地址

在 IP 地址空间中，有部分资源被保留作为特殊之用的地址。

（1）网络地址

网络地址具有一个有效的网络号和一个全“0”的主机号，代表一个特定的网络。

例如，113.0.0.0 代表一个 A 类网络，128.100.0.0 代表一个 B 类网络，202.93.120.0 代表一个 C 类网络。IP 地址为 202.93.120.44 的主机所处的网络为 202.93.120.0，主机号为 44。

具有相同网络号的主机被认为位于同一个网络中，可以直接相互通信；具有不同网络号的主机不能直接相互通信。

（2）广播地址

广播地址被用于给网络中的所有主机发送相同的数据。具有正常的网络号，主机号部分全为“1”的 IP 地址代表一个在指定网络中的广播，也称为直接广播地址。例如，113.255.255.255 为 A 类网络 113.0.0.0 中的广播，170.22.255.255 表示 B 类网络 170.22.0.0 中的广播，210.33.36.255 表示 C 类网络 210.33.36.0 中的广播。

（3）0.0.0.0

严格地说，0.0.0.0 不是一个真正意义上的 IP 地址，它表示的是所有不清楚的主机和目的网络。这里的“不清楚”是指在本机的路由表里没有特定条目指明如何到达。如果在网络设置中设置了默认网关，那么 Windows 操作系统会自动产生一个目的地址为 0.0.0.0 的默认路由。

（4）255.255.255.255

有限广播地址。对本机来说，这个地址指本网段内 (同一广播域) 的所有主机。这个地址不能被路由器转发。

（5）127.x.x.x

网络号为 127、主机为任意值的地址被称为环回地址，也被称为回送地址或自测试地址。环回地址是一类特殊的 IP 地址，127.0.0.1 ～ 127.255.255.254 都是本地环回地址。环回地址用于向自身发送通信，通常用于网络软件测试以及本地进程之间的网络通信。以环回地址为目标地址的分组不会被传送到网络上。例如在命令提示符下，使用“ping 127.0.0.1”命令，用于测试本地 IP 组件能否正常工作。

（6）224.0.0.1

组播地址，从 224.0.0.0 到 239.255.255.255 都是这样的地址。224.0.0.1 表示所有组播主机，224.0.0.2 表示所有组播路由器，224.0.0.5 表示所有 OSPF 路由器，224.0.0.6 表示所有 OSPF 指派路由器，224.0.0.9 表示所有 RIPv2 路由器。这样的地址多用于一些特定的程序以及多媒体程序。

（7）169.254.x.x

如果主机使用了 DHCP 功能自动获得一个 IP 地址，那么当 DHCP 服务器发生故障，或响应时间太长而超出了系统规定的时间，Windows 操作系统会分配这样一个地址。如果发现主机 IP 地址是一个诸如此类的地址，说明目前网络不能正常运行。

（8）10.x.x.x、172.16.x.x ～ 172.31.x.x、192.168.x.x

IP 地址空间中专门保留的私有地址，这些地址用于企业内部网络中。一些宽带路由器也往往使用 192.168.1.1 作为默认地址。私有地址由于不与外部互联，因而可能使用随意的 IP 地址。保留这样的地址供其使用是为了避免以后接入公网时引起地址混乱。使用私有地址的私有网络在接入 Internet 时，要使用网络地址转换（Network Address Translation，NAT）技术，将私有地址转换成公用合法地址。在 Internet 上，这类地址是不能出现的。

1.5.2　划分子网

IP 地址由两部分构成，即网络号和主机号。网络号标识的是 Internet 上的一个网络，而主机号标识的是网络中的某台主机，只有在同一个网络号下的主机之间才能“直接”通信，不同网络号的主机要通过网关（Gateway）才能互通。但这样的划分在某些情况下显得不十分灵活。例如，某公司的网络中有邮件服务器、财务部门的主机和办公室的主机，这些服务器和主机放在一个网络中就不合适了。因为这样的设计容易让财务部门的主机泄密，也容易让网络中的服务器感染病毒，这些问题可以通过子网划分来解决。IP 网络允许被划分成更小的网络，称为子网（Subnet)。只有在同一子网的主机才能“直接”互通。在同一子网中的主机可以共享文件，但是只要存在网络，就存在广播。子网划分可以减少广播范围，可以缩小病毒传播的范围。

要将一个网络划分成多个子网，就要占用原来的主机位作为子网号。例如，一个 C 类地址，它用 24 位来标识网络号，8 位来标识主机号，要将其划分成 2 个子网，则需要占用 1 位原来的主机号标识位。此时网络号占 24 位，子网号占 1 位，主机号占 7 位。同理，借用 2 个主机位则可以将一个 C 类网络划分为 4 个子网。

划分子网后，IP 地址由三部分构成，即网络号、子网号和主机号。例如将网络 202.126.80.0 划分为 8 个子网，需要从 8 位的主机号中借 3 位作为子网号，这 3 位的组合正好用于 8 个子网的编号。

划分为 8 个子网后的子网 IP 地址范围、网络地址和广播地址如表 1-5-1 所示。

表 1-5-1　将网络划分为 8 个子网

子网	地址格式	有效地址范围	网络地址	广播地址
0	202.126.80.000×××××	202.126.80.1 ~ 202.126.80.30	202.126.80.0	202.126.80.31
1	202.126.80.001×××××	202.126.80.33 ~ 202.126.80.62	202.126.80.32	202.126.80.63
2	202.126.80.010×××××	202.126.80.65 ~ 202.126.80.94	202.126.80.64	202.126.80.95
3	202.126.80.011×××××	202.126.80.97 ~ 202.126.80.126	202.126.80.96	202.126.80.127
4	202.126.80.100×××××	202.126.80.129 ~ 202.126.80.158	202.126.80.128	202.126.80.159
5	202.126.80.101×××××	202.126.80.161 ~ 202.126.80.190	202.126.80.160	202.126.80.191
6	202.126.80.110×××××	202.126.80.193 ~ 202.126.80.222	202.126.80.192	202.126.80.223
7	202.126.80.111×××××	202.126.80.225 ~ 202.126.80.254	202.126.80.224	202.126.80.255

1. 子网掩码

对于网络上的每一台主机，除了设定其 IP 地址外，还必须设定“子网掩码”，计算机通过子网掩码判断网络是否划分了子网。子网掩码和 IP 地址一样由 32 位构成，确定子网掩码的规则是：其与 IP 地址中标识网络号和子网号所对应的位都是“1”，而与主机号对应的位都是“0”。对于上例来说，基于这样的子网划分方案，其子网掩码为 11111111 11111111 11111111 11100000，即 255.255.255.224。

A 类地址的默认子网掩码为 255.0.0.0，B 类地址的默认子网掩码为 255.255.0.0，C 类地址的默认子网掩码为 255.255.255.0。表 1-5-2 是 C 类地址子网划分及相应子网掩码。

表 1-5-2　C 类网络子网划分及相应子网掩码

子网号位数	子网掩码	子网数	可用主机数
1	255.255.255.128	2	126
2	255.255.255.192	4	62
3	255.255.255.224	8	30
4	255.255.255.240	16	14
5	255.255.255.248	32	6
6	255.255.255.252	64	2

在 C 类子网划分方案中，假设子网号占位为 n 位，主机号还剩 m 位，$m+n=8$，那么子网数 $=2^n$，有效主机数 $=2^m-2$，主机号位都为“0”时，这一地址是子网地址，主机号位都为“1”时，这一地址是广播地址。

2. 划分子网的步骤

划分子网的主要技术就是子网掩码，划分子网之前，需要确定所需要的子网数和每个子网的最大主机数，有了这些信息后，就可以定义每个子网的子网掩码、网络地址和主机地址的范围。

划分子网的步骤主要有以下 5 步：

① 确定要划分的子网数目以及每个子网的主机数目。

② 求出子网数目对应二进制数的位数 n 及主机数目对应二进制数的位数 m。计算可用的网络地址，确定每个子网的主机地址范围。

③ 定义一个符合网络要求的子网掩码。

④ 确定标识每一个子网的网络地址。

⑤ 确定每一个子网上所使用的主机地址的范围。

1.5.3　VLSM 和 CIDR

1. VLSM

在网络工程实践中，可变长子网掩码（Variable Length Subnet Mask，VLSM）是一种被广泛应用的子网掩码配置技术。可变长子网掩码是指一个网络可以用不同的掩码进行配置，这样做的目的是为了更加方便地把一个网络划分成多个子网。在没有 VLSM 的情况下，一个网络只能使用一种子网掩码，这就限制了在给定的子网数目条件下主机的数目。例如，存在一个 C 类网络地址，网络号为 192.168.12.0，而现在需要将其划分成三个子网，其中一个子网有 100 台主机，其余的两个子网有 50 台主机。一个 C 类地址有 254 个可用地址，那么应该如何选择子网掩码呢？从 C 类地址子网划分及相关子网掩码配置中不难发现，当所有子网中都使用一个子网掩码时这一问题是无法解决的。此时 VLSM 派上了用场，可以在 100 个主机的子网中使用 255.255.255.128 这一掩码，它可以使用 192.168.12.0 ～ 192.168.12.127 这 128 个 IP 地址，其中可用主机为 126 个。再把剩下的 192.168.12.128 ～ 192.168.12.255 这 128 个 IP 地址分成两个子网，子网掩码为 255.255.255.192。其中一个子网的地址为 192.168.12.128 ～ 192.168.12.191，另一个子网的地址为 192.168.12.192 ～ 192.168.12.255。子网掩码为 255.255.255.192 的每个子网的可用主机数都是 62 个，这样就达到了要求。

由此可见，合理使用子网掩码，可以使 IP 地址更加便于管理和控制。

2. CIDR

CIDR（Classless Inter-Domain Routing，无分类域间路由）是 VLSM 思想的延伸，允许将若干个较小的网络合并成一个较大的网络，目的在于将多个 IP 网络地址捆绑起来使用，进行地址汇聚，又称为超网技术。CIDR 消除了传统的 A 类、B 类和 C 类地址的概念，因而可以更加有效地分配 IPv4 的地址空间。CIDR 使用各种长度的“网络前缀”（Network-Prefix）来代替分类地址中的网络号和子网号。IP 地址从三级编址（使用子网掩码）又回到了两级编址。IP 地址由网络前缀和主机号两部分构成。

CIDR 还使用“斜线记法”，它又称为 CIDR 记法，即在 IP 地址后面加上一个斜线“/”，然后写上网络前缀所占的位数，这个数值对应于三级编址中子网掩码中比特 1 的个数。CIDR 把网络前缀都相同的连续的 IP 地址组成“CIDR 地址块”。

例如，128.14.32.0/20 表示的地址块共有 2^{12} 个地址，因为斜线后面的 20 是网络前缀的位数，所以这个地址块的主机号是 12 位。

128.14.32.0/20 地址块的最小地址：128.14.32.0。

128.14.32.0/20 地址块的最大地址：128.14.47.255。

全 0 和全 1 的主机号地址一般不使用。

例如，某公司申请到了 8 个 C 类网络地址：210.31.224.0/24~210.31.231.0/24，对这 8 个 C 类网络地址块进行汇总。将 8 个 C 类网络地址从 11010010 00011111 11100000 00000000 一直变化到 11010010 00011111 11100111 11111111，前 21 位完全相同，变化的只是后 11 位。因此，可以将后 11 位看成是主机号，前 21 位为网络前缀。将这 8 个 C 类网络地址汇总成为 210.31.224.0/21，选择新的子网掩码为255.255.248.0。

习　题

一、选择题

1. 计算机网络可以被理解为（　　）。
   A. 执行计算机数据处理的软件模块
   B. 由自主计算机互联起来的集合体
   C. 多个处理器通过共享内存实现的紧耦合系统
   D. 用于共同完成一项任务的分布式系统
2. 网络互联的最终目的是（　　）。
   A. 改善系统性能　　B. 提高系统可靠性
   C. 实现资源共享　　D. 增强系统安全性
3. 一座大楼内的一个计算机网络系统属于（　　）。
   A. PAN　　B. LAN　　C. MAN　　D. WAN
4. 中国教育科研网覆盖了全国主要高校和科研机构，该网络属于（　　）。
   A. 局域网　　B. 星状网　　C. 以太网　　D. 广域网
5. 下列网络分类中，分类方法有误的是（　　）。
   A. 星状网 / 城域网　　B. 环状网 / 星状网
   C. 有线网 / 无线网　　D. 局域网 / 广域网
6. 在OSI参考模型中，与TCP/IP体系结构的网络接口层对应的是（　　）。
   A. 网络层　　B. 应用层
   C. 传输层　　D. 物理层和数据链路层
7. 在OSI参考模型中，保证端对端的可靠性是在（　　）上完成的。
   A. 数据链路层　　B. 网络层　　C. 传输层　　D. 会话层
8. 网络协议是支撑网络运行的通信规则，能快速上传、下载图片、文字或其他资料的是(　　)。
   A. HTTP　　B. TCP/IP　　C. POP3　　D. FTP
9. WWW、FTP协议是属于TCP/IP参考模型中的（　　）。
   A. 网络接口层　　B. 互联网层　　C. 传输层　　D. 应用层
10. 在网络互联的层次中，(　　) 是在数据链路层实现互联的设备。
    A. 中继器　　B. 交换机　　C. 路由器　　D. 网关
11. 在常用的传输介质中，带宽最大、信号传输衰减最小、抗干扰能力最强的一类传输介质是（　　）。
    A. 双绞线　　B. 光纤　　C. 同轴电缆　　D. 无线信道
12. 某单位一个大办公室内共需放置24台台式计算机，那么在进行网络规划时，考虑采用的传输介质是（　　）。
    A. 双绞线　　B. 微波　　C. 单模光纤　　D. 多模光纤

13. ANSI/EIA/TIA568B 中规定，双绞线的线序是（　　）。
    A. 白橙、橙、白绿、蓝、白蓝、绿、白棕、棕
    B. 白橙、橙、白绿、绿、白蓝、蓝、白棕、棕
    C. 白绿、绿、白橙、蓝、白蓝、橙、白棕、棕
    D. 白绿、绿、白橙、橙、白蓝、蓝、白棕、棕
14. 要组建一个有 20 台计算机联网的电子阅览室，连接这些计算机的方法是（　　）。
    A. 用双绞线通过交换机连接
    B. 用双绞线直接将这些计算机两两相连
    C. 用光纤通过交换机相连
    D. 用光纤直接将这些计算机两两相连
15. 连接在 Internet 上的每一台主机都有一个 IP 地址，下列选项中不能作为网络主机 IP 地址使用的是（　　）。
    A. 201.109.39.68　　B. 127.0.0.1　　C. 21.18.33.67　　D. 120.33.0.17
16. 某机房中所有计算机通过代理服务器接入因特网，该机房中计算机的 IP 地址可能是（　　）。
    A. 192.168.126.26　　B. 172.28.284.12　　C. 127.0.0.1　　D. 225.220.112.1
17. 某部门申请了一个 C 类 IP 地址，若要分为 16 个规模相同的子网，其掩码应设置为(　　)。
    A. 255.255.255.0　　B. 255.255.255.192
    C. 255.255.255.240　　D. 255.255.255.255
18. 在 C 类 IP 地址中，若子网掩码为 255.255.255.248，则有效主机个数为（　　）。
    A. 62　　B. 6　　C. 14　　D. 30
19. 若某大学分配给计算机系的 IP 地址块为 202.113.16.128/26，分配给自动化系的 IP 地址块为 202.113.16.192/26，那么这两个地址块经过聚合后的地址为（　　）。
    A. 202.113.16.0/24　　B. 202.113.16.0/25
    C. 202.113.16.128/25　　D. 202.113.16.128/24
20. 如果子网掩码是 255.255.192.0，那么主机（　　）必须通过路由器才能与主机 129.23.144.16 通信。
    A. 129.23.192.21　　B. 129.23.128.222
    C. 129.23.191.33　　D. 129.23.161.127

二、简答题

1. 计算机网络的分类方式有哪些？按照覆盖的地理范围可以分为哪几种？
2. 比较 OSI 和 TCP/IP 参考模型的异同之处。
3. 简述三层交换机的功能。
4. 简述双绞线、光纤的不同特点及适用场合。
5. 某集团总公司给下属子公司分配了一段 IP 地址 192.168.10.0/24，现在子公司有两层办公楼（1 楼和 2 楼），统一从 1 楼的路由器连接集团总公司。1 楼有 100 台计算机，2 楼有 55 台计算机。该怎么去规划则个子公司的 IP？
6. 为什么 C 类地址不可以借 7 位主机号作为子网号？

第2章 网络模拟器软件及其连接管理

实验教学为提升学生动手能力和操作能力服务，也是将专业知识转化为生产力的重要途径。但在当前的网络工程实验教育教学中，往往存在设备数量有限、共享程度低、维护成本高、效率低的情况，故采用虚拟化实验教学，模拟实验场景并在此场景中完成市场和社会所需的网络技术和网络案例。网络模拟器软件可以采用思科 Cisco Packet Tracer 或华为 eNSP 等，这样能模拟出主要网络厂商的各种主流设备，并且按需使用，无维护，无破坏性，更重要的是能解决设备的不足，提高实验的效率。

本章重点介绍了思科模拟器软件Cisco Packet Tracer和华为模拟器软件eNSP的基本使用方法，介绍了网络设备本地连接和远程连接两种配置管理方式，以及网络设备命令行基本操作，并对比介绍了思科和华为设备常用配置命令。

学习目标

- 了解交换机和路由器等网络设备的连接管理方式。
- 了解 Cisco Packet Tracer 模拟器的作用和特点，认识 Cisco Packet Tracer 模拟器的主界面，熟悉 Cisco Packet Tracer 模拟器的简单操作和常用命令，能够使用 Cisco Packet Tracer 模拟器搭建网络拓扑。
- 了解华为 eNSP 模拟器的作用和特点，认识 Cisco Packet Tracer 模拟器的主界面，熟悉华为 eNSP 模拟器的简单操作和常用命令，能够使用华为 eNSP 模拟器搭建网络拓扑。
- 形成良好的信息素养和学习能力，能够运用正确的方法和技巧掌握新知识。

2.1 模拟器软件简介

2.1.1 思科 Cisco Packet Tracer

1. Cisco Packet Tracer 的基本界面

Cisco Packet Tracer 模拟软件是由思科公司发布的一个辅助学习工具，为学习计算机网络课程的初学者设计、配置、排除网络故障提供了网络模拟环境。初学者可以在软件图形的用户界面上直接使用拖动方法建立网络拓扑，观察数据包在网络中的详细处理过程以及网络实时运行情况。

Cisco Packet Tracer 基本界面如图 2-1-1 所示。模拟软件的界面共有 10 个版块区域，它们分别是：菜单栏、主工具栏、常用工具栏、逻辑 / 物理工作区转换栏、工作区、实时 / 模拟转换栏、网络设备库、设备类型库、特定设备库、用户数据包窗口。

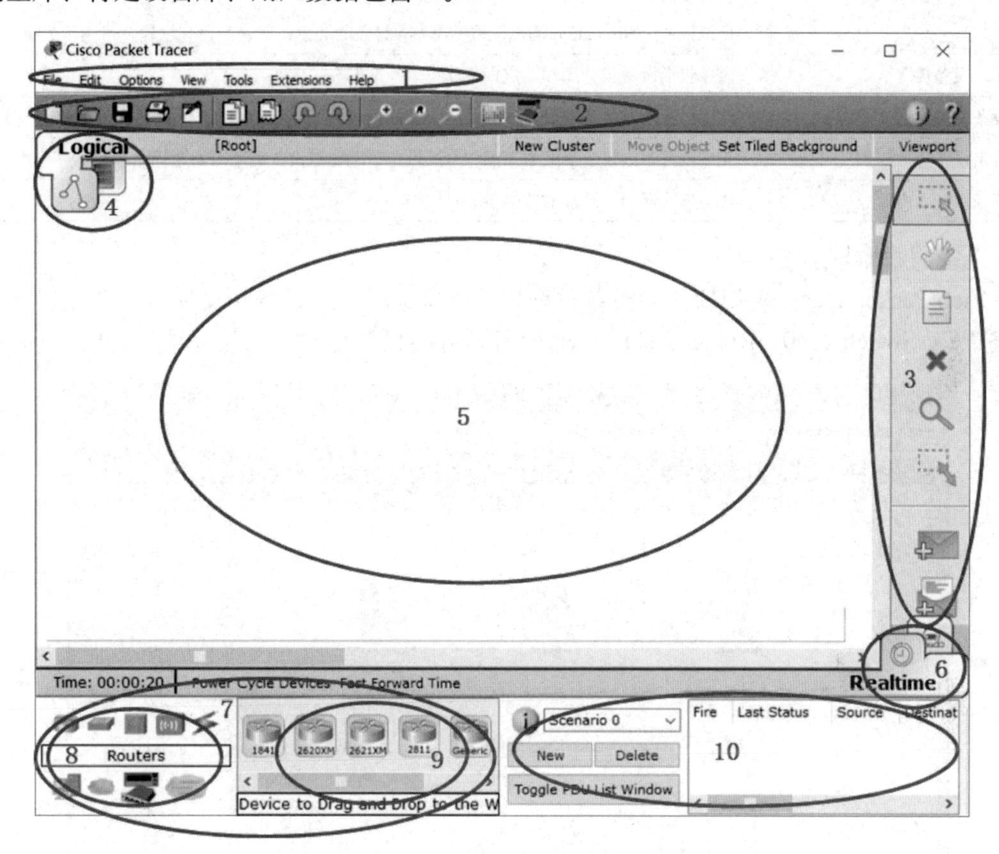

图 2-1-1 Cisco Packet Tracer 基本界面

扫一扫

思科模拟器软件 Cisco Packet Tracer 的介绍

各版块区域的功能介绍如表 2-1-1 所示。

表 2-1-1 Packet Tracer 基本界面介绍

编号	区　域	功 能 介 绍
1	菜单栏	此栏中有文件、编辑、选项、查看、工具、扩展和帮助按钮，在此可以找到一些基本的命令如打开、保存、打印和选项设置，还可以访问活动向导
2	主工具栏	此栏提供了文件按钮中命令的快捷方式
3	常用工具栏	此栏提供了常用的工作区工具，包括：选择、整体移动、备注、删除、查看、调整大小、添加简单数据包和添加复杂数据包等
4	逻辑 / 物理工作区转换栏	可以通过此栏中的按钮完成逻辑工作区和物理工作区的转换。 逻辑工作区：主要工作区，在该区域里面完成网络设备的逻辑连接及配置。 物理工作区：该区域提供了办公地点（城市、办公室、工作间等）和设备的直观图，可以对它们进行相应配置

续表

编号	区　域	功 能 介 绍
5	工作区	此区域可供创建网络拓扑、监视模拟过程、查看各种信息和统计数据
6	实时 / 模拟转换栏	可以通过此栏中的按钮完成实时模式和模拟模式之间的转换 实时模式：默认模式，提供实时的设备配置和 Cisco IOS CLI（Command Line Interface）模拟 模拟模式：Simulation 模式，用于模拟数据包的产生、传递和接收过程，可逐步查看
7	网络设备库	该库包括设备类型库和特定设备库
8	设备类型库	此库包含不同类型的设备如路由器、交换机、HUB、无线设备、连线、终端设备和网络云等
9	特定设备库	此库包含不同设备类型中不同型号的设备，它随着设备类型库的选择级联显示
10	用户数据包窗口	此窗口管理用户添加的数据包

2. 设备的添加与连接

在 Cisco Packet Tracer 模拟软件的设备类型库中依次选择终端设备、交换机、路由器，选择特定的设备 PC、Switch 2960、Router 2811、Server 等，并将设备拖动到工作区域，如图 2-1-2 所示。

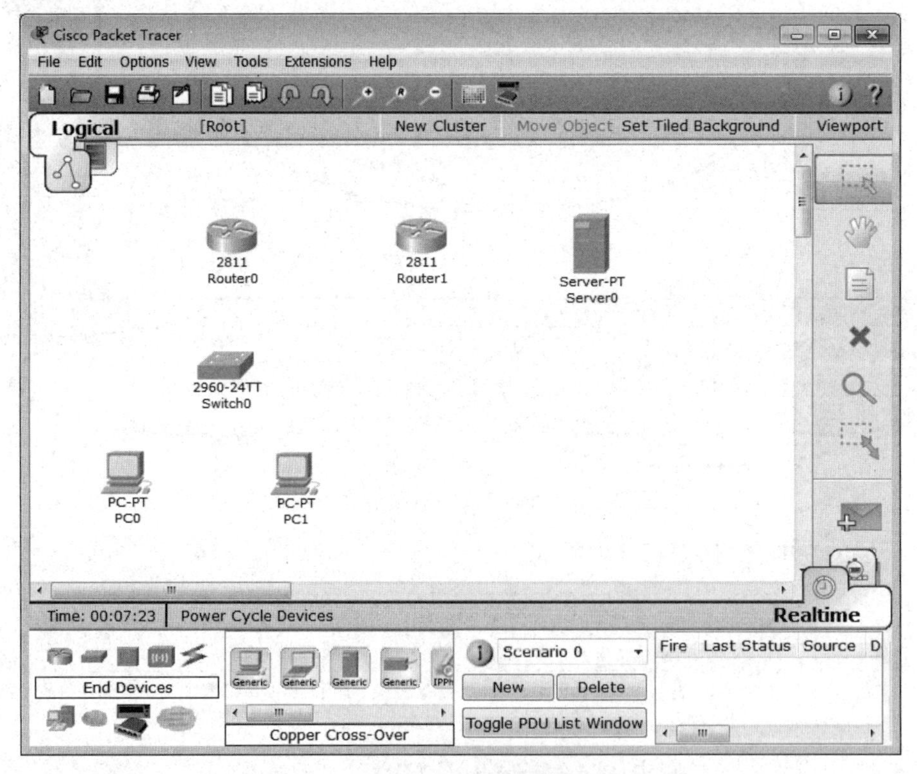

图 2-1-2　添加思科设备

选择合适的线缆连接设备。选择直通双绞线连接 PC 和交换机、交换机和路由器，选择交叉双绞线连接路由器和路由器、路由器和 Server 机，结果如图 2-1-3 所示。

单击路由器，在弹出的窗口选择“CLI”选项卡，启动后输入 no, 回车即可进入路由器的普通用户模式，如图 2-1-4 所示，对路由器进行配置。单击交换机，在弹出的窗口选择“CLI”选项卡，回车即可进入交换机的普通用户模式，对交换机进行配置。

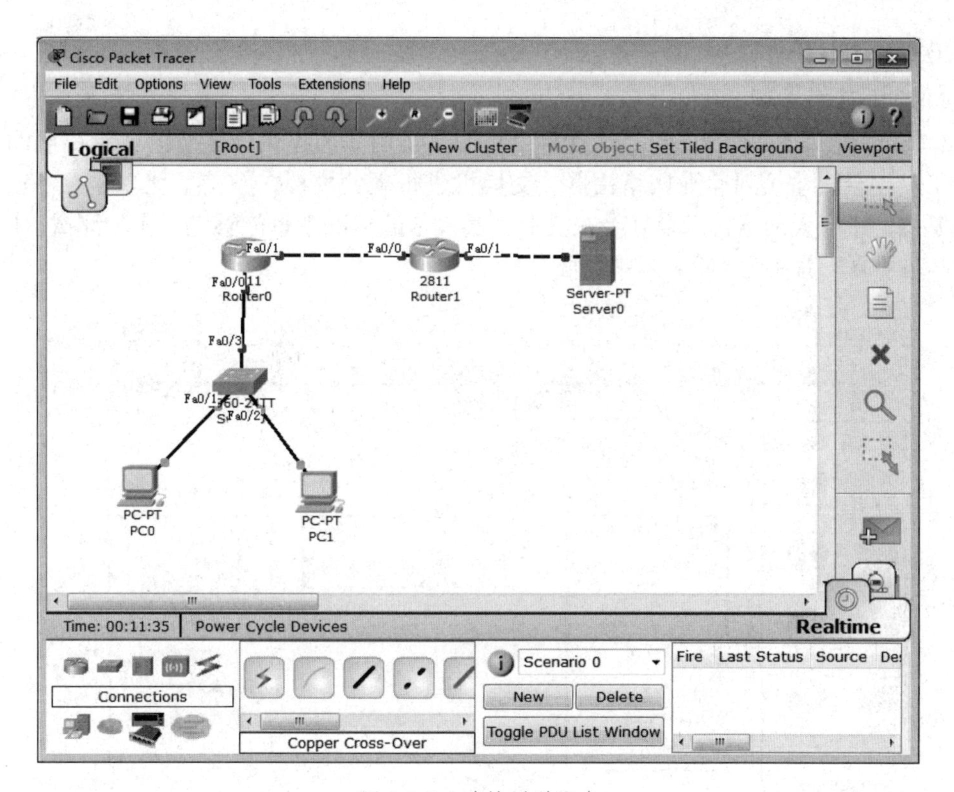

图 2-1-3　连接思科设备

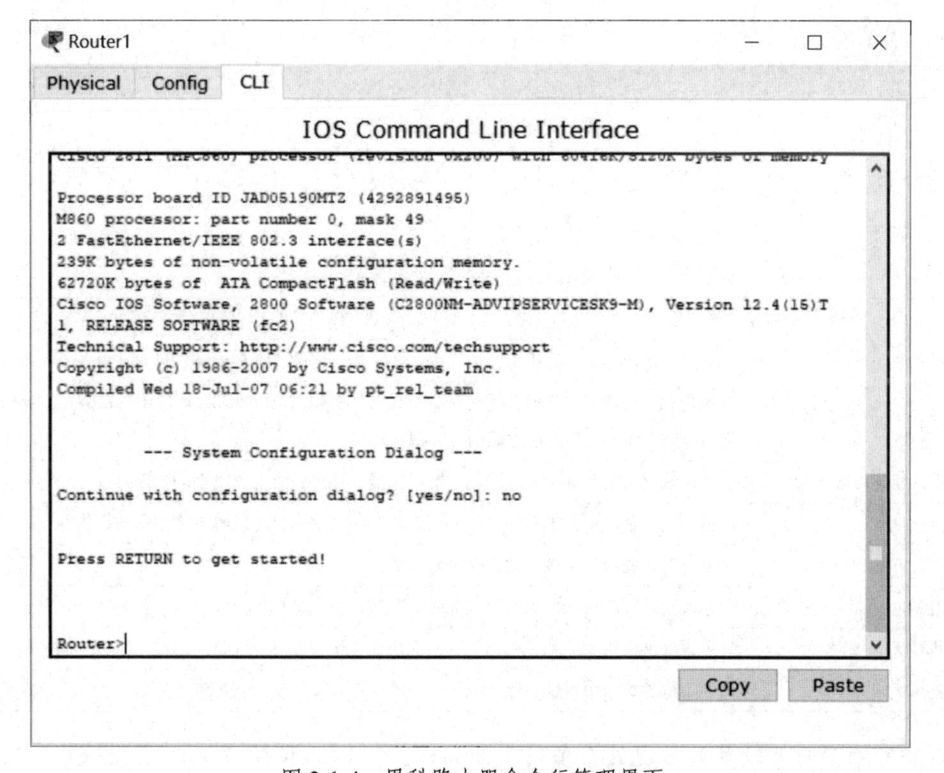

图 2-1-4　思科路由器命令行管理界面

2.1.2 华为 eNSP

1. eNSP 的基本界面

eNSP（Enterprise Network Simulation Platform），是由华为提供的免费的、可扩展的、图形化网络仿真工具平台，主要对企业网络由器、交换机进行硬件模拟，完美呈现真实设备实景，支持大型网络模拟，让广大网络技术爱好者在没有真实设备的情况下也能够进行实验测试。图 2-1-5 所示是华为网络仿真工具平台 eNSP 基本界面。

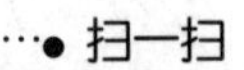

华为模拟器软件 eNSP 的介绍

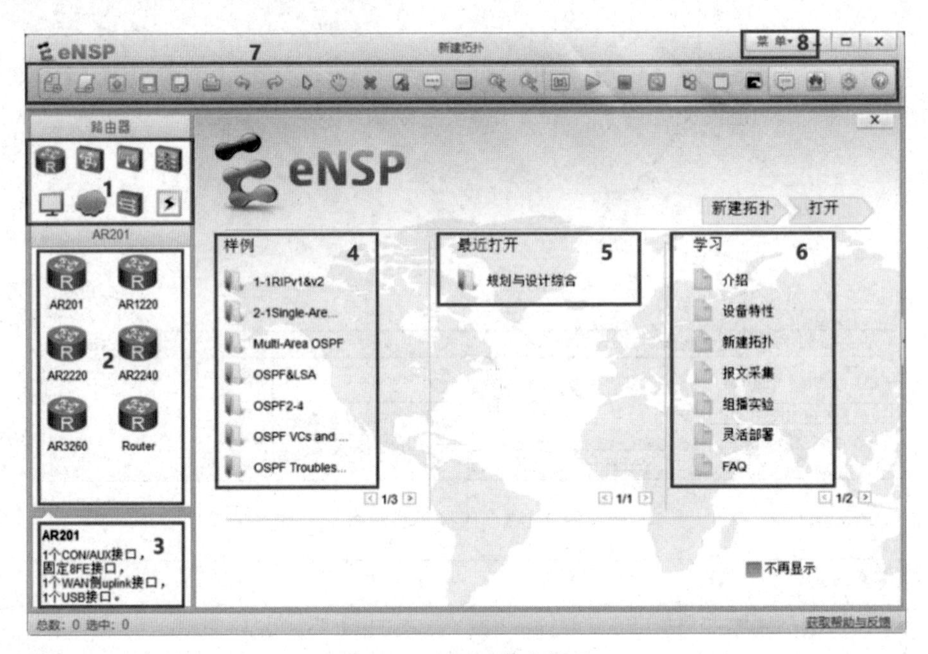

图 2-1-5 eNSP 基本界面

华为网络仿真工具平台 eNSP 基本界面共有 8 个板块区域，各版块区域的功能介绍如表 2-1-2 所示。

表 2-1-2 eNSP 基本界面介绍

编号	区 域	介 绍
1	设备列表区域	存放有路由器、交换机、无线设备、防火墙、终端、其他设备、自定义设备、设备连线等
2	设备的详细型号区域	里面存放的是某一类设备的各种型号设备，例如，在设备列表区域中选择路由器（单击路由器），那么这个区域就会显示路由器的各种型号
3	设备的物理参数区域	该区域存放的是某个设备的物理参数区域，例如，有几个类型的物理接口
4	样例区域	样例区域是模拟器本身新建好的网络拓扑图，双击就可以打开使用该网络拓扑
5	最近打开的项目区域	最近打开的项目区域，默认这里是空的
6	学习帮助区域	学习帮助区域可以作为学习华为知识的辅助小工具
7	工具栏区域	可以提供常用的工具，相当于桌面的快捷按钮，如保存项目、放大、缩小、标签等
8	主菜单区域	在下拉的菜单中提供文件、编辑、视图、工具、考试、帮助等子菜单

注意：若不希望打开软件就出现这个辅助界面的话，可以在 eNSP 基本界面上选中“不再显示”复选框，如图 2-1-6 所示。

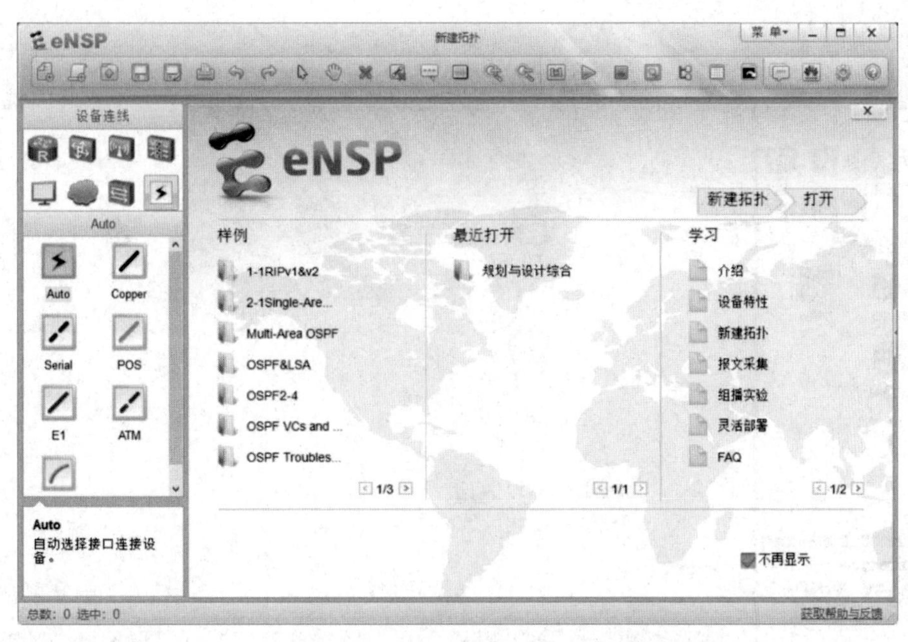

图 2-1-6　选中“不再显示”选项

选中“不再显示”复选框后，以后运行 eNSP 模拟器软件后直接进入新的工程，结果如图 2-1-7 所示，最大的空白区域就是工作区域。也可以在工具栏区域通过“新建拓扑”建立新的工程。

图 2-1-7　eNSP 工作区域

2. 设备的添加与连接

打开 eNSP 模拟器软件，在设备列表区域依次选择终端、交换机、路由器，选择特定的设备 PC、S3700、Router 等，并将设备拖动到工作区域，如图 2-1-8 所示。

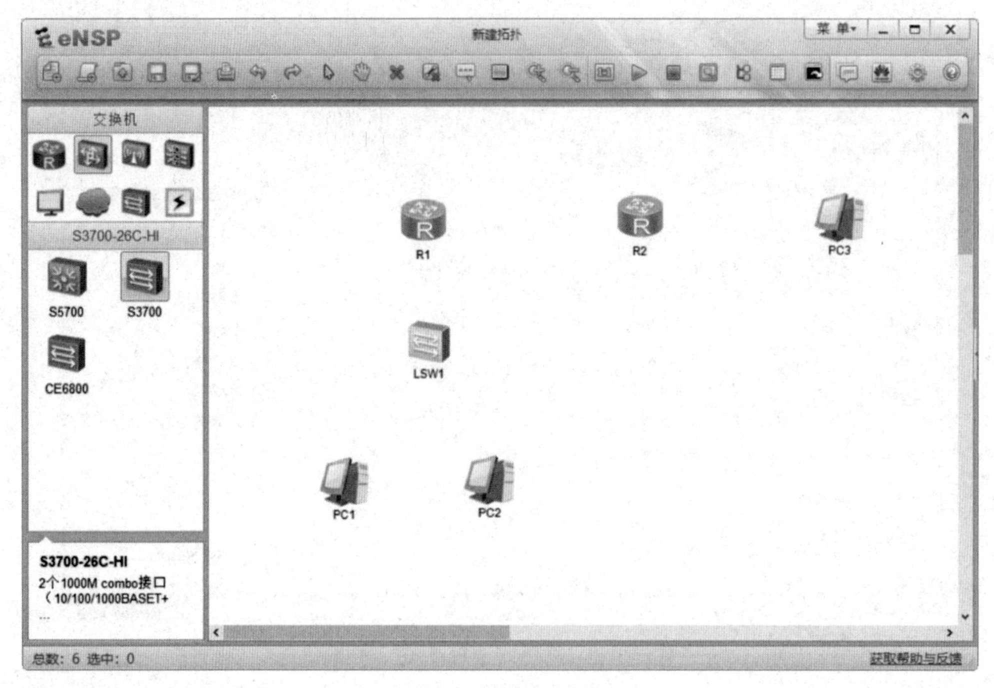

图 2-1-8　添加华为设备

在设备列表区域依次选择合适的设备连线，这里选择双绞线（Copper）连接设备，结果如图 2-1-9 所示。

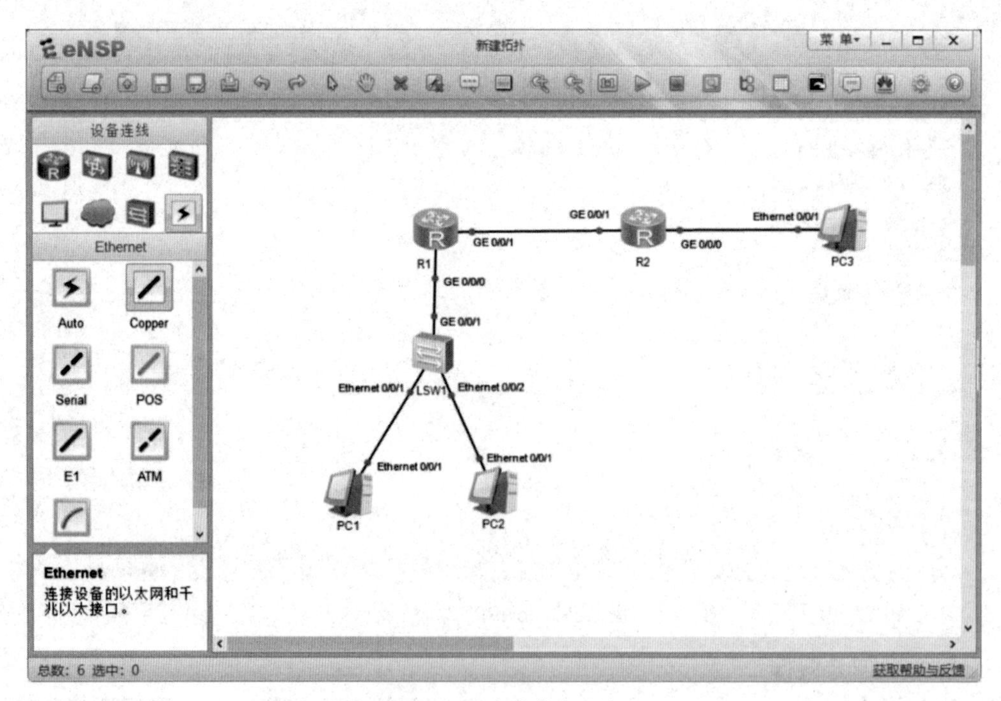

图 2-1-9　连接华为设备

对设备进行配置之前，需要先启动设备。右击设备，选择“启动”命令，如图 2-1-10 所示。选择相应的设备，单击菜单区域中绿色的“开启设备”按钮。

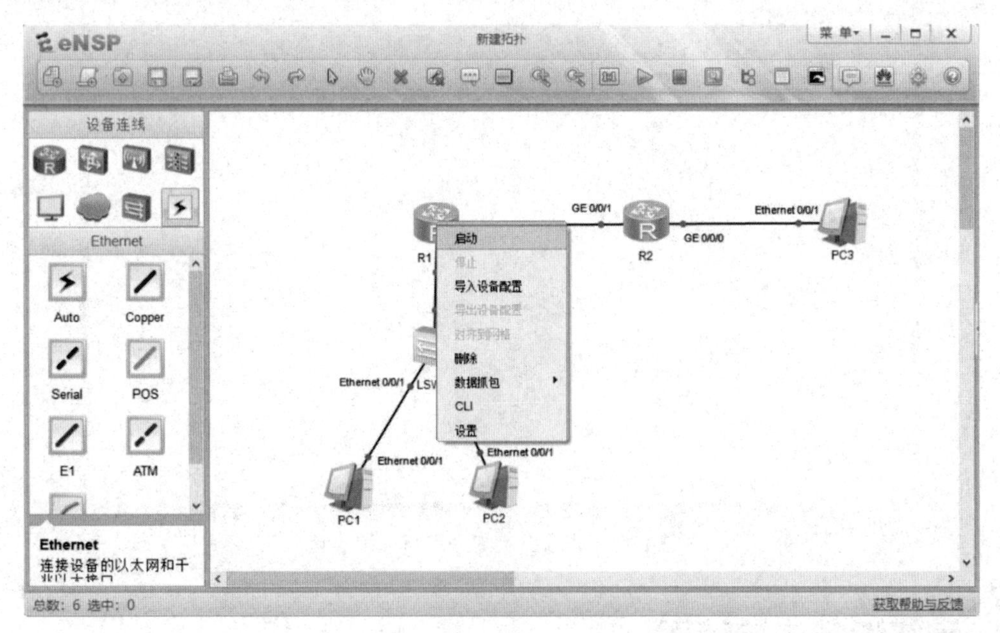

图 2-1-10　启动华为设备

对一台设备进行命令行管理的方法有三种，如图 2-1-11 所示，即：双击已经启用的设备；右击已经启用的设备然后选择 CLI；或者在工具栏区域单击“打开所有 CLI”工具 Console 所有设备。

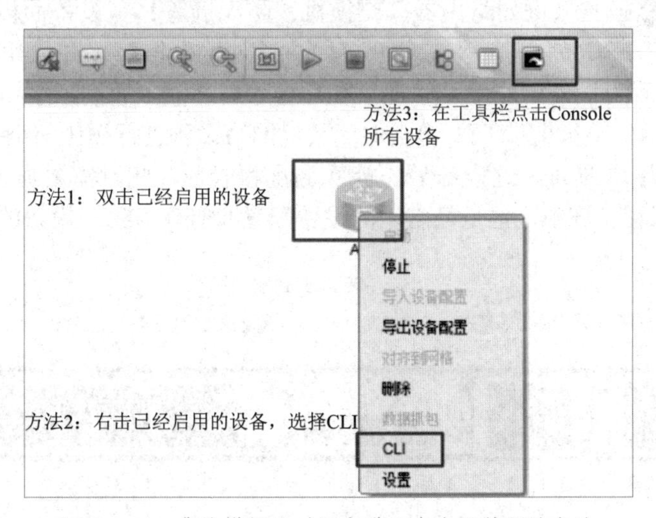

图 2-1-11　华为模拟器对设备进行命令行管理的方法

以路由器 R2 为例，命令行管理界面如图 2-1-12 所示。

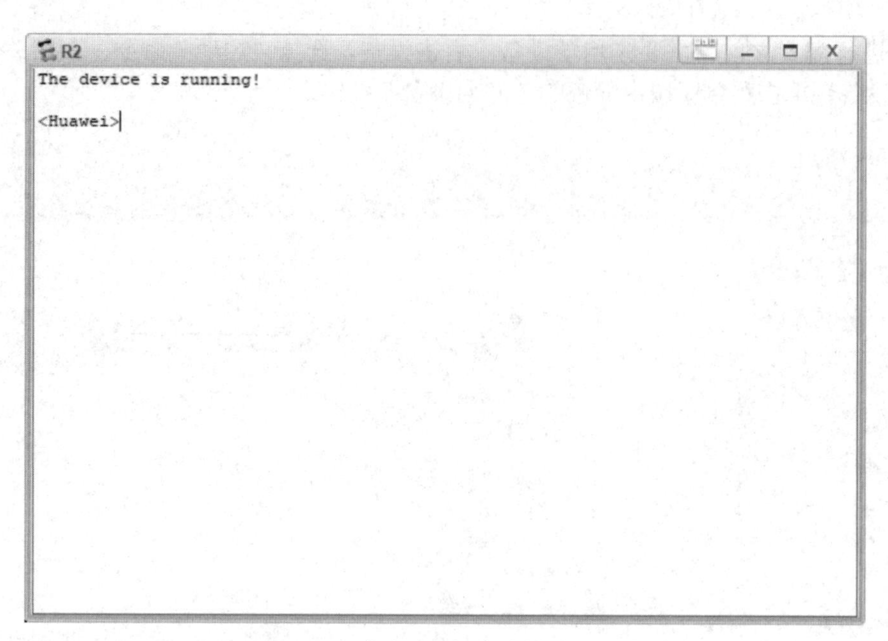

图 2-1-12　华为路由器命令行管理界面

2.2 网络设备连接管理

2.2.1 Console 本地管理

通常情况下，网络设备（例如路由器、交换机、防火墙等）在设备面板上都会有一个用于配置和管理的专用接口——Console 口（或 CON 口），通过这个接口，并使用专用线缆将该设备与PC 进行连接，即可实现对设备的配置及管理。在后台管理终端上通过超级终端（通常 Windows 系统已不自带）、SecureCRT、Xshell、PuTTY 等类似工具对网络设备进行操作与维护。在设备初始化时，大部分专业设备不具备 IP 地址，这意味着不能实施远程管理，此时需要通过 Console 口来进行初始化和基本配置，在工程实施中这也是最常用的设备配置及管理方法。设备的 Console 口如图 2-2-1 所示。

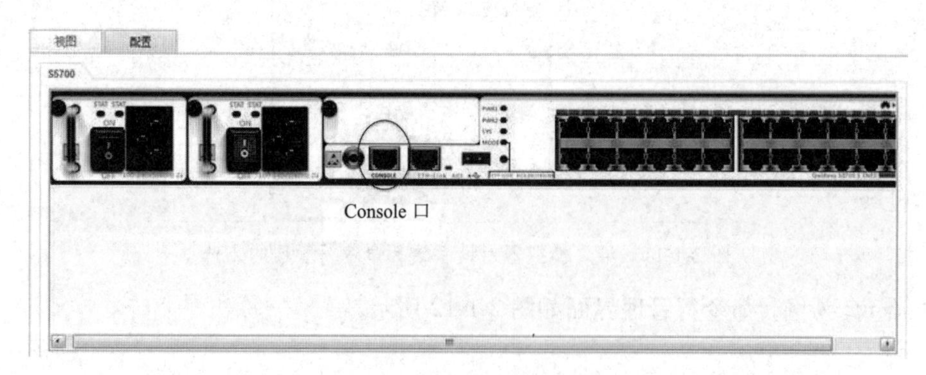

图 2-2-1　设备的 Console 口

Console 口为 RJ-45 接口，与后台管理终端的 COM 口之间通过 Console 线缆连接。Console 线缆一端为 RJ-45 接口，一端为串口 DB9 接口。RJ-45 接口用于连接网络设备的 Console 口，线缆另一端的串口用于连接 PC。现在大部分台式机在主机箱后都有串口（即 COM 口）可以直接连接 Console 线缆，只要将被配置设备与 PC 按照上述方式进行连接，就完成了配置环境的搭建。但是大部分的笔记本式计算机不提供 COM 口，所以很多时候需要 RS232 转接线缆，随着技术进步，现在出现了一端为 RJ-45 口，另一端直接为 USB 接口的管理线缆，这种线缆一端接入 Console 口，一端接入 PC 的 USB 接口，如图 2-2-2 所示。环境搭建完成后，在 PC 上使用终端管理软件即可通过网络设备的 Console 口，使用命令行的方式对设备进行管理。

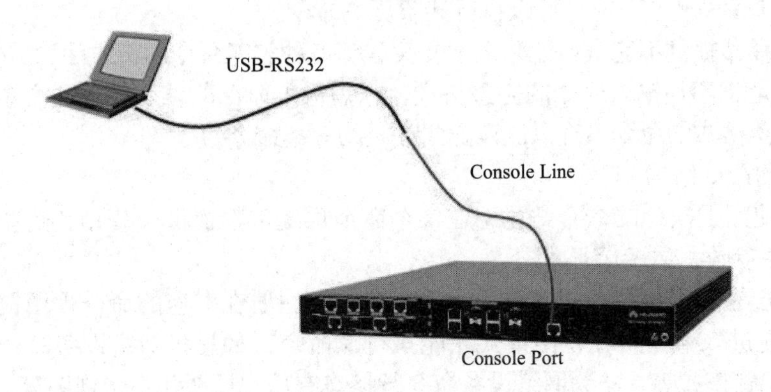

图 2-2-2　PC 通过 Console 口连接设备

2.2.2　Telnet 远程管理

通过 Console 口来管理及调试设备往往是第一次对设备进行操作时采用的方法，这种方法需要使用特殊的管理线缆，而且工程师需要在设备面前进行操作。很多情况下，网络工程师不能在设备面前使用 Console 来管理设备。另外，如果对每个设备都通过 Console 的方式进行配置和管理，工程师的效率低。因此，对设备完成初次配置后，后续对设备的管理往往通过远程的方式进行，例如 Telnet 等。为了能够通过 Telnet 远程访问，需要给设备配置一个管理 IP 地址，开启设备的 Telnet 服务，开启后配置相应的认证方式。

Telnet 服务基于 TCP 协议，端口号为 23，是一组提供远程登录方法的程序，所有传输的信息，包括用户名和密码，都是明文的。Telnet 远程管理设备有三种认证方式：

- 无认证方式（None）：没密码，直接可以登录。客户端不用输入任何信息就能登录，安全性极低。该方式不推荐使用。
- 密码认证方式（Password）：输入密码才能登录，默认情况是密码认证登录。
- 本地用户名加密码组合认证方式（Scheme）：不同的用户输入相应的密码才能登录，安全性最高。

2.2.3　网络设备命令行

思科、华为的交换机或路由器都可以通过命令行接口来进行配置，用户可以通过该命令接口灵活地配置和管理交换机或路由器。

1. 命令行简介

用户登录到设备出现命令行提示符后，即进入命令行接口 CLI（Command Line Interface），命令行接口是用户与设备进行交互的常用工具。

(1) 命令行接口

通过命令行接口输入命令，用户可以对设备进行配置和管理。命令行接口有如下特性：

- 允许通过 Console 口进行本地配置。
- 允许通过 Telnet 方式进行本地或远程配置。
- 提供 FTP 服务，方便用户上传、下载文件。
- 用户可以随时输入“?”而获得在线帮助。
- 提供网络测试命令，如 ping、tracert 等，诊断网络是否正常。
- 提供类似 DosKey 的功能，可以执行某条历史命令。
- 命令行解释器提供不完全匹配和上下文关联等多种智能命令解析方法，方便用户输入。(不完全匹配是指不用输入命令的完整格式，只需输入命令的首个或首几个字符，但要确保输入的不完整格式的命令系统只能匹配到唯一的一条命令。)

(2) 层次化的命令结构

命令行接口使用层次化的命令结构，在每个命令层次下都提供一些相关的命令，用于配置交换机或路由器相关参数、显示运行状态。

命令行接口分为若干层命令视图模式，所有命令都注册在对应的命令视图模式下。在通常情况下，用户必须先进入命令所在视图模式才能执行该命令。如思科网络设备命令行有用户模式、特权模式、全局配置模式等，华为网络设备命令行接口有用户视图和系统视图等。

2. 在线帮助

当用户在输入命令行或进行配置业务时，可以使用在线帮助以获取在配置手册之外的实时帮助。

(1) 完全帮助

当用户输入命令时，如果不记得此命令的关键字或参数，可以使用命令行的完全帮助获取全部关键字或参数的提示。

命令行的完全帮助可以通过以下三种方式获取：

- 在任何命令视图下，输入“?”获取该命令视图下所有的命令及其简单描述。
- 输入一个命令，后接以空格分隔的“?”，如果该位置为关键字，则列出全部关键字及其简单描述。
- 输入一个命令，后接以空格分隔的“?”，如果该位置为参数，则列出参数取值的说明和参数作用的描述。

(2) 部分帮助

当用户输入命令时，如果只记得此命令关键字的开头一个或几个字符，可以使用命令行的部分帮助获取以该字符串开头的所有关键字的提示。

命令行的部分帮助可以通过以下三种方式获取：

- 输入一个字符串，其后紧接“?”，列出以该字符串开头的所有命令。
- 输入一个命令，后接一个字符串紧接“?”，列出命令以该字符串开头的所有关键字。
- 输入命令的某个关键字的前几个字母，按下【Tab】键，可以显示出完整的关键字，前提是这几个字母可以唯一标示出该关键字，否则，连续按下【Tab】键，可出现不同的关键字，用户可以从中选择所需要的关键字。

(3) 命令行错误信息提示

所有用户输入的命令，如果通过语法检查，则正确执行，否则系统将会向用户报告错误信息。

3. 命令行特性

命令行提供的特性可以帮助用户灵活方便地使用命令行。

（1）编辑特性

命令行编辑功能有助于用户利用某些特定的键进行命令的编辑或者获得帮助。常用的编辑有以下几种功能键：

- 普通按键，如果编辑缓冲区未满，则插入到当前光标位置，并向右移动光标。
- 退格键，删除光标位置的前一个字符，光标左移。
- 左光标键，光标向左移动一个字符位置。
- 右光标键，光标向右移动一个字符位置。
- 【Tab】键，输入不完整的关键字后按下【Tab】键，系统自动执行部分帮助。如果与之匹配的关键字唯一，则系统用此完整的关键字替代原输入并换行显示，光标距词尾空一格；对于不匹配或者匹配的关键字不唯一的情况，按【Tab】键循环翻词，此时光标距词尾不空格；如果输入错误关键字，按【Tab】键后，则系统不做任何修改，重新换行显示原输入。

（2）显示特性

所有的命令行有共同的显示特性，并且可以根据用户的需求，灵活构建显示方式。

在一次显示信息超过一屏时，提供暂停功能，在暂停显示时用户可以有三种选择：

- 按下【Ctrl+C】组合键，停止显示和命令执行。
- 按下空格键，继续显示下一屏信息。
- 按下回车键，继续显示下一行信息。

（3）历史命令

命令行接口提供类似 Windows DOS 命令行功能，能够自动保存用户输入的历史命令。当用户需要输入之前已经执行过的命令时，可以调用命令行接口保存的历史命令，并重复执行，方便了用户的操作。对历史命令的操作有以下两种：

- 访问上一条命令，按上箭头键，如果还有更早的历史命令，则取出上一条历史命令。
- 访问下一条命令，按下箭头键，如果还有更加新的历史命令，则取出下一条历史命令，否则清空命令。默认情况下，为每个登录用户保存 10 条历史命令。

2.2.4　命令行层次视图模式

用户登录到命令行接口后便处于某种视图模式之中。当用户处于某种视图模式中时，就只能执行该视图模式所允许的特定命令和操作，只能配置该视图模式限定范围内的特定参数，只能查看该视图模式限定范围内允许查看的数据。

1. 思科设备命令行模式

以交换机为例介绍思科设备命令行层次模式，各命令行模式之间的切换如图 2-2-3 所示。

（1）用户模式

用户模式提示符为 switch>。在该模式下，可以查看交换机的基本简单信息，且不能做任何修改配置。

（2）特权模式

在用户模式下输入 enable 命令进入特权模式，特权模式提示符为 switch#。在该模式下，可以查看所有配置，且不能修改配置，但可以做测试、保存、初始化等操作。

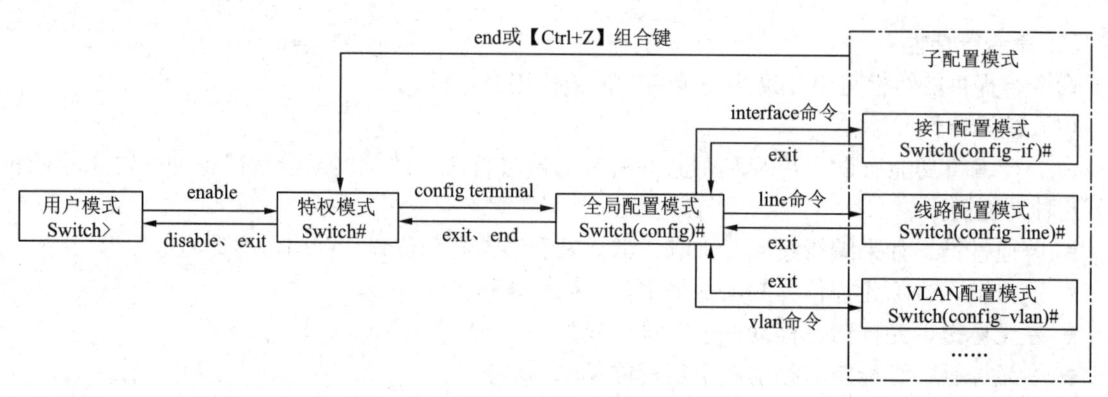

图 2-2-3　思科设备命令行模式的切换

（3）全局配置模式

在特权模式下输入 configure terminal 命令进入全局配置模式，全局配置模式提示符为 switch(config)#。在该模式下，默认不能查看配置，可以修改配置，且全局生效。

（4）接口配置模式

在全局配置模式下，输入 interface 命令进入到接口配置模式，如：switch(config)#interface f0/1。接口配置模式的命令提示符为 switch(config-if)#。在该模式下，默认不能查看配置，可以修改配置，且只对该接口生效。

（5）线路配置模式

在全局配置模式下，输入 line console 0 命令进入 Console 线路配置模式。该模式下，默认不能查看配置，可以修改配置，且只对 Console 口生效。

（6）VLAN 配置模式

在全局配置模式下，输入“vlan vlan-id”命令进入 VLAN 配置模式。vlan-id 的取值范围是 1 ～ 4 094，但是某些交换机只支持 1 ～ 1 005，其中 1 是系统默认，不能添加也不能删除。该模式下，默认不能查看配置，可以给 VLAN 命名。

2. 华为设备命令行视图

以交换机为例介绍华为设备命令行层次视图，各命令行视图之间的切换如图 2-2-4 所示。

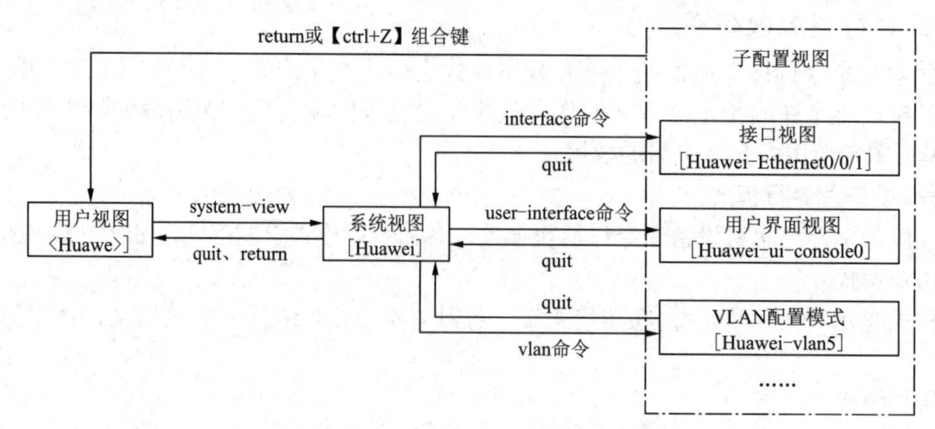

图 2-2-4　华为设备命令行视图的切换

（1）用户视图

用户视图提示符为 <HUAWEI>。在该模式下，可以查看交换机的简单运行状态和统计信息，且不能做任何修改配置。

（2）系统视图

在用户视图下输入 system-view 命令进入系统视图，系统视图提示符为 [HUAWEI]。在该视图下，用户可以配置系统参数以及通过该视图进入其他的功能配置视图。

（3）接口视图

在系统视图下使用 interface 命令并指定接口类型及接口编号可以进入相应的接口视图，如 interface gigabitethernet0/0/1 进入到千兆以太网接口视图。千兆以太网接口视图提示符为 [HUAWEI-GigabitEthernet0/0/1]，在该视图下，可以配置千兆以太网接口参数。

（4）用户界面视图

在系统视图下使用 user-interface 命令并指定用户界面类型，可以进入相应的用户界面视图。用户界面视图是系统提供的一种视图，主要用来管理工作在流方式下的异步接口。通过在用户界面视图下的各种操作，可以达到统一管理各种用户配置的目的。

常用的用户界面视图有 Console 用户界面视图和 VTY（Virtual Type Termianl，虚拟类型终端）用户界面视图。Console 用户界面视图用于配置 Console 用户界面相关参数。通过 Console 口登录的用户使用 Console 用户界面。VTY 用户界面视图用于配置 VTY 用户界面相关参数。通过 VTY 方式登录的用户使用此界面。VTY 是一种逻辑终端线，用于对设备进行 Telnet 或 SSH 访问。

（5）VLAN 视图

在系统视图下通过“vlan vlan-id”命令进入 VLAN 视图。vlan-id 的取值范围是 1 ～ 4 094，其中 1 是系统默认，不能添加也不能删除。该视图下，可以配置 VLAN 描述信息。

2.2.5　思科、华为常用命令对比

思科、华为网络设备的命令很多，先学基本命令，再学其他功能命令。

1. 基本命令

思科、华为网络设备基本命令对比如表 2-2-1 所示。

表 2-2-1　思科、华为网络设备基本命令对比

思　科	华　为	描　述
no	undo	取消、关闭当前配置
show	display	显示查看
exit	quit	退回上级
end（退回特权模式）	return	退到用户视图
enable, config terminal	system-view	进入配置模式
hostname	sysname	设置主机名
reload	reboot	重启
write	save	保存当前配置
shutdown	shutdown	禁止、关闭端口
show version	display version	显示当前系统版本
show running-config	display current-configuration	显示当前配置

续表

思　科	华　为	描　述
show startup-config	display saved-configuration	显示已保存过的配置
exit	logout	Telnet 退出
line	user-interface	进入线路配置（用户接口）模式
line vty 0 4	user-interface vty 0 4	配置 VTY 线路信息（5 个并发连接）
password	set authentication password	设置 VTY 登录密码
username	local-user	创建用户
enable password	set authentication password simple	配置明文密码
enable secret	super password	设置特权口令

2. 交换命令

思科、华为交换命令对比如表 2-2-2 所示。

表 2-2-2　思科、华为交换命令对比

思　科	华　为	描　述
interface type/number	interface type/number	进入具体接口
interface vlan 1	interface vlan 1	进入 VLAN 配置管理地址
interface range 接口范围	port-group 组名称 group-member 接口 1 to 接口 n	定义多个接口的组
duplex (half|full|auto)	duplex (half|full|auto)	配置接口双工模式
speed (10/100/1000)	speed (10/100/1000)	配置接口速率
switchport mode trunk	port link-type trunk	配置接口 Trunk 模式
vlan vlan-id	vlan vlan-id	添加 VLAN
no vlan vlan-id	undo vlan vlan-id	删除 VLAN
switchport access vlan	port access vlan	将接口划分到 VLAN
show interface	display interface	查看接口
show vlan vlan-id	display vlan vlan-id	查看 VLAN
encapsulation	link-protocol	封装协议
channel-group 1 mode on	interface eth-trunk 1	链路聚合（端口聚合）
ip routing	默认开启	开启三层交换的路由功能
no switchport	不支持	开启接口三层功能
vtp domain	gvrp	对跨交换机的 VLAN 进行动态注册和删除
spanning-tree vlan vlan-id root primary	stp instance id root primary	STP 配置根网交换机
spanning-tree vlan vlan-id priority	stp primary value	配置交换机优先级
show spanning-tree	display stp brief	查看 STP 配置

3. 路由命令

思科、华为交换命令对比如表 2-2-3 所示。

表 2-2-3 思科、华为路由命令对比

思　科	华　为	描　述
ip address IP 地址 子网掩码	ip address IP 地址 子网掩码（或掩码长度）	配置 IP 地址
ip route 0.0.0.0 0.0.0.0 下一跳	ip route-static 0.0.0.0 0.0.0.0 下一跳	配置默认路由
ip route 目标网段 掩码 下一跳	ip route-static 目标网段 掩码下一跳	配置静态路由
show ip route	display ip routing-table	查看路由表
router rip network 网段	rip network 网段	启用 rip 并宣告网段
router ospf 进程号 network ip 反码 area 区域号	ospf 进程号 area 区域号 network ip 反码	启用 OSPF 配置 OSPF 区域
show ip protocol	display ip protocol	查看路由协议
access-list 1-99 permit|deny 源地址 子网通配符	acl number 2000-2999 rule 值 permit|deny 源地址 子网通配符	标准访问控制列表
access-list 100-199 permit|deny 协议 源地址 子网通配符 目标地址 子网通配符 运算符 运算数	acl number 3000-3999 rule 值 permit|deny 协议 source 源地址 子网通配符 destination 目标地址 子网通配符 destination-port 运算符 运算数	扩展访问控制列表
ip access-group 列表号 in|out	traffic-filter inbound|outbound acl 列表号	在接口上应用 ACL
ip dhcp pool pool-name default-router 网关地址 network 网段 dns-server DNS 地址	dhcp enable ip pool pool-name gateway-list 网关地址 network 网段 mask 掩码 dns-list DNS 地址	设置 DHCP 服务器功能
ip nat inside source static [protocol] local-ip [port] global-ip [port]	nat static global global-ip inside inside-ip	配置静态地址转换

习　题

一、选择题

1. 计算机的 RJ-45 口与路由器的 Console 口连接时，采用（　　）线缆。

   A. 光纤线缆　　B. 配置线缆　　C. 交叉双绞线　　D. 直通双绞线

2. 第一次对路由器进行配置时，应采用（　　）。

   A. Telnet 远程配置　　B. FTP 方式传送配置文件

   C. Console 口配置　　D. 拨号远程配置

3. 以下描述中，不正确的是（　　）。

   A. 设置了交换机的管理地址后，就可使用 Telnet 来登录连接交换机，并实现对交换机的管理与配置

   B. 首次配置交换机时，必须采用 Console 口登录配置

C. 默认情况下，交换机的所有端口均属于 VLAN 1

D. 交换机允许同时建立多个 Telnet 登录连接

4.（　　）不是使用 Telnet 配置路由器的必备条件。

A. 在网络上必须配备一台计算机作为 Telnet 服务器

B. 作为模拟终端的计算机与路由器都必须与网络连通，它们之间能相互通信

C. 计算机必须具有访问路由器的权限

D. 路由器必须预先设置好远程登录的密码

5.（多选）用 Telnet 方式登录路由器时，可以选择的认证方式有（　　）。

A. password 认证　　B. scheme 认证　　C. md5 密文认证　　D. 不认证

6. Telnet 是一种用于远程访问的协议。以下关于 Telnet 的描述中，正确的是（　　）。

A. 不能传输登录口令　　B. 默认端口号是 23

C. 一种安全的通信协议　　D. 用 UDP 作为传输层协议

7. Telnet 的功能是（　　）。

A. 软件下载　　B. 新闻广播　　C. 远程登录　　D. WWW 浏览

8. 华为交换机从用户视图进入系统视图的命令是（　　）。

A. system-view　　B. sysname　　C. quit　　D. interface

9. 思科交换机从用户模式进入特权模式的命令是（　　）。

A. config terminal　　B. hostname　　C. interface　　D. enable

10. 思科路由器静态路由在（　　）配置模式下进行。

A. 用户模式　　B. 特权模式　　C. 全局配置模式　　D. 接口模式

二、简答题

1. 华为交换机和路由器有哪些配置视图？

2. 思科交换机和路由器常见工作模式有哪些？

3. 什么场景合适使用 Console 口本地访问设备？

第3章 交换机及交换技术

随着信息化的快速推进，网络规模和网络带宽增长迅速。在企业网中，以太网技术和交换机被广泛应用。

本章主要介绍了交换机的基本工作原理、分类和选型参数，以及思科和华为交换机的基本配置。讲解了生成树协议基本工作原理，以及思科和华为交换机的生成树配置。介绍了链路聚合技术，以及思科和华为交换机的链路聚合配置。阐述了VLAN及其划分方法、Trunk技术，以及思科和华为交换机的VLAN配置。

学习目标

- 理解交换机基本工作原理及其在网络互联中的作用，在网络规划时能够对交换机进行正确选型。
- 掌握思科和华为交换机的基本配置。
- 理解生成树协议的基本工作原理，掌握思科和华为交换机生成树协议的配置。
- 理解链路聚合技术的作用，掌握思科和华为交换机链路聚合技术配置。
- 理解VLAN的作用、划分方法、Trunk技术，掌握思科和华为交换机的VLAN配置。
- 能够构建交换网络并进行配置。

3.1 交换机

3.1.1 交换机简介

交换机是集线器的换代产品，其作用是将传输介质的线缆汇聚在一起，以实现计算机的连接。但集线器工作在OSI参考模型的物理层，而交换机工作在OSI参考模型的数据链路层。当交换机从某个接口接收到一个数据帧时，它先读取数据帧头中的源MAC地址，这样交换机就知道源MAC地址的主机是连接在哪个接口上，并将MAC地址和接口的对应关系记录在MAC地址表中。

再去读取数据帧头中的目的 MAC 地址，然后在交换机的 MAC 地址表中查询目的主机所连接的交换机接口，找到后就立即将数据帧直接转发到目的接口。如果目的 MAC 地址在交换机的 MAC 地址表中找不到，交换机便采用广播方式，将数据帧广播到除了源接口之外的所有其他接口。

交换机在网络互联中的作用主要表现在以下几个方面：

1. 提供网络接口

交换机在网络中最重要的应用就是提供网络接口，所有网络设备的互联都必须借助交换机才能实现。主要包括：

- 连接交换机、路由器、防火墙和无线接入点等网络设备。
- 连接计算机、服务器等计算机设备。
- 连接网络打印机、网络摄像头、IP 电话等其他网络终端。

2. 扩充网络接口

尽管有的交换机拥有较多数量的接口，如 48 口，但是当网络规模较大时，一台交换机所能提供的网络接口数量往往不够。此时，就需要将两台或更多台交换机连接在一起，从而成倍地扩充网络接口。

3. 扩展网络范围

交换机与计算机或其他网络设备是依靠传输介质连接在一起的，而每种传输介质的传输距离都是有限的，根据网络技术不同，同一种传输介质的传输距离也是不同的。当网络覆盖范围较大时，借助交换机进行中继，可以成倍地扩展网络传输距离，增大网络覆盖范围。

3.1.2 交换机的分类

根据不同的标准，可以对交换机进行不同的分类。不同种类的交换机其功能特点和应用范围也有所不同，应当根据具体的网络环境和实际需求进行选择。

在构建满足中小型企业需求的 LAN 时，通常采用分层网络设计，也就是将复杂的网络分成接入层、汇聚层和核心层三个层次，以便于网络管理、网络扩展和网络故障排除。分层网络设计需要将网络分成相互分离的层，每层提供特定的功能，这些功能界定了该层在整个网络中扮演的角色。接入层负责将包括计算机、AP（Access Point，无线接入点）等在内的工作站接入到网络。接入层通过光纤、双绞线、无线接入等传输媒介，实现与用户的对接，并进行业务和带宽的分配。汇聚层是网络接入层和核心层的“中介”，就是在工作站接入核心层前先进行汇聚，以减轻核心层设备的负荷。汇聚层具有实施策略、安全、工作组接入、虚拟局域网（VLAN）之间的路由、源地址或目的地址之间的过滤等功能。核心层的主要功能是实现主干网络之间的优化传输。核心层设计任务的重点通常是冗余能力、可靠性和高速传输。

1. 可网管交换机和傻瓜交换机

根据交换机是否可管理，可以将交换机划分为可网管交换机和傻瓜交换机两种类型。

（1）可网管交换机

可网管交换机也称智能交换机，它拥有独立的操作系统，且可以进行配置与管理。一台可网管的交换机在正面或背面一般有一个网管配置 Console（控制台）接口，现在的交换机 Console 口一般采用 RJ-45 口。可网管交换机便于网络监控、流量分析，但成本也相对较高。大中型网络在汇聚层应该选择可网管交换机，在接入层根据应用需要而定，核心层交换机则全部是可网管交换机。

（2）傻瓜交换机

不能进行配置与管理的交换机称为傻瓜交换机，也称不可网管交换机。如果局域网对安全性要求不是很高，接入层交换机可以选用傻瓜交换机。由于傻瓜交换机价格便宜，被广泛应用于低端网络（如学生机房、网吧等）的接入层，用于提供大量的网络接口。

2. 固定端口交换机和模块化交换机

以交换机的端口结构为标准，交换机可分为固定端口交换机和模块化交换机两种不同类型。通常情况下交换机端口即交换机接口，不同场景下叫法不同而已。接口和端口都是指交换机的物理接口、网口或光口。

（1）固定端口交换机

固定端口交换机只能提供有限数量的端口和固定类型的接口，如100Base-T、1000Base-T或SFP光模块插槽。一般的端口标准是8端口、16端口、24端口、48端口等。固定端口交换机通常作为接入层交换机，为终端用户提供网络接入，或作为汇聚层交换机，实现与接入层交换机之间的连接。如果交换机拥有SFP光模块插槽，也可以通过采用不同类型的SFP模块（如1000Base-SX、1000Base-LX、1000Base-T等）来适应多种类型的传输介质，从而拥有一定程度的灵活性。

（2）模块化交换机

模块化交换机也称机箱交换机，拥有更大的灵活性和可扩充性。用户可任意选择不同数量、不同速率和不同接口类型的模块，以适应千变万化的网络需求。模块化交换机大都具有很高的性能（如背板带宽、转发速率和传输速率等）、很强的容错能力，支持交换模块的冗余备份，并且往往拥有可插拔的双电源，以保证交换机的电力供应。模块化交换机通常被用于核心交换机或主干交换机，以适应复杂的网络环境和网络需求。

3. 接入层交换机、汇聚层交换机和核心层交换机

按照在网络构成中的地位和作用划分，交换机分为接入层交换机、汇聚层交换机和核心层交换机。

（1）接入层交换机

部署在接入层的交换机就称为接入层交换机，也称工作组交换机，通常为固定端口交换机，用于实现终端计算机的网络接入。接入层交换机可以选择拥有1～2个1000Base-T端口或SFP光模块插槽的交换机，用于实现与汇聚层交换机的连接。

（2）汇聚层交换机

部署在汇聚层的交换机称为汇聚层交换机，也称主干交换机、部门交换机，是面向楼宇或部门接入的交换机。汇聚层交换机首先汇聚接入层交换机发送的数据，再将其传输给核心层交换机，最终发送到目的地。汇聚层交换机可以是固定端口交换机，也可以是模块化交换机，一般都配有光纤接口。与接入层交换机相比，汇聚层交换机通常全部采用1000 Mbit/s端口或插槽，拥有网络管理的功能。

（3）核心层交换机

部署在核心层的交换机称为核心层交换机，也称中心交换机。核心层交换机属于高端交换机，一般全部采用模块化结构的可网管交换机，作为网络主干构建高速局域网。

4. 二、三、四层交换机

根据交换机工作在OSI参考模型中的层次不同，交换机又可以分为二层交换机、三层交换机、

四层交换机等。如无特殊说明，交换机指的是二层交换机。

（1）二层交换机

二层交换机依赖于数据链路层的信息（如 MAC 地址）完成不同端口间数据的线速交换，它对网络协议和用户应用程序完全是透明的。二层交换机通过内置的一张 MAC 地址表来完成数据的转发决策。接入层交换机通常全部采用二层交换机。

（2）三层交换机

三层交换机具有二层交换机的交换功能和三层路由器的路由功能，可将 IP 地址信息用于网络路径选择，并实现不同网段间数据的快速交换。当网络规模较大或通过划分 VLAN 来减小广播所造成的影响时，只有借助三层交换机才能实现。在大中型网络中，核心层交换机通常都由三层交换机来充当。当然，某些网络应用较为复杂的汇聚层交换机也可以选用三层交换机。

（3）四层交换机

四层交换机工作在传输层，通过包含在每一个 IP 数据包包头中的服务进程 / 协议（例如 HTTP 用于传输 Web，Telnet 用于终端通信，SSL 用于安全通信等）来完成报文的交换和传输处理，并具有带宽分配、故障诊断和对 TCP/IP 应用程序数据流进行访问控制等功能。由此可见，核心层交换机的首选是四层交换机。

5. 快速以太网交换机、吉比特以太网交换机和 10 吉比特以太网交换机

依据交换机所提供的传输速率为标准，可以将交换机划分为快速以太网交换机、吉比特以太网交换机和 10 吉比特以太网交换机等。

（1）快速以太网交换机

快速以太网交换机是指交换机所提供的端口或插槽全部为 100 Mbit/s，几乎全部为固定配置交换机，通常用于接入层。为了保证与汇聚层交换机实现高速连接，通常配置有 1 ～ 4 个 1 000 Mbit/s 端口。快速以太网交换机的接口类型包括 100Base-T 双绞线接口和 100Base-FX 光纤接口。

（2）吉比特以太网交换机

吉比特以太网交换机也称千兆位以太网交换机，是指交换机提供的端口或插槽全部为 1 000 Mbit/s，可以是固定端口交换机，也可以是模块化交换机，通常用于汇聚层或核心层。吉比特以太网交换机的接口类型包括 1000Base-T 双绞线接口、1000Base-SX、1000Base-LX 光纤接口、1000Base-ZX 光纤接口、1 000 Mbit/s GBIC 插槽和 1 000 Mbit/s SFP 插槽等。

（3）10 吉比特以太网交换机

10 吉比特以太网交换机也称万兆位以太网交换机，是指交换机拥有 10 Gbit/s 以太网端口或插槽，可以是固定端口交换机，也可以是模块化交换机，通常用于大型网络的核心层。10 吉比特以太网交换机接口类型包括 10 GBase-T 双绞线接口和 10 Gbit/s SFP 插槽。

6. 对称交换机和非对称交换机

依据交换机端口速率的一致性，可将交换机分为对称交换机和非对称交换机两类。

（1）对称交换机

在对称交换机中，所有端口的传输速率均相同，全部为 100 Mbit/s（快速以太网交换机）或者全部为 1 Gbit/s（吉比特以太网交换机）。其中，100 Mbit/s 对称交换机用于小型网络或者充当接入层交换机，1 Gbit/s 对称交换机则主要充当大中型网络中的汇聚层或核心层交换机。

（2）非对称交换机

非对称交换机是指拥有不同速率端口的交换机。提供不同带宽端口（例如 100 Mbit/s 端口和

1 000 Mbit/s 端口）之间的交换连接。其通常拥有 2 ～ 4 个高速率端口（1 Gbit/s 或 10 Gbit/s）以及 12 ～ 48 个低速率端口（100 Mbit/s 或 1 Gbit/s）。高速率端口用于实现与汇聚层交换机、核心层交换机、接入层交换机和服务器的连接，搭建高速主干网络。低速率端口则用于直接连接客户端或其他低速率设备。

3.1.3 交换机的选型参数

交换机选型参数包括端口数量、端口速率、背板带宽、包转发率、支持的网络类型、MAC 地址数量、缓存大小、可网管功能、VLAN 支持、冗余支持等。

1. 端口数量

交换机设备的端口数量是交换机最直观的衡量因素，针对固定端口交换机，常见的标准固定端口交换机端口数有 8、12、16、24、48 等几种。

2. 端口速率

交换机端口的数据交换速率，即交换机传输速率。目前常见的有 10 Mbit/s、100 Mbit/s、1 000 Mbit/s 等几类，还有 10 Gbit/s 交换机端口。

3. 背板带宽

背板带宽是交换机接口处理器或接口卡和数据总线间所能吞吐的最大数据量。背板带宽体现了交换机总的数据交换能力，单位为 Gbit/s，也叫交换带宽。一台交换机的背板带宽越高，所能处理数据的能力就越强，但同时设计成本也会越高。线速的背板带宽 = 端口数 × 相应端口速率 ×2(全双工模式)，总带宽≤标称背板带宽。

4. 包转发率

包转发率是交换机的一个非常重要的参数，标志了交换机转发数据包的能力大小。转发率通常以“Mpps”(Million Packet Per Second,每秒百万包数）来表示,即每秒能够处理的数据包的数量。包转发速率体现了交换引擎的转发功能，该值越大，交换机的性能越强。

包转发率 = 千兆端口数量 ×1.488 Mpps+ 百兆端口数量 ×0.1488 Mpps，最大包转发率≤标称包转发率，交换机是线速。对于万兆以太网，一个线速端口的包转发率为 14.88 Mpps。对于千兆以太网，一个线速端口的包转发率为 1.488 Mpps。对于快速以太网，一个线速端口的包转发率为 0.1488 Mpps。

5. 支持的网络类型

一般情况下，固定配置式不带扩展槽的交换机仅支持一种类型的网络，机架式交换机和固定配置式带扩展槽的交换机则可以支持一种以上类型的网络，如支持以太网、快速以太网、千兆以太网、ATM、令牌环及 FDDI 等。一台交换机所支持的网络类型越多，其可用性、可扩展性越强。

6. MAC 地址数量

每台交换机都维护着一张 MAC 地址表，记录 MAC 地址与端口的对应关系，交换机就是根据 MAC 地址将访问请求直接转发到对应端口上的。存储的 MAC 地址数量越多，数据转发的速度和效率也就越高，抗 MAC 地址表溢出攻击能力也就越强。

7. 缓存大小

交换机的缓存用于暂时存储等待转发的数据。如果缓存容量较小，当并发访问量较大时，数据将被丢弃,从而导致网络通信失败。只有缓存容量较大,才可以在组播和广播流量很大的情况下，提供更佳的整体性能，同时保证最大可能的吞吐量。

8. 可网管功能

网管功能是指网络管理员通过网络管理程序对网络上的资源进行集中化管理的操作，包括配置管理、性能和记账管理、问题管理、操作管理和变化管理等。一台设备所支持的管理程度反映了该设备的可管理性及可操作性，现在交换机的管理通常是通过厂商提供的管理软件或通过第三方管理软件的管理来实现的。

9. VLAN 支持

一台交换机是否支持 VLAN（Virtual Local Area Network，虚拟局域网）是衡量其性能好坏的一个重要指标。通过将局域网划分为虚拟网络 VLAN 网段，可以强化网络管理和网络安全，控制不必要的数据广播，减少广播风暴的产生。由于 VLAN 是基于逻辑上的连接而不是物理上的连接，因此网络中工作组的划分可以突破共享网络中的地理位置限制，而完全根据管理功能来划分。目前，好的产品可提供功能较为细致丰富的 VLAN 划分功能。

10. 冗余支持

冗余强调了设备的可靠性，也就是当一个部件失效时，相应的冗余部件能够接替工作，使设备继续运转。冗余组件一般包括管理卡、交换结构、接口模块、电源、机箱风扇等。对于提供关键服务的管理引擎及交换结构模块，不仅要求冗余，还要求这些部件具有“自动切换”的特性，以保证设备冗余的完整性。

3.1.4 交换机的常见接口

1. RJ-45 接口

RJ-45 接口可用于连接 RJ-45 接头，适用于由双绞线构建的网络，这类接口最常见、应用最广泛。一般说来，以太网交换机都会提供这种接口，我们平常所说的 24 口交换机，就是指具有 24 个 RJ-45 接口。它不仅在最基本的 10Base-T 以太网网络中使用，还在目前主流的 100Base-TX 快速以太网和 1000Base-TX 千兆以太网中使用。

2. 光纤接口

目前光纤传输介质发展相当迅速，各种光纤接口也是层出不穷，在局域网交换机中，光纤接口主要是 SC 类型，无论是在 100Base-FX，还是在 1000Base-FX 网络中。

SC 光纤接口主要用于局域网交换环境，在一些高性能千兆交换机和路由器上提供了这种接口。SC 光纤接口在 100Mbit/s 时代就已经得到了应用，不过由于当时光纤性能并不比双绞线突出却成本较高，所以并没有得到普及。SC 光纤接口从 1000Base 技术正式实施以来重新受到重视，因为在这种速率下，虽然也有双绞线介质方案，但性能远不如光纤好，且在光纤连接距离等方面具有非常明显的优势。

3. AUI 接口

AUI（Attachment Unit Interface，附加单元接口）专门用于连接粗同轴电缆，虽然目前这种网络在局域网中并不多见，但在一些大型企业网络中，仍可能有一些遗留下来的粗同轴电缆令牌网络设备，所以有些交换机也保留了少数 AUI 接口，以更大限度满足用户需求。AUI 接口是一个 15 针“D”形接口，类似于显示器接口。

4. Console（控制台）接口

Console 接口是用来配置交换机的，所以只有网管型交换机才有。需要注意的是，并不是所有网管型交换机都有，那是因为交换机的配置方法有很多，如通过 Telnet 命令行方式、Web 方式、

TFTP方式等。虽然理论上来说，交换机的基本配置必须通过Console接口，但是有些品牌的交换机基本设置在出厂时就已经配置好了，不需要进行IP地址、用户名之类的基本配置，所以这类网管型交换机不需要提供Console接口。

3.2 交换机基本配置

3.2.1 思科交换机的基本配置

扫一扫

思科交换机的基本配置

1. 思科交换机工作模式

思科交换机有四种基本的命令访问模式，分别是用户模式、特权模式、全局配置模式和接口配置模式。此外还有其它配置模式，如VLAN配置模式。

（1）用户模式

用户模式是交换机启动时的默认模式，登录交换机后默认进入用户模式，该模式下的提示符为“>”。该模式提供有限的交换机访问权限，如查看交换机的配置参数、测试交换机的连通性，但不能对交换机配置做任何改动。例如，可在用户模式使用show interface命令来查看交换机接口信息。

（2）特权模式

特权模式也叫使能（enable）模式，可对交换机进行更多的操作，能使用的命令集比用户模式的多，包括修改交换机配置、重新启动交换机、查看配置文件等命令，还可对交换机进行更高级的测试，如使用debug命令。从用户模式进入特权模式的命令是enable。

进入特权模式：

```
Switch>enable
Switch#
```

通过识别交换机名称后面的符号“#”，可以确认交换机当前是否处于特权模式。另外，可用命令disable或exit命令从特权模式退回到用户模式。

退回用户模式：

```
Switch#exit
Switch>
```

（3）全局配置模式

全局配置模式是交换机的最高操作模式，可以设置交换机上运行的硬件和软件的相关参数，如配置各接口、路由协议、广域网协议、VLAN，设置交换机主机名和访问密码等。在特权模式“#”提示符下输入configure terminal（可简写为config t）命名，进入全局配置模式，全局配置模式默认提示符为(config)#。从全局配置模式退回到特权模式，可使用命令exit、end或者【Ctrl+Z】组合键。

进入、退出全局配置模式：

```
Switch#config t
Switch(config)#exit
Switch#
```

(4) 接口配置模式

接口配置模式用于对指定接口进行相关的配置。该模式及后面的数种模式，均要在全局配置模式下方可进入。为便于分类记忆，都可把它们看成是全局配置模式下的子配置模式。接口配置模式默认提示符为(config-if)#。进入的方法是在全局配置模式下，用 interface 命令进入具体的接口，即：Switch(config)#interface interface-id。退出方法：退到上一级模式，使用命令 exit；直接退到特权模式，使用 end 命令或【Ctrl+Z】组合键。

进入、退出接口配置模式：

```
Switch(config)#interface fastethernet 0/1
Switch(config-if)#exit
Switch(config)#
```

从接口配置模式直接退回到特权模式：

```
Switch(config-if)#end
Switch#
```

(5) VLAN 配置模式

VLAN 配置模式用于完成对 VLAN 的一些相关配置。VLAN 配置模式的提示符有两种，分别为(config-vlan)# 和(vlan)#。进入的方法之一是在全局配置模式下用 vlan 命令进入，即：Switch(config)#vlan vlan-id。进入的方法之二是在特权配置模式下，用 vlan database 命令进入，即：Switch#vlan database。

进入、退出 vlan 配置模式方法之一：

```
Switch(config)#vlan 10
Switch(config-vlan)#exit
Switch(config)#
```

进入、退出 vlan 配置模式方法之二：

```
Switch#vlan database
Switch(vlan)#exit
Switch#
```

假设交换机名称为 Switch，交换机的命令模式切换，见图 2-2-3。

2. 思科交换机常用配置命令

(1) 查看交换机系统和配置信息

查看交换机硬件及软件的版本信息：Switch#show version。

查看交换机当前运行的配置信息：Switch#show running-config。

查看保存在 NVRAM 中的启动配置信息：Switch#show startup-config。

查看交换机的 MAC 地址表：Switch#show mac-address-table。

查看交换机的接口状态：Switch#show interfaces。

(2) 配置交换机名称

配置交换机的设备名称为 S2960：

```
Switch(config)#hostname S2960
S2960(config)#
```

（3）配置交换机接口参数

选择一个接口使用命令 Switch(config)#interface type mod/port，这里，type 表示接口类型，通常有 ethernet、fastethernet、gigabitethernet 等类型，mod 表示接口所在模块编号，port 表示在该模块中的编号。例如，进入接口 fastethernet0/3 的命令为：Switch(config)#interface fastethernet 0/3。

选择一组接口的命令为：Switch(config)#interface range type mod/port-range。port-range 表示接口范围段。可指定多个接口范围段，之间用"-"连接或用","隔开。例如，Switch(config)#interface range fastethernet 0/1-5,fastethernet 0/7, fastethernet 0/9-11，表示进入接口 fastethernet0/1，fastethernet0/2，fastethernet0/3，fastethernet0/4，fastethernet0/5，fastethernet0/7，fastethernet0/9，fastethernet0/10，fastethernet0/11。

设置接口通信速率：Switch(config-if)#speed [10|100|auto]。可分别设置速率为 10 Mbit/s、100 Mbit/s、10/100 Mbit/s 自适应。若交换机设置为 auto 以外的具体速率，此时应注意保证通信双方要有相同的设置值。

设置接口单双工模式：Switch(config-if)#duplex [half|full|auto]。可分别设置双工模式为半双工、全双工、自动协商。在配置交换机时，要注意接口的单双工模式的匹配，如果链路一端配置的是全双工，另一端是自动协商，则会造成响应差和高出错率，丢包现象会很严重。通常两端设置为相同的模式。

激活接口：Switch(config-if)#no shutdown。

关闭接口：Switch(config-if)#shutdown。

（4）设置管理 IP 地址

交换机的默认 VLAN 为 VLAN 1，为了安全和前期工作统一，一般使用 VLAN 1 作为交换机的管理 VLAN。给管理 VLAN 配置 IP 地址后，管理员可以使用该地址访问和管理该交换机。例如，设置交换机的管理 IP 地址为 192.168.1.1、掩码为 255.255.255.0 的命令为：

```
Switch(config)#interface vlan 1
Switch(config-if)#ip address 192.168.1.1 255.255.255.0
```

（5）配置默认网关

该配置只针对二层交换机，默认网关的 IP 地址是在同一管理 VLAN 的路由接口的 IP 地址。为交换机设置默认网关的命令：ip default-gateway IP 地址。例如，设置某一交换机的默认网关为 192.168.1.254，命令如下：

```
Switch(config)#ip default-gateway 192.168.1.254
```

（6）配置 Telnet

进入虚拟终端：Switch(config)#line vty 0 4。

设置允许登录：Switch(config-line)#login。

设置登录密码：Switch(config-line)#password vty-cisco。

退回到全局配置模式：Switch(config-line)#exit。

设置全局配置密码：Switch(config)#enable password enable-cisco。

扫一扫

华为交换机的基本配置

3.2.2 华为交换机的基本配置

1. 华为交换机命令视图

华为交换机有三种基本的命令视图，分别是用户视图、系统视图和接口视图。此外还有其他配置视图，如 VLAN 视图。所有命令都注册在某个或某些命令视图下，只有在相应的视图下才能执行该视图下的命令。

华为数据通信产品操作系统平台是 VRP（versatile routing platform，通用路由平台）系统，进入 VRP 系统的配置界面后，VRP 上最先出现的用户视图。在该视图下，用户可以查看设备的运行状态和统计信息。若要修改系统参数，用户必须进入系统视图。用户还可以通过系统视图进入其他功能配置视图，如接口视图和协议视图。通过提示符可以判断当前所处的视图，“< >”表示用户视图，“[ ]”表示用户视图以外的其他视图。例如：

用户视图：<Huawei>。

系统视图：[Huawei]。

接口视图：[Huawei-Ethernet0/0/1]。

协议视图：[Huawei-rip]。

2. 常见交换机配置命令

（1）显示交换机系统和配置信息

显示系统版本信息：<Huawei>display version。

显示当前生效的配置：[Huawei]display current-configuration。

查看交换机的 MAC 地址表：[Huawei]display mac-address。

查看交换机的接口状态：[Huawei]display interface。

（2）设置交换机名称

设置交换机的设备名称为 SW1：

```
[Huawei]sysname SW1
[SW1]
```

（3）配置交换机接口参数

选择一个接口使用命令 [Huawei]interface type slot/mod/port，这里，type 表示接口类型，通常有 ethernet、gigabitethernet 等类型，slot 表示接口所在插槽编号，mod 表示接口所在模块编号，port 表示在该模块中的编号。例如，进入接口 ethernet0/0/3 的命令为：[SW1]interface ethernet 0/0/3。

要选择一组接口，华为设备通过创建 port-group 来实现。创建 port-group 后，再将接口加入到接口组里面，然后进行配置。

```
[SW1]port-group 组名称
[SW1-port-group-组名称]group-member 接口1 to 接口n
```

例如，进入接口 ethernet0/0/1 到 ethernet0/0/10 的命令为：

```
[SW1]port-group 1-10
[SW1-port-group-1-10]group-member ethernet0/0/1 to ethernet0/0/10
```

negotiation auto 命令用来设置以太网接口的自协商功能。接口是否应该使能自协商模式，要考虑对接双方设备的接口是否都支持自动协商。如果对端设备的以太网接口不支持自协商模式，则需要在本端端口先使用 undo negotiation auto 命令配置为非自协商模式。然后才能修改本端端口的速率和双工模式以保持与对端一致，确保通信正常。

duplex 命令用来设置以太网接口的双工模式。GE 接口工作速率为 1 000 Mbit/s 时，只支持全双工模式，不需要与链路对端的接口共同协商双工模式。

speed 命令用来设置接口的工作速率。配置端口的速率和双工模式之前需要先配置端口为非自协商模式。

进入接口视图：[SW1]interface gigabitethernet0/0/1。

配置非自协商模式：[SW1-gigabitethernet0/0/1]undo negotiation auto。

配置接口双工模式：[SW1-gigabitethernet0/0/1]duplex {half|full|auto}。

配置接口工作速率：[SW1-gigabitethernet0/0/1]speed {10|100|auto}。

设置接口工作模式：[SW1-gigabitethernet0/0/1]port link-type {trunk|access|hybrid}。

激活接口：[SW1-gigabitethernet0/0/1]undo shutdown。

退出接口视图：[SW1-gigabitethernet0/0/1]quit。

显示接口配置信息：[SW1]display interface gigabitethernet0/0/1。

（4）设置管理 IP 地址

例如，设置交换机的管理 IP 地址为 172.16.10.1、掩码为 255.255.255.0，其命令如下。

进入接口视图：[SW1]interface vlan 1。

配置 VLAN 的 IP 地址：[SW1-Vlanif1]ip address 172.16.10.1 24。

退回系统视图：[SW1-Vlanif1]]quit。

（5）配置默认网关

配置默认网关：[SW1]ip route-static 0.0.0.0 0.0.0.0 172.16.10.2。

（6）telnet 配置命令

进入虚拟终端：[SW1]user-interface vty 0 4。

设置口令模式：[SW1-ui-vty0-4]authentication-mode password。

设置口令为 222：[SW1-ui-vty0-4]set authentication password simple 222。

设置用户级别：[SW1-ui-vty0-4]user privilege level 3。

设置全局配置密码：[SW1]super password simple hw123。

3.3 VLAN 技术及配置

3.3.1 VLAN 技术概述

VLAN（虚拟局域网）技术的出现主要是为了解决交换机在进行局域网互联时无法限制广播的问题。这种技术可以把一个物理局域网划分为若干个逻辑工作组，每个逻辑工作组就是一个虚拟网络（VLAN），VLAN 并不是一种新型的局域网技术，而是交换网络为用户提供的一种服务。VLAN 可以不考虑用户的物理位置，而根据业务功能、网络应用、组织机构等因素将用户从逻辑上划分成一个个功能相对独立的工作组。每个用户主机都连接在一个支持 VLAN 的交换机接口上并属于某一个 VLAN。同一个 VLAN 中的成员都共享广播，形成一个广播域，而不同 VLAN 之间广播信息是相互隔离的。这样，可将整个网络分隔成多个不同的广播域。VLAN 内的主机间通信就和在一个 LAN 内一样，而 VLAN 间的主机则不能直接互通，这样广播数据帧被限制在一个 VLAN 内，相对也提高了网络的安全性。

交换式以太网利用 VLAN 技术，在以太网帧的基础上增加了 VLAN 头，该 VLAN 头中含有 VLAN 标识符，用来指明发送该以太网帧的工作站属于哪一个 VLAN。同一个 VLAN 内的各个工作站没有限制在同一物理范围中，它们不受节点所在物理位置的束缚。图 3-3-1 给出了一个典型虚拟局域网的物理结构与逻辑结构。

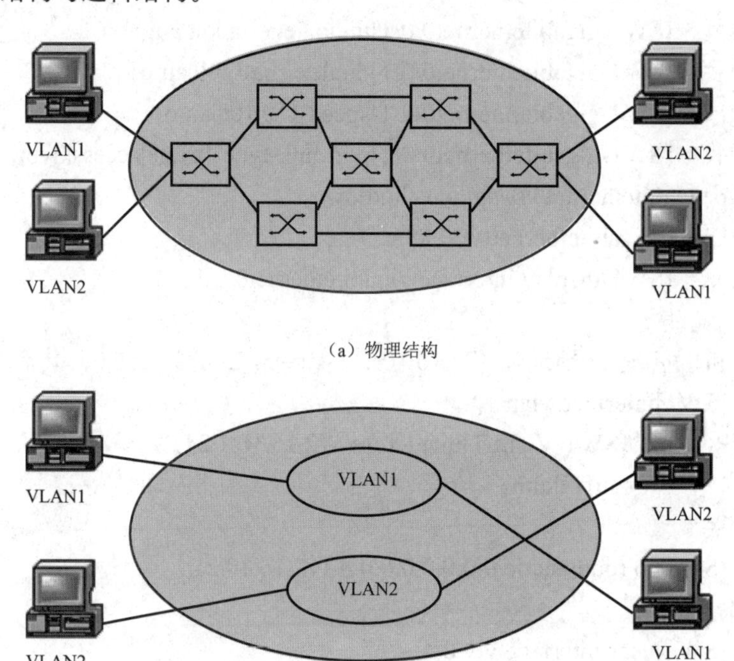

图 3-3-1　虚拟局域网

在采用 VLAN 后，在不增加设备投资的前提下，可在许多方面提高网络的性能，并简化网络的管理。VLAN 主要具有以下几个方面优点：

1. 增加网络连接的灵活性

借助 VLAN 技术，能将不同地点、不同网络、不同用户组合在一起，形成一个虚拟的网络环境，就像使用本地局域网一样方便、灵活、有效。VLAN 可以降低移动或变更工作站地理位置的管理费用，特别是一些业务情况需要经常变动的公司，可以大大降低这部分的管理费用。

2. 增加网络的性能，节省网络带宽

一个 VLAN 中的广播包不会被送到其他 VLAN 中，这样可以减少广播流量，释放带宽给用户应用，减少广播的产生，增加网络的性能。

3. 增强网络的安全性

因为一个 VLAN 是一个独立的广播域，VLAN 之间相互隔离，数据流只限制于本 VLAN 里，可以防止敏感性数据流动到其他非法节点上，保证了网络的安全性。

3.3.2　VLAN划分方法

在交换机上划分VLAN，主要有基于端口、基于MAC地址、基于网络层、基于IP组播、基于策略等方法。

1. 基于端口划分VLAN

这是最常应用的一种VLAN划分方法，应用也最为广泛、有效，目前绝大多数支撑VLAN技术的交换机都提供这种VLAN配置方法。这种划分VLAN的方法是根据以太网交换机的交换端口，它是将VLAN交换机上的物理端口分成若干个组，每个组构成一个虚拟网络，相当于一个独立的VLAN交换机。

这种划分方法的优点是定义VLAN成员时非常简单，只要将所有的端口都定义为相应的VLAN组即可，适合于任何大小的网络。它的缺点是如果某用户离开了原来的端口，到了一个新的交换机端口，必须重新定义。

2. 基于MAC地址划分VLAN

这种划分VLAN的方法是根据每个主机的MAC地址来划分，即对每个MAC地址的主机都配置它属于哪个组，它实现的机制就是每一块网卡都对应唯一的MAC地址。这种方式的VLAN允许网络用户从一个物理位置移动到另一个物理位置时，自动保留其所属VLAN的成员身份。

这种VLAN划分方法的最大优点就是当用户物理位置移动时，即从一个交换机换到其他的交换机时，VLAN不用重新配置，因为它是基于用户的MAC地址，而不是基于交换机的端口。这种方法的缺点是初始化时，所有的用户都必须进行配置，如果有几百个甚至上千个用户的话，配置非常麻烦，所以这种划分方法通常适用于小型局域网。而且这种划分的方法也导致了交换机执行效率的降低，因为在每一个交换机的端口都可能存在很多个VLAN组的成员，保存了许多用户的MAC地址，查询起来相当不容易。另外，对于笔记本电脑用户来说，它们的网卡可能经常更换，这样VLAN就必须经常配置。

3. 基于网络层划分VLAN

这种划分VLAN的方法是根据每个主机的网络层地址或协议类型（如果支持多协议）划分的，虽然这种划分方法是根据网络地址，比如IP地址，但它不是路由，与网络层的路由并无关系。

这种方法的优点是用户的物理位置改变后，不需要重新配置所属的VLAN，而且可以根据协议类型来划分VLAN，这对网络管理者来说很重要。此外，这种方法不需要附加的帧标签来识别VLAN，这样可以减少网络的通信量。

这种方法的缺点是效率低，因为检查每一个数据包的网络层地址需要消耗处理时间，一般的交换机芯片都可以自动检查网络上数据包的以太网帧头，但要让芯片能检查IP帧头，需要更高的技术，同时也更费时。

4. 基于IP组播划分VLAN

IP组播实际上也是一种VLAN的定义，即认为一个IP组播组就是一个VLAN。这种划分的方法将VLAN扩大到了广域网，因此这种方法具有更大的灵活性，而且也很容易通过路由器进行扩展，主要适合于不在同一地理范围的局域网用户组成一个VLAN，不适合局域网，主要原因是效率不高。

5. 基于策略划分VLAN

基于策略组成的VLAN能实现多种分配方法，包括VLAN交换机端口、MAC地址、IP地址、网络层协议等。网络管理人员可根据自己的管理模式和本单位的需求来决定选择哪种类型的VLAN。

3.3.3 VLAN Trunk

VLAN Trunk(虚拟局域网中继技术)是指能让连接在不同交换机上相同VLAN中的主机互通。

若在两台交换机上都设置有同一VLAN里的计算机,这时需要通过VLAN Trunk技术来实现。例如，交换机1的VLAN 2中的计算机要访问交换机2的VLAN 2中的计算机，需要把两台交换机的级联端口设置为Trunk模式。这样，当交换机把数据包从级联口发出去的时候，会在数据包中做一个标记（TAG），以便其他交换机能识别该数据包属于哪一个VLAN，其他交换机收到这个数据包后，只会将该数据包转发到标记中指定的VLAN，从而完成了跨越交换机的VLAN内部数据传输。

Trunk干道不属于任何一个VLAN，它承载所有VLAN的流量，可以标记和识别不同VLAN的流量。VLAN Trunk目前有两种标准，即ISL（Interior Switching Link，交换机间链路）和IEEE802.1Q。ISL交换机间链路协议是思科私有协议，用于实现思科交换机间的VLAN中继。ISL是一个信息包标记协议，在支持ISL接口上，发送的帧由一个标准以太网帧及相关的VLAN信息组成。IEEE 802.1Q是国际标准,是各类产品的VLAN通用协议模式,适用所有交换机与路由设备。IEEE 802.1Q协议规定了一段新的以太网帧字段。与标准的以太网帧头相比，VLAN报文格式在源地址后增加了一个4字节的802.1Q标签。

3.3.4 思科交换机配置VLAN

1. 思科交换机VLAN命令

（1）创建VLAN

创建以太网VLAN，输入一个具体的vlan-id号：Switch(config)#vlan vlan-id。

为VLAN取一个名字（此命令可选）：Switch(config-vlan)# name vlan-name。

（2）将相关接口加入到VLAN

指定想要加入VLAN的接口：Switch(config)#interface interface-id。

定义该接口的类型为Access口：Switch(config-if)#switchport mode access。

将这个接口分配给一个VLAN：Switch(config-if)#switchport access vlan vlan-id。

（3）删除VLAN

删除指定vlan-id号的VLAN：Switch(config)#no vlan vlan-id。

注意：删除VLAN时，不能删除默认VLAN（VLAN 1）。

（4）配置VLAN Trunk

默认情况下，交换机接口是二层接口（switchport），二层接口的默认模式是Access模式。使用switchport mode命令,可以将一个接口的模式在Access和Trunk之间切换。Access就是主机接入，用于将该接口划分到某VLAN。而Trunk模式是用作干线，传输各VLAN信息，通常Trunk口用来连接网络设备，如交换机和交换机的连接，或者交换机和路由器的连接。

Trunk配置命令如下：

进入要配成Trunk模式的接口：Switch(config)#interface interface-id。

定义该接口的类型为Trunk模式：Switch(config-if)#switchport mode trunk。

(5) 验证 VLAN

创建 VLAN 后，可以执行 show 命令验证配置结果。

查看所有 VLAN 的配置：Switch# show vlan。

查看指定 VLAN 的配置：Switch# show vlan id vlan-id。

2. 思科单交换机配置 VLAN 实例

某学校信息技术系在 1 号教学楼二楼办公，有两个教研室，分别为网络教研室和软件教研室，各有 10 名教师。为了保证两个教研室之间的数据互不干扰，也不影响各自的通信效率，网络管理员划分了 VLAN，使两个教研室的计算机属于不同的 VLAN。在交换机 SW1 上创建 VLAN 10 和 VLAN 20，接口 Fa0/1-10 划分到 VLAN 10，接口 Fa0/11-20 划分到 VLAN 20，两个教研室的计算机分别接到交换机相应的接口上，如图 3-3-2 所示。

扫一扫

思科单交换机配置 VLAN 实例

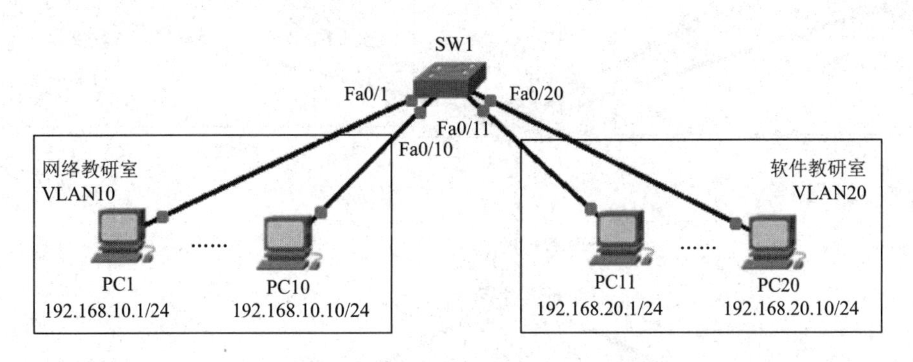

图 3-3-2 思科单交换机上划分 VLAN

(1) 交换机 SW1 的配置

```
SW1(config)#vlan 10
SW1(config-vlan)#exit
SW1(config)#vlan 20
SW1(config-vlan)#exit
SW1(config)#interface range fastethernet 0/1-10
SW1(config-if)#switchport access vlan 10
SW1(config-if)#exit
SW1(config)#interface range fastethernet 0/10-20
SW1(config-if)#switchport access vlan 20
SW1(config-if)#exit
SW1(config)#
```

(2) 结果验证

按照图 3-3-2，分别设置 PC1、PC10、PC11 和 PC20 的 IP 地址和子网掩码，并测试连通性。PC1 与 PC10 能相互 ping 通，PC11 和 PC20 能相互 ping 通，PC1（或 PC2）与 PC11（或 PC12）相互不能 ping 通。即同一 VLAN 内部的主机能相互通信，不同 VLAN 内的主机不能相互通信。

扫一扫

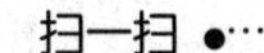

思科跨交换机配置 VLAN 实例

3. 思科跨交换机配置 VLAN 实例

某学校信息技术系在 1 号教学楼办公，有两个教研室，分别为网络教研室和软件教研室，各有 20 名教师，在二楼和三楼都有各自的办公室。为了保证两个教研室之间的数据

互不干扰，也不影响各自的通信效率，网络管理员划分了 VLAN，使两个教研室的计算机属于不同的 VLAN。

网络管理员分别在交换机 SW1 和 SW2 上划分了 VLAN，SW1 和 SW2 通过接口 Fa0/24 相连，如图 3-3-3 所示。在交换机 SW1 上创建 VLAN 10 和 VLAN 20，接口 Fa0/1-10 划分到 VLAN 10，接口 Fa0/11-20 划分到 VLAN 20；在交换机 SW2 上创建 VLAN 10 和 VLAN 20，接口 Fa0/1-10 划分到 VLAN 10，接口 Fa0/11-20 划分到 VLAN 20；两个教研室的计算机分别接到相应交换机的接口上。

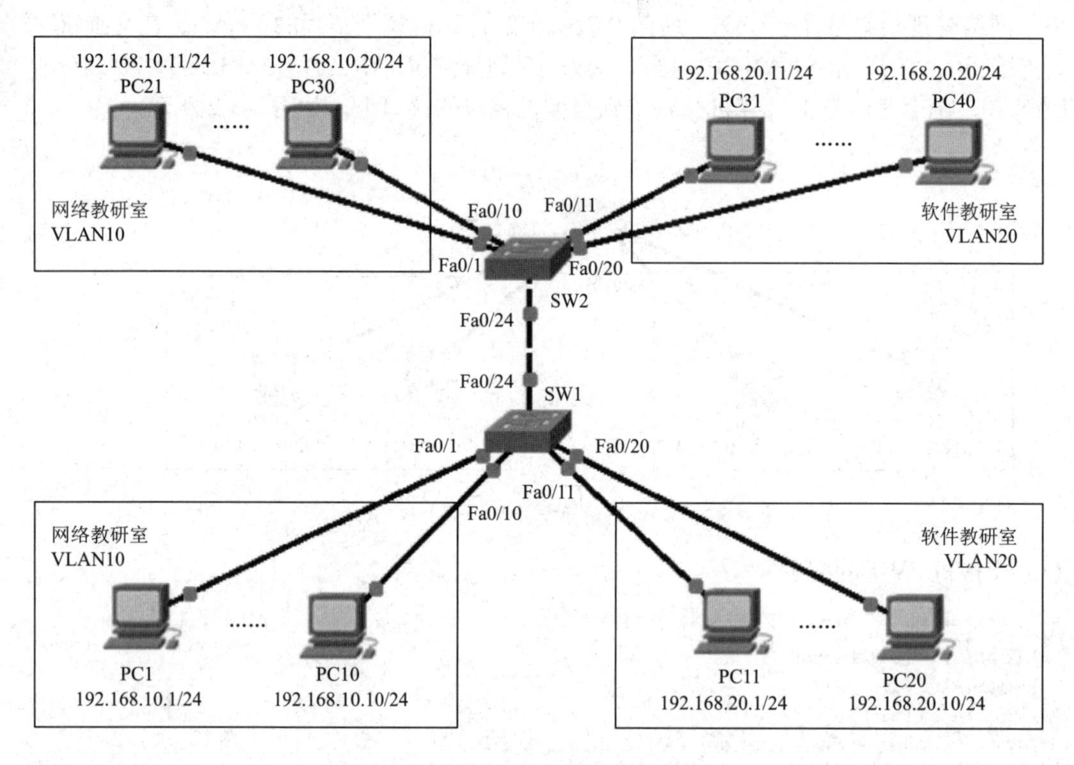

图 3-3-3　思科跨交换机划分 VLAN

（1）SW1 的配置

```
SW1(config)#vlan 10
SW1(config-vlan)#exit
SW1(config)#vlan 20
SW1(config-vlan)#exit
SW1(config)#interface range fastethernet 0/1-10
SW1(config-if)#switchport access vlan 10
SW1(config-if)#exit
SW1(config)#interface range fastethernet 0/10-20
SW1(config-if)#switchport access vlan 20
SW1(config-if)#exit
SW1(config)#interface fastethernet 0/24
SW1(config-if)#switchport mode trunk
SW1(config-if)#exit
SW1(config)#
```

（2）SW2 上的配置

SW2 的配置同 SW1 的配置。

（3）结果验证

按照图 3-3-3，分别设置 PC1、PC10、PC11、PC20、PC21、PC30、PC31、PC40 的 IP 地址和子网掩码，并测试连通性。VLAN10 内的主机 PC1、PC10、PC21、PC30 能相互 ping 通，但是均不能 ping 通 VLAN20 内的主机。VLAN20 内的主机 PC11、PC20、PC31、PC40 能相互 ping 通，但是均不能 ping 通 VLAN10 内的主机。

3.3.5 华为交换机配置 VLAN

1. 华为交换机 VLAN 命令

（1）创建 VLAN

创建以太网 VLAN，输入具体的 vlan-id，如 2：[Huawei]vlan 2。

指定 VLAN 描述文字：[Huawei-vlan2]description string。

如需创建多个 VLAN，可以在交换机上执行 vlan batch vlan-id1 [to vlan-id2] 命令，以创建多个连续的 VLAN。也可以执行 vlan batch vlan-id1 vlan-id2 命令，创建多个不连续的 VLAN，VLAN 号之间需要有空格。

（2）将相关端口加入到 VLAN

有两种方法把端口加入到 VLAN。

第一种方法是进入 VLAN 视图，执行 port <interface> 命令，把端口加入 VLAN。例如添加 GigabitEthernet0/0/2 端口到 VLAN 3 的命令为：

```
[Huawei]vlan 3
[Huawei-vlan3]port GigabitEthernet0/0/2
```

第二种方法是进入接口视图，执行 port default vlan <vlan-id> 命令，把端口加入 VLAN。vlan-id 是指端口要加入的 VLAN 号。例如添加 GigabitEthernet0/0/3 端口到 VLAN 3 的命令为：

```
[Huawei]interface gigabitethernet0/0/3
[Huawei-GigabitEthernet0/0/3]port default vlan 3
```

（3）删除 VLAN

删除指定 vlan-id 号的 VLAN：[Huawei]undo vlan vlan-id。

注意：删除 VLAN 时，不能删除默认的 VLAN（VLAN 1）。

（4）配置 VLAN Trunk

配置 Trunk 时，应先使用 port link-type trunk 命令修改端口的类型为 Trunk，然后再配置 Trunk 端口允许哪些 VLAN 的数据帧通过。执行 port trunk allow-pass vlan {{vlan-id1 [to vlan-id2]}|all} 命令，可以配置端口允许的 VLAN，all 表示允许所有 VLAN 的数据帧通过。例如，配置交换机 SW1 的 G0/0/1 端口为 Trunk 类型的端口，该端口允许 VLAN 2 和 VLAN 3 的数据帧通过，命令为：

```
[SW1]interface g0/0/1
[SW1-GigabitEthernet0/0/1]port link-type trunk
[SW1-GigabitEthernet0/0/1]port trunk allow-pass vlan 2 3
```

（5）验证 VLAN

创建 VLAN 后，可以执行 display 命令验证配置结果。

扫一扫

华为单交换机配置 VLAN 实例

查看所有 VLAN 的配置：[SW1]display vlan。

查看指定 VLAN 的配置：[SW1]display vlan vlan-id。

2. 华为单交换机配置 VLAN 实例

某学校信息技术系在 1 号教学楼二楼办公，有两个教研室，分别为网络教研室和软件教研室，各有 10 名教师。为了保证两个教研室之间的数据互不干扰，也不影响各自的通信效率，网络管理员划分了 VLAN，使两个教研室的计算机属于不同的 VLAN。在交换机 SW1 上创建 VLAN 10 和 VLAN 20，接口 Ethernet0/0/1-10 划分到 VLAN 10，接口 Ethernet0/0/11-20 划分到 VLAN 20，两个教研室的计算机分别接到交换机相应的接口上，如图 3-3-4 所示。

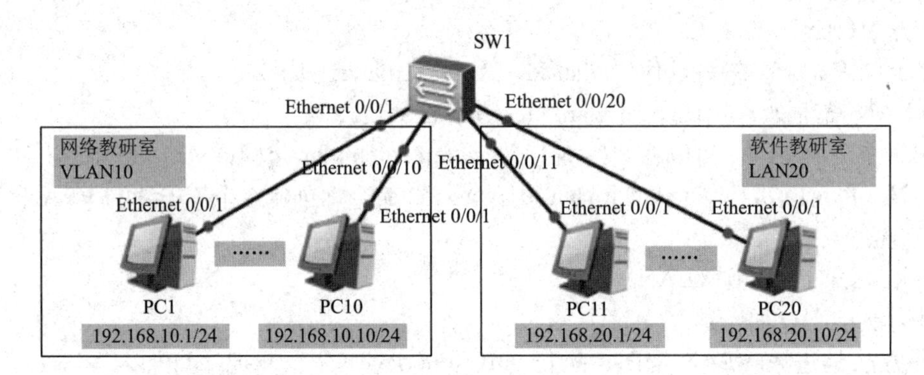

图 3-3-4　华为单交换机上划分 VLAN

（1）交换机 SW1 的配置

```
<Huawei>system-view
[Huawei]sysname SW1
[SW1]vlan 10
[SW1-vlan10]quit
[SW1]vlan 20
[SW1-vlan20]quit
[SW1]port-group 1-10
[SW1-port-group-1-10]group-member ethernet0/0/1 to ethernet0/0/10
[SW1-port-group-1-10]port link-type access
[SW1-port-group-1-10]port default vlan 10
[SW1-port-group-1-10]quit
[SW1]port-group 11-20
[SW1-port-group-11-20]group-member ethernet0/0/11 to ethernet0/0/20
[SW1-port-group-11-20]port link-type access
[SW1-port-group-11-20]port default vlan 20
[SW1-port-group-11-20]quit
[SW1]
```

（2）结果验证

按照图 3-3-4，分别设置 PC1、PC10、PC11 和 PC20 的 IP 地址和子网掩码，并测试连通性。PC1 与 PC10 能相互 ping 通，PC11 和 PC20 能相互 ping 通，PC1（或 PC2）与 PC11（或 PC12）相互不能 ping 通。即同一 VLAN 内部的主机能相互通信，不同 VLAN 内的主机不能相互通信。

3. 华为跨交换机配置 VLAN 实例

扫一扫

华为跨交换机配置 VLAN 实例

某学校信息技术系在1号教学楼办公，有两个教研室，分别是网络教研室和软件教研室，各有20名教师，在二楼和三楼都有各自的办公室。为了保证两个教研室之间的数据互不干扰，也不影响各自的通信效率，网络管理员划分了VLAN，使两个教研室的计算机属于不同的VLAN。

网络管理员分别在交换机SW1和SW2上划分了VLAN，SW1和SW2通过接口GE0/0/1相连，如图3-3-5所示。在交换机SW1上创建VLAN 10和VLAN 20，接口Ethernet0/0/1-10划分到VLAN 10，接口Ethernet0/0/11-20划分到VLAN 20；在交换机SW2上创建VLAN 10和VLAN 20，接口Ethernet0/0/1-10划分到VLAN 10，接口Ethernet0/0/11-20划分到VLAN 20；两个教研室的计算机分别接到相应交换机的接口上。

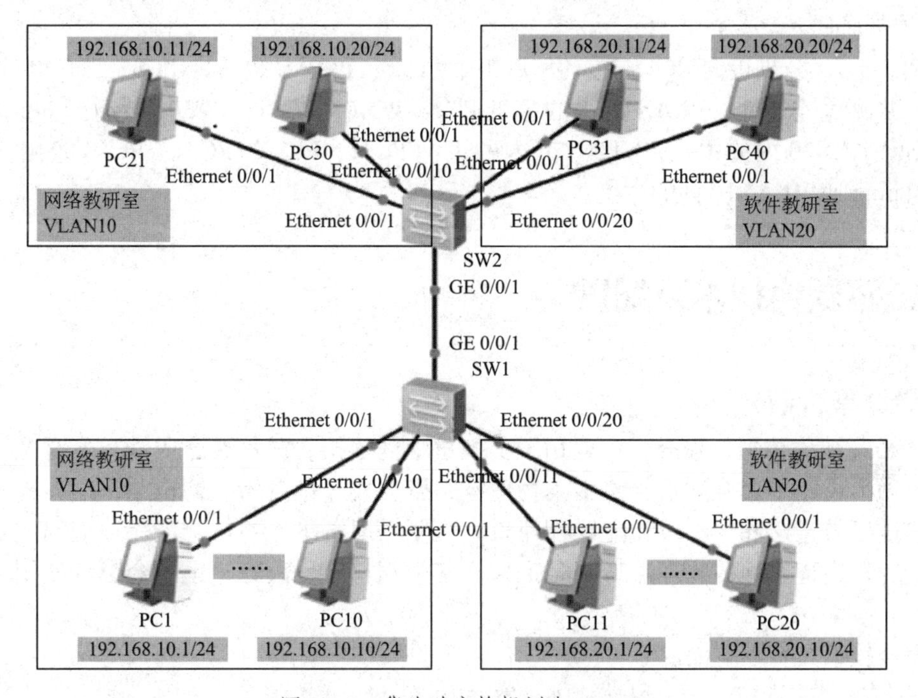

图3-3-5 华为跨交换机划分 VLAN

（1）在交换机SW1上创建VLAN10和VLAN20，并将连接用户主机的接口分别加入VLAN，交换机SW2的配置同交换机SW1的配置。

```
<Huawei>system-view
[Huawei]sysname SW1
[SW1]vlan 10
[SW1-vlan10]quit
[SW1]vlan 20
[SW1-vlan20]quit
[SW1]port-group 1-10
[SW1-port-group-1-10]group-member ethernet0/0/1 to ethernet0/0/10
[SW1-port-group-1-10]port link-type access
[SW1-port-group-1-10]port default vlan 10
[SW1-port-group-1-10]quit
```

```
[SW1]port-group 11-20
[SW1-port-group-11-20]group-member ethernet0/0/11 to ethernet0/0/20
[SW1-port-group-11-20]port link-type access
[SW1-port-group-11-20]port default vlan 20
[SW1-port-group-11-20]quit
[SW1]
```

（2）配置交换机 SW1 和 SW2 连接的接口类型为 Trunk 及通过的 VLAN，交换机 SW2 的配置与交换机 SW1 的配置相同。

```
[SW1]interface g0/0/1
[SW1-GigabitEthernet0/0/1]port link-type trunk
[SW1-GigabitEthernet0/0/1]port trunk allow-pass vlan 10 20
[SW1-GigabitEthernet0/0/1]quit
```

（3）结果验证

按照图 3-3-5，分别设置 PC1、PC10、PC11、PC20、PC21、PC30、PC31、PC40 的 IP 地址和子网掩码，并测试连通性。VLAN10 内的主机 PC1、PC10、PC21、PC30 能相互 ping 通，但是均不能 ping 通 VLAN20 内的主机。VLAN20 内的主机 PC11、PC20、PC31、PC40 能相互 ping 通，但是均不能 ping 通 VLAN10 内的主机。

3.4 链路聚合技术及配置

3.4.1 链路聚合简介

链路聚合又被称为端口聚合，主要用于交换机之间连接。链路聚合或端口聚合是将一组物理端口联合起来形成一个聚合端口，将多条物理链路聚合成一条逻辑上的链路，这条逻辑链路带宽相当于物理链路带宽之和，不单独配置物理口，这些物理链路作为这个逻辑通道的成员，配置时只配置这个逻辑通道。这些物理端口同时工作，某个端口出现故障，也不会影响使用，只是带宽降低了。

端口聚合技术具有以下优点：

- 带宽增加，带宽相当于一组端口的带宽总和。
- 增加冗余，只要组内不是所有端口都停机不工作，两个交换机之间就仍然可以继续通信。
- 负载均衡，可以在组内的端口上配置，使流量可以在这些端口上自动进行负载均衡。

链路聚合可以将多物理链接当作一个单一的逻辑链接处理，它允许两个交换机之间通过多端口并行连接，同时传输数据，以提供更高的带宽、更大的吞吐量和可恢复性的技术。一般来说，两个普通交换机连接的最大带宽取决于介质的连接速度，而使用端口聚合技术可以将 4 个 100 M 的端口捆绑形成一个高达 400 M 的连接。这一技术的优点是以较低的成本通过捆绑多端口提高带宽，而其增加的开销只是连接用的普通 5 类网线和多占用的端口，它可以有效提高速度，从而消除网络访问中的瓶颈。另外，端口聚合技术还具有自动带宽平衡，即容错功能，即使只有一个连接存在时，仍然会工作，这无形中增加了系统的可靠性。

3.4.2 思科交换机配置链路聚合

1. 思科交换机链路聚合命令

在思科交换机上配置链路聚合，采用以太网通道（Ethernet Channel）技术，配置时有两种方式：一种是手动方式，一种是自动方式。

（1）手动方式配置

手动方式很简单，设置端口成员链路两端的模式为 on 即可。命令格式为：

```
Switch(config-if)#channel-group <组号> mode on
```

（2）自动方式配置

自动方式有两种协议：PAgP（Port Aggregation Protocol，端口聚合协议）和 LACP（Link Aggregation Control Protocol，链路聚合控制协议）。

PAgP 即思科设备的端口聚合协议，有 auto 和 desirable 两种模式。auto 模式在协商中只收不发，desirable 模式的端口收发协商的数据包。LACP 即标准的链路聚合协议 802.3ad，有 active 和 passive 两种模式。active 相当于 PAgP 的 auto，而 passive 相当于 PAgP 的 desirable。

自动方式配置命令格式为：

```
Switch(config-if)#channel-protocol {pagp|lacp}
Switch(config-if)#channel-group <组号> mode {auto|desirable|active|passive}
```

（3）验证配置

查看绑定了多少端口：Switch#show etherchannel summary。

查看聚合端口的端口状态：Switch#show interfaces etherchannel。

2. 思科交换机手工配置链路聚合实例

交换机 SW1 的 GE0/1 口和 GE0/2 口分别和交换机 SW2 的 GE0/1 口和 GE0/2 口相联。要求将两台交换机的 GE0/1 和 GE0/2 进行端口聚合，如图 3-4-1 所示。

扫一扫

思科交换机手工配置链路聚合实例

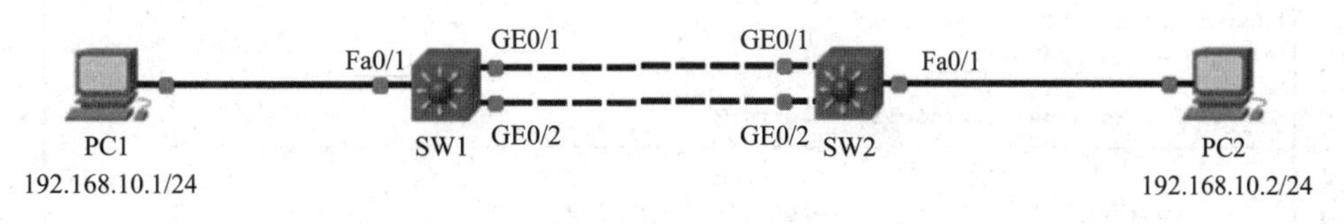

图 3-4-1 思科交换机手工配置链路聚合网络示意图

（1）配置交换机 SW1

```
Switch>en
Switch#config terminal
Switch(config)#hostname SW1
SW1(config)#interface range gigabitethernet 0/1-2
SW1(config-if-range)#channel-group 1 mode on
SW1(config-if-range)#exit
SW1(config)#interface port-channel 1
SW1(config-if)#switchport trunk encapsulation dot1q
SW1(config-if)#switchport mode trunk
```

（2）配置交换机 SW2

```
Switch>en
Switch#config terminal
Switch(config)#hostname SW2
SW2(config)#interface range gigabitethernet 0/1-2
SW2(config-if-range)#channel-group 1 mode on
SW2(config-if-range)#exit
SW2(config)#interface port-channel 1
SW2(config-if)#switchport trunk encapsulation dot1q
SW2(config-if)#switchport mode trunk
```

（3）查看绑定了多少端口

在交换机 SW1 上使用命令 show etherchannel summary 查看绑定了多少端口，结果如图 3-4-2 所示。

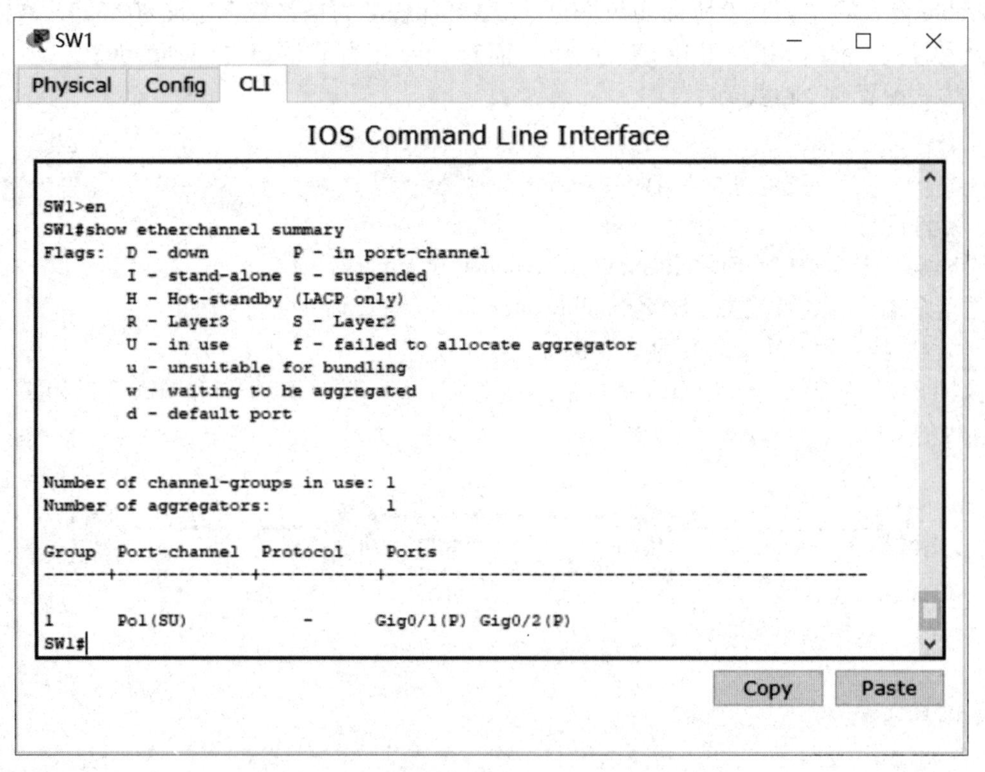

图 3-4-2　思科交换机链路聚合的端口绑定情况

（4）查看聚合端口的端口状态

在交换机 SW1 上使用命令 show interfaces etherchannel 查看链路聚合的端口状态。结果如图 3-4-3 所示。

（5）测试连通性

根据图 3-4-1 设置主机 PC1 和 PC2 的 IP 地址和子网掩码。在主机 PC1 上 ping 主机 PC2，结果能够相互 ping 通。

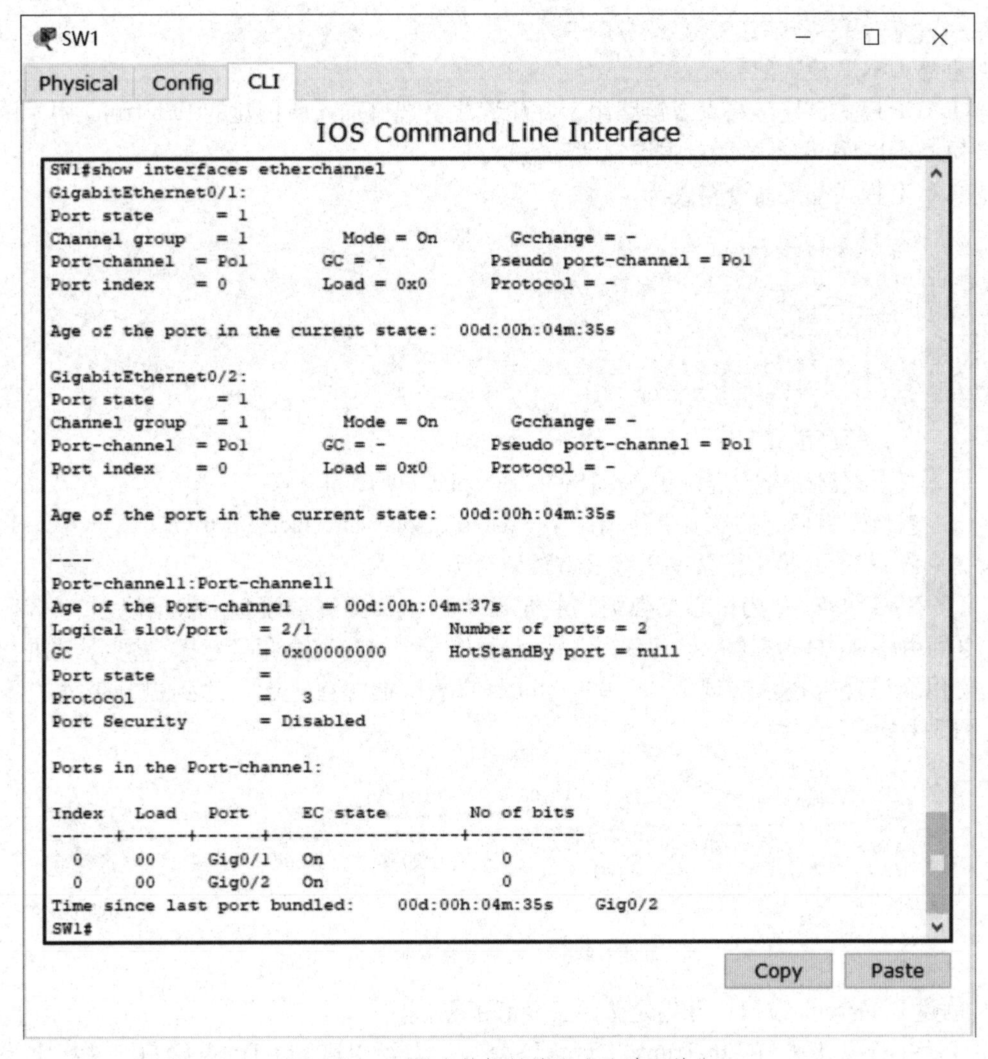

图 3-4-3　思科交换机链路聚合的端口状态

3.4.3　华为交换机配置链路聚合

1．华为交换机链路聚合命令

在华为交换机上配置链路聚合，采用 Eth-Trunk 技术，配置时有两种模式：一种是手工负载分担模式，一种是静态 LACP 模式。

（1）手工负载分担模式配置

手工负载分担模式需要手动创建链路聚合组，并配置成员端口加入到所创建的 Eth-Trunk 中。命令格式为：

```
[Switch]int eth-trunk 1
[Switch-Eth-Trunk1]mode manual load-balance
[Switch-Eth-Trunk1]quit
[Switch]interface g0/0/1
[Switch-GigabitEthernet0/0/1]eth-trunk 1
```

```
[Switch-GigabitEthernet0/0/1]quit
```

（2）静态 LACP 模式配置

静态 LACP 模式创建链路聚合链路组，并配置成员端口加入所创建的 Eth-Trunk 中，该模式利用 LACP 协商 Eth-Trunk 参数后自主选择活动端口。

静态 LACP 模式配置命令格式为：

```
[Switch]int eth-trunk 1
[Switch-Eth-Trunk1]mode lacp-static
[Switch-Eth-Trunk1]quit
[Switch]interface g0/0/1
[Switch-GigabitEthernet0/0/1]eth-trunk 1
[Switch-GigabitEthernet0/0/1]quit
```

扫一扫

华为交换机手工配置链路聚合实例

（3）验证配置

查看端口聚合的端口状态：[Switch]display eth-trunk 1。

查看端口聚合的端口具体信息：[Switch]display interface eth-trunk 1。

2. 华为交换机配置手工模式链路聚合实例

SW1 和 SW2 为核心交换机，主机 PC1 和 PC2 为终端设备。根据规划，SW1 和 SW2 之间由原来的一条 1000 Mbit/s 线路相连，但出于带宽和冗余角度考虑，需要对其进行升级，使用端口聚合技术实现 2 个 1 000 Mbit/s 的端口捆绑在一起，达到提升带宽的需求，如图 3-4-4 所示。

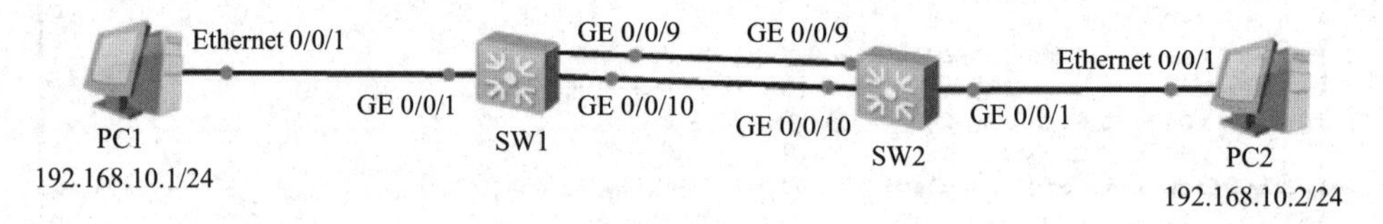

图 3-4-4　华为设备配置链路聚合示意图

（1）创建 Eth-Trunk 端口，并指定为手工负载配置模式

在 SW1 和 SW2 上配置 Eth-Trunk 实现链路聚合，需要创建 Eth-Trunk 端口，并指定为手工负载配置模式。

```
<Switch>system-view
[Switch]sysname SW1
[SW1]int eth-trunk 0
[SW1-Eth-Trunk0]port link-type trunk
[SW1-Eth-Trunk0]port trunk allow-pass vlan all
[SW1-Eth-Trunk0]mode manual load-balance
[SW1-Eth-Trunk0]quit

<Switch>system-view
[Switch]sysname SW2
[SW2]int eth-trunk 0
[SW2-Eth-Trunk0]port link-type trunk
[SW2-Eth-Trunk0]port trunk allow-pass vlan all
[SW2-Eth-Trunk0]mode manual load-balance
[SW2-Eth-Trunk0]quit
```

(2) 将SW1和SW2的GE0/0/9和GE0/0/10分别加入Eth-Trunk 0端口

```
[SW1]interface g0/0/9
[SW1-GigabitEthernet0/0/9]eth-trunk 0
[SW1-GigabitEthernet0/0/9]quit
[SW1]interface g0/0/10
[SW1-GigabitEthernet0/0/10]eth-trunk 10
[SW1-GigabitEthernet0/0/10]quit

[SW2]interface g0/0/9
[SW2-GigabitEthernet0/0/9]eth-trunk 0
[SW2-GigabitEthernet0/0/9]quit
[SW2]interface g0/0/10
[SW2-GigabitEthernet0/0/10]eth-trunk 0
[SW2-GigabitEthernet0/0/10]quit
```

(3) 查看Eth-Trunk 0端口状态

在交换机SW1上使用display eth-trunk 0查看Eth-Trunk 0端口状态，结果如图3-4-5所示。

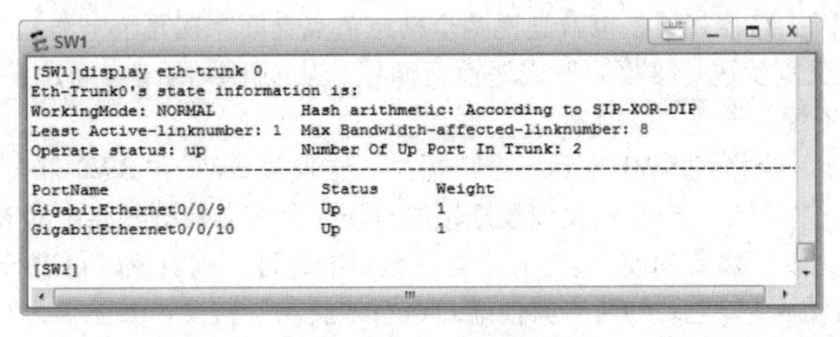

图3-4-5 Eth-Trunk 0端口状态

可以观察到，SW1的工作模式为NORMAL，GE0/0/9和GE0/0/10端口已经添加到Eth-Trunk 0中，并且处于up状态。

(4) 查看Eth-Trunk 0端口详细信息

在交换机SW1上使用display interface eth-trunk 0查看Eth-Trunk 0端口详细状态，结果如图3-4-6所示。

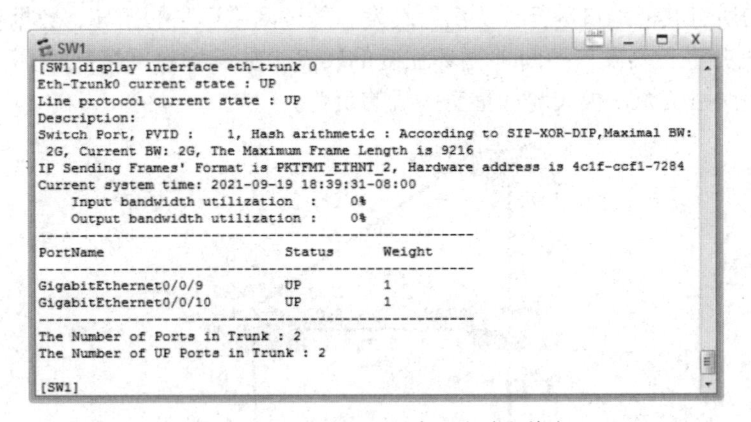

图3-4-6 Eth-Trunk 0端口的详细状态

可以观察到，目前该端口的总带宽是GE0/0/9和GE0/0/10端口的带宽之和。

（5）测试连通性

根据图 3-4-4 设置主机 PC1 和 PC2 的 IP 地址和子网掩码。在主机 PC1 上 ping 主机 PC2，结果能够相互 ping 通。

3.5 STP 技术及配置

3.5.1 STP 简介

1. 冗余链路

在网络中，为了保证数据的可靠传输，往往采用冗余链路的方式。但是设计不当的冗余链路会产生环路，环路将导致以下问题：

（1）广播风暴

在二层交换网络中，网络广播信息由于在网络中存在一个封闭的环路（即两个网络节点之间存在两条或者两条以上路径相通，也就是说两个网络节点之间存在冗余链路），从而广播包可能在这个封闭的环路上反复发送－接收，形成恶性死循环，从而形成网络广播风暴，占用大量的网络设备资源以及带宽资源，导致网络拥塞。

如图 3-5-1 所示，交换机 SW1 收到一个广播帧，交换机 SW2 和 SW3 都会收到该广播帧。根据以太网交换机的工作原理，当其接收到数据帧的时候，会将交换机缓存中的 MAC 地址与数据帧中的目的地址进行比较，如果 MAC 地址表中存在该目的地址，则对该端口进行转发，如果没有找到目的地址，则对除源端口之外的所有其他端口进行“泛洪”转发，如图 3-5-2 所示。当存在冗余链路（也就是多条路径）的时候，交换机可能会同时向所有的路径发送数据帧，那样目的地址的网络节点可能会收到多个重复的数据包，这样就形成了广播风暴，如图 3-5-3 所示。当网络结构越复杂、冗余链路越多的情况下，形成的广播风暴就越大。而当存在多个冗余链路，而数据帧经过多个冗余链路的情况下，则可能会形成更加严重的情况：网络数据在多个冗余链路形成发送和接收的死循环，也就是网络死循环，当广播包进入某个网络环路，而广播包的目的 MAC 地址并不在该环路上或者该冗余链路与目的地址的连接出现中断，那该环路上的所有交换机就会周而复始地对除源端口之外的所有其他端口进行“泛洪”转发，经过网络环路的循环，数据帧会不断地循环，回到原有的交换机并进行转发，不断地循环往复的转发，从而导致网络死循环，形成严重的广播风暴，并大量消耗网络资源，极大地加重交换机的负荷。

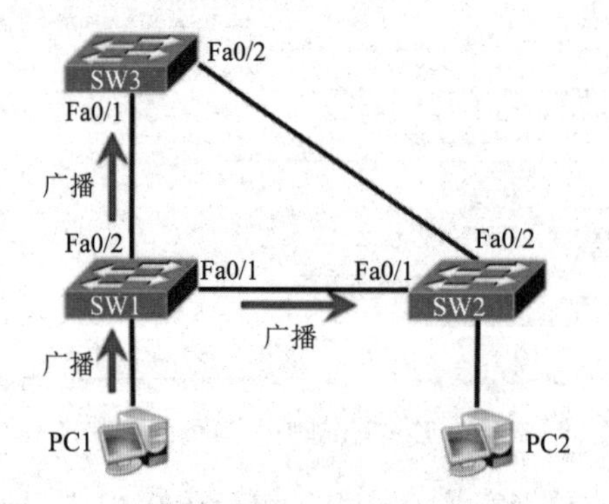

图 3-5-1　开始广播

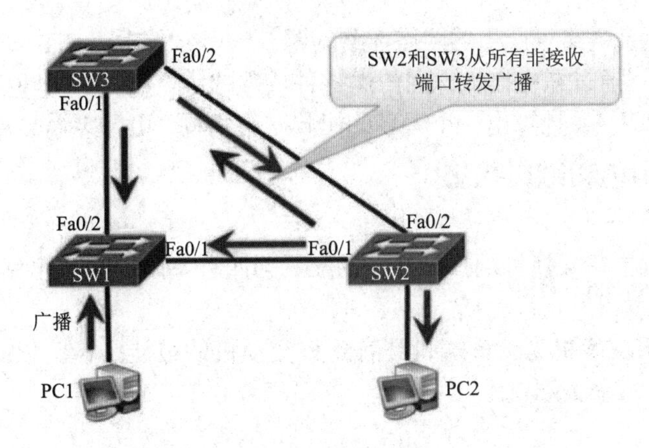

图 3-5-2　正常通信

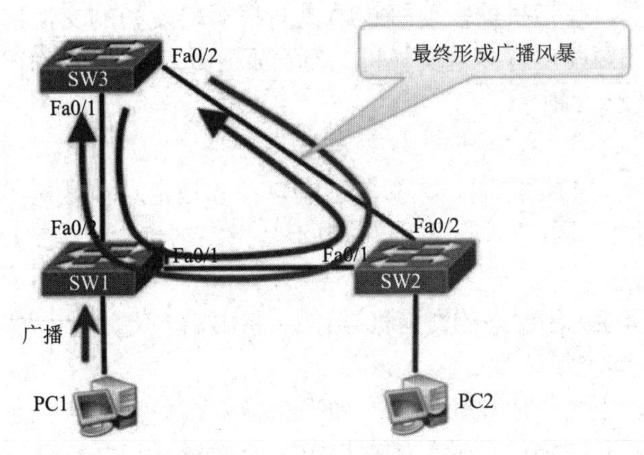

图 3-5-3　网络风暴的形成

（2）多帧复制

交换网络中的冗余链路有时会引起帧的多重传输。源主机向目的主机发送一个单播帧后，如果帧的目的 MAC 地址在任何所连接的交换机 MAC 地址表中都不存在，那么每台交换机便会向所有端口泛洪该帧。在存在环路的网络中，该帧可能会被发回最初的交换机。此过程不断重复，造成网络中存在该帧的多个副本。

（3）地址表不稳定

当存在环路时，一台交换机可能将目的 MAC 地址与两个不同的接口关联。交换机接收不同接口上同源传来的信息，导致交换机连续更新其 MAC 地址表，结果造成帧转发出错。

2. 生成树协议

生成树协议（Spanning Tree Protocol，STP）就是通过计算确保整个网络无环路拓扑结构的二层协议，它允许网络设计中存在冗余链路，以提供在主链路失效的情况下自动接替其工作的备份链路，同时又避免生成二层环路。也就是通过交换机在网状网络内部创建一个生成树，禁止不属于生成树的链路，保证任意两个网络节点之间仅有一条活动的通信链路，并规定数据的转发只在通信链路上进行，而其他被禁止的备份链路只能用于链路的侦听，当通信链路路径失效的时候，自动将通信切换至备份链路上来。生成树协议是 IEEE 802.1D 中定义的数据链路层协议，用于解决在网络的核心层构建冗余链路里产生的网络环路问题。

STP 的基本原理是，通过在交换机之间传递一种特殊的协议报文——网桥协议数据单元(Bridge Protocol Data Unit，BPDU)，计算出一个无环的树状网络结构，并阻塞特定端口。

3.5.2 STP 端口角色和端口状态

1. 端口角色

在生成树工作过程中，交换机端口会被自动配置为四种不同的端口角色。

(1) 根端口

根端口存在于非根交换机上，该端口具有到根交换机的最佳路径。根端口向根交换机转发流量。一个交换机只能有一个根端口。

(2) 指定端口

指定端口存在于根交换机和非根交换机上。根交换机上的所有交换机端口都是指定端口。而对于非根交换机，指定端口是指根据需要接收帧或向根桥转发帧的交换机端口。一个网段只能有一个指定端口。如果同一网段上有多台交换机，则会通过选举过程来确定指定交换机，对应的交换机端口即开始为该网段转发帧。

(3) 非指定端口

在某些 STP 的变体中，非指定端口称为备选端口。非指定端口是被阻塞的交换机端口，此类端口不会转发数据帧。非指定端口不是根端口，也不是指定端口。非指定端口用于防止环路形成。

(4) 禁用端口

禁用端口是处于管理性关闭状态的交换机端口。禁用端口不参与生成树过程。

2. 端口状态

交换机完成启动后，生成树便立即确定。如果交换机端口直接从阻塞状态转换到转发状态，而交换机此时并不了解所有拓扑信息时，该端口可能会暂时造成数据环路。为此，STP 引入了五种端口状态。

(1) 阻塞状态

该端口为非指定端口，不参与数据帧的转发。此类端口通过接收 BPDU 帧来判断根交换机的位置和根 ID，以及在 STP 拓扑收敛结束后，各交换机端口扮演的端口角色。在默认情况下，端口会在这种状态下停留 20 s。

(2) 侦听状态

STP 此时已经根据交换机所收到的 BPDU 帧判断出了这个端口应该参与数据帧的转发。此时，该交换机端口不仅会接收 BPDU 帧，它还会发送自己的 BPDU 帧，通知邻接交换机此交换机端口会在活动拓扑中参与转发数据帧的工作。在默认情况下，端口会在这种状态下停留 15 s。

(3) 学习状态

端口准备参与数据帧的转发，并开始填写 MAC 地址表。在默认情况下，端口会在这种状态下停留 15 s。

(4) 转发状态

该端口已经成为活动拓扑的一个组成部分，它会转发数据帧，并同时收发 BPDU 帧。

(5) 禁用状态

该端口不参与生成树，也不会转发数据帧。当管理性关闭交换机端口时，端口即进入禁用状态。

3.5.3 STP工作过程

交换机上运行的STP通过BPDU信息的交互选举根交换机，然后每台非根交换机选举用来与根交换机通信的根端口，之后每个网段选举用来转发数据至根交换机的指定端口，最后剩余端口被阻塞，生成树协议达到收敛。

1. 选举根交换机

参与STP的交换机有两种不同的角色，即根交换机和非根交换机。通过选举将交换网络中的交换机设定为生成树上的特定角色。在一个局域网中，只有一个根交换机，除根交换机之外的其他交换机是非根交换机。选举原则是比较每个交换机的BID（桥ID），越小越好，最小的一个就是根交换机。BID由优先级+交换机MAC地址组成。先比优先级priority，数值小的选中；priority相同的话，再比MAC值，数值小的选中。交换机优先级priority的默认值是32768。

2. 选举根端口

为非根交换机选举根端口。根端口是非根交换机离根交换机最近的接口，基于path cost选举，值小的优先。

3. 选举指定端口

为每个网段选举一个指定端口。指定端口是每个网段离根交换机最近的端口，基于path cost选，值小的优先。如果path cost相同，则比较端口发的BPDU的sender-ID，值小的优先。根交换机的所有端口都是指定端口。

4. 收敛

没被任何步骤选中的非根交换机端口，被STP算法管理关掉，即被设为阻塞状态。此时该端口只能接收BPDU帧，不转发BPDU帧，也不能收、发数据帧。

网络稳定收敛后，根端口和指定端口处于转发状态。

3.5.4 思科交换机配置STP

1. 思科交换机配置STP基本命令

生成树协议的发展过程划分为三代：第一代生成树协议为STP，第二代生成树协议为PVST（Per-VLAN Spanning Tree，每个VLAN生成树），第三代生成树协议为MSTP（Multiple Spanning Tree Protocol，多生成树协议）。本节以PVST为例，PVST为每个VLAN运行单独的生成树实例，是解决在VLAN上处理生成树的思科特有解决方案。

（1）启用生成树

启用生成树：Switch(config)#spanning-tree vlan <vlan-id>。

关闭生成树：Switch(config)#no spanning-tree vlan <vlan-id>。

(2) 设置生成树协议类型

设置生成树协议类型：Switch(config)#spanning-tree mode {pvst|rapid-pvst}。

（3）配置交换机优先级

配置交换机优先级：Switch(config)#spanning-tree vlan <vlan-id> priority <0-61440>。

优先级可选值为0、4096、8192等4096的倍数。交换机默认优先级值为32768，优先级值越小，级别越高。

（4）配置交换机为根交换机

配置交换机为主根交换机：Switch(config)#spanning-tree vlan <vlan-id> root primary。

配置交换机为根交换机的备份：Switch(config)#spanning-tree vlan <vlan-id> root secondary。

Primary 的默认优先级值为 24576，secondary 的默认优先级值为 28672。

（5）设置交换机端口的优先级

设置交换机端口的优先级：Switch(config-if)#spanning-tree vlan <vlan-id> port-priority <0-240>。

端口优先级可选值为 0、16、32 等 16 的倍数，端口默认优先级默认值为 128，值越小级别越高。

（6）生成树的验证

查看生成树的配置信息：Switch#show spanning-tree。

2. 思科交换机配置 PVST 实例

为了避免网络中的环路问题，并实现 VLAN10 和 VLAN20 的流量负载分担，需要在网络中的交换机上配置 PVST，为每个不同 VLAN 维护一个生成树实例，如图 3-5-4 所示。

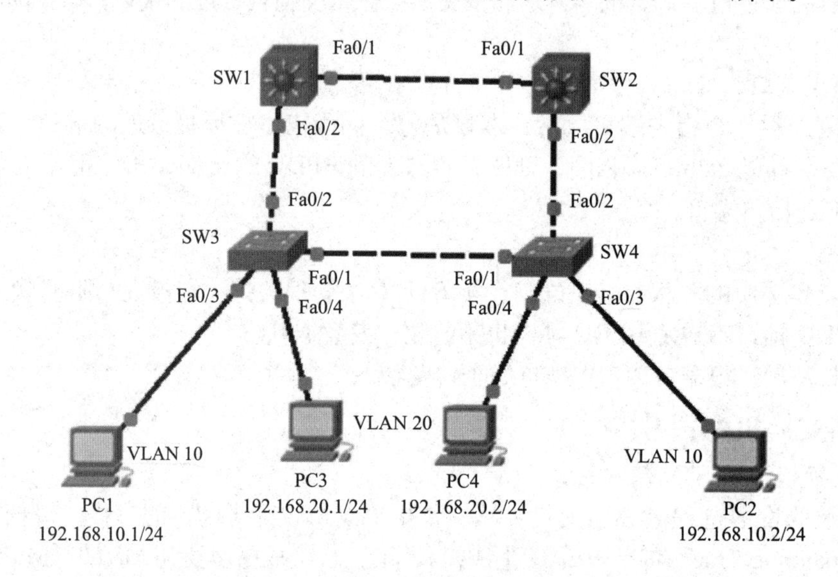

VLAN10，SW1为根交换机，SW2为备份根交换机。
VLAN20，SW2为根交换机，SW1为备份根交换机。

图 3-5-4 思科交换机配置 PVST 实例网络示意图

（1）配置 VLAN

在交换设备 SW1、SW2、SW3 和 SW4 上创建 VLAN10 和 VLAN20。

```
Switch>en
Switch#config t
Switch(config)#hostname SW1
SW1(config)#vlan 10
SW1(config-vlan)#exit
SW1(config)#vlan 20
SW1(config-vlan)#exit
SW1(config)#
```

```
Switch>en
Switch#config t
Switch(config)#hostname SW2
SW2(config)#vlan 10
SW2(config-vlan)#exit
SW2(config)#vlan 20
SW2(config-vlan)#exit
SW2(config)#

Switch>en
Switch#config t
Switch(config)#hostname SW3
SW3(config)#vlan 10
SW3(config-vlan)#exit
SW3(config)#vlan 20
SW3(config-vlan)#exit
SW3(config)#

Switch>en
Switch#config t
Switch(config)#hostname SW4
SW4(config)#vlan 10
SW4(config-vlan)#exit
SW4(config)#vlan 20
SW4(config-vlan)#exit
SW4(config)#
```

（2）交换机相连的接口配置为 Trunk 模式

```
SW1(config)#interface fastethernet0/1
SW1(config-if)#switchport trunk encapsulation dot1q
SW1(config-if)#switchport mode trunk
SW1(config-if)#exit
SW1(config)#interface fastethernet0/2
SW1(config-if)#switchport trunk encapsulation dot1q
SW1(config-if)#switchport mode trunk
SW1(config-if)#exit

SW2(config)#interface fastethernet0/1
SW2(config-if)#switchport trunk encapsulation dot1q
SW2(config-if)#switchport mode trunk
SW2(config-if)#exit
SW2(config)#interface fastethernet0/2
SW2(config-if)#switchport trunk encapsulation dot1q
SW2(config-if)#switchport mode trunk
SW2(config-if)#exit

SW3(config)#interface fastethernet0/1
SW3(config-if)#switchport mode trunk
SW3(config-if)#exit
```

```
SW3(config)#interface fastethernet0/2
SW3(config-if)#switchport mode trunk
SW3(config-if)#exit

SW4(config)#interface fastethernet0/1
SW4(config-if)#switchport mode trunk
SW4(config-if)#exit
SW4(config)#interface fastethernet0/2
SW4(config-if)#switchport mode trunk
SW4(config-if)#exit
```

（3）将相应接口划分到 VLAN

将 PC1 和 PC2 所接交换机接口划分到 VLAN10，将 PC3 和 PC4 所接交换机接口划分到 VLAN20。

```
SW3(config)#interface fastethernet0/3
SW3(config-if)#switchport mode access
SW3(config-if)#switchport access vlan 10
SW3(config-if)#exit
SW3(config)#interface fastethernet0/4
SW3(config-if)#switchport mode access
SW3(config-if)#switchport access vlan 20
SW3(config-if)#exit

SW4(config)#interface fastethernet0/3
SW4(config-if)#switchport mode access
SW4(config-if)#switchport access vlan 10
SW4(config-if)#exit
SW4(config)#interface fastethernet0/4
SW4(config-if)#switchport mode access
SW4(config-if)#switchport access vlan 20
SW4(config-if)#exit
```

（4）配置 SW1 的 PVST

在 SW1 上启用 PVST，并把 SW1 配置为 VLAN10 实例的根交换机、VLAN20 实例的备份根交换机。

```
SW1(config)#spanning-tree mode pvst
SW1(config)#spanning-tree vlan 10 root primary
SW1(config)#spanning-tree vlan 20 root secondary
```

（5）配置 SW2 的 PVST

在 SW2 上启用 PVST，并把 SW2 配置为 VLAN20 实例的根交换机、VLAN10 实例的备份根交换机。

```
SW2(config)#spanning-tree mode pvst
SW2(config)#spanning-tree vlan 20 root primary
SW2(config)#spanning-tree vlan 10 root secondary
```

（6）配置 SW3 的 PVST

在 SW3 上启用 PVST。

```
SW3(config)#spanning-tree mode pvst
```

（7）配置 SW4 的 MSTP

在 SW4 上启用 PVST。

```
SW4(config)#spanning-tree mode pvst
```

（8）结果验证

经过以上配置，在网络计算稳定后，执行以下操作，验证配置结果。

在 SW1 上执行 show spanning-tree 命令，查看交换机在不同 VLAN 中的端口角色和端口状态，结果如图 3-5-5 所示。

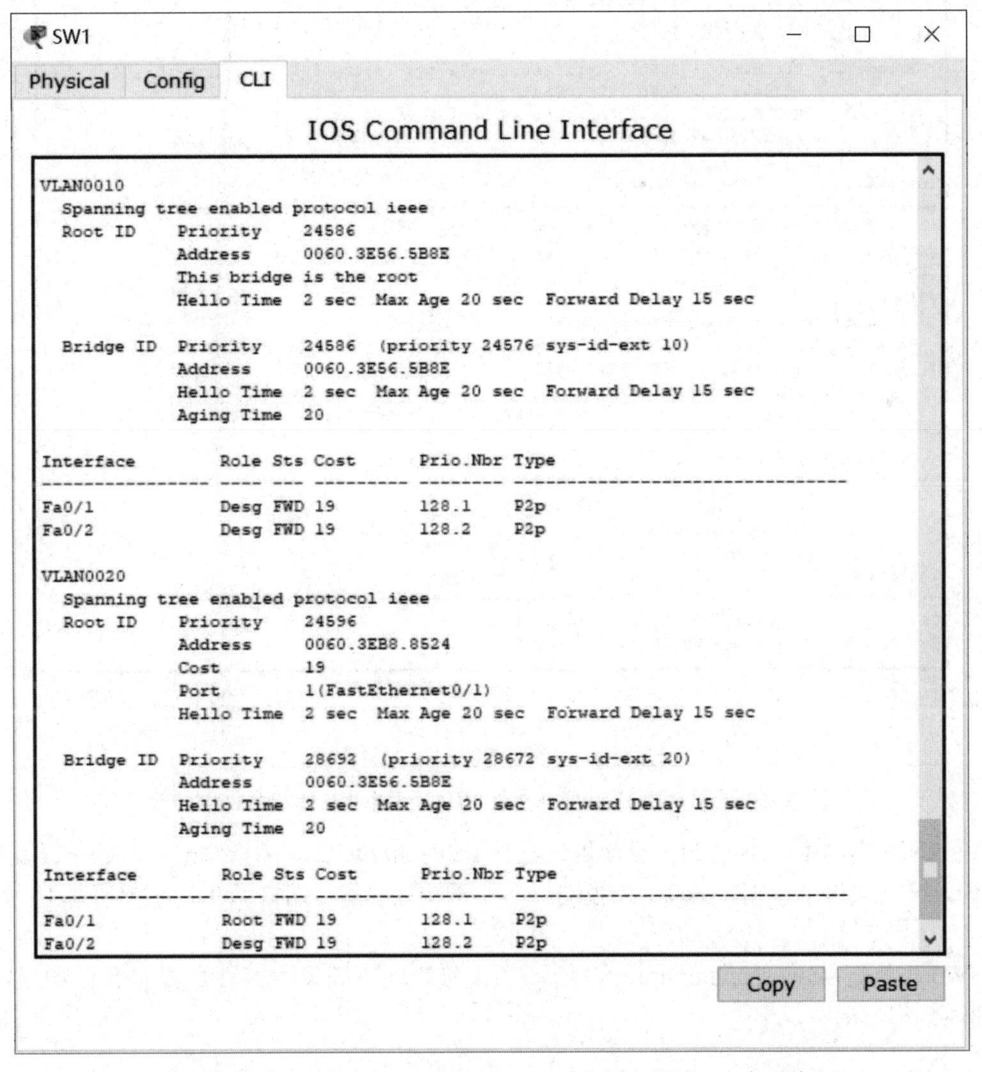

图 3-5-5　思科交换机 SW1 在不同 VLAN 实例中的端口角色和状态

在 VLAN10 实例中，SW1 为根交换机，端口 Fa0/1 和 Fa0/2 均为指定端口，处于转发状态。

在VLAN20实例中，端口Fa0/1为根端口，处于转发状态；端口Fa0/2为指定端口，处于转发状态。

在 SW2 上执行 show spanning-tree 命令，查看交换机在不同 VLAN 中的端口角色和端口状态，结果如图 3-5-6 所示。

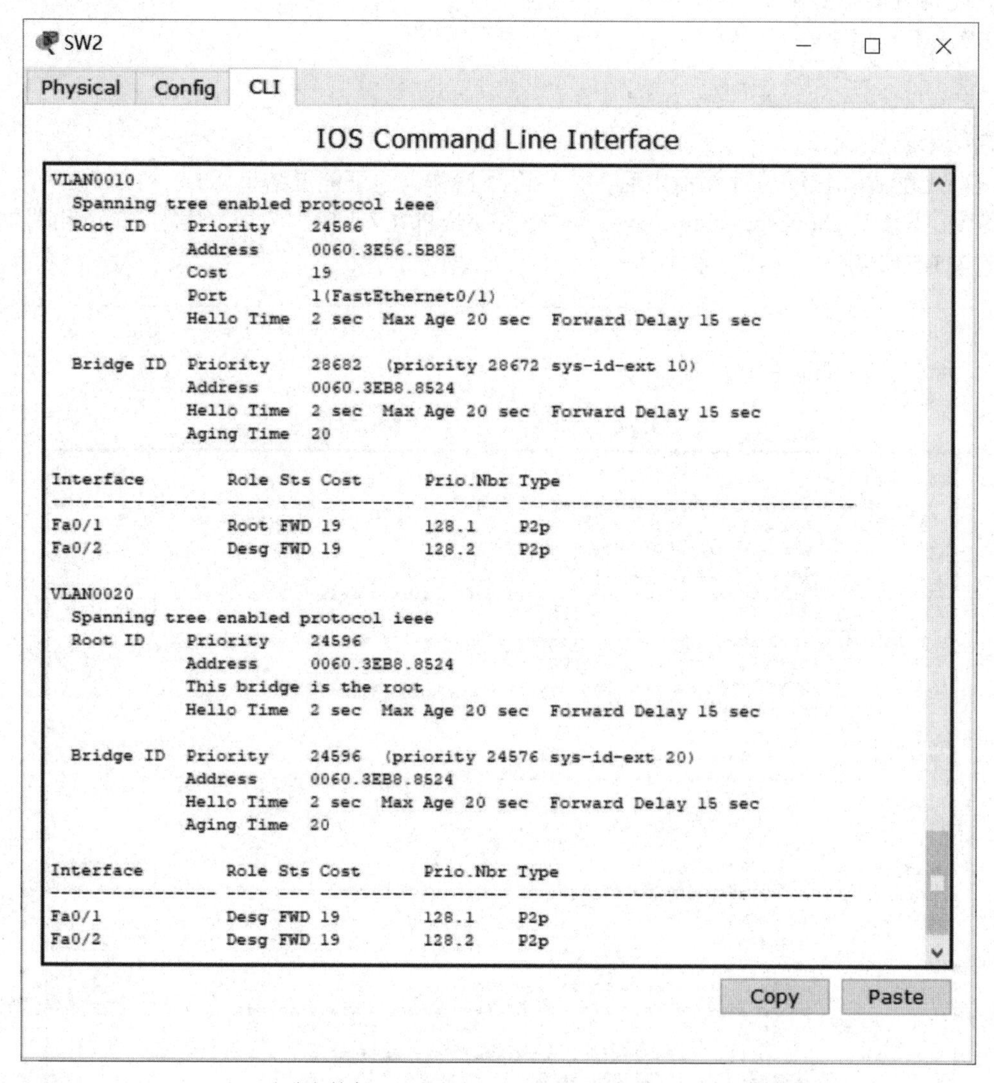

图 3-5-6　思科交换机 SW2 在不同 VLAN 实例中的端口角色和状态

在 VLAN20 实例中，SW2 为根交换机，端口 Fa0/1 和 Fa0/2 均为指定端口，处于转发状态。

在 VLAN10 实例中，端口 Fa0/1 为根端口，处于转发状态；端口 Fa0/2 为指定端口，处于转发状态。

在 SW3 上执行 show spanning-tree 命令，查看交换机在不同 VLAN 中的端口角色和端口状态，结果如图 3-5-7 所示。

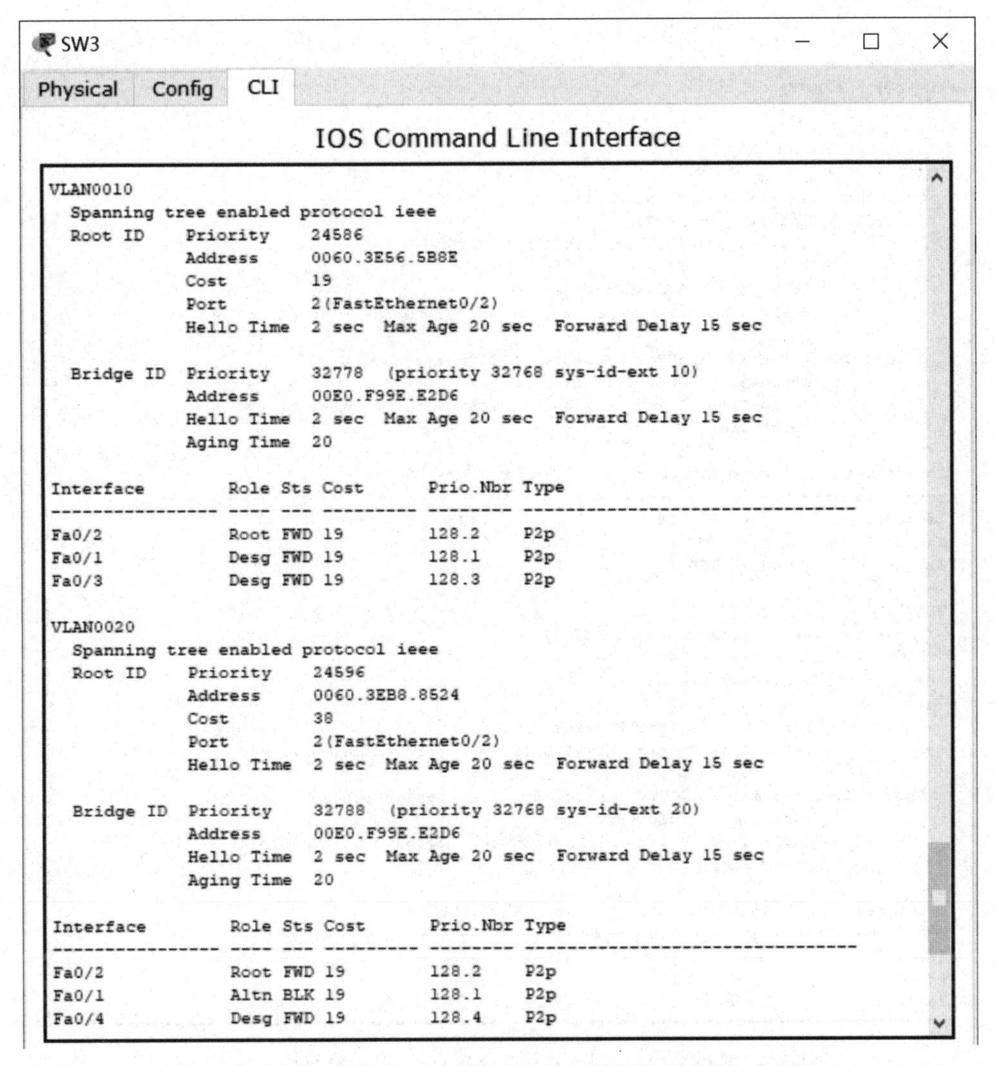

图 3-5-7　思科交换机 SW3 在不同 VLAN 实例中的端口角色和状态

在 VLAN10 实例中，端口 Fa0/1 为指定端口，处于转发状态；端口 Fa0/2 均为根端口，处于转发状态；端口 Fa0/3 为指定端口，处于转发状态。

在 VLAN20 实例中，端口 Fa0/1 为备份端口，处于阻塞状态；端口 Fa0/2 为根端口，处于转发状态；端口 Fa0/4 为指定端口，处于转发状态。

在 SW4 上执行 show spanning-tree 命令，查看端口角色和端口状态，结果如图 3-5-8 所示。

在 VLAN10 实例中，端口 Fa0/1 为备份端口，处于阻塞状态；端口 Fa0/2 均为根端口，处于转发状态；端口 Fa0/3 为指定端口，处于转发状态。

在 VLAN20 实例中，端口 Fa0/1 为指定端口，处于转发状态；端口 Fa0/2 为根端口，处于转发状态；端口 Fa0/4 为指定端口，处于转发状态。

交换机 SW1、SW2、SW3 和 SW4 在 PVST 不同 VLAN 实例中各端口的状态如图 3-5-9 所示。

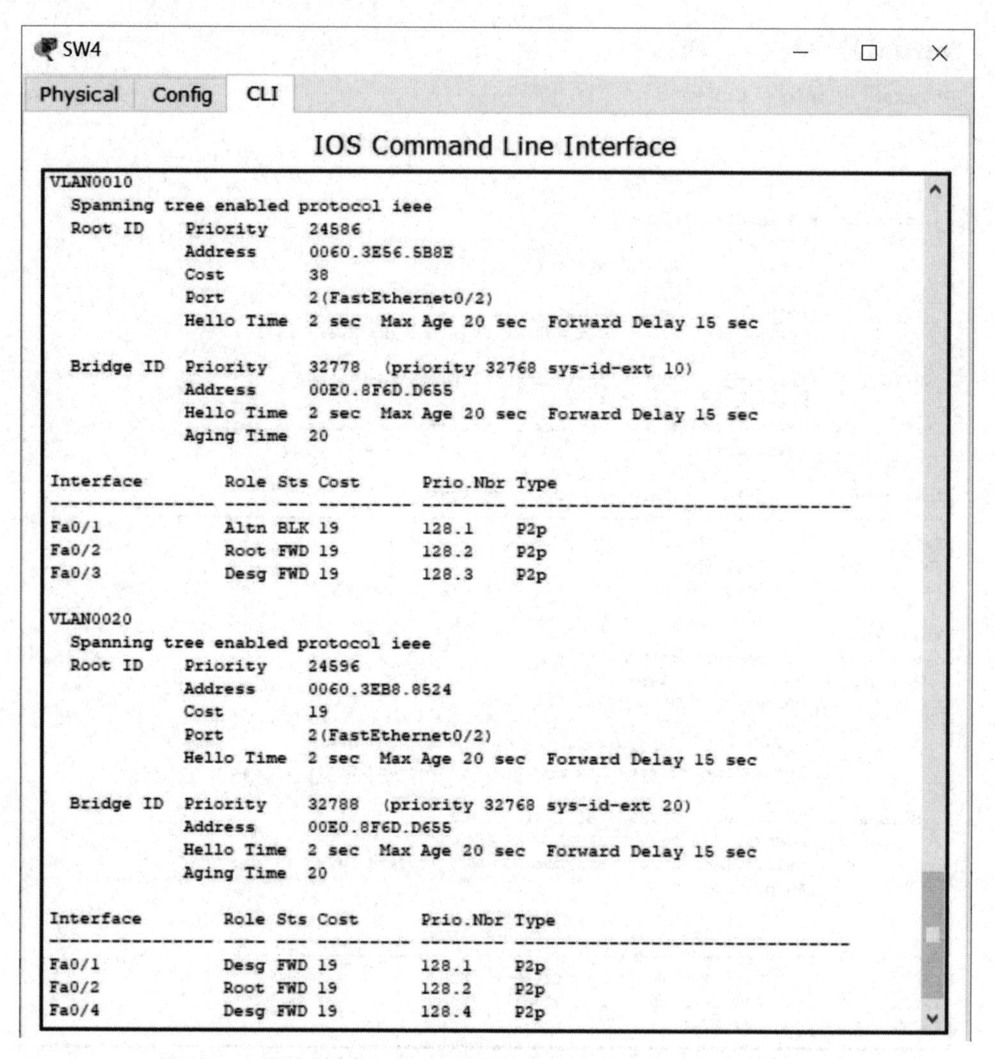

图 3-5-8　思科交换机 SW4 在不同 MSTP 实例中的端口角色和状态

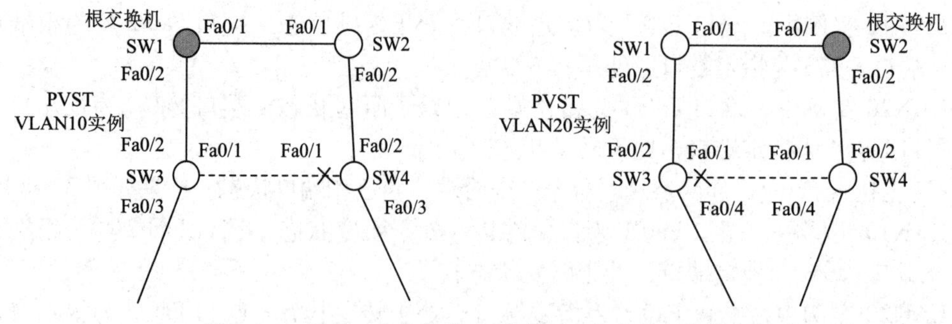

图 3-5-9　思科 4 台交换机在不同 MSTP 实例中的状态

（9）测试连通性

根据图 3-5-4 所示设置 PC1、PC2、PC3 和 PC4 的 IP 地址和子网掩码，使用 ping 命令测试连通性，PC1 与 PC2 能够相互 ping 通，PC3 和 PC4 能够相互 ping 通。

3.5.5 华为交换机配置 STP

1. 华为交换机配置 STP 基本命令

（1）启用生成树

启用生成树：[Huawei]stp enable。

关闭生成树：[Huawei]stp disable。

(2) 设置生成树协议类型

设置生成树协议类型：[Huawei]stp mode {stp|rstp|mstp}。

（3）配置交换机优先级

配置交换机优先级：[Huawei]stp priority <0-61440>。

优先级可选值为0、4096、8192等4096的倍数。交换机默认值为32768，优先级值越小，级别越高。

（4）配置交换机为根交换机

配置交换机为根交换机：[Huawei]stp root primary。

配置交换机为根交换机的备份：[Huawei]stp root secondary。

（5）设置交换机端口的优先级

设置交换机端口的优先级：[Huawei-Ethernet0/1]stp cost <0-240>。

cost 可选值为 0、16、32 等 16 的倍数，值越小级别越高。

（6）生成树的验证

查看生成树的配置信息：[Huawei]display stp。

2. 华为交换机配置 STP（或 RSTP）实例

为了避免网络中的环路问题，需要在网络中的交换机上配置 STP（或 RSTP），如图 3-5-10 所示。

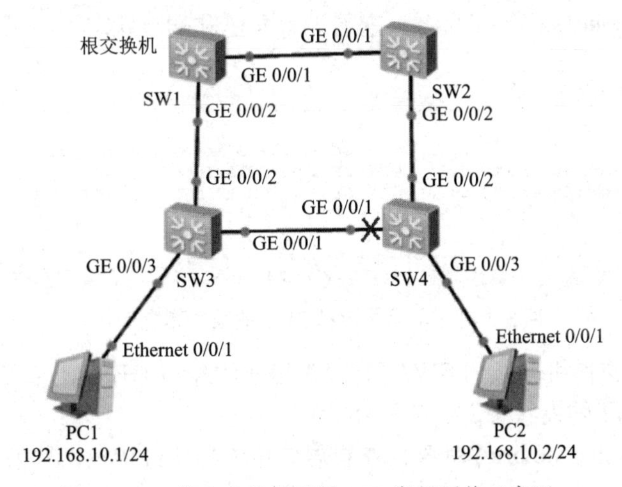

图 3-5-10 华为交换机配置 STP 实例网络示意图

（1）配置 SW1

在 SW1 上启用 STP 或 RSTP，并把 SW1 配置为根交换机。

```
<Huawei>system-view
[Huawei]sysname SW1
[SW1]stp enable
[SW1]stp mode stp
```

```
[SW1]stp root primary
```

（2）配置 SW2

在 SW2 上启用 STP 或 RSTP，并把 SW2 配置为备份根交换机。

```
<Huawei>system-view
[Huawei]sysname SW2
[SW2]stp enable
[SW2]stp mode stp
[SW2]stp root secondary
```

（3）配置 SW3

在 SW3 上启用 STP 或 RSTP。

```
<Huawei>system-view
[Huawei]sysname SW3
[SW3]stp enable
[SW3]stp mode stp
```

（4）配置 SW4

在 SW4 上启用 STP 或 RSTP。

```
<Huawei>system-view
[Huawei]sysname SW4
[SW4]stp enable
[SW4]stp mode stp
```

（5）结果验证

经过以上配置，在网络计算稳定后，执行以下操作，验证配置结果。

在 SW1 上执行 display stp brief 命令，查看端口角色和端口状态，结果如图 3-5-11 所示。

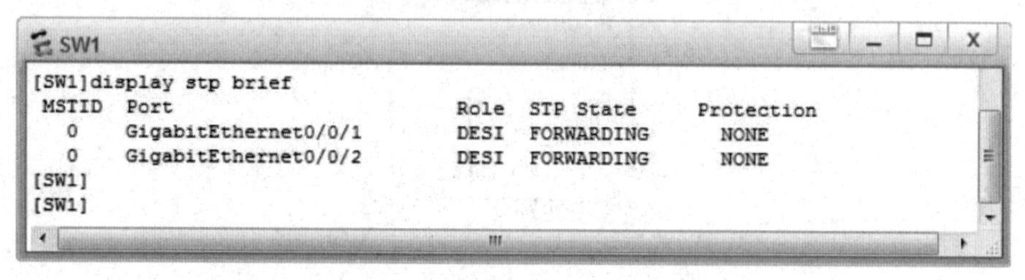

图 3-5-11　华为交换机 SW1 的端口角色和状态

将 SW1 配置为根交换机后，与 SW2 和 SW3 相连的端口 GE0/0/1 和 GE0/0/2 在生成树计算中被选举为指定端口，处于转发状态。

在 SW2 上执行 display stp brief 命令，查看端口角色和端口状态，结果如图 3-5-12 所示。

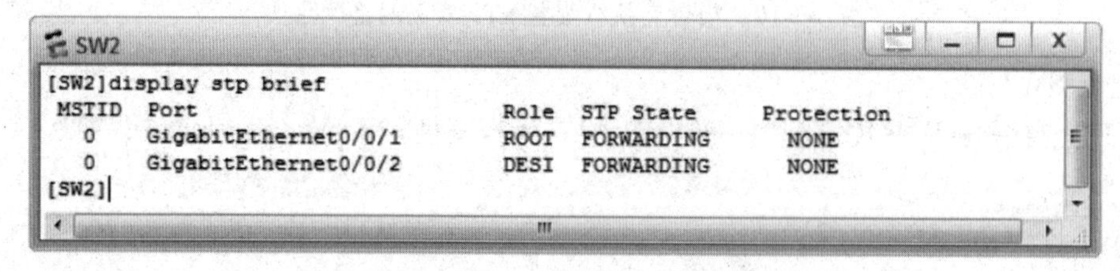

图 3-5-12　华为交换机 SW2 的端口角色和状态

端口 GE0/0/1 在生成树计算中被选举为根端口，处于转发状态。

端口 GE0/0/2 在生成树计算中被选举为指定端口，处于转发状态。

在 SW3 上执行 display stp brief 命令，查看端口角色和端口状态，结果如图 3-5-13 所示。

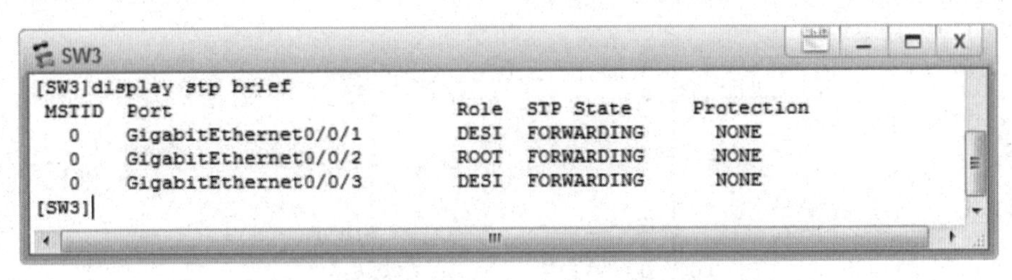

图 3-5-13　华为交换机 SW3 的端口角色和状态

端口 GE0/0/2 在生成树计算中被选举为根端口，处于转发状态。

端口 GE0/0/1 和 GE0/0/3 在生成树计算中被选举为指定端口，处于转发状态。

在 SW4 上执行 display stp brief 命令，查看端口角色和端口状态，结果如图 3-5-14 所示。

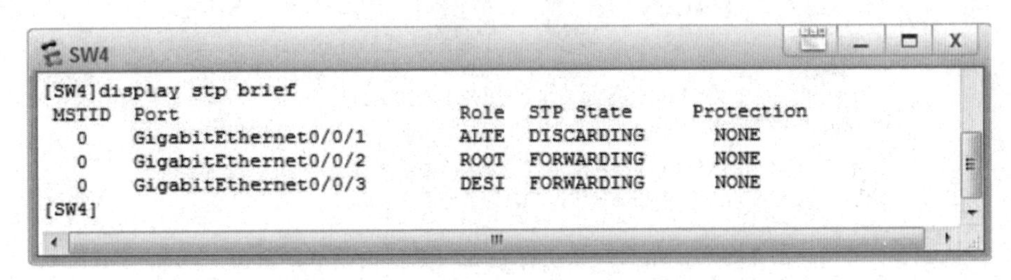

图 3-5-14　华为交换机 SW4 的端口角色和状态

端口 GE0/0/1 在生成树计算中被选举为备份端口，处于阻塞状态。

端口 GE0/0/2 在生成树计算中被选举为根端口，处于转发状态。

端口 GE0/0/3 在生成树计算中被选举为指定端口，处于转发状态。

（6）测试连通性

根据图 3-5-9 所示设置 PC1 和 PC2 的 IP 地址和子网掩码，使用 ping 命令测试连通性，PC1 与 PC2 能够相互 ping 通。

扫一扫

华为交换机配置 MSTP 实例

3. 华为交换机配置 MSTP 实例

为了避免网络中的环路问题，并实现 VLAN 10 和 VLAN 20 的流量负载分担，需要在网络中的交换机上配置 MSTP，引入多实例，如图 3-5-15 所示。

（1）配置 VLAN

在交换设备 SW1、SW2、SW3 和 SW4 上创建 VLAN10 和 VLAN20。

```
<Huawei>system-view
[Huawei]sysname SW1
[SW1]vlan batch 10 20
<Huawei>system-view
[Huawei]sysname SW2
[SW2]vlan batch 10 20
<Huawei>system-view
[Huawei]sysname SW3
```

```
[SW3]vlan batch 10 20
<Huawei>system-view
[Huawei]sysname SW4
[SW4]vlan batch 10 20
```

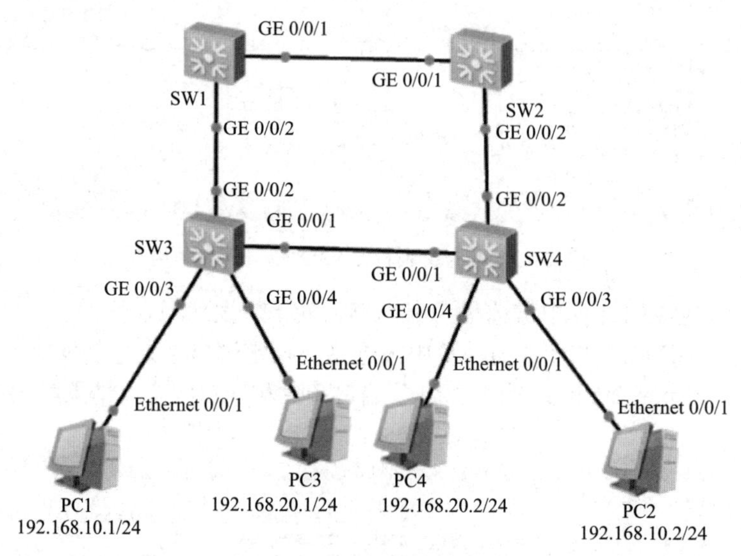

图 3-5-15　华为交换机配置 MSTP 实例网络示意图

（2）交换机相连的接口配置为 Trunk 模式

```
[SW1]interface gigabitethernet 0/0/1
[SW1-GigabitEthernet0/0/1]port link-type trunk
[SW1-GigabitEthernet0/0/1]port trunk allow-pass vlan 10 20
[SW1-GigabitEthernet0/0/1]quit
[SW1]interface gigabitethernet 0/0/2
[SW1-GigabitEthernet0/0/2]port link-type trunk
[SW1-GigabitEthernet0/0/2]port trunk allow-pass vlan 10 20
[SW1-GigabitEthernet0/0/2]quit
[SW2]interface gigabitethernet 0/0/1
[SW2-GigabitEthernet0/0/1]port link-type trunk
[SW2-GigabitEthernet0/0/1]port trunk allow-pass vlan 10 20
[SW2-GigabitEthernet0/0/1]quit
[SW2]interface gigabitethernet 0/0/2
[SW2-GigabitEthernet0/0/2]port link-type trunk
[SW2-GigabitEthernet0/0/2]port trunk allow-pass vlan 10 20
[SW2-GigabitEthernet0/0/2]quit
[SW3]interface gigabitethernet 0/0/1
[SW3-GigabitEthernet0/0/1]port link-type trunk
[SW3-GigabitEthernet0/0/1]port trunk allow-pass vlan 10 20
[SW3-GigabitEthernet0/0/1]quit
[SW3]interface gigabitethernet 0/0/2
[SW3-GigabitEthernet0/0/2]port link-type trunk
[SW3-GigabitEthernet0/0/2]port trunk allow-pass vlan 10 20
[SW3-GigabitEthernet0/0/2]quit
```

```
[SW4]interface gigabitethernet 0/0/1
[SW4-GigabitEthernet0/0/1]port link-type trunk
[SW4-GigabitEthernet0/0/1]port trunk allow-pass vlan 10 20
[SW4-GigabitEthernet0/0/1]quit
[SW4]interface gigabitethernet 0/0/2
[SW4-GigabitEthernet0/0/2]port link-type trunk
[SW4-GigabitEthernet0/0/2]port trunk allow-pass vlan 10 20
[SW4-GigabitEthernet0/0/2]quit
```

（3）将相应接口划分到 VLAN

将 PC1 和 PC2 所接交换机接口划分到 VLAN10，将 PC3 和 PC4 所接交换机接口划分到 VLAN20。

```
[SW3]interface gigabitethernet 0/0/3
[SW3-GigabitEthernet0/0/3]port link-type access
[SW3-GigabitEthernet0/0/3]port default vlan 10
[SW3-GigabitEthernet0/0/3]quit
[SW3]interface gigabitethernet 0/0/4
[SW3-GigabitEthernet0/0/4]port link-type access
[SW3-GigabitEthernet0/0/4]port default vlan 20
[SW3-GigabitEthernet0/0/4]quit
[SW4]interface gigabitethernet 0/0/3
[SW4-GigabitEthernet0/0/3]port link-type access
[SW4-GigabitEthernet0/0/3]port default vlan 10
[SW4-GigabitEthernet0/0/3]quit
[SW4]interface gigabitethernet 0/0/4
[SW4-GigabitEthernet0/0/4]port link-type access
[SW4-GigabitEthernet0/0/4]port default vlan 20
[SW4-GigabitEthernet0/0/4]quit
```

（4）配置 SW1 的 MSTP

在 SW1 上启用 MSTP，配置 MSTP 域，创建实例 1 和实例 2；并把 SW1 配置为实例 1 的根交换机、实例 2 的备份根交换机。

```
[SW1]stp enable
[SW1]stp mode mstp
[SW1]stp region-configuration
[SW1-mst-region]region-name SH
[SW1-mst-region]instance 1 vlan 10
[SW1-mst-region]instance 2 vlan 20
[SW1-mst-region]active region-configuration
[SW1-mst-region]quit
[SW1]stp instance 1 root primary
[SW1]stp instance 2 root secondary
```

（5）配置 SW2 的 MSTP

在 SW2 上启用 MSTP，并配置 MSTP 域，创建实例 1 和实例 2；并把 SW2 配置为实例 2 的根交换机、实例 1 的备份根交换机。

```
[SW2]stp enable
[SW2]stp mode mstp
[SW2]stp region-configuration
[SW2-mst-region]region-name SH
```

```
[SW2-mst-region]instance 1 vlan 10
[SW2-mst-region]instance 2 vlan 20
[SW2-mst-region]active region-configuration
[SW2-mst-region]quit
[SW2]stp instance 2 root primary
[SW2]stp instance 1 root secondary
```

（6）配置 SW3 的 MSTP

在 SW3 上启用 MSTP，并配置 MSTP 域，创建实例 1 和实例 2。

```
[SW3]stp enable
[SW3]stp mode mstp
[SW3]stp region-configuration
[SW3-mst-region]region-name SH
[SW3-mst-region]instance 1 vlan 10
[SW3-mst-region]instance 2 vlan 20
[SW3-mst-region]active region-configuration
[SW3-mst-region]quit
```

（7）配置 SW4 的 MSTP

在 SW4 上启用 MSTP，并配置 MSTP 域，创建实例 1 和实例 2。

```
<Huawei>system-view
[Huawei]sysname SW4
[SW4]stp enable
[SW4]stp mode smtp
[SW4]stp region-configuration
[SW4-mst-region]region-name SH
[SW4-mst-region]instance 1 vlan 10
[SW4-mst-region]instance 2 vlan 20
[SW4-mst-region]active region-configuration
[SW4-mst-region]quit
```

（8）结果验证

经过以上配置，在网络计算稳定后，执行以下操作，验证配置结果。

在 SW1 上执行 display stp brief 命令，查看端口角色和端口状态，结果如图 3-5-16 所示。

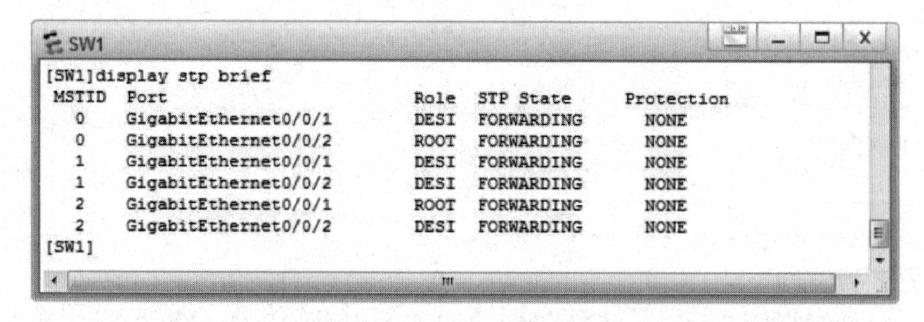

图 3-5-16　华为交换机 SW1 在不同 MSTP 实例中的端口角色和状态

在 MST 实例 1 中，由于 SW1 为根交换机，端口 GE0/0/1 和 GE0/0/2 为指定端口，处于转发状态。

在 MST 实例 2 中，端口 GE0/0/1 为根端口，处于转发状态；端口 GE0/0/2 为指定端口，处于转发状态。

在 SW2 上执行 display stp brief 命令，查看端口角色和端口状态，结果如图 3-5-17 所示。

```
SW2
[SW2]display stp brief
 MSTID  Port                        Role  STP State     Protection
   0    GigabitEthernet0/0/1        ROOT  FORWARDING      NONE
   0    GigabitEthernet0/0/2        ALTE  DISCARDING      NONE
   1    GigabitEthernet0/0/1        ROOT  FORWARDING      NONE
   1    GigabitEthernet0/0/2        DESI  FORWARDING      NONE
   2    GigabitEthernet0/0/1        DESI  FORWARDING      NONE
   2    GigabitEthernet0/0/2        DESI  FORWARDING      NONE
[SW2]
```

图 3-5-17　华为交换机 SW2 在不同 MSTP 实例中的端口角色和状态

在 MST 实例 2 中，由于 SW2 为根交换机，端口 GE0/0/1 和 GE0/0/2 为指定端口，处于转发状态。

在 MST 实例 1 中，端口 GE0/0/1 为根端口，处于转发状态；端口 GE0/0/2 为指定端口，处于转发状态。

在 SW3 上执行 display stp brief 命令，查看端口角色和端口状态，结果如图 3-5-18 所示。

```
SW3
[SW3]display stp brief
 MSTID  Port                        Role  STP State     Protection
   0    GigabitEthernet0/0/1        DESI  FORWARDING      NONE
   0    GigabitEthernet0/0/2        DESI  FORWARDING      NONE
   0    GigabitEthernet0/0/3        DESI  FORWARDING      NONE
   0    GigabitEthernet0/0/4        DESI  FORWARDING      NONE
   1    GigabitEthernet0/0/1        DESI  FORWARDING      NONE
   1    GigabitEthernet0/0/2        ROOT  FORWARDING      NONE
   1    GigabitEthernet0/0/3        DESI  FORWARDING      NONE
   2    GigabitEthernet0/0/1        ALTE  DISCARDING      NONE
   2    GigabitEthernet0/0/2        ROOT  FORWARDING      NONE
   2    GigabitEthernet0/0/4        DESI  FORWARDING      NONE
[SW3]
```

图 3-5-18　华为交换机 SW3 在不同 MSTP 实例中的端口角色和状态

在 MST 实例 1 中，端口 GE0/0/2 为根端口，处于转发状态；端口 GE0/0/1 为指定端口，处于转发状态。

在 MST 实例 2 中，端口 GE0/0/2 为根端口，处于转发状态；端口 GE0/0/1 为备份端口，处于阻塞状态。

在 SW4 上执行 display stp brief 命令，查看端口角色和端口状态，结果如图 3-5-19 所示。

```
SW4
[SW4]display stp brief
 MSTID  Port                        Role  STP State     Protection
   0    GigabitEthernet0/0/1        ROOT  FORWARDING      NONE
   0    GigabitEthernet0/0/2        DESI  FORWARDING      NONE
   0    GigabitEthernet0/0/3        DESI  FORWARDING      NONE
   0    GigabitEthernet0/0/4        DESI  FORWARDING      NONE
   1    GigabitEthernet0/0/1        ALTE  DISCARDING      NONE
   1    GigabitEthernet0/0/2        ROOT  FORWARDING      NONE
   1    GigabitEthernet0/0/3        DESI  FORWARDING      NONE
   2    GigabitEthernet0/0/1        DESI  FORWARDING      NONE
   2    GigabitEthernet0/0/2        ROOT  FORWARDING      NONE
   2    GigabitEthernet0/0/4        DESI  FORWARDING      NONE
[SW4]
```

图 3-5-19　华为交换机 SW4 在不同 MSTP 实例中的端口角色和状态

在 MSTP 实例 1 中，端口 GE0/0/2 为根端口，处于转发状态；端口 GE0/0/1 为备份端口，处于阻塞状态。

在 MSTP 实例 2 中，端口 GE0/0/2 为根端口，处于转发状态；端口 GE0/0/1 在指定端口，处于转发状态。

交换机 SW1、SW2、SW3 和 SW4 在 MSTP 实例中各端口的状态如图 3-5-20 所示。

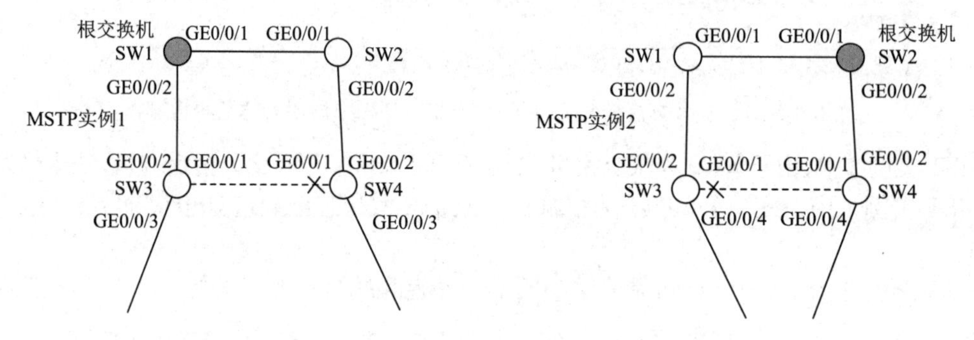

图 3-5-20　华为 4 台交换机在不同 MSTP 实例中的状态

（9）测试连通性

根据图 3-5-15 所示设置 PC1、PC2、PC3 和 PC4 的 IP 地址和子网掩码，使用 ping 命令测试连通性，PC1 与 PC2 能够相互 ping 通，PC3 和 PC4 能够相互 ping 通。

习　题

一、选择题

1. 交换机工作在（　　）层，完成帧的转发。

   A. 物理层　　B. 数据链路层　　C. 网络层　　D. 传输层

2. 交换机转发数据的依据是（　　）。

   A. ARP 表　　B. MAC 地址表　　C. 路由表　　D. 访问控制列表

3. 以太网交换机一个端口在接收到数据帧时，如果没有在 MAC 地址表中查找到目的 MAC 地址，通常（　　）。

   A. 把以太网帧复制到所有端口

   B. 把以太网帧单点传送到特定端口

   C. 把以太网帧发送到除本端口以外的所有端口

   D. 丢弃该帧

4. 交换机使用（　　）填充 MAC 地址表。

   A. 目的 MAC 地址和传入端口　　B. 目的 MAC 地址和传出端口

   C. 源 MAC 地址和传入端口　　D. 源 MAC 地址和传出端口

5. 交换机是基于（　　）进行数据转发的设备

   A. 源 MAC 地址　　B. 目的 MAC 地址

   C. 源 IP 地址　　D. 目的 IP 地址

6. 主机 A 和主机 B 分别和交换机的两个端口相连，主机 A 第一次给主机 B 发送一个数据报文时，下面说法正确的是（　　）。

A. 交换机学到 A 的地址　　B. 交换机学到 B 的地址

C. 交换机没有学到任何地址　　D. 交换机同时学到 A 和 B 的地址

7. VLAN 在现代组网技术中占有重要地位，同一个 VLAN 中的两台主机（　　）。

A. 必须连接在同一交换机上　　B. 可以跨越多台交换机

C. 必须连接在同一集线器上　　D. 可以跨业多台路由器

8. 有 3 台交换机分别安装在办公楼的 1 ～ 3 层，同属于财务部门的 6 台 PC 分别连接在这 3 台交换机的端口上，为了提高网络安全性和易管理性，最好的解决方案是（　　）。

A. 改变物理连接，将 6 台 PC 全部移动到同一层

B. 使用路由器，并用访问控制列表（ACL）控制主机之间的数据流

C. 产生一个 VPN，并使用 VTP 通过交换机的 Trunk 传播给 6 台 PC

D. 在每台交换机上建立一个相同的 VLAN，将连接 6 台 PC 的交换机端口都分配到这个 VLAN 中

9. 连接在不同交换机上的，属于同一 VLAN 的数据帧必须通过（　　）传输。

A. 服务器　　B. 路由器　　C. Backbone 链路　　D. Trunk 链路

10. Trunk 链路上传输的帧一定会被打上（　　）标记。

A. ISL　　B. IEEE802.1Q　　C. VLAN　　D. Trunk

11. 当设计交换网络包含冗余链路时，需要（　　）技术。

A. 链路聚合　　B. 生成树　　C. 虚拟局域网　　D. 虚拟专用网络

12. STP 的根本目的是（　　）。

A. 防止“广播风暴”

B. 防止信息丢失

C. 防止网络中出现信息回路造成网络瘫痪

D. 使网桥具备网络层功能

13. 生成树协议 STP，把整个网络定义为（　　）。

A. 无环路的树结构　　B. 有环路的树结构

C. 环形结构　　D. 二叉树结构

14. （　　）技术规范定义的是生成树协议（Spanning Tree Protocol，STP）。

A. IEEE 802.1d　　B. IEEE 802.1w　　C. IEEE 802.1s　　D. IEEE 802.1a

15. 一般情况下交换机的优先级为（　　）。

A. 32768　　B. 28576

C. 网卡的 MAC 地址　　D. 没办法确定

16. 生成树协议是通过（　　）的实现方法来构造一个无环的网络拓扑。

A. 阻塞冗余链路　　B. 禁用冗余链路

C. 阻塞冗余端口　　D. 禁用冗余端口

17. 关于链路聚合的基本概念，下面描述错误的是（　　）。

A. 链路聚合是将一组物理接口捆绑在起作为一个逻辑接口来增加带宽及可靠性的方法

B. 链路聚合遵循 IEEE 802.3ad 协议

C. 将若干条物理链路捆绑在一起所形成的逻辑链路称为链路聚合组 (LAG) 或者 Trunk

D. 链路聚合只存在活动接口

18. （多选）两条物理链路被配置成以太通道后，这两条物理链路可以（　　）。

A. 都成为接入链路　　B. 都成为中继链路

C. 一条成为接入而一条成为中继　　D. 既成为中继又成为接入

19. （多选）使用生成树协议的网络中，交换机的端口可能成为（　　）。

A. 根端口　　B. 指定端口　　C. 非根端口　　D. 非指定端口

20. 思科设备查看 VLAN 配置信息的命令是（　　）。

A. show running-config　　B. show vlan brief

C. enable　　D. vlan vlan-id

21. 对于思科 S3560 交换机的 VLAN 配置，下列说法中错误的是（　　）。

A. 默认 VLAN ID 为 1

B. 通过命令 show vlan 查看 VLAN 设置时，必须指定某一个 VLAN ID

C. 创建 VLAN 时，会同时进入此 VLAN 的配置模式

D. 对于已创建的 VLAN，可以对它配置一个描述字符串

22. 思科交换机中，STP 优先级配置命令（　　）可以确保交换机始终是根交换机。

A. spanning-tree vlan 10 priority 0

B. spanning-tree vlan 10 priority 61440

C. spanning-tree vlan 10 root primary

D. spanning-tree vlan 10 priority 4096

23. 管理员在交换机上配置 VLAN 时，使用的命令如下：

```
[huawei]vlan batch 2 to 9 10
```

描述正确的是（　　）。

A. 交换机上将会创建 VLAN 2，VLAN 3，VLAN 4，VLAN 5，VLAN 6，VLAN 7，VLAN 8，VLAN 9 和 VLAN 10

B. 交换机上将会创建 VLAN 2，VLAN 9 和 VLAN 10

C. 此配置命令有误，配置时 VRP 会报错

D. 交换机上将会创建 VLAN 2 到 VLAN 910

24. 下列向 VLAN 增加端口的命令中，不正确的是（　　）。

A. [Huawei-vlan5]port 0/10

B. [Huawei-vlan5]port Ethernet0/0/10

C. [Huawei-vlan5]port Ethernet0/0/5 Ethernet0/0/10

D. [Huawei-Ethernet0/0/10]port default vlan 5

25. 华为设备查看 VLAN 配置信息的命令是（　　）。

A. display current-configuration　　B. display vlan brief

C. system-view　　D. vlan vlan-id

二、简答题

1. 选择交换机主要参考哪些因素？
2. 交换机的配置有哪几种方式？
3. 说明 VLAN 的基本定义，以及 VLAN 的划分方式包括哪些？
4. 简述 VLAN 的优点。
5. 链路聚合的作用是什么？
6. 简述生成树的工作过程。
7. 简述 ISL 与 IEEE 802.1Q 两种封装方式的相同与不同之处。
8. A、B 两台交换机，A 配置了命令 spanning-tree vlan 10 root primary，B 配置了命令 spanning-tree vlan 10 priority 8192，当两台交换机连接在一起后，哪个会成为根交换机？为什么？

第4章 三层交换技术

随着网络技术的广泛推广和应用，数据交换技术从简单的电路交换发展到二层交换，从二层交换又逐渐发展到今天较成熟的三层交换，以致发展到将来的高层交换。三层交换技术是指二层交换技术加三层转发技术，它解决了局域网中网段划分之后，网段中子网必须依赖路由器进行管理的局面，解决了传统路由器低速、复杂所造成的网络瓶颈问题。

本章重点介绍了三层交换技术，包括三层交换机简介、思科和华为设备三层接口的配置。介绍了不同VLAN之间通信的原理，以及思科和华为设备利用单臂路由和三层交换机实现VLAN间通信的配置。介绍了网关冗余技术VRRP和HSRP，以及思科设备HSRP的配置、华为设备VRRP的配置。介绍了DHCP的基本工作原理，以及思科和华为设备DHCP服务器和DHCP中继器的配置。

学习目标

- 理解三层交换技术基本原理，掌握三层交换机物理端口开启路由功能的配置方法。
- 理解单臂路由的原理，掌握思科和华为网络设备单臂路由实现VLAN间通信的配置。
- 理解三层交换机VLAN接口的概念，掌握思科和华为三层交换机实现VLAN间通信的配置。
- 理解网关冗余技术HSRP和VRRP的工作原理，掌握思科设备HSRP的配置和华为设备VRRP的配置。
- 理解DHCP协议的工作原理，掌握思科和华为网络设备DHCP服务器和DHCP中继器的配置。
- 实验中不断精益求精，形成严谨细致的工作作风。

4.1 三层交换技术概述

4.1.1 三层交换技术原理

二层交换技术从网桥发展到VLAN（虚拟局域网），在局域网建设和改造中得到了广泛的应用。

二层交换机工作在 OSI 参考模型中的第二层，即数据链路层。它按照所接收到数据帧的目的 MAC 地址来进行转发，对于网络层或者高层协议来说是透明的。它不处理网络层的 IP 地址，不处理高层协议（如 TCP、UDP）的端口地址，只需要数据帧的物理地址即 MAC 地址，数据交换依靠硬件实现，其速度相当快，这是二层交换的一个显著优点。但是，它不能处理不同 IP 子网之间的数据交换。传统的路由器可以处理大量的跨越 IP 子网的数据包，但是它的转发效率比二层交换机低，因此要想利用二层转发效率高这一优点，又要处理三层 IP 数据包跨子网通信，三层交换技术就诞生了。

三层交换技术是指二层交换技术加三层转发技术，在 OSI 参考模型的第三层实现了数据包的高速转发，它解决了局域网中网段划分之后，网段中子网必须依赖路由器进行管理的局面，解决了传统路由器低速、复杂所造成的网络瓶颈问题。

一台三层交换设备是一台具备路由功能的交换机。为了实现三层交换技术，交换机将维护一张“MAC 地址表”、一张“IP 路由表”以及一张“目的 IP 地址，下一跳 MAC 地址”在内的硬件转发表。

如图 4-1-1 所示是某校园网络场景，使用两台三层交换机互联两个独立的子网。下面以该网络场景说明三层交换技术工作原理。

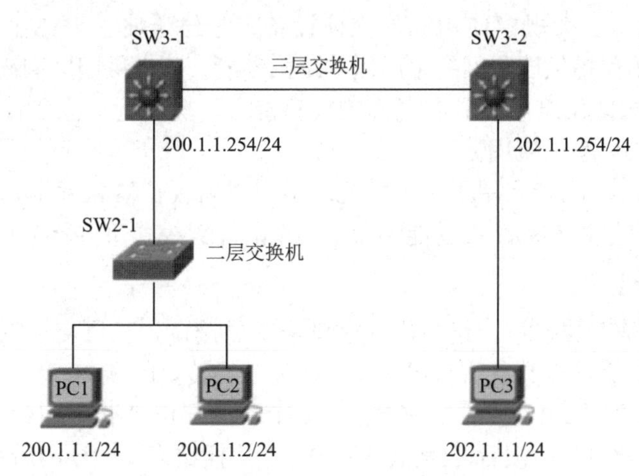

图 4-1-1　三层交换机组建的网络

如果 PC1 要向同网中 PC2 传输信息，直接通过二层交换机 SW2-1 就可完成。

如果 PC1 要向另一子网中的 PC3 传输信息，由于处于两个不同子网，就需要通过三层交换机转发。转发过程如下：

首先，PC1 在发送前，把自己的 IP 地址与目的主机 PC3 的 IP 地址比较，判断 PC3 是否在同一子网内。

若目的主机 PC3 与发送主机 PC1 在同一子网内，直接进行二层转发。

若目的主机 PC3 与发送主机 PC1 不在同一子网内，发送主机 PC1 要把封装完成的数据包发给“默认网关”设备。PC1 的“默认网关”就是三层交换机 SW3-1。三层交换机 SW3-1 收到该数据包后，提取该数据包的目的 IP 地址，查询路由表信息。根据其路由表信息，把该数据包转发给三层交换机 SW3-2。三层交换机 SW3-2 收到该数据包后，提取该数据包的目标 IP 地址，依据路由表信息，转发给 PC3 连接的端口。并根据 PC3 的 MAC 地址，建立三层路由到二层交换的映射，后面同样的数据，就直接依据线速交换表（交换引擎），把 PC1 发来的信息转发给 PC3，完成三层交换过程。以后当 PC1 向 PC3 发送数据包，便全部交给三层交换引擎处理，实现信息的高速交换。

4.1.2　三层交换机简介

三层交换中的重要设备是三层交换机，除了二层交换技术外，在三层数据转发技术中使用到了路由技术。此外，在进行三层交换技术的数据转发时，通过检测 IP 数据包中“目的 IP 地址”和“目的 MAC 地址”的关系，来判断应该如何进行数据包的高速转发，即采用硬件芯片或高速缓存支持。三层交换机将路由性能叠加在二层交换架构上，实现路由传输的高速交换。

三层交换机也是工作在网络层的设备，和路由器一样可连接任何子网。三层交换机具有部分路由功能，但它与路由器本质上是有区别的：路由器端口类型多，支持的三层协议多，路由功能强，所以适合大型网络之间的互联。虽然不少三层交换机甚至二层交换都有异构网络的互联端口，但一般大型网络的互联端口不多，互联设备的主要功能不是端口之间进行快速交换，而是选择最佳路径甚至需要进行负载分担以及链路备份。最重要的是，还需要与其他网络进行路由信息交换，所有这些都是路由器完成的功能。三层交换机主要工作在同型子网中，使用硬件 ASIC 芯片解析传输信号，通过先进的 ASIC 芯片，三层交换机可提供远远高于路由器的网络传输性能，如每秒 4 000 万个数据包（三层交换机）对每秒 30 万个数据包（路由器）。

在园区网络的组建中，大规模使用三层交换设备，组建千兆、万兆主干架构网络。千兆、万兆主干路由交换机，不仅提供园区网络中所需的路由性能，还提供园区网高速传输功能。因此，三层交换机通常部署在园区网络中，具有更高的战略意义，提供远远高于传统路由器的性能，非常适合在网络带宽密集的环境中应用。

通常，三层交换机出厂时就启用了路由功能。但在思科模拟器软件上，三层交换机的路由功能是关闭的，思科三层交换机启动路由功能的命令为全局配置模式下的 ip routing。

4.1.3　交换机三层接口

二层交换机的接口是二层接口，路由器的接口是三层接口。三层交换机上面的接口默认为二层接口，某些款型的三层交换机具备将二层接口转换为三层接口的能力。

二层接口可以简单理解为只具备二层交换能力的接口，二层接口不能直接配置 IP 地址，并且不直接终结广播帧。二层接口收到广播帧后，会将其从同属一个广播域（VLAN）的所有其他接口泛洪出去。三层接口维护IP地址与MAC地址，三层接口终结广播帧，三层接口在收到广播帧后，不会进行泛洪处理。

二层接口在收到单播帧后，会在 MAC 表中查询该数据帧的目的 MAC 地址，然后依据 MAC 地址表表项指引进行转发，如果没有任何表项匹配，则进行泛洪。三层接口在收到单播帧后，首先判断其目的 MAC 地址是否为本地 MAC 地址，如果是，则将数据帧解封装，并解析出报文目的 IP 地址，然后进行路由查询及转发。因此，二层接口与三层接口在数据处理行为上也存在明显差异。

以太网二层接口有 Access、Trunk、Hybrid 等几种类型。三层接口则没有上述类型。

三层接口有物理形态的，也有逻辑形态的。典型的物理接口如路由器的三层物理端口；逻辑接口如 VLANIF，以及以太网子接口如 GE0/0/1.1。VLANIF 与其关联 VLAN 的 VLAN-ID 对应，例如 VLANIF10 对应 VLAN10，VLANIF10 作为一个三层逻辑接口，可以与同属于 VLAN10 的设备直接进行二层通信。而以太网子接口，通常也会绑定相应的 VLAN-ID，从而与相应的 VLAN 对接。这两种典型的三层接口均可以直接配置 IP 地址。

设备的以太网接口工作在二层模式，如果需要应用接口的三层功能，则需要使用特定命令将二层接口转换为三成接口。这种方式的扩展性差，它会让交换机的一个物理接口独占一个广播域，所以一般不推荐使用，但最新的思科 SDN 企业网络解决方案采用了该方案。交换机三层接口配置命令如下：

思科三层交换机将接口配置为三层接口的命令为接口配置模式下的 no switchport。

华为三层交换机将接口配置为三层接口的命令为接口配置视图下的 undo portswitch。

4.1.4　思科设备配置三层接口

扫一扫

思科设备配置三层接口

在图 4-1-2 中的 SW1 上，把接口 Fa0/1 从默认的二层交换接口转换为三层路由接口，地址配置为 192.168.11.2/24，以便和路由器 R1 的接口 Fa0/0（地址为 192.168.11.1/24）通信。

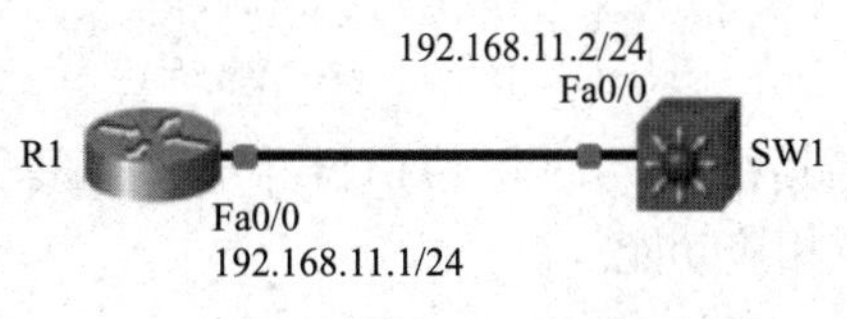

图 4-1-2　思科交换机的三层路由接口配置拓扑

1. R1 的基本配置

```
Router>en
Router#config t
Router(config)#hostname R1
R1(config)#int f0/0
R1(config-if)#ip address 192.168.11.1 255.255.255.0
R1(config-if)#no shutdown
R1(config-if)#exit
R1(config)#
```

2. 在思科设备上配置交换机三层接口

```
Switch>
Switch>en
Switch#config t
R1(config)#hostname SW1
SW1(config)#int f0/1
SW1(config-if)#no switchport
SW1(config-if)#ip address 192.168.11.2 255.255.255.0
SW1(config-if)#exit
SW1(config)#exit
```

3. 测试

在交换机 SW1 上 ping 路由器 R1 的接口地址，结果如图 4-1-3 所示。

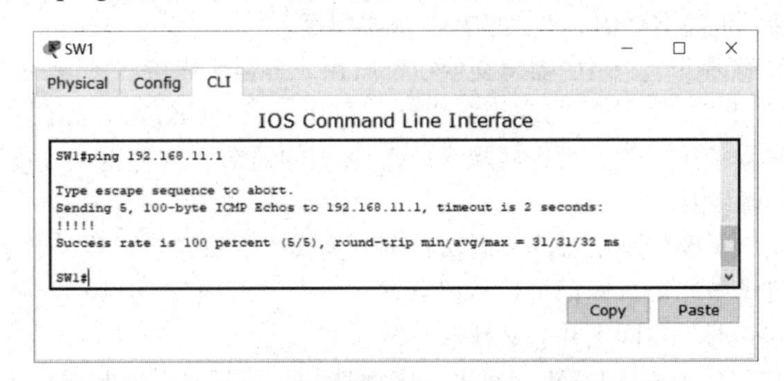

图 4-1-3　三层交换机 SW1 上 ping 路由器 R1 的结果

测试完毕，结果显示实现了交换机和路由器的三层直连通信。

4.1.5　华为设备配置三层接口

华为设备的 5700 系列和 6700 系列交换中仅 S5720EI、S5720HI、S5730HI、S6720EI、

S6720HI 和 S6720S-EI 支持二层接口与三层接口的转换。

工作在三层模式的以太网接口支持配置 IP 地址，配置实例如下：

```
<Huawei>sys
[Huawei]interface g0/0/1
[Huawei-GigabitEthernet0/0/1]undo portswitch
[Huawei-GigabitEthernet0/0/1]ip address 192.168.11.2 255.255.255.0
```

读者请注意，eNSP 模拟器并不支持该配置，有些版本的模拟器可能可以支持该命令，但依旧无法实现相应功能。

4.2 单臂路由实现 VLAN 间通信

属于不同 VLAN 的计算机之间不能直接互相通信，为了能够实现 VLAN 间通信，需要利用 OSI 参考模型中网络层的信息（IP 地址）进行路由。

路由功能一般由路由器提供，但我们也经常利用带有路由功能的交换机——三层交换机实现。

4.2.1 利用路由器实现 VLAN 间通信

利用路由器实现 VLAN 间通信时，与构建横跨多台交换机的 VLAN 时的情况类似，会遇到“该如何连接路由器与交换机”的问题。路由器与交换机的接线方式有两种：路由器与交换机上的每个 VLAN 分别连接；不论 VLAN 有多少个，路由器与交换机都只用一条链路连接。

1. 路由器与交换机上的每个 VLAN 分别连接

将交换机上用于和路由器互联的每个接口设置为 Access 链路，然后分别用网线与路由器上的独立以太网接口互联，如图 4-2-1 所示。交换机上有 n 个 VLAN，路由器上同样也需要有 n 个接口，两者之间用 n 条网线分别连接。

这种连接方式存在着设备接口的扩展性问题，每增加一个新的 VLAN，都需要消耗路由器的一个接口和交换机上的访问链接，而且还需要重新布设一条网线。路由器通常不会带有太多的以太网接口，如果创建了较多的 VLAN，路由器需要提供与 VLAN 数量对应数量的接口，此时需要使用高端路由器产品，但高端路由器产品的购买成本很高。

2. 不论 VLAN 有多少个，路由器与交换机都只用一条链路连接

不论 VLAN 有多少个，路由器与交换机之间都只用一条链路连接，如图 4-2-2 所示。路由器上的一个接口通过配置子接口的方式，实现 VLAN 之间的通信。这种通过子接口实现不同 VLAN 间的互通，也称为单臂路由。

要设置单臂路由，需要将路由器的物理接口划分为多个逻辑接口，称为“子接口”。创建子接口是在输入物理接口类型和接口标识符后，接着输入一个“.”和子接口号。很多人喜欢用要处理的 VLAN 号作为子接口号，实际上并非必须这样做。

如果创建的子接口需要在 VLAN 之间进行路由选择，要用到 Trunk 链路。Trunk 链路是指链路上能够转发多个不同 VLAN 的数据，Trunk 链路上传输的数据帧中，都被附加了用于识别 VLAN 的特殊信息。首先将用于连接路由器的交换机接口设为 Trunk 模式，而路由器上的子接口也必须支持 Trunk 链路，并配置 Trunk 协议类型（ISL 或 IEEE 802.1Q）以及与子接口相关的 VLAN。

在思科路由器中使用 encapsulation 命令指定 Trunk 协议类型和与子接口相关联的 VLAN。

一旦完成这些操作，交换机将向路由器发送标记帧。通过封装，路由器能够知道该帧来自哪个 VLAN，并且用与之匹配的子接口来处理它。所有交换机都支持使用 dot1q 参数标注的 IEEE 802.1Q。只有少数 Cisco 路由器支持 ISL。路由器和交换机必须使用相同的 VLAN 封装类型：IEEE 802.1Q 或 ISL。例如，为子接口封装 IEEE 802.1Q 协议并与 VLAN 20 连接的命令为：encapsulation dot1q 20。

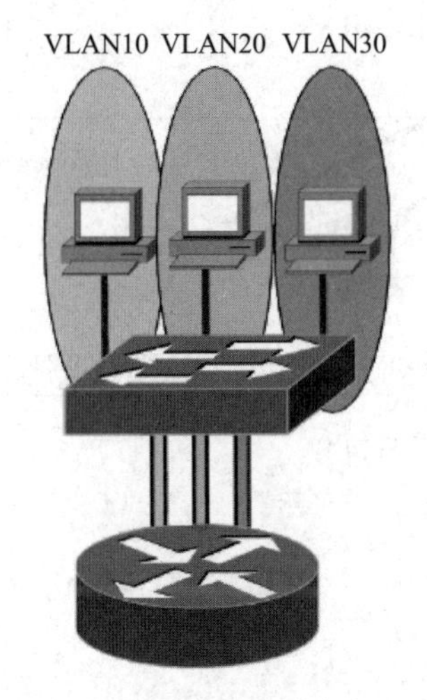

图 4-2-1　多条链路连接多个 VLAN

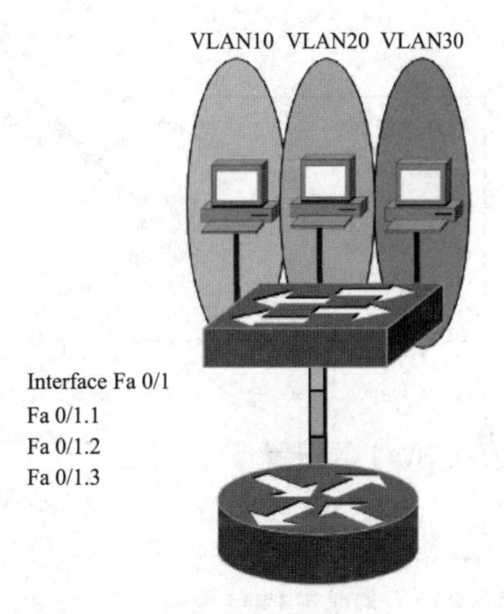

图 4-2-2　一条链路连接多个 VLAN

在华为路由器中使用 dot1q 命令开启 802.1q，并指明与子接口相关联的 VLAN。例如，为子接口封装 IEEE 802.1q 协议并与 VLAN 20 连接的命令为：dot1q termination vid 20。当 IP 报文需要从终结子接口发出，但是没有相应的 ARP 表项时，如果终结子接口上没有配置 ARP 广播功能，那么路由器会直接把该 IP 报文丢弃。只有通过在子接口上执行命令 arp broadcast enable 使能终结子接口的 ARP 广播功能，系统才会构造带 VLAN Tag 的 ARP 广播报文，然后再从该终结子接口发出。

尽管路由器与交换机连接的物理接口只有一个，但在逻辑上分割成多个虚拟子接口。VLAN 将交换机从逻辑上分割成了多台，用于 VLAN 间路由的路由器也必须拥有分别对应各个 VLAN 的虚拟接口。在交换机上每新建一个 VLAN 时，网络管理员在路由器上新增设一个对应 VLAN 的子接口即可。

4.2.2　思科设备配置单臂路由

扫一扫

思科设备配置单臂路由

例如，某学校信息技术系在 1 号教学楼二楼办公，有两个教研室，分别为网络教研室和软件教研室，各有 10 名教师。为了保证两个教研室之间的数据互不干扰，也不影响各自的通信效率，网络管理员划分了 VLAN，使两个教研室的计算机属于不同的 VLAN。在交换机 SW1 上创建 VLAN 10 和 VLAN 20，接口 Fa0/1-10 划分到 VLAN 10，接口 Fa0/11-20 划分到 VLAN 20。

两个教研室有时候也需要相互通信，使用路由器 R1 实现 VLAN 之间的通信。R1 的接口 Fa0/0 连接到 SW1 的接口 Fa0/24，如图 4-2-3 所示。

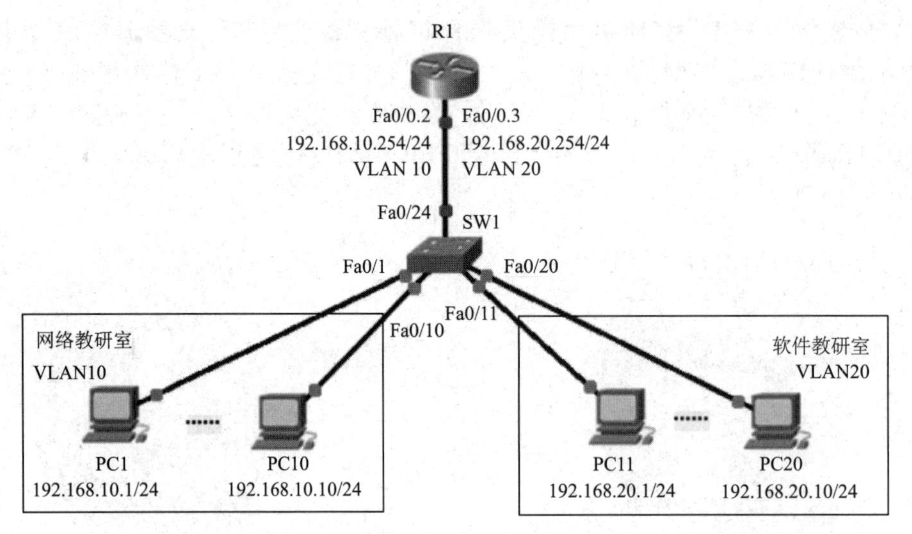

图 4-2-3 思科路由器配置单臂路由

1. 交换机 SW1 的配置

```
Switch>en
Switch#config t
Switch(config)#hostname SW1
SW1(config)#vlan 10
SW1(config-vlan)#exit
SW1(config)#vlan 20
SW1(config-vlan)#exit
SW1(config)#interface range fastethernet 0/1-10
SW1(config-if)#switchport access vlan 10
SW1(config-if)#exit
SW1(config)#interface range fastethernet 0/10-20
SW1(config-if)#switchport access vlan 20
SW1(config-if)#exit
SW1(config)#interface fastethernet 0/24
SW1(config-if)#switchport mode trunk
SW1(config-if)#exit
SW1(config)#
```

2. 路由器 R1 的配置

```
Router>en
Router#config t
Router(config)#hostname R1
R1(config)#interface f0/0
R1(config-if)#no shutdown
R1(config-if)#exit
R1(config)#interface fastethernet 0/0.2
R1(config-subif)#encapsulation dot1q 10
R1(config-subif)#ip address 192.168.10.254 255.255.255.0
R1(config-subif)#exit
R1(config)#interface fastethernet 0/0.3
R1(config-subif)#encapsulation dot1q 20
R1(config-subif)#ip address 192.168.20.254 255.255.255.0
```

```
R1(config-subif)#exit
R1(config)#
```

3．结果验证

按照图 4-2-3，分别设置 PC1、PC10、PC11 和 PC20 的 IP 地址、子网掩码和默认网关，如表 4-2-1 所示，并测试连通性。结果为 4 台 PC 可以相互通信。

表 4-2-1　思科 4 台 PC 的网络参数设置

主机名称	IP 地址	子网掩码	默认网关
PC1	192.168.10.1	255.255.255.0	192.168.10.254
PC10	192.168.10.10	255.255.255.0	192.168.10.254
PC11	192.168.20.1	255.255.255.0	192.168.20.254
PC20	192.168.20.10	255.255.255.0	192.168.20.254

4.2.3　华为设备配置单臂路由

扫一扫

华为设备配置单臂路由

例如，某学校信息技术系在 1 号教学楼二楼办公，有两个教研室：分别为网络教研室和软件教研室，各有 10 名教师。为了保证两个教研室之间的数据互不干扰，也不影响各自的通信效率，网络管理员划分了 VLAN，使两个教研室的计算机属于不同的 VLAN。在交换机 SW1 上创建 VLAN 10 和 VLAN 20，接口 Ethernet0/0/1-10 划分到 VLAN 10，接口 Ethernet0/0/11-20 划分到 VLAN 20。

两个教研室有时候也需要相互通信，使用路由器 R1 实现 VLAN 之间的通信。R1 的接口 GE0/0/0 连接到 SW1 的接口 GE0/0/1，如图 4-2-4 所示。

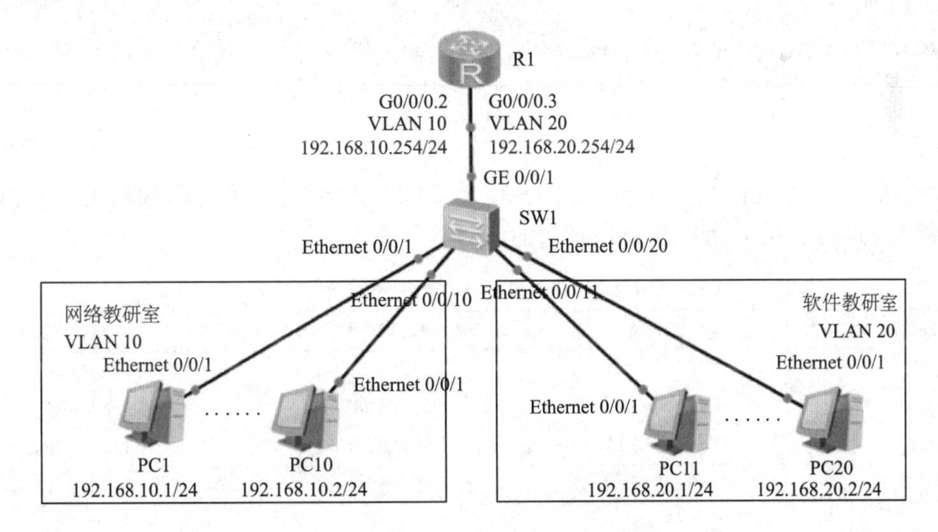

图 4-2-4　华为路由器配置单臂路由

1．交换机 SW1 的配置

```
<Huawei>system-view
[Huawei]sysname SW1
[SW1]vlan 10
[SW1-vlan10]quit
[SW1]vlan 20
```

```
[SW1-vlan20]quit
[SW1]port-group 1-10
[SW1-port-group-1-10]group-member ethernet0/0/1 to ethernet0/0/10
[SW1-port-group-1-10]port link-type access
[SW1-port-group-1-10]port default vlan 10
[SW1-port-group-1-10]quit
[SW1]port-group 11-20
[SW1-port-group-11-20]group-member ethernet0/0/11 to ethernet0/0/20
[SW1-port-group-11-20]port link-type access
[SW1-port-group-11-20]port default vlan 20
[SW1-port-group-11-20]quit
[SW1]interface g0/0/1
[SW1-GigabitEthernet0/0/1]port link-type trunk
[SW1-GigabitEthernet0/0/1]port trunk allow-pass vlan 10 20
[SW1-GigabitEthernet0/0/1]quit
[SW1]
```

2．路由器 R1 的配置

```
<Huawei>system-view
[Huawei]sysname R1
[R1]interface g0/0/0.2
[R1-GigabitEthernet0/0/0.2]dot1q termination vid 10
[R1-GigabitEthernet0/0/0.2]ip address 192.168.10.254 24
[R1-GigabitEthernet0/0/0.2]arp broadcast enable
[R1-GigabitEthernet0/0/0.2]quit
[R1]interface g0/0/0.3
[R1-GigabitEthernet0/0/0.3]dot1q termination vid 20
[R1-GigabitEthernet0/0/0.3]ip address 192.168.20.254 24
[R1-GigabitEthernet0/0/0.3]arp broadcast enable
[R1-GigabitEthernet0/0/0.3]quit
[R1]
```

3．结果验证

按照图 4-2-4，分别设置 PC1、PC10、PC11 和 PC20 的 IP 地址、子网掩码和默认网关，如表 4-2-2 所示，并测试连通性。结果为 4 台 PC 可以相互通信。

表 4-2-2　华为 4 台 PC 的网络参数设置

主机名称	IP 地址	子网掩码	默认网关
PC1	192.168.10.1	255.255.255.0	192.168.10.254
PC10	192.168.10.2	255.255.255.0	192.168.10.254
PC11	192.168.20.1	255.255.255.0	192.168.20.254
PC20	192.168.20.2	255.255.255.0	192.168.20.254

4.3 三层交换机实现 VLAN 间通信

4.3.1 VLANIF（SVI）简介

传统路由器要将收到的每一个数据包中的目的 IP 地址与路由表项对照，决定数据包的转发路径，与局域网速度相比，其处理速度要慢得多。当使用传统路由器进行 VLAN 之间路由时，随着 VLAN 之间数据流量的不断增加，路由器很可能成为整个网络的瓶颈。

三层交换机通过使用硬件交换机构实现 IP 的路由功能，在一台三层交换机内，分别设置了交换模块和路由模块。与交换模块一样，内置路由模块也使用 ASIC 硬件处理路由，因此，与传统路由器相比，其路由速度大大提高。三层交换机通过交换虚拟接口（Switch Virtual Interfaces，SVI）来进行 VLAN 之间的 IP 路由。

SVI 是交换虚拟接口，用来实现三层交换的逻辑接口。SVI 可以作为本交换机的管理接口，通过该管理接口，管理员可管理该设备。也可以创建 SVI 为一个网关接口，就相当于是对应各个 VLAN 的虚拟的子接口，可用于三层设备中跨 VLAN 之间的路由。创建一个 SVI 很简单，使用命令 interface 来创建 SVI，然后为其配置 IP 地址即可实现 VLAN 之间的路由。

4.3.2 思科三层交换机实现 VLAN 间通信的配置

1. 思科三层交换机实现 VLAN 间通信的命令

三层交换机如果要实现 VLAN 间的通信，需要为每个 VLAN 创建一个 VLAN 接口（即 SVI 接口），并为每个 SVI 口配置一个 IP 地址。

（1）创建 SVI 接口

利用三层交换实现 VLAN 间通信，需要在三层交换机上配置相应 VLAN 的 SVI 接口，其命令格式为：Switch(config)#interface vlan vlan-id。

扫一扫

思科三层交换机实现 VLAN 间通信

（2）为 SVI 接口配置 IP 地址

为 SVI 口配置 IP 地址的命令格式为：Switch(config-if)#ip address IP 地址 子网掩码。

2. 思科三层交换机实现 VLAN 间通信的配置实例

如图 4-3-1 所示，某公司有四个不同部门，为了保证它们之间的数据互不干扰，也不影响各自的通信效率，网络管理员划分了 VLAN，使四个部门的计算机属于不同的 VLAN。四个部门有时候也需要相互通信，选择三层交换机实现不同 VLAN 间的通信。

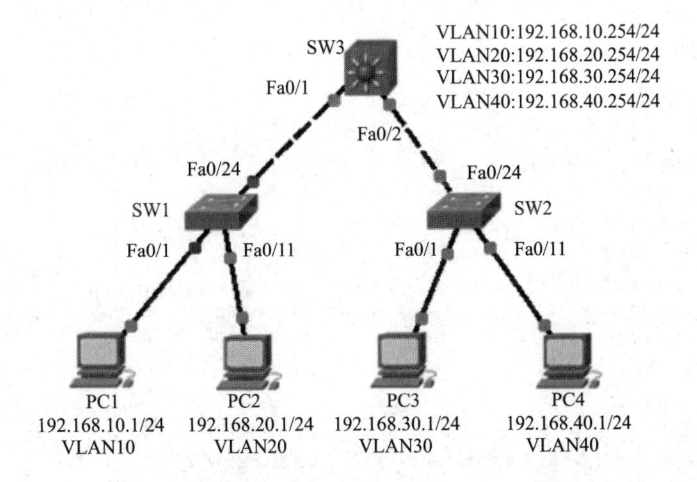

图 4-3-1 思科三层交换机实现不同 VLAN 间的通信网络拓扑示意图

（1）交换机 SW1 的配置

```
Switch>en
```

```
Switch#config t
Switch(config)#hostname SW1
SW1(config)#vlan 10
SW1(config-vlan)#exit
SW1(config)#vlan 20
SW1(config-vlan)#exit
SW1(config)#int f0/1
SW1(config-if)#switchport access vlan 10
SW1(config-if)#exit
SW1(config)#int f0/11
SW1(config-if)#switchport access vlan 20
SW1(config-if)#exit
SW1(config)#int f0/24
SW1(config-if)#switchport mode trunk
SW1(config-if)#exit
```

（2）SW2 的配置

```
Switch>en
Switch#config t
Switch(config)#hostname SW2
SW2(config)#vlan 30
SW2(config-vlan)#exit
SW2(config)#vlan 40
SW2(config-vlan)#exit
SW2(config)#int f 0/1
SW2(config-if)#switchport access vlan 30
SW2(config-if)#exit
SW2(config)#int f0/11
SW2(config-if)#switchport access vlan 40
SW2(config-if)#exit
SW2(config)#int f0/24
SW2(config-if)#switchport mode trunk
SW2(config-if)#exit
```

（3）SW3 的配置

```
Switch>en
Switch#config t
Switch(config)#hostname SW3
SW3(config)#vlan 10
SW3(config-vlan)#exit
SW3(config)#vlan 20
SW3(config-vlan)#exit
SW3(config)#vlan 30
SW3(config-vlan)#exit
SW3(config)#vlan 40
SW3(config-vlan)#exit
SW3(config)#int f0/1
SW3(config-if)#switchport trunk encapsulation dot1q
SW3(config-if)#switchport mode trunk
SW3(config-if)#exit
SW3(config)#int f0/2
SW3(config-if)#switchport trunk encapsulation dot1q
SW3(config-if)#switchport mode trunk
```

```
SW3(config-if)#exit
SW3(config)#interface vlan 10
SW3(config-if)#ip address 192.168.10.254 255.255.255.0
SW3(config-if)#exit
SW3(config)#interface vlan 20
SW3(config-if)#ip address 192.168.20.254 255.255.255.0
SW3(config-if)#exit
SW3(config)#interface vlan 30
SW3(config-if)#ip address 192.168.30.254 255.255.255.0
SW3(config-if)#exit
SW3(config)#interface vlan 40
SW3(config-if)#ip address 192.168.40.254 255.255.255.0
SW3(config-if)#exit
SW3(config)#ip routing
SW3(config)#
```

（4）结果验证

根据图 4-3-1 设置 PC1 ～ PC4 的网络参数，参数设置如表 4-3-1 所示。

表 4-3-1　PC1 ～ PC4 的网络参数

设　备	IP 地址	子网掩码	默认网关
PC1	192.168.10.1	255.255.255.0	192.168.10.254
PC2	192.168.20.1	255.255.255.0	192.168.20.254
PC3	192.168.30.1	255.255.255.0	192.168.30.254
PC4	192.168.40.1	255.255.255.0	192.168.40.254

在 PC 上用 ping 命令测试 VLAN10、VLAN20、VLAN30 和 VLAN40 之间的联通性，PC1、PC2、PC3 和 PC4 相互能 ping 通。

4.3.3　华为三层交换机实现 VLAN 间通信的配置

1. 华为三层交换机实现 VLAN 间通信的命令

如果要实现 VLAN 间的通信，需要为每个 VLAN 创建一个 VLAN 接口（即 SVI 接口），并为每个 SVI 口配置一个 IP 地址。

（1）创建 SVI 接口

利用三层交换实现 VLAN 间通信，需要在三层交换机上配置相应 VLAN 的 SVI 接口，其命令格式为：[Huawei]interface vlanif vlan-id。

（2）为 SVI 接口配置 IP 地址

为 SVI 接口配置 IP 地址的命令格式为：[Huawei-Vlanif]ip address IP 地址 掩码长度。

2. 华为三层交换机实现 VLAN 间通信的配置实例

扫一扫

华为三层交换机实现 VLAN 间通信

如图 4-3-2 所示，某公司有四个不同部门，为了保证它们之间的数据互不干扰，也不影响各自的通信效率，网络管理员划分了 VLAN，使四个部门的计算机属于不同的 VLAN。四个部门有时候也需要相互通信，选择三层交换机实现不同 VLAN 间的通信。

（1）交换机 SW1 的配置

```
<Huawei>sys
[Huawei]sysname SW1
[SW1]vlan 10
```

```
[SW1-vlan10]quit
[SW1]vlan 20
[SW1-vlan20]quit
[SW1]int e0/0/1
[SW1-Ethernet0/0/1]port link-type access
[SW1-Ethernet0/0/1]port default vlan 10
[SW1-Ethernet0/0/1]quit
[SW1]int e0/0/11
[SW1-Ethernet0/0/11]port link-type access
[SW1-Ethernet0/0/11]port default vlan 20
[SW1-Ethernet0/0/11]quit
[SW1]int g0/0/1
[SW1-GigabitEthernet0/0/1]port link-type trunk
[SW1-GigabitEthernet0/0/1]port trunk allow-pass vlan 10 20
[SW1-GigabitEthernet0/0/1]quit
[SW1]
```

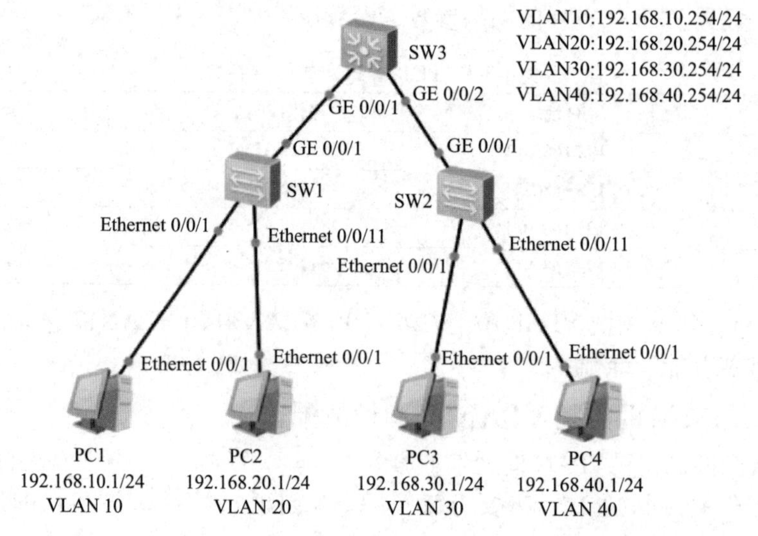

图 4-3-2　华为三层交换机实现不同 VLAN 间的通信网络拓扑示意图

（2）交换机 SW2 的配置

```
<Huawei>sys
[Huawei]sysname SW2
[SW2]vlan 30
[SW2-vlan30]quit
[SW2]vlan 40
[SW2-vlan40]quit
[SW2]int e0/0/1
[SW2-Ethernet0/0/1]port link-type access
[SW2-Ethernet0/0/1]port default vlan 30
[SW2-Ethernet0/0/1]quit
[SW2]int e0/0/11
[SW2-Ethernet0/0/11]port link-type access
[SW2-Ethernet0/0/11]port default vlan 40
[SW2-Ethernet0/0/11]quit
[SW2]int g0/0/1
```

```
[SW2-GigabitEthernet0/0/1]port link-type trunk
[SW2-GigabitEthernet0/0/1]port trunk allow-pass vlan 30 40
[SW2-GigabitEthernet0/0/1]quit
[SW2]
```

（3）交换机 SW3 的配置

```
<Huawei>sys
[Huawei]sysname SW3
[SW3]vlan 10
[SW3-vlan10]quit
[SW3]vlan 20
[SW3-vlan20]quit
[SW3]vlan 30
[SW3-vlan30]quit
[SW3]vlan 40
[SW3-vlan40]quit
[SW3]int g0/0/1
[SW3-GigabitEthernet0/0/1]port link-type trunk
[SW3-GigabitEthernet0/0/1]port trunk allow-pass vlan 10 20
[SW3-GigabitEthernet0/0/1]quit
[SW3]int g0/0/2
[SW3-GigabitEthernet0/0/2]port link-type trunk
[SW3-GigabitEthernet0/0/2]port trunk allow-pass vlan 30 40
[SW3-GigabitEthernet0/0/2]quit
[SW3]int vlan 10
[SW3-Vlanif10]ip address 192.168.10.254 24
[SW3-Vlanif10]quit
[SW3]int vlan 20
[SW3-Vlanif20]ip address 192.168.20.254 24
[SW3-Vlanif20]quit
[SW3]int vlan 30
[SW3-Vlanif30]ip address 192.168.30.254 24
[SW3-Vlanif30]quit
[SW3]int vlan 40
[SW3-Vlanif40]ip address 192.168.40.254 24
[SW3-Vlanif40]quit
```

（4）结果验证

根据图 4-3-2 设置 PC1 ～ PC4 的网络参数，参数设置如表 4-3-2 所示。

表 4-3-2　PC1 ～ PC4 的网络参数

设　备	IP 地址	子网掩码	默认网关
PC1	192.168.10.1	255.255.255.0	192.168.10.254
PC2	192.168.20.1	255.255.255.0	192.168.20.254
PC3	192.168.30.1	255.255.255.0	192.168.30.254
PC4	192.168.40.1	255.255.255.0	192.168.40.254

在 PC 上用 ping 命令测试 VLAN10、VLAN20、VLAN30 和 VLAN40 之间的联通性，PC1、PC2、PC3 和 PC4 相互能 ping 通。

4.4 网关冗余技术及配置

4.4.1 VRRP 与 HSRP

随着 Internet 的发展，人们对网络可靠性的要求越来越高。特别是对于终端用户来说，能够实时与网络其他部分保持联系是非常重要的。一般来说，主机通过设置默认网关来与外部网络联系。主机将发送给外部网络的报文发送给网关，由网关传递给外部网络，从而实现主机与外部网络的通信。正常的情况下，主机可以完全信赖网关的工作，但是当网关出现故障时，主机与外部的通信就会中断。要解决网络中断的问题，可以依靠再添加网关的方式解决，不过由于大多数主机只允许配置一个默认网关，此时需要网络管理员进行手工干预网络配置，才能使得主机使用新的网关进行通信。为了更好地解决网络中断的问题，网络开发者提出了网关冗余技术，它既不需要改变组网情况，也不需要在主机上做任何配置，只需要在相关三层设备上进行配置，就能实现默认网关的备份，并且不会给主机带来任何负担。

VRRP（Virtual Router Redundancy Protocol，虚拟路由冗余协议）和 HSRP（Hot Standby Router Protocol，热备份路由器协议）是最常用的网关冗余技术，其中 HSRP 是思科的专有协议。

1. VRRP

（1）VRRP 简介

VRRP 是一种容错协议，它保证当局域网内主机的下一跳路由器出现故障时，可以及时地由另一台路由器来代替，从而保持通信的连续性和可靠性。为了使 VRRP 工作，要在三层设备上配置虚拟路由器号和虚拟 IP 地址，同时产生一个虚拟 MAC 地址，这样在这个网络中就加入了一个虚拟路由器。而网络上的主机与虚拟路由器通信，无须了解这个网络上物理路由器的任何信息，一个虚拟路由器由一个主路由器和若干个备份路由器组成，主路由器实现真正的转发功能。当主路由器出现故障时，一个备份路由器将成为新的主路由器，接替它的工作。

VRRP 中只定义了一种报文——VRRP 报文，这是一种组播报文，封装在 IP 报文上，由主路由器定时发出来通告它的存在，使用这些报文可以检测虚拟路由器各种参数，还可以用于主路由器的选举。

VRRP 还定义了三种状态模型：初始状态 Initialize，活动状态 Master，备份状态 Backup。其中只有活动状态可以转发到虚拟 IP 地址的请求服务。

（2）VRRP 基本术语

虚拟路由器：由一个 Master（主）路由器和多个 Backup（备份）路由器组成。主机将虚拟路由器当作默认网关。

- VRID：虚拟路由器的标识。由相同 VRID 的一组路由器构成一个虚拟路由器。
- Master 路由器：虚拟路由器中承担报文转发任务的路由器。
- Backup 路由器：Master 路由器出现故障时，能够代替 Master 路由器工作的路由器。
- 虚拟 IP 地址：虚拟路由器的 IP 地址。一个虚拟路由器可以拥有一个或多个 IP 地址。
- IP 地址拥有者：接口 IP 地址与虚拟 IP 地址相同的路由器被称为 IP 地址拥有者。
- 虚拟 MAC 地址：一个虚拟路由器拥有一个虚拟 MAC 地址。虚拟 MAC 地址的格式为 00-00-5E-00-01-{VRID}。通常情况下，虚拟路由器回应 ARP 请求使用的是虚拟 MAC 地址，只有虚拟路由器做特殊配置的时候，才回应接口的真实 MAC 地址。

- 优先级：VRRP 根据优先级来确定虚拟路由器中每台路由器的地位。
- 非抢占方式：如果 Backup 路由器工作在非抢占方式下，则只要 Master 路由器没有出现故障，Backup 路由器即使随后被配置了更高的优先级也不会成为 Master 路由器。
- 抢占方式：如果 Backup 路由器工作在抢占方式下，当它收到 VRRP 报文后，会将自己的优先级与通告报文中的优先级进行比较。如果自己的优先级比当前的 Master 路由器的优先级高，就会主动抢占成为 Master 路由器；否则，将保持 Backup 状态。

（3）虚拟路由器简介

VRRP 将局域网内的一组路由器划分在一起，形成一个 VRRP 备份组，它在功能上相当于一台虚拟路由器，使用虚拟路由器号进行标识。

虚拟路由器有自己的虚拟 IP 地址和虚拟 MAC 地址，它的外在表现形式和实际的物理路由器完全一样。局域网内的主机将虚拟路由器的 IP 地址设置为默认网关，通过虚拟路由器与外部网络进行通信。

虚拟路由器工作在实际的物理路由器之上，它由多个实际的路由器组成，包括一个 Master 路由器和多个 Backup 路由器。Master 路由器正常工作时，局域网内的主机通过 Master 与外界通信。当 Master 路由器出现故障时，Backup 路由器中的一台设备将成为新的 Master 路由器，接替转发报文的工作，如图 4-4-1 所示。

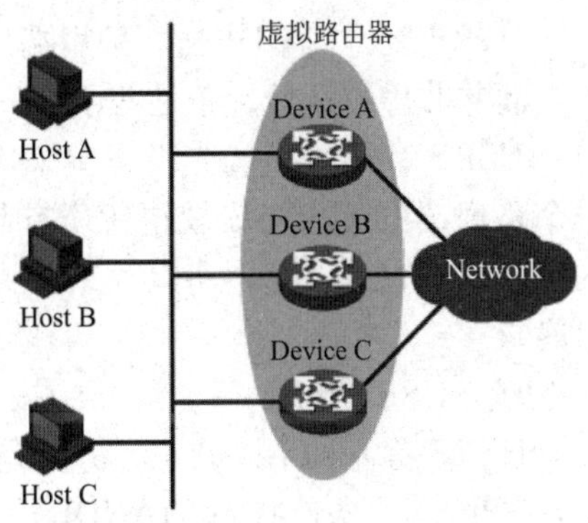

图 4-4-1　虚拟路由器示意图

（4）VRRP 的工作过程

虚拟路由器中的路由器根据优先级选举出 Master 路由器。Master 路由器通过发送免费 ARP 报文，将自己的虚拟 MAC 地址通知给与它连接的设备或者主机，从而承担报文转发任务。免费 ARP 报文是一种特殊的 ARP 报文，该报文中携带的发送者 IP 地址和目的 IP 地址都是本机 IP 地址，报文源 MAC 地址是本机 MAC 地址，报文的目的 MAC 地址是广播地址。

Master 路由器周期性发送 VRRP 报文，以公布其配置信息（优先级等）和工作状况。

如果 Master 路由器出现故障，虚拟路由器中的 Backup 路由器将根据优先级重新选举新的 Master 路由器。

虚拟路由器状态切换时，Master 路由器由一台设备切换为另外一台设备，新的 Master 路由器只是简单地发送一个携带虚拟路由器的 MAC 地址和虚拟 IP 地址信息的免费 ARP 报文，这样就可以更新与它连接的主机或设备中的 ARP 相关信息。网络中的主机感知不到 Master 路由器已经切换为另外一台设备。

Backup 路由器的优先级高于 Master 路由器时，由 Backup 路由器的工作方式（抢占方式和非抢占方式）决定是否重新选举 Master。

由此可见，为了保证 Master 路由器和 Backup 路由器能够协调工作，VRRP 需要实现以下功能：Master 路由器的选举；Master 路由器状态的通告；同时，为了提高安全性，VRRP 还提供了认证功能。

2. HSRP

（1）HSRP 简介

HSRP（Hot Standby Router Protocol，热备份路由器协议），设计目标是支持特定情况下 IP 流量失败转移不会引起混乱、并允许主机使用单路由器，以及即使在实际第一跳路由器使用失败的情形下仍能维护路由器间的连通性。也就是说，当源主机不能动态知道第一跳路由器的IP地址时，HSRP能够保护第一跳路由器不出故障。该协议中含有多个路由器，对应一个虚拟路由器。HSRP只支持一个路由器代表虚拟路由器，实现数据包转发过程。终端主机将它们各自的数据包转发到该虚拟路由器上。负责转发数据包的路由器称之为主动路由器（Active Router）。一旦主动路由器出现故障，HSRP将激活备份路由器（Standby Router）取代主动路由器。HSRP协议提供了一种决定使用主动路由器还是备份路由器的机制，并指定一个虚拟的IP地址作为网络系统的默认网关地址。如果主动路由器出现故障，备份路由器（Standby Routers）承接主动路由器的所有任务，并且不会导致主机连通中断的现象。

HSRP运行在UDP上，采用端口号1985。路由器转发协议数据包的源地址使用的是实际IP地址，而并非虚拟地址，正是基于这一点，HSRP路由器间能相互识别。

HSRP利用一个优先级方案来决定哪个配置了HSRP的路由器成为默认的主动路由器。如果一个路由器的优先级设置得比所有其他路由器的优先级高，则该路由器成为主动路由器。路由器的默认优先级是100，所以如果只设置一个路由器的优先级高于100，则该路由器将成为主动路由器。

（2）HSRP状态

HSRP有6种不同状态，分别是初始状态INIT、学习状态LEARN、监听状态LISTEN、说话状态SPEAK、备份状态STANDBY、活动状态ACTIVE。

- 初始状态INIT：所有备份组内组员的初始状态为INIT，当组员配置属性或端口UP时，进入INIT状态。
- 学习状态LEARN：该组员未设定虚拟IP地址，并等待从本组活动路由器发出的认证的Hello报文中学习得到自己的虚拟IP地址。
- 监听状态LISTEN：该组员已得知或设置了虚拟IP地址，通过监听Hello报文监视活动/备份路由器，一旦发现活动/备份路由器长时间未发送Hello报文，则进入SPEAK状态，开始竞选。
- 说话状态SPEAK：参加竞选活动/备份路由器的组员所处的状态，通过发送Hello报文使竞选者间相互比较、竞争。
- 备份状态STANDBY：组内备份路由器所处的状态，备份组员监视活动路由器，准备随时在活动路由器坏掉时接替活动路由器。备份路由器也周期性发送Hello报文告诉其他组员自己没有坏掉。
- 活动状态ACTIVE：组内活动路由器即负责虚拟路由器实际路由工作的组员所处的状态。活动路由器周期性发送Hello报文告诉其他组员自己没有坏掉。

3. VRRP和HSRP的区别

- VRRP为公有协议，HSRP为思科私有。
- VRRP和HSRP协议都支持认证。
- VRRP和HSRP协议都支持抢占，VRRP默认开启。
- VRRP和HSRP协议都可以做负载均衡。
- VRRP承载在IP报文上，而HSRP将报文承载在UDP报文上。

- VRRP 不支持追踪，HSRP 支持追踪。
- VRRP 中路由状态有 3 种，HSRP 有 6 种。
- VRRP 中失效间隔时间是通告间隔时间的 3 倍，通告间隔时间默认 1 秒；HSRP 的 hello 时间为 3 秒，间隔 hold 时间为 10 秒。
- VRRP 的活动路由器选举优先级和 IP 地址都起作用；HSRP 的 standby 路由器选举只有优先级起作用，IP 地址不起作用。

4.4.2　思科设备配置 HSRP

某公司的局域网有两台核心交换机，通过 HSRP 技术为 VLAN10 和 VLAN20 的主机提供冗余网关。网络拓扑如图 4-4-2 所示，要求在两台核心交换机上配置两个 HSRP 组，实现各部门主机的网关冗余和负载均衡，SW1 为 VLAN10 的活动路由器，VLAN20 的备份路由器；SW2 为 VLAN20 的活动路由器，VLAN10 的备份路由器。

扫一扫

思科设备配置 HSRP

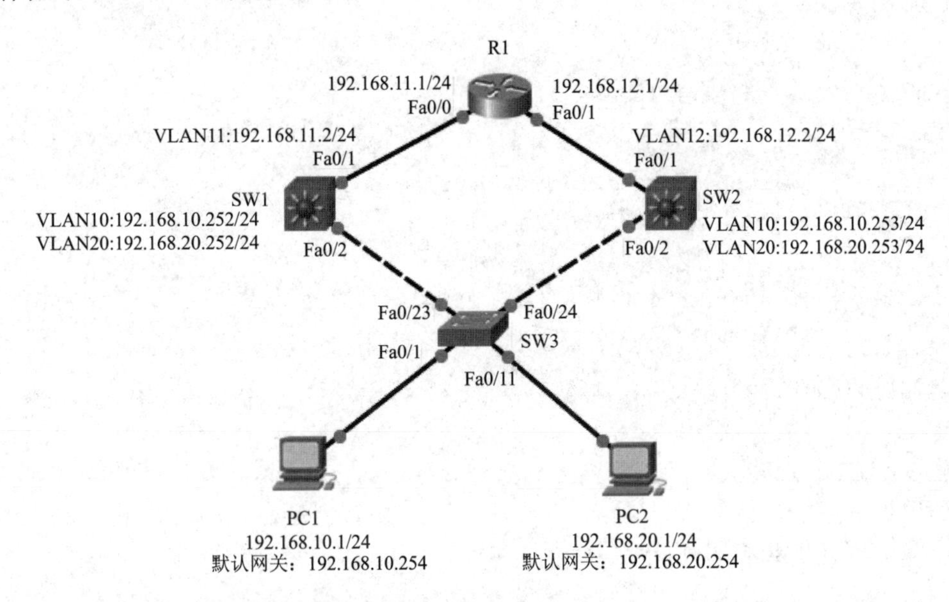

图 4-4-2　在思科设备配置 VRRP

1. 交换机 SW3 的基本配置

```
Switch>en
Switch#config t
Switch(config)#hostname SW3
SW3(config)#vlan 10
SW3(config-vlan)#exit
SW3(config)#vlan 20
SW3(config-vlan)#exit
SW3(config)#int f0/1
SW3(config-if)#switchport access vlan 10
SW3(config-if)#exit
SW3(config)#int f0/11
SW3(config-if)#switchport access vlan 20
SW3(config-if)#exit
SW3(config)#int f0/23
```

```
SW3(config-if)#switchport mode trunk
SW3(config-if)#exit
SW3(config)#int f0/24
SW3(config-if)#switchport mode trunk
SW3(config-if)#exit
SW3(config)#
```

2. 交换机 SW1 的基本配置

```
Switch>en
Switch#config t
Switch(config)#hostname SW1
SW1(config)#vlan 10
SW1(config-vlan)#exit
SW1(config)#vlan 11
SW1(config-vlan)#exit
SW1(config)#vlan 20
SW1(config-vlan)#exit
SW1(config)#int f0/1
SW1(config-if)#switchport access vlan 11
SW1(config-if)#exit
SW1(config)#int f0/2
SW1(config-if)#switchport trunk encapsulation dot1q
SW1(config-if)#switchport mode trunk
SW1(config-if)#exit
SW1(config)#int vlan 11
SW1(config-if)#ip address 192.168.11.2 255.255.255.0
SW1(config-if)#exit
SW1(config)#int vlan 10
SW1(config-if)#ip address 192.168.10.252 255.255.255.0
SW1(config-if)#exit
SW1(config)#int vlan 20
SW1(config-if)#ip address 192.168.20.252 255.255.255.0
SW1(config-if)#exit
```

3. 交换机 SW2 的基本配置

```
Switch>en
Switch#config t
Switch(config)#hostname SW2
SW2(config)#vlan 10
SW2(config-vlan)#exit
SW2(config)#vlan 12
SW2(config-vlan)#exit
SW2(config)#vlan 20
SW2(config-vlan)#exit
SW2(config)#int f0/1
SW2(config-if)#switchport access vlan 12
SW2(config-if)#exit
SW2(config)#int f0/2
SW2(config-if)#switchport trunk encapsulation dot1q
SW2(config-if)#switchport mode trunk
SW2(config-if)#exit
SW2(config)#int vlan 12
SW2(config-if)#ip address 192.168.12.2 255.255.255.0
```

```
SW2(config-if)#exit
SW2(config)#int vlan 10
SW2(config-if)#ip address 192.168.10.253 255.255.255.0
SW2(config-if)#exit
SW2(config)#int vlan 20
SW2(config-if)#ip address 192.168.20.253 255.255.255.0
SW2(config-if)#exit
```

4. 路由器 R1 的基本配置

```
Router>en
Router#config t
Router(config)#hostname R1
R1(config)#int f0/0
R1(config-if)#no shutdown
R1(config-if)#ip address 192.168.11.1 255.255.255.0
R1(config-if)#exit
R1(config)#int f0/1
R1(config-if)#no shutdown
R1(config-if)#ip address 192.168.12.1 255.255.255.0
R1(config-if)#exit
R1(config)#
```

5. 在交换机 SW1 上配置虚拟网关并设置优先级和占先权

```
SW1(config)#interface vlan 10
SW1(config-if)#standby 10 ip 192.168.10.254
SW1(config-if)#standby 10 priority 110
SW1(config-if)#standby 10 preempt
SW1(config-if)#exit
SW1(config)#interface vlan 20
SW1(config-if)#standby 20 ip 192.168.20.254
SW1(config-if)#standby 20 priority 100
SW1(config-if)#standby 20 preempt
SW1(config-if)#exit
```

6. 在交换机 SW2 上配置虚拟网关并设置优先级和占先权

```
SW2(config)#interface vlan 10
SW2(config-if)#standby 10 ip 192.168.10.254
SW2(config-if)#standby 10 priority 100
SW2(config-if)#standby 10 preempt
SW2(config-if)#interface vlan 20
SW2(config-if)#standby 20 ip 192.168.20.254
SW2(config-if)#standby 20 priority 110
SW2(config-if)#standby 20 preempt
SW2(config-if)#exit
```

7. 查看 HSRP 活动路由器

分别在三层交换机 SW1 和 SW2 上使用 show standby brief 命令查看结果，如图 4-4-3 和图 4-4-4 所示，可以清楚地看到 SW1 是 VLAN10 的活动路由器，SW2 是 VLAN20 的活动路由器。

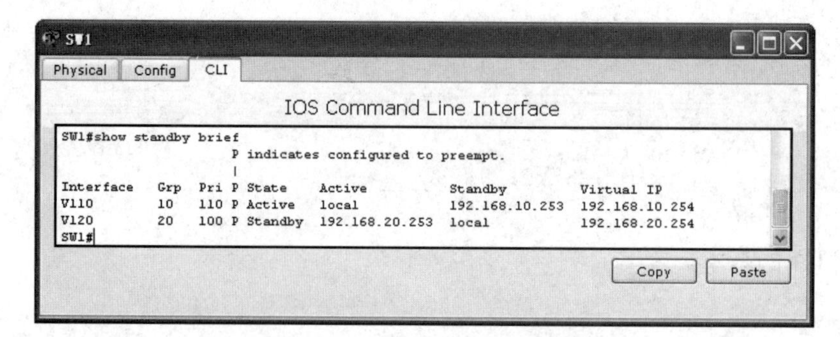

图 4-4-3 思科交换机 SW1 的 HSRP 结果

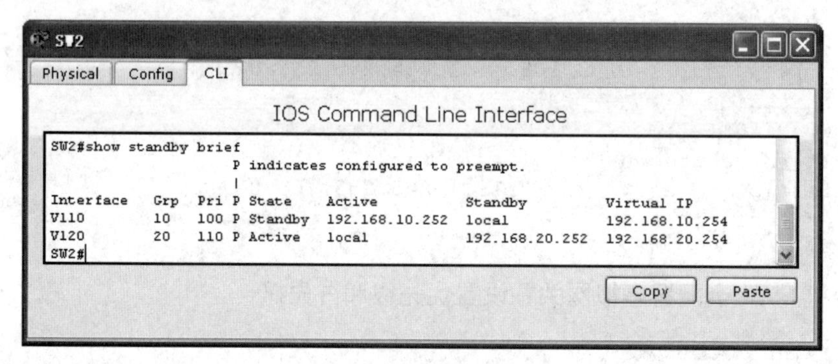

图 4-4-4 思科交换机 SW2 的 HSRP 结果

8. 连通性验证

根据图 4-4-2 配置 PC1 和 PC2 的网络参数，并在三层交换机 SW1 和 SW2 上和路由器 R1 上配置路由，R1 上配置一个回环接口（IP 地址为 192.168.30.1/24）测试用。将交换机 SW1 的 Fa0/1 接口 shutdown，在 PC1 上 ping 路由器的回环接口地址，结果如图 4-4-5 所示。

```
SW1(config)#ip routing
SW1(config)#router rip
SW1(config-router)#network 192.168.11.0
SW1(config-router)#network 192.168.10.0
SW1(config-router)#network 192.168.20.0
SW2(config)#ip routing
SW2(config)#router rip
SW2(config-router)#network 192.168.12.0
SW2(config-router)#network 192.168.10.0
SW2(config-router)#network 192.168.20.0
SW2(config-router)#
R1(config)#int loopback 0
R1(config-if)#ip address 192.168.30.1 255.255.255.0
R1(config-if)#exit
R1(config)#router rip
R1(config-router)#network 192.168.11.0
R1(config-router)#network 192.168.12.0
R1(config-router)#network 192.168.30.0
R1(config-router)#exit
```

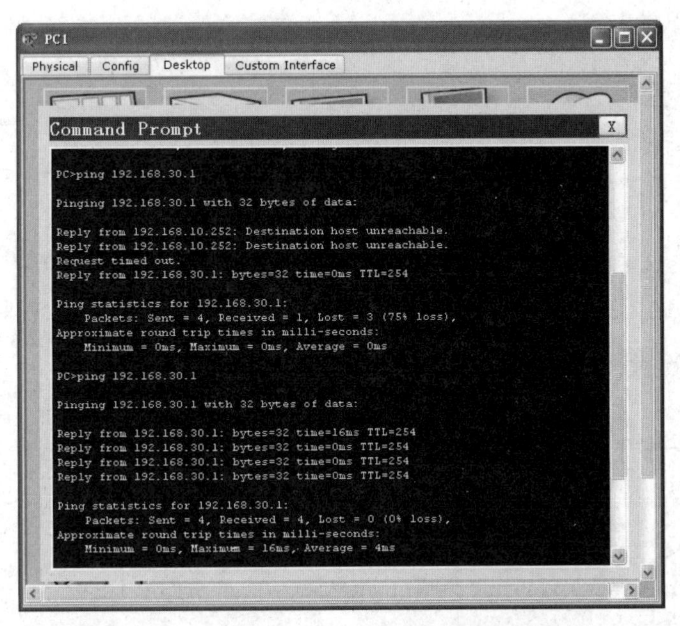

图 4-4-5　思科模拟器 PC1 上 ping 路由器回环接口结果

4.4.3　华为设备配置 VRRP

某公司的局域网有两台核心交换机，通过 VRRP 技术为 VLAN10 和 VLAN20 的主机提供冗余网关。网络拓扑如图 4-4-6 所示，要求在两台核心交换机上配置两个 VRRP 组，实现各个部门主机的网关冗余和负载均衡，SW1 为 VLAN10 的主路由器，VLAN20 的备份路由器；SW2 为 VLAN20 的主路由器，VLAN10 的备份路由器。

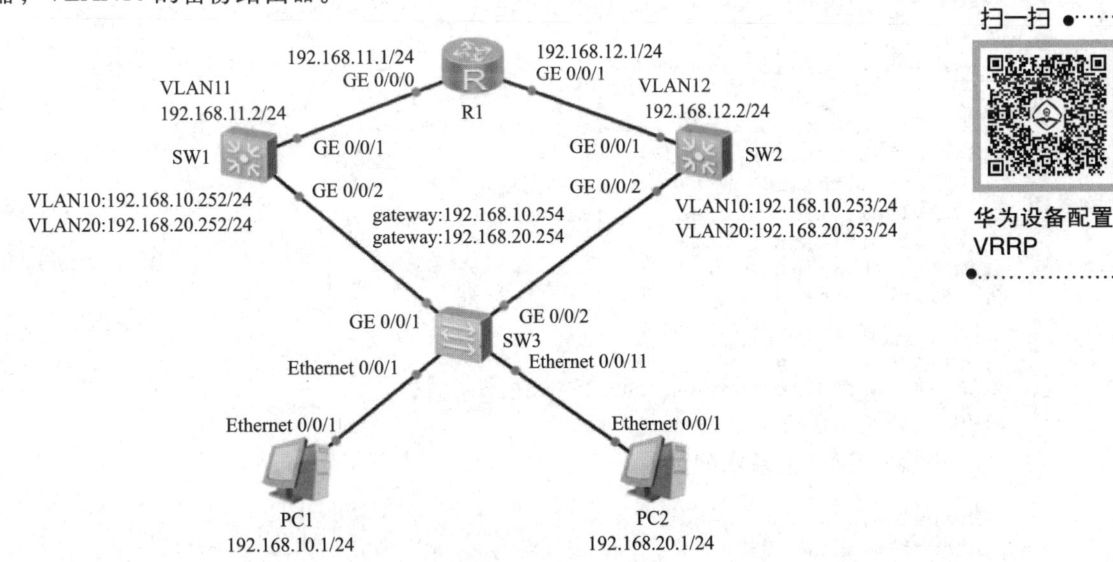

图 4-4-6　在华为设备配置 VRRP

1. 交换机 SW3 的基本配置

```
<Huawei>sys
```

```
[Huawei]sysname SW3
[SW3]vlan 10
[SW3-vlan10]quit
[SW3]vlan 20
[SW3-vlan20]quit
[SW3]int e0/0/1
[SW3-Ethernet0/0/1]port link-type access
[SW3-Ethernet0/0/1]port default vlan 10
[SW3-Ethernet0/0/1]quit
[SW3]int e0/0/11
[SW3-Ethernet0/0/11]port link-type access
[SW3-Ethernet0/0/11]port default vlan 20
[SW3-Ethernet0/0/11]quit
[SW3]int g0/0/1
[SW3-GigabitEthernet0/0/1]port link-type trunk
[SW3-GigabitEthernet0/0/1]port trunk allow-pass vlan 10 20
[SW3-GigabitEthernet0/0/1]quit
[SW3]int g0/0/2
[SW3-GigabitEthernet0/0/2]port link-type trunk
[SW3-GigabitEthernet0/0/2]port trunk allow-pass vlan 10 20
[SW3-GigabitEthernet0/0/2]quit
[SW3]
```

2. 交换机 SW1 的基本配置

```
<Huawei>sys
[Huawei]sysname SW1
[SW1]vlan batch 10 11 20
[SW1]int g0/0/1
[SW1-GigabitEthernet0/0/1]port link-type access
[SW1-GigabitEthernet0/0/1]port default vlan 11
[SW1-GigabitEthernet0/0/1]quit
[SW1]int g0/0/2
[SW1-GigabitEthernet0/0/2]port link-type trunk
[SW1-GigabitEthernet0/0/2]port trunk allow-pass vlan 10 20
[SW1-GigabitEthernet0/0/2]quit
[SW1]int vlan 11
[SW1-Vlanif11]ip address 192.168.11.2 24
[SW1-Vlanif11]quit
[SW1]int vlan 10
[SW1-Vlanif10]ip address 192.168.10.252 24
[SW1-Vlanif10]quit
[SW1]int vlan 20
[SW1-Vlanif20]ip address 192.168.20.252 24
[SW1-Vlanif20]quit
```

3. 交换机 SW2 的基本配置

```
<Huawei>sys
[Huawei]sysname SW2
[SW2]vlan batch 10 12 20
[SW2]int g0/0/1
[SW2-GigabitEthernet0/0/1]port link-type access
[SW2-GigabitEthernet0/0/1]port default vlan 12
[SW2-GigabitEthernet0/0/1]quit
```

```
[SW2]int g0/0/2
[SW2-GigabitEthernet0/0/2]port link-type trunk
[SW2-GigabitEthernet0/0/2]port trunk allow pass vlan 10 20
[SW2-GigabitEthernet0/0/2]quit
[SW2]int vlan 12
[SW2-Vlanif12]ip address 192.168.12.2 24
[SW2-Vlanif12]quit
[SW2]int vlan 10
[SW2-Vlanif10]ip address 192.168.10.253 24
[SW2-Vlanif10]quit
[SW2]int vlan 20
[SW2-Vlanif20]ip address 192.168.20.253 24
[SW2-Vlanif20]quit
```

4. 路由器 R1 的基本配置

```
<Huawei>sys
[Huawei]sysname R1
[R1]int g0/0/0
[R1-GigabitEthernet0/0/0]ip address 192.168.11.1 24
[R1-GigabitEthernet0/0/0]quit
[R1]int g0/0/1
[R1-GigabitEthernet0/0/1]ip address 192.168.12.1 24
[R1-GigabitEthernet0/0/1]quit
[R1]
```

5. 在交换机 SW1 上配置 VRRP 组

```
[SW1]int vlan 10
[SW1-Vlanif10]vrrp vrid 10 virtual-ip 192.168.10.254
[SW1-Vlanif10]vrrp vrid 10 priority 110
[SW1-Vlanif10]quit
[SW1]int vlan 20
[SW1-Vlanif20]vrrp vrid 20 virtual-ip 192.168.20.254
[SW1-Vlanif20]vrrp vrid 20 priority 100
[SW1-Vlanif20]quit
```

6. 在交换机 SW2 上配置 VRRP 组

```
[SW2]int vlan 10
[SW2-Vlanif10]vrrp vrid 10 virtual-ip 192.168.10.254
[SW2-Vlanif10]vrrp vrid 10 priority 100
[SW2-Vlanif10]quit
[SW2]int vlan 20
[SW2-Vlanif20]vrrp vrid 20 virtual-ip 192.168.20.254
[SW2-Vlanif20]vrrp vrid 20 priority 110
[SW2-Vlanif20]quit
```

7. 查看 VLAN10 和 VLAN20 的活动路由器

分别在三层交换机 SW1 和 SW2 上使用 display vrrp brief 命令查看结果，如图 4-4-7 和图 4-4-8 所示，可以清楚地看到 SW1 是 VLAN10 的主路由器，SW2 是 VLAN20 的主路由器。

```
SW1
[SW1]display vrrp brief
VRID  State        Interface                Type     Virtual IP
----------------------------------------------------------------
10    Master       Vlanif10                 Normal   192.168.10.254
20    Backup       Vlanif20                 Normal   192.168.20.254
----------------------------------------------------------------
Total:2     Master:1     Backup:1     Non-active:0
[SW1]
[SW1]
```

图 4-4-7　华为交换机 SW1 的 VRRP 结果

```
SW2
[SW2]display vrrp brief
VRID  State        Interface                Type     Virtual IP
----------------------------------------------------------------
10    Backup       Vlanif10                 Normal   192.168.10.254
20    Master       Vlanif20                 Normal   192.168.20.254
----------------------------------------------------------------
Total:2     Master:1     Backup:1     Non-active:0
[SW2]
```

图 4-4-8　华为交换机 SW2 的 VRRP 结果

8. 连通性验证

在终端 PC1 上 ping 网关验证通信，结果如图 4-4-9 所示。

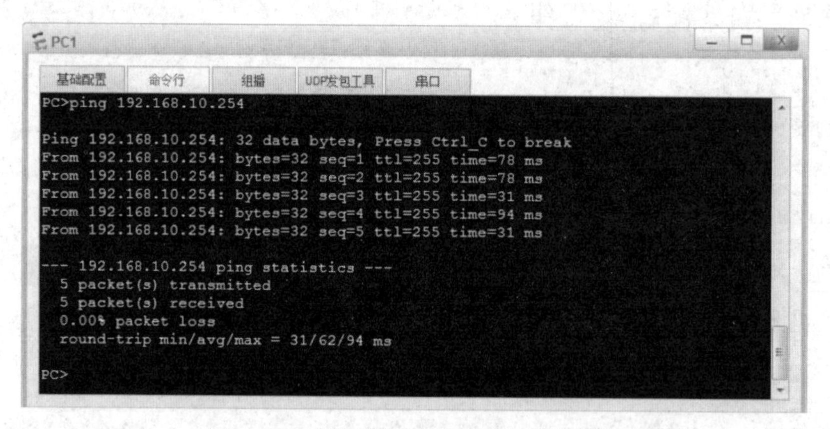

图 4-4-9　华为模拟器 PC1 ping 网关结果

4.5 DHCP 技术及配置

4.5.1 DHCP 简介

动态主机配置协议（Dynamic Host Configuration Protocol，DHCP）通常应用在大型局域网络环境中，主要作用是集中管理、分配 IP 地址，使网络环境中的主机动态地获得 IP 地址、子网掩码、默认网关地址、DNS 服务器地址等信息。DHCP 的客户机无须手动输入任何数据，避免了手动输入值而引起的配置错误。同时，DHCP 可以防止出现新计算机重用已指派的 IP 地址所引起的冲突问题。

4.5.2 DHCP 工作过程

1. DHCP 的报文种类

DHCP 报文主要有以下 8 种：

- DHCPDISCOVER：客户端开始请求 IP 地址和其他配置参数的广播报文。
- DHCPOFFER：服务器对 DHCPDISCOVER 报文的响应，是包含有效 IP 地址及配置的单播（或广播）报文。
- DHCPREQUEST：客户端对 DHCPOFFER 报文的响应，表示接受相关配置。客户端续延 IP 地址租期时也会发出该报文。
- DHCPACK：服务器对客户端的 DHCPREQUEST 报文的确认响应报文。客户端收到此报文后，才真正获得了 IP 地址和相关的配置信息。
- DHCPNAK：服务器对客户端的 DHCPREQUEST 报文的拒绝响应报文。客户端收到此报文后，会重新开始新的 DHCP 过程。
- DHCPRELEASE：客户端主动释放服务器分配的 IP 地址。当服务器收到此报文后，则回收该 IP 地址，并可以将其分配给其他的客户端。
- DHCPDECLINE：当客户端发现服务器分配的 IP 地址无法使用（如 IP 地址冲突时），将发出此报文，通知服务器禁止使用该 IP 地址。
- DHCPINFORM：客户端获得 IP 地址后，发送该报文请求获取服务器的其他一些网络配置信息，如 DNS 服务器地址等。

2. DHCP 租约的工作流程

DHCP 采用 UDP 作为传输协议，主机发送请求消息到 DHCP 服务器的 67 号端口，DHCP 服务器回应应答消息给主机的 68 号端口。DHCP 租约的工作流程如下：

（1）客户端请求 IP 地址

DHCP 客户端在网络中广播一个 DHCPDISCOVER 报文，请求 IP 地址。因为 DHCP 服务器对于 DHCP 客户端来说是未知的，因此 DHCPDISCOVER 报文是广播包，其源地址为 0.0.0.0，目的地址为 255.255.255.255。网络上的所有支持 TCP/IP 的主机都会收到该 DHCPDISCOVER 报文，但是只有 DHCP 服务器会响应该报文。该报文包含客户端的 MAC 地址和计算机名，使服务器能够确定是哪个客户端发送的请求。

如果网络中存在多个 DHCP 服务器，则多个 DHCP 服务器均会回复该 DHCPDISCOVER 报文。

（2）服务器响应请求

当 DHCP 服务器接收到客户端请求 IP 地址的信息时，就在自己的库中查找是否有合法的 IP 地址提供给客户端。如果有，将此 IP 标记，回复一个 DHCPOFFER 报文。该报文中包含：客户端的 MAC 地址，提供的合法的 IP、子网掩码、租借期限、服务器的服务标识符、其他参数等。

（3）客户端选择 IP 地址

DHCP 客户端收到若干个 DHCP 服务器响应的 DHCPOFFER 报文后，选择其中一个 DHCP 服务器作为目标 DHCP 服务器。选择策略通常为选择第一个响应 DHCPOFFER 报文的 DHCP 服务器。

DHCP 客户端从接收到的第一个 DHCPOFFER 报文中选择 IP 地址，并广播一个 DHCPREQUEST 报文到所有服务器，该报文选项字段中包含有为客户端提供 IP 配置的服务器的 IP 地址和需要的 IP 地址。

DHCPREQUEST 之所以是以广播方式发出，是为了通知其他 DHCP 服务器自己所选择 DHCP 服务器所提供的 IP 地址。

（4）服务器确认租约

服务器收到 DHCPREQUEST 报文后，判断选项字段中的 IP 地址是否与自己的地址相同。如果不相同，DHCP 服务器不做任何处理，只清除相应 IP 地址分配记录；如果相同，DHCP 服务器就会向 DHCP 客户端响应一个 DHCPACK 报文，并在选项字段中增加 IP 地址的使用租期信息。

DHCP 客户端接收到 DHCPACK 报文后，检查 DHCP 服务器分配的 IP 地址是否能够使用。如果可以使用，则 DHCP 客户端成功获得 IP 地址并根据 IP 地址使用租期自动启动续延过程；如果 DHCP 客户端发现分配的 IP 地址已经被使用，则 DHCP 客户端向 DHCP 服务器发出 DHCPDECLINE 报文，通知 DHCP 服务器禁用这个 IP 地址，然后 DHCP 客户端开始新的地址申请过程。

（5）重新登录

以后 DHCP 客户端每次重新登录网络时，就不需要再发送 DHCPDISCOVER 发现报文了，而是直接发送包含前一次所分配的 IP 地址的 DHCPREQUEST 请求报文。当 DHCP 服务器收到这一信息后，它会尝试让 DHCP 客户机继续使用原来的 IP 地址，并回答一个 DHCPACK 确认信息。如果此 IP 地址已无法再分配给原来的 DHCP 客户机使用时（比如此 IP 地址已分配给其他 DHCP 客户机使用），则 DHCP 服务器给 DHCP 客户机回答一个 DHCPNACK 否认信息。当原来的 DHCP 客户机收到此 DHCPNACK 否认信息后，它就必须重新发送 DHCPDISCOVER 发现信息来请求新的 IP 地址。

3. DHCP 续租的工作流程

DHCP 服务器向 DHCP 客户端出租的 IP 地址一般都有一个租约期，租约期满后 DHCP 服务器便会收回出租的 IP 地址。为了能继续使用原先的 IP 地址，DHCP 客户端会向 DHCP 服务器发送续租的请求。DHCP 续租的工作流程描述如下：

① 当租约期达到 50%（T1）时，DHCP 客户端会向为其提供 IP 地址的 DHCP 服务器发送 DHCPREQUEST 请求报文，请求更新 IP 地址租约期。DHCP 客户端向 DHCP 服务器发送的请求报文，最多可重发 3 次，分别在 4 s、8 s 和 16 s。如果收到 DHCP 服务器回应的 DHCPACK 报文，则租约期更新成功（即租约期从 0 开始计算）；如果收到 DHCPNACK 报文，则重新发送 DHCPDISCOVER 报文请求新的 IP 地址。

② 如果 DHCP 客户端未能与原 DHCP 服务器通信，当租约期达到 87.5%（T2）时，客户端就会进入重绑定状态，向任何可用 DHCP 服务器广播（最多可重试 3 次，分别在 4 s、8 s、16 s）一个 DHCPREQUEST 消息，用来更新当前 IP 地址的租约期。如果收到 DHCP 服务器回应的 DHCPACK 报文，则租约期更新成功；如果收到 DHCPNACK 报文，则重新发送 DHCPDISCOVER 报文请求新的 IP 地址。

③ 如果直到租约期终止也没有连接到任何一台服务器，DHCP 客户端必须停止使用其租约的 IP 地址。然后，DHCP 客户端执行与它初始启动时相同的过程来获得新的 IP 地址租约。

④ DHCP 客户端在成功获取 IP 地址后，随时可以通过发送 DHCPRELEASE 报文释放自己的 IP 地址，DHCP 服务器收到 DHCPRELEASE 报文后，会回收相应的 IP 地址。

DHCP 租约的释放命令是 ipconfig /release。

DHCP 租约的重新获取命令是 ipconfig /renew。

4. DHCP 的完整工作过程

DHCP 的完整工作过程如图 4-5-1 所示。

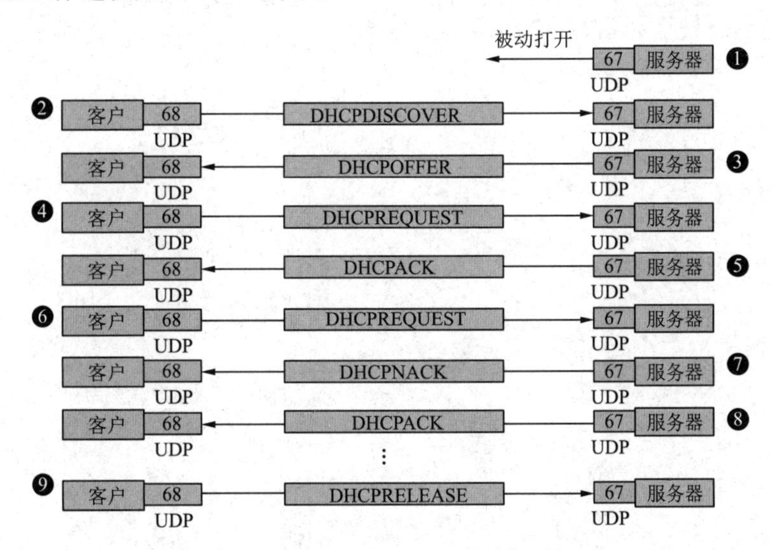

图 4-5-1　DHCP 工作过程

① DHCP 服务器被动打开 UDP 端口 67，等待客户端发来的报文。

② DHCP 客户从 UDP 端口 68 发送 DHCPDISCOVER 发现报文。

③ 凡收到 DHCPDISCOVE 发现报文的 DHCP 服务器都发出 DHCPOFFER 提供报文，因此 DHCP 客户可能收到多个 DHCPOFFER 提供报文。

④ DHCP 客户从几个 DHCP 服务器中选择其中的一个，并向所选择的 DHCP 服务器发送 DHCPREQUEST 请求报文。

⑤ 被选择的 DHCP 服务器发送确认报文 DHCPACK，进入已绑定状态，DHCP 客户可开始使用得到的 IP 地址了。

DHCP 客户此时要根据服务器提供的租借期 T 设置两个计时器 T1 和 T2，它们的超时时间分别是 0.5T 和 0.875T。当超时时间到就要请求更新租借期。

⑥ 租借期过了一半（T1 时间到），DHCP 发送请求报文 DHCPREQUEST 要求更新租借期。

⑦ DHCP 服务器若不同意，则发回否认报文 DHCPNACK。这时 DHCP 客户必须立即停止使用原来的 IP 地址，而必须重新申请 IP 地址（回到步骤②）。

⑧ DHCP 服务器若同意，则发回确认报文 DHCPACK。DHCP 客户得到了新的租借期，重新设置计时器。

若 DHCP 服务器未响应步骤⑥的请求报文 DHCPREQUEST，则在租借期过了 87.5% 时，DHCP 客户必须重新发送请求报文 DHCPREQUEST（重复步骤⑥），然后又继续后面的步骤。

⑨ DHCP 客户可随时提前终止服务器所提供的租借期，这时只需向 DHCP 服务器发送释放报文 DHCPRELEASE 即可。

5. DHCP 客户端行为

所有支持 DHCP 并能够发起 DHCP 过程的终端都称之为 DHCP 客户端，包括普通 PC、各种特殊设备，如 CABLE MODEM。DHCP 客户端自己必须能够发出 DHCPDISCOVER、

DHCPREQUEST、DHCPDECLINE 等报文，DHCPINFORM 报文也是 DHCP 客户端发出，但实际中很少用，并且必须能够处理从服务器收到的 DHCPOFFER、DHCPACK 和 DHCPNAK 报文。DHCP 客户端行为状态转换如图 4-5-2 所示。

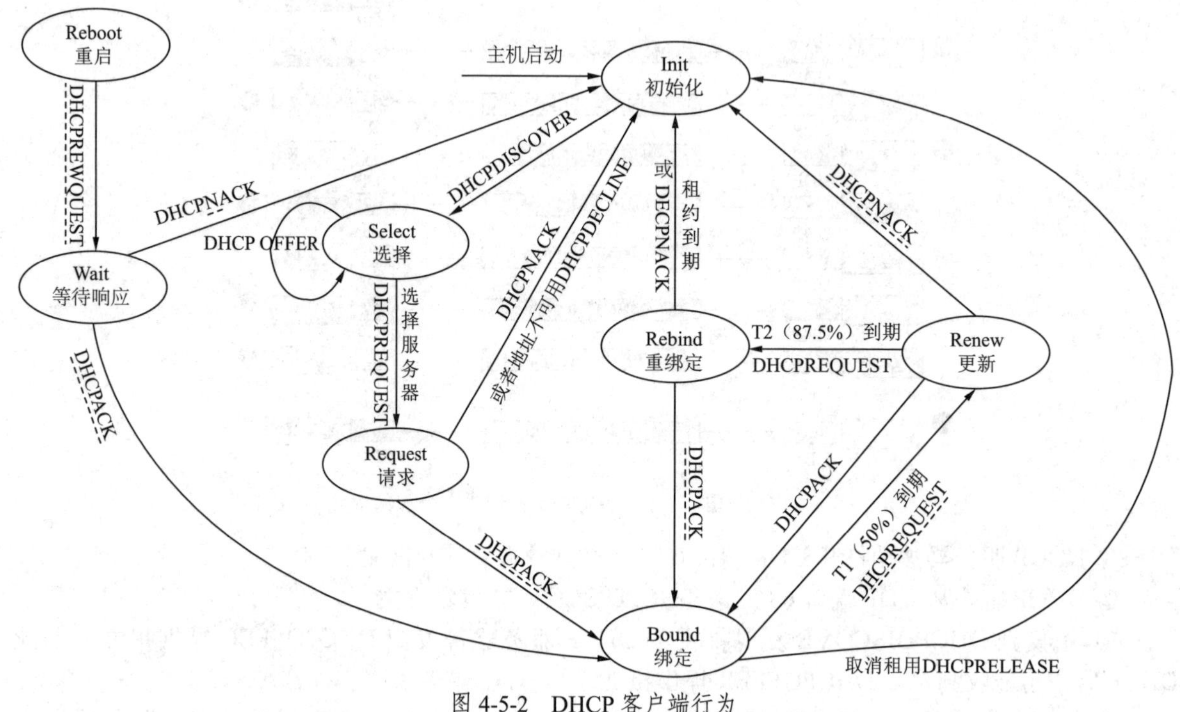

图 4-5-2　DHCP 客户端行为

4.5.3　DHCP 中继代理

当 DHCP 客户端与服务器不在同一个子网上，就必须有 DHCP 中继代理来转发 DHCP 请求和应答消息。DHCP 中继代理，就是在 DHCP 服务器和客户端之间转发 DHCP 报文，它配置了 DHCP 服务器的 IP 地址信息，如图 4-5-3 所示。

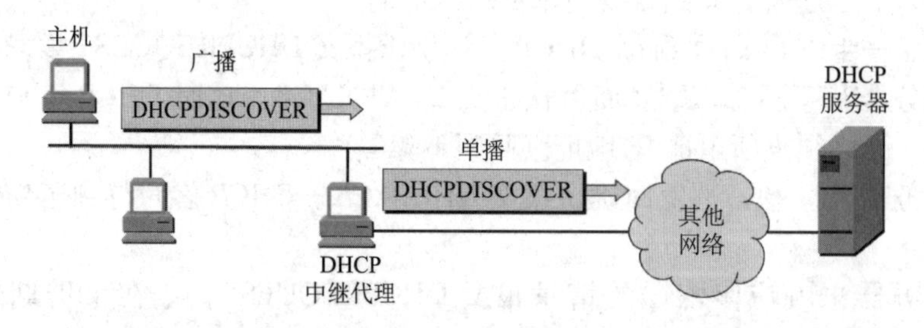

图 4-5-3　DHCP 中继代理转发 DHCP 报文

在 DHCP 客户端看来，DHCP 中继代理就像 DHCP 服务器；在 DHCP 服务器看来，DHCP 中继代理就像 DHCP 客户端。

4.5.4　思科设备配置 DHCP

1. 思科设备配置 DHCP 服务的命令

DHCP 服务可以在专门 DHCP 服务器上实现，也可以在三层交换机和路由器上实现。在三层交换机上配置 DHCP 地址池过程和在路由器上配置完全相同。

（1）排除 DHCP 池中的 IP

排除 DHCP 池中的地址，命令为：

```
Switch(config)#ip dhcp excluded-address 低地址 高地址
```

若低地址与高地址不同，则表示一段连续的 IP 地址；若低地址与高地址相同，则表示排除单个 IP 地址。

（2）创建 DHCP 池

创建 DHCP 地址池，如配置名称为 abc 的 DHCP 地址池，并配置 DHCP 地址池网段为 192.168.1.0、网关为 192.168.1.254、DNS 服务器地址为 202.96.209.5，命令为：

```
Switch(config)#ip dhcp pool abc
Switch(dhcp-config)#network 192.168.1.0 255.255.255.0
Switch(dhcp-config)#default-router 192.168.1.254
Switch(dhcp-config)#dns-server 202.96.209.5
```

（3）配置 DHCP 中继

将路由器或三层交换机配置为 DHCP 中继，需要在每个网段的网关（Gateway）接口上进行配置，从而使得 DHCP 服务器能够为客户段提供 DHCP 服务。命令为：

```
Switch(config)#interface GigabitEthernet 0/0
Switch(config-if)#no shutdown
Switch(config-if)#ip helper-address DHCP服务器的地址
```

当网关接口接收到 DHCPDISCOVER 报文以后，会将广播报文以单播的方式发送到 DHCP 服务器。

2. 配置思科三层交换机为 DHCP 服务器

可以将路由器或三层交换机配置为 DHCP 服务器，本实例将思科三层交换机配置为 DHCP 服务器，网络拓扑结构示意图如图 4-5-4 所示。配置两个地址池，即 192.168.10.0/24 和 192.168.20.0/24，将四台主机分别连接到二层交换机，自动获取 IP 地址，确保全网互通。

扫一扫

配置思科三层交换机为 DHCP 服务器

（1）三层交换机的配置

```
Switch>enable
Switch#config terminal
Switch(config)#ip routing
Switch(config)#interface f0/1
Switch(config-if)#no switchport
Switch(config-if)#ip address 192.168.10.1 255.255.255.0
Switch(config-if)#no shutdown
Switch(config-if)#exit
Switch(config)#interface f 0/2
Switch(config-if)#no switchport
Switch(config-if)#ip address 192.168.20.1 255.255.255.0
Switch(config-if)#no shutdown
Switch(config-if)#exit
Switch(config)#ip dhcp pool net10
Switch(dhcp-config)#network 192.168.10.0 255.255.255.0
Switch(dhcp-config)#default-router 192.168.10.1
Switch(dhcp-config)#dns-server 202.96.209.5
Switch(dhcp-config)#exit
Switch(config)#ip dhcp excluded-address 192.168.10.1
```

```
Switch(config)#ip dhcp pool net20
Switch(dhcp-config)#network 192.168.20.0 255.255.255.0
Switch(dhcp-config)#default-router 192.168.20.1
Switch(dhcp-config)#dns-server 202.96.209.5
Switch(dhcp-config)#exit
Switch(config)#ip dhcp excluded-address 192.168.20.1
Switch(config)#
```

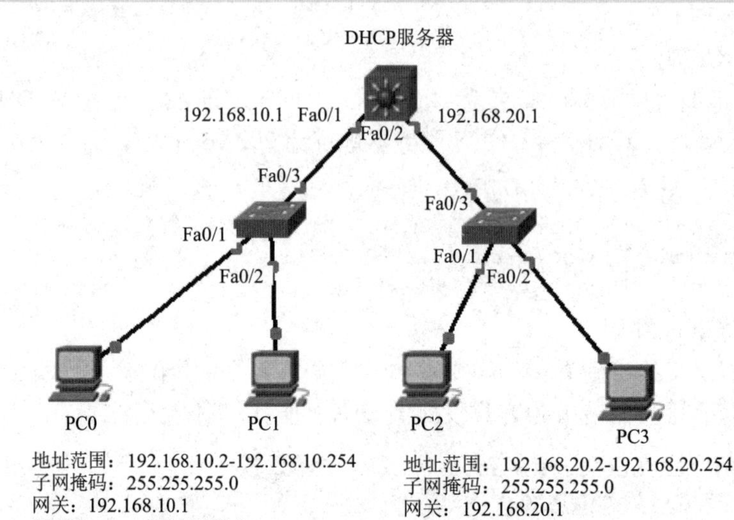

图 4-5-4　配置思科三层交换机为 DHCP 服务器

（2）PC 的配置

单击 PC，选择 Desktop → IP Configuration → DHCP，选择自动获取网络参数。PC0 获得的网络参数如图 4-5-5 所示。PC2 获得的网络参数如图 4-5-6 所示。

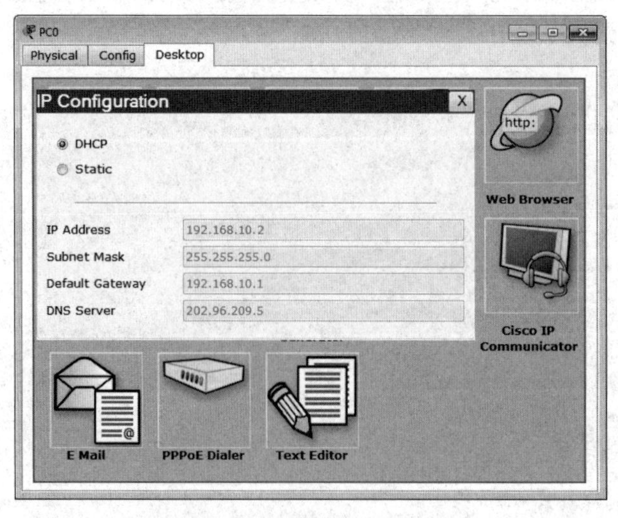

图 4-5-5　PC0 获得的网络参数

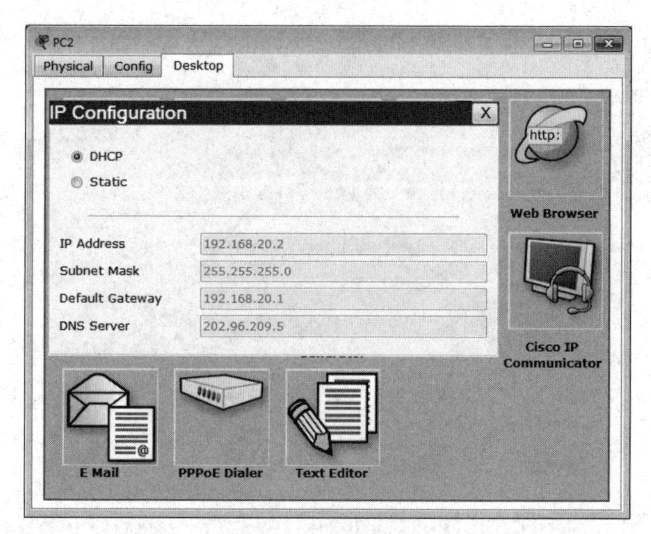

图 4-5-6　PC2 获得的网络参数

（3）连通性测试

在 PC0 上 ping PC2，结果能 ping 通，如图 4-5-7 所示。

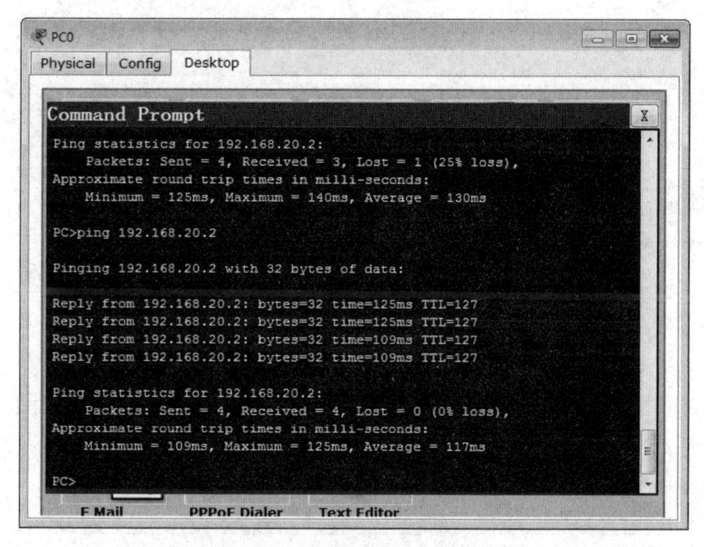

图 4-5-7　PC0 能 ping 通 PC2

3. 配置思科三层交换机为 DHCP 中继器

某企业网络有专门的 DHCP 服务器，为企业内部两个不同子网配置网络参数。网段 1 地址为 192.168.10.2 ~ 192.168.10.254，子网掩码为 255.255.255.0，默认网关为 192.168.10.1；网段 2 地址为 192.168.20.2 ~ 192.168.20.254，子网掩码为 255.255.255.0，默认网关为 192.168.20.1；网段 1 和网段 2 上主机的 DNS 服务器地址都设置为 202.96.209.5。DHCP 服务器地址为 192.168.30.68，配置三层交换机为 DHCP 中继代理，如图 4-5-8 所示。

扫一扫

配置思科三层交换机为 DHCP 中继器

（1）DHCP 服务器 IP 地址的配置

单击 DHCP 服务器，选择 Desktop → IP Configuration，配置 DHCP 服务器的 IP 为

192.168.30.68，子网掩码为 255.255.255.0，网关为 192.168.30.1，如图 4-5-9 所示。

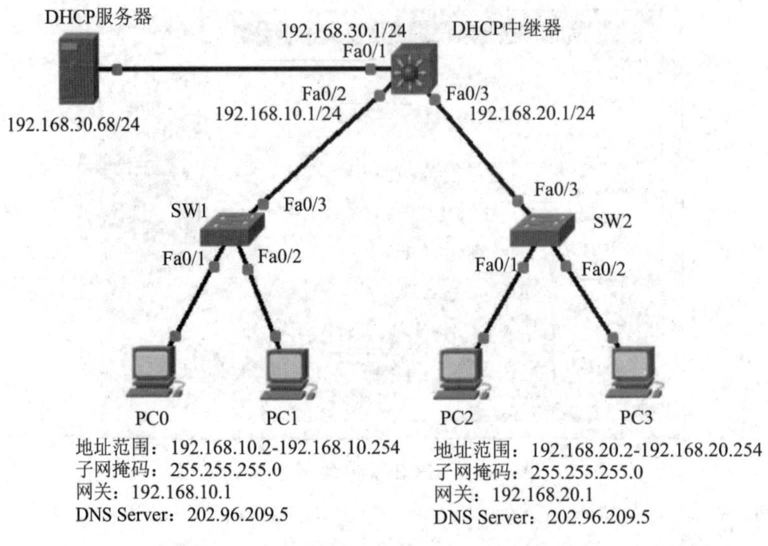

图 4-5-8 思科设备 DHCP 中继器的配置

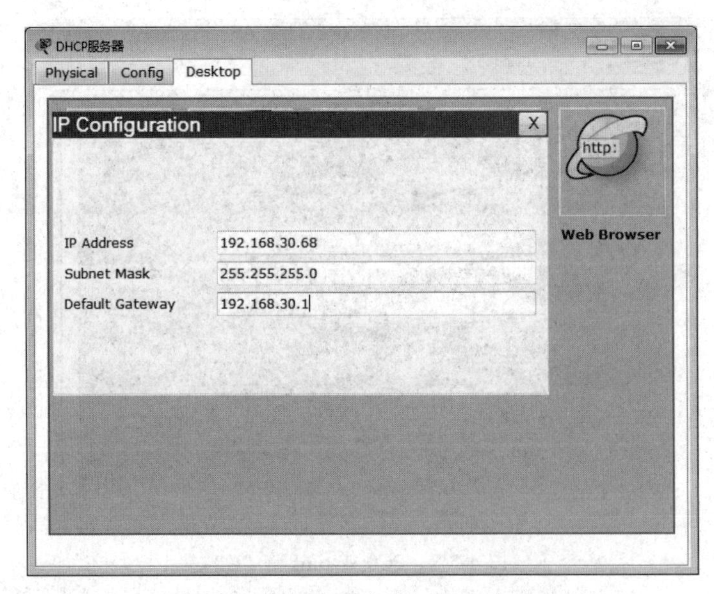

图 4-5-9 DHCP 服务器 IP 地址的配置

(2) DHCP 服务器的配置

在 DHCP 服务器上创建两个地址池，注意每个地址池的名称要不一样。

为网段 1 创建地址池，单击 DHCP 服务器，选择 Config → DHCP 服务，地址池名称设置为 serverPool10，默认网关设置为 192.168.10.1，DNS 服务器的 IP 地址设置为 202.96.209.5，起始地址为 192.168.10.2，子网掩码设置为 255.255.255.0，成员数量最大值为 253，如图 4-5-10 所示。然后单击“Add”按钮添加，单击“Save”按钮保存。

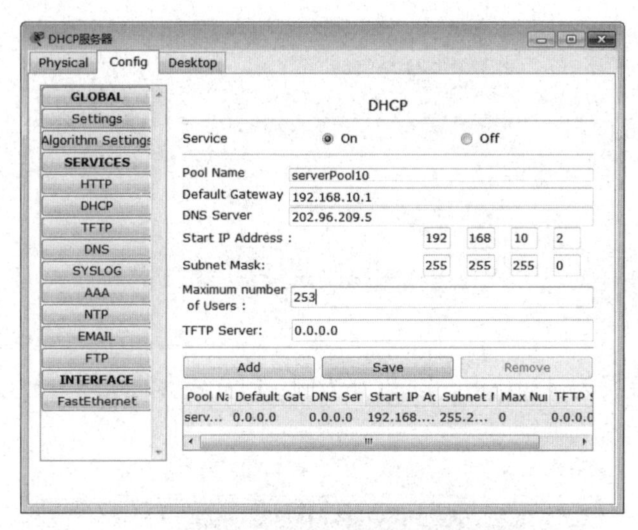

图 4-5-10　地址池 serverPool10 的设置

为网段 2 创建地址池，单击 DHCP 服务器，选择 Config → DHCP 服务，地址池名称设置为 serverPool20，默认网关设置为 192.168.20.1，DNS 服务器的 IP 地址设置为 202.96.209.5，起始地址为 192.168.20.2，子网掩码设置为 255.255.255.0，成员数量最大值为 253，如图 4-5-11 所示。然后单击“Add”按钮添加，单击“Save”按钮保存。

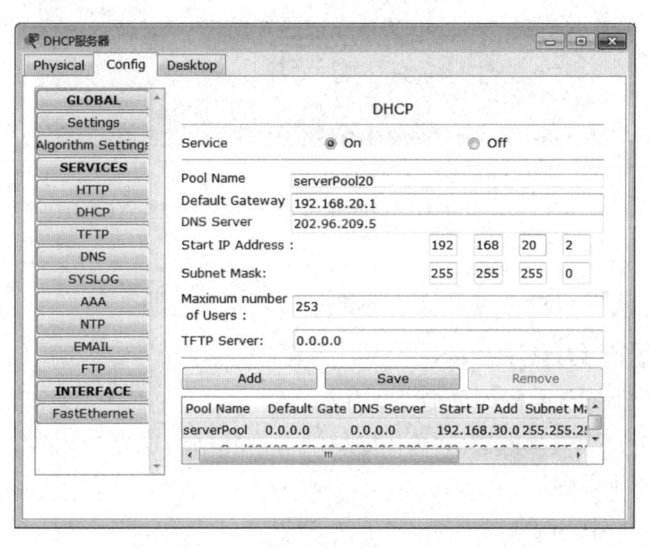

图 4-5-11　地址池 serverPool20 的设置

（3）三层交换机的配置

```
Switch>enable
Switch#confg terminal
Switch(config)#ip routing
Switch(config)#interface f0/1
Switch(config-if)#no switchport
Switch(config-if)#ip address 192.168.30.1 255.255.255.0
Switch(config-if)#exit
```

```
Switch(config)#interface f0/2
Switch(config-if)#no switchport
Switch(config-if)#ip address 192.168.10.1 255.255.255.0
Switch(config-if)#ip helper-address 192.168.30.68 ！配置 DHCP 中继
Switch(config-if)#exit
Switch(config)#interface f0/3
Switch(config-if)#no switchport
Switch(config-if)#ip address 192.168.20.1 255.255.255.0
Switch(config-if)#ip helper-address 192.168.30.68
Switch(config-if)#exit
```

（4）PC 的配置

将 4 台 PC 的 IP 设置为自动获得，以 PC0 为例，PC0 获得的网络参数如图 4-5-12 所示。

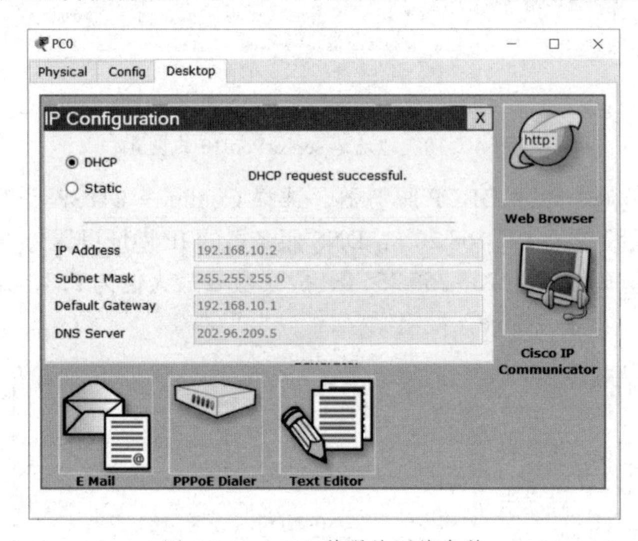

图 4-5-12　PC0 获得的网络参数

（5）连通性测试

在 4 台 PC 上相互使用 ping 命令测试连通性，结果相互连通。

4.5.5　华为设备配置 DHCP

1. 华为设备配置 DHCP 服务的命令

在路由器或者三层交换机上配置 DHCP 地址池过程和路由器完全相同。

（1）开启设备 DHCP 功能

命令为：[Huawei]dhcp enable。

（2）创建 DHCP 作用域

创建 DHCP 作用域，创建一个名为 abc 的 DHCP 作用域，地址段为 192.168.1.0，网关为 192.168.1.1，DNS 服务器地址为 8.8.8.8，其命令为：

```
[Huawei]ip pool abc
[Huawei-ip-pool-abc]network 192.168.1.0 mask 255.255.255.0
[Huawei-ip-pool-abc]gateway-list 192.168.1.1
[Huawei-ip-pool-abc]dns-list 8.8.8.8。
[Huawei-ip-pool-abc]excluded-ip-address 低地址 高地址
```

若低地址与高地址不同，则表示一段连续的 IP 地址；若低地址与高地址相同，则表示排除单个 IP 地址。

(3) 在接收 DHCP 报文的接口上，配置 DHCP 的选择方式

如在接口 GE0/0/0 接口下，选择全局的地址池给 DHCP 客户使用，命令为：

```
[Huawei]interface GigabitEthernet 0/0/0
[Huawei-GigabitEthernet0/0/0]dhcp select global
```

当接口 GE0/0/0 收到 DHCP 报文以后，直接去 DHCP 服务器在全局配置的 IP 地址池中选择一个可用的 IP 地址给 DHCP 客户使用。

(4) 配置 DHCP 中继

在需要获取地址的网段的网关接口上配置指定 DHCP 服务地址。例如，DHCP 服务器地址为 206.135.1.1，需要给三层交换机 GE0/0/0 口下的网段下发地址，就需要进入 GE0/0/0 口配置 dhcp 中继，指定 DHCP 服务器的 IP，命令为：

```
[Huawei]interface GigabitEthernet 0/0/0
[Huawei-GigabitEthernet0/0/0]dhcp select relay
[Huawei-GigabitEthernet0/0/0]dhcp relay server-ip 206.135.1.1
```

2. 配置华为三层交换机为 DHCP 服务器

本实例将华为三层交换机配置为 DHCP 服务器，网络拓扑结构示意图如图 4-5-13 所示。三层交换机上配置两个 VLAN，即 VLAN10 和 VLAN20；配置两个地址池；即 192.168.10.0/24 和 192.168.20.0/24；将四台主机分别加入相应 VLAN，自动获取 IP 地址，确保全网互通。

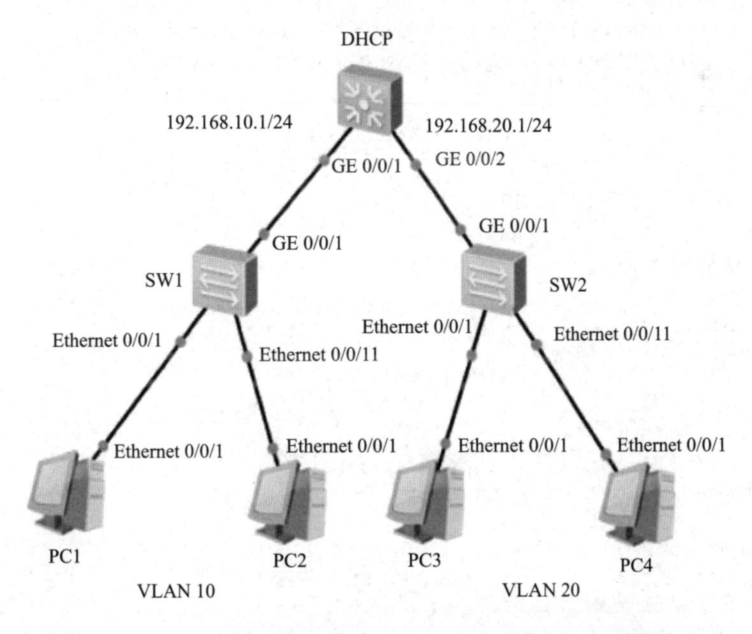

图 4-5-13　华为三层交换机配置为 DHCP 服务器网络拓扑示意图

(1) 交换机 DHCP 的配置

在交换机 DHCP 上创建 VLAN10，VLAN20；IP 地址池 VLAN10 和 IP 地址池 VLAN20。

```
<Huawei>system-view
[Huawei]sysname DHCP
[DHCP]dhcp enable
[DHCP]vlan 10
[DHCP-Vlan10]quit
[DHCP]vlan 20
[DHCP-Vlan20]quit
[DHCP]ip pool vlan10
[DHCP-ip-pool-vlan10]network 192.168.10.0 mask 255.255.255.0
[DHCP-ip-pool-vlan10]gateway-list 192.168.10.1
[DHCP-ip-pool-vlan10]dns-list 8.8.8.8
[DHCP-ip-pool-vlan10]excluded-ip-address 192.168.10.2
[DHCP-ip-pool-vlan10]quit
[DHCP]ip pool vlan20
[DHCP-ip-pool-vlan20]network 192.168.20.0 mask 255.255.255.0
[DHCP-ip-pool-vlan20]gateway-list 192.168.20.1
[DHCP-ip-pool-vlan20]dns-list 8.8.8.8
[DHCP-ip-pool-vlan20]excluded-ip-address 192.168.20.2
[DHCP-ip-pool-vlan10]quit
[DHCP]interface vlan 10
[DHCP-Vlanif10]ip address 192.168.10.1 24
[DHCP-Vlanif10]dhcp select global
[DHCP-Vlanif10]quit
[DHCP]interface vlan 20
[DHCP-Vlanif20]ip address 192.168.20.1 255.255.255.0
[DHCP-Vlanif20]dhcp select global
[DHCP-Vlanif20]quit
[DHCP]interface g0/0/1
[DHCP-GigabitEthernet0/0/1]port link-type trunk
[DHCP-GigabitEthernet0/0/1]port trunk allow-pass vlan 10
[DHCP-GigabitEthernet0/0/1]quit
[DHCP]interface g0/0/2
[DHCP-GigabitEthernet0/0/2]port link-type trunk
[DHCP-GigabitEthernet0/0/2]port trunk allow-pass vlan 20
[DHCP-GigabitEthernet0/0/2]quit
[DHCP]
```

（2）交换机 SW1 的配置

```
<Huawei>system-view
[Huawei]sysname SW1
[SW1]vlan 10
[SW1-Vlan10]quit
[SW1]interface e0/0/1
[SW1-Ethernet0/0/1]port link-type access
[SW1-Ethernet0/0/1]port default vlan 10
[SW1-Ethernet0/0/1]quit
[SW1]interface e0/0/11
[SW1-Ethernet0/0/11]port link-type access
[SW1-Ethernet0/0/11]port default vlan 10
[SW1-Ethernet0/0/11]quit
[SW1]interface g0/0/1
[SW1-GigabitEthernet0/0/1]port link-type trunk
[SW1-GigabitEthernet0/0/1]port trunk allow-pass vlan 10
[SW1-GigabitEthernet0/0/1]quit
[SW1]
```

（3）交换机 SW2 的配置

```
<Huawei>system-view
[Huawei]sysname SW2
[SW2]vlan 20
[SW2-Vlan20]quit
[SW2]interface e0/0/1
[SW2-Ethernet0/0/1]port link-type access
[SW2-Ethernet0/0/1]port default vlan 20
[SW2-Ethernet0/0/1]quit
[SW2]interface e0/0/11
[SW2-Ethernet0/0/11]port link-type access
[SW2-Ethernet0/0/11]port default vlan 20
[SW2-Ethernet0/0/11]quit
[SW2]interface g0/0/1
[SW2-GigabitEthernet0/0/1]port link-type trunk
[SW2-GigabitEthernet0/0/1]port trunk allow-pass vlan 20
[SW2-GigabitEthernet0/0/1]quit
[SW2]
```

（4）验证 PC 的 IP 地址

以 PC1 为例，在 PC1 的“基础配置”页“IPv4 配置”处选择“DHCP”，然后单击右下方的“应用”按钮，如图 4-5-14 所示。

图 4-5-14　PC1 的基础配置

在 PC1 的命令行界面，使用 ipconfig 命令查看结果，如图 4-5-15 所示。

PC2、PC3 和 PC4 都以 DHCP 方式自动获取 IP 地址，IP 地址分别为 192.168.10.253、102.168.20.254 和 192.168.20.253。

（5）连通性测试

在 4 台 PC 上相互使用 ping 命令测试连通性，结果相互连通。

PC1

基础配置 命令行 组播 UDP发包工具 串口

```
PC>ipconfig

Link local IPv6 address...........: fe80::5689:98ff:fe81:5788
IPv6 address......................: :: / 128
IPv6 gateway......................: ::
IPv4 address......................: 192.168.10.254
Subnet mask.......................: 255.255.255.0
Gateway...........................: 192.168.10.1
Physical address..................: 54-89-98-81-57-88
DNS server........................: 8.8.8.8


PC>
```

图 4-5-15　PC1 自动获取的 IP 地址

3. 配置华为三层交换机为 DHCP 中继器

本实例将华为三层交换机配置为 DHCP 中继器，华为路由器配置为 DHCP 服务器，网络拓扑结构示意图如图 4-5-16 所示。在路由器上配置两个地址池，即 192.168.10.0/24 和 192.168.20.0/24；在三层交换机上配置三个 VLAN，即 VLAN10、VLAN20 和 VLAN30；将四台主机分别加入 VLAN，自动获取 IP 地址，确保全网互通。

扫一扫

配置华为三层交换机为 DHCP 中继器

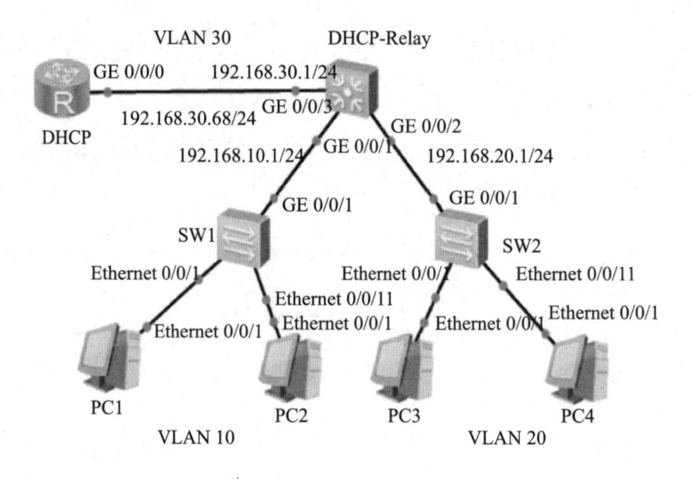

图 4-5-16　华为三层交换机为 DHCP 中继器

（1）路由器 DHCP 的配置

```
<Huawei>sys
[Huawei]sysname DHCP
[DHCP]dhcp enable
[DHCP]ip pool vlan10
[DHCP-ip-pool-vlan10]network 192.168.10.0 mask 255.255.255.0
[DHCP-ip-pool-vlan10]gateway-list 192.168.10.1
[DHCP-ip-pool-vlan10]dns-list 8.8.8.8
[DHCP-ip-pool-vlan10]excluded-ip-address 192.168.10.2
[DHCP-ip-pool-vlan10]quit
[DHCP]ip pool vlan20
[DHCP-ip-pool-vlan20]network 192.168.20.0 mask 255.255.255.0
[DHCP-ip-pool-vlan20]gateway-list 192.168.20.1
[DHCP-ip-pool-vlan20]dns-list 8.8.8.8
```

```
[DHCP-ip-pool-vlan20]excluded-ip-address 192.168.20.2
[DHCP-ip-pool-vlan10]quit
[DHCP]int g0/0/0
[DHCP-GigabitEthernet0/0/0]ip address 192.168.30.68 24
[DHCP-GigabitEthernet0/0/0]dhcp select global
[DHCP-GigabitEthernet0/0/0]quit
[DHCP]ip route-static 0.0.0.0 0.0.0.0 192.168.30.1
```

（2）交换机 DHCP-Relay 的配置

在交换机 DHCP-Relay 上创建 VLAN10、VLAN20；IP 地址池 VLAN 10 和 IP 地址池 VLAN 20。

```
<Huawei>system-view
[Huawei]sysname DHCP-Relay
[DHCP-Relay]dhcp enable
[DHCP-Relay]vlan 10
[DHCP-Relay-Vlan10]quit
[DHCP-Relay]vlan 20
[DHCP-Relay-Vlan20]quit
[DHCP-Relay]vlan 30
[DHCP-Relay-Vlan30]quit
[DHCP-Relay]interface vlan 10
[DHCP-Relay-Vlanif10]ip address 192.168.10.1 24
[DHCP-Relay-Vlanif10]dhcp select relay
[DHCP-Relay-Vlanif10]dhcp relay server-ip 192.168.30.68
[DHCP-Relay-Vlanif10]quit
[DHCP-Relay]interface vlan 20
[DHCP-Relay-Vlanif20]ip address 192.168.20.1 24
[DHCP-Relay-Vlanif20]dhcp select relay
[DHCP-Relay-Vlanif20]dhcp relay server-ip 192.168.30.68
[DHCP-Relay-Vlanif20]quit
[DHCP-Relay]interface vlan 30
[DHCP-Relay-Vlanif30]ip address 192.168.30.1 24
[DHCP-Relay-Vlanif30]quit
[DHCP-Relay]interface g0/0/3
[DHCP-Relay-GigabitEthernet0/0/3]port link-type access
[DHCP-Relay-GigabitEthernet0/0/3]port default vlan 30
[DHCP-Relay-GigabitEthernet0/0/3]quit
[DHCP-Relay]interface g0/0/1
[DHCP-Relay-GigabitEthernet0/0/1]port link-type trunk
[DHCP-Relay-GigabitEthernet0/0/1]port trunk allow-pass vlan 10
[DHCP-Relay-GigabitEthernet0/0/1]quit
[DHCP-Relay]interface g0/0/2
[DHCP-Relay-GigabitEthernet0/0/2]port link-type trunk
[DHCP-Relay-GigabitEthernet0/0/2]port trunk allow-pass vlan 20
[DHCP-Relay-GigabitEthernet0/0/2]quit
[DHCP-Relay]
```

（3）交换机 SW1 的配置

```
<Huawei>system-view
[Huawei]sysname SW1
[SW1]vlan 10
[SW1-Vlan10]quit
[SW1]interface e0/0/1
[SW1-Ethernet0/0/1]port link-type access
```

```
[SW1-Ethernet0/0/1]port default vlan 10
[SW1-Ethernet0/0/1]quit
[SW1]interface e0/0/11
[SW1-Ethernet0/0/11]port link-type access
[SW1-Ethernet0/0/11]port default vlan 10
[SW1-Ethernet0/0/11]quit
[SW1]interface g0/0/1
[SW1-GigabitEthernet0/0/1]port link-type trunk
[SW1-GigabitEthernet0/0/1]port trunk allow-pass vlan 10
[SW1-GigabitEthernet0/0/1]quit
[SW1]
```

（4）交换机 SW2 的配置

```
<Huawei>system-view
[Huawei]sysname SW2
[SW2]vlan 20
[SW2-Vlan20]quit
[SW2]interface e0/0/1
[SW2-Ethernet0/0/1]port link-type access
[SW2-Ethernet0/0/1]port default vlan 20
[SW2-Ethernet0/0/1]quit
[SW2]interface e0/0/11
[SW2-Ethernet0/0/11]port link-type access
[SW2-Ethernet0/0/11]port default vlan 20
[SW2-Ethernet0/0/11]quit
[SW2]interface g0/0/1
[SW2-GigabitEthernet0/0/1]port link-type trunk
[SW2-GigabitEthernet0/0/1]port trunk allow-pass vlan 20
[SW2-GigabitEthernet0/0/1]quit
[SW2]
```

（5）验证 PC 的 IP 地址

在 PC 的基础配置页“IPv4 配置”处选择“DHCP”，然后单击右下方的“应用”按钮。命令行界面，使用 ipconfig 命令查看结果。

PC1、PC2、PC3 和 PC4 都以 DHCP 方式自动获取 IP 地址，IP 地址分别为 192.168.10.254、192.168.10.253、102.168.20.254 和 192.168.20.253。

（6）连通性测试

在 4 台 PC 上相互使用 ping 命令测试连通性，结果相互连通。

习　题

一、选择题

1. 下列对三层交换机的描述中最准确的是（　　）。

   A. 使用 X.25 交换机　　B. 使用路由器替代交换机

   C. 二层交换、三层转发　　D. 由交换机识别 MAC 地址进行交换

2. 当三层交换机收到的数据包的源地址与目的地址不在同一网段时，下一步处理是（　　）。

   A. 取目的 IP 地址，以目的 IP 地址为索引，到路由表查找出端口

B. 取目的IP地址，以目的IP地址为索引，到硬件转发表查找出端口

C. 取源IP地址，以目的IP地址为索引，到路由表查找出端口

D. 取源IP地址，以目的IP地址为索引，到硬件转发表查找出端口

3. 下列设备中，（ ）可以转发不同VLAN之间的通信。

A. 二层交换机 B. 三层交换机 C. 网络集线器 D. 生成树网桥

4. 配置单臂路由实现VLAN间通信时，交换机和路由器之间需配置为（ ）链路。

A. Trunk B. Access C. Hybrid D. 接口

5. 在通过三层交换机实现VLAN间通信的方案中，各VLAN内计算机用户的网关指的是（ ）。

A. 计算机自身所连接的交换机以太网接口的IP地址

B. 三层交换机Trunk接口的IP地址

C. 三层交换机的VLAN1的管理IP地址

D. 三层交换机各VLAN的管理IP地址

6.（多选）关于VLAN间通信说法正确的是（ ）。

A. VLAN间通信可以通过单臂路由来实现

B. VLAN间通信可以通过三层交换机来实现

C. VLAN间通信不能通过二层交换机来实现

D. VLAN间通信可以通过二层交换机来实现

7. HSRP和（ ）可以在路由器层面上提供网关的备份。

A. OSPF B. VRRP C. IS-IS D. BGP

8. 默认情况的HSRP的优先级是（ ）。

A. 32768 B. 0 C. 100 D. 128

9. HSRP的UDP协议号为（ ）。

A. 1985 B. 1986 C. 1988 D. 1858

10. VRRP是使用（ ）方式来发送协议报文的。

A. 广播 B. 单播 C. 组播 D. 任意播

11. 在同一个VRRP组中，最多可以有（ ）台主路由器。

A. 1 B. 2 C. 3 D. 依照情况而定

12. 下列关于VRRP说法错误的是（ ）。

A. 如果VRRP备份组内的Master路由器坏掉时，备份组内的其他Backup路由器将会通过选举策略选出一个新的Master路由器接替成为新的Master。

B. 在非抢占方式下，一旦备份组中的某台路由器成为Master，只要它没有出现故障，其他路由器即使随后被配置更高的优先级，也不会成为Master。

C. 如果路由器设置为抢占方式，它一旦发现自己的优先级比当前的Master的优先级高，就会成为Master。

D. VRRP仅提供基于简单字符的认证。

13. 一个VRRP虚拟路由器配置VRID是3，虚拟IP地址是100.1.1.10，那么其虚拟MAC地址是（ ）。

A. 00-00-5E-00-01-64 B. 00-00-5E-00-01-03

C. 01-00-5E-00-01-64 D. 01-00-5E-00-01-03

14.（　　）的功能是帮助客户机自动获取IP地址，而不需要手工配置。

A. DHCP　　B. DNS　　C. FTP　　D. HTTP

15. DHCP能够给客户端分配一些与TCP/IP相关的参数信息，在此过程中DHCP定义了多种报文，这些报文采用的封装类型是（　　）。

A. TCP封装　　B. UDP封装　　C. PPP封装　　D. IP封装

16. DHCP中不同的报文类型实现了不同的功能，其中DHCPOFFER报文的作用是（　　）。

A. 由客户端广播来查找可用的服务器

B. 服务器用来响应客户端的DHCPDISCOVER报文，并指定相应的配置参数

C. 由客户端发送给服务器来请求配置参数或者请求配置确认或者续借租期

D. 由服务器发往客户端，且该报文中的配置参数包括IP地址等信息

17.（多选）DHCP Relay又被称为DHCP中继，下列关于DHCP Relay的说法正确的是（　　）。

A. DHCP协议采用广播报文，如果出现多个子网则无法穿越，则需要DHCP Relay设备

B. DHCP Relay设备可以是一台路由器或者三层交换机

C. DHCP Relay设备可以是一台普通主机

D. DHCP Relay不改变报文内容，报文原样转发

18. DHCP服务器分配给客户端的动态IP地址，通常都有一定的租借期限，那么关于租借期限的描述，错误的是（　　）。

A. 租期更新定时器为总租期的50%，当“租期更新定时器”到期时，DHCP客户端必须进行IP地址租期的更新

B. 重绑定定时器为总租期的87.5%

C. 若“重绑定定时器”到期，但客户端还没有收到服务器的响应，则会一直发送DHCP REQUEST报文给之前分配过IP地址的DHCP服务器，直到总租期到期

D. 在租借期限内，如果客户端收到DHCP NAK报文，客户端就会立即停止使用此IP地址，并返回到初始化状态，重新申请新的IP地址

19. 一位技术人员使用以下命令来配置交换机：

```
SwitchA(config)# interface vlan 1
SwitchA(config-if)# ip address 192.168.1.1 255.255.255.0
SwitchA(config-if)# no shutdown
```

技术人员在进行（　　）配置。

A. Telnet访问　　B. SVI　　C. 密码加密　　D. 物理交换机端口访问

20. 在华为VRP平台上，命令“interface vlan vlan-id”的作用是（　　）。

A. 创建一个VLAN　　B. 创建或进入VLAN虚接口视图

C. 给某端口配置VLAN　　D. 无此命令

二、简答题

1. 举例说明如何实现VLAN间的通信。

2. DHCP客户机获取不到正确的地址，需要检查哪些内容来进行排查？

3. 比较分析三层交换机和路由器异同。

4. 什么是网关冗余技术，常见的网关冗余协议有哪些？

第5章 路由器及路由技术

路由技术是在网络拓扑结构中为不同节点的数据提供传输路径的技术，路由选择算法是其核心内容。

本章重点介绍了路由器基本功能、分类和选型参数，以及思科和华为路由器的基本配置。介绍了路由表及几种常见的路由协议的概念、应用场合和设计要点。重点阐述了思科和华为设备的静态路由配置、RIP 动态路由协议配置、OSPF 动态路由协议配置。

学习目标

- 理解路由器的基本工作原理，在网络规划时能够对交换机进行正确选型。
- 熟练掌握思科和华为路由器的基本配置。
- 理解静态路由的优缺点及其应用场景，掌握思科和华为路由器静态路由的配置。
- 理解RIP动态路由协议的优缺点及其应用场景，掌握思科和华为路由器RIP动态路由协议的配置。
- 理解 OSPF 动态路由协议的优缺点及其应用场景，掌握思科和华为路由器 OSPF 动态路由协议的配置。
- 能够根据要求构建网络拓扑并进行配置。

5.1 路由器

5.1.1 路由器简介

路由器是一种连接多个网络或网段的网络设备，它能将不同网络或网段之间的数据信息进行“翻译”，使不同的网络或网段能相互“读”懂对方的数据，从而构成一个更大的网络。

路由器是 OSI 参考模型中的第三层设备，当路由器收到任何一个来自网络中的数据包后，首先要将该数据包第二层（数据链路层）的信息去掉（称为“拆包”），并查看第三层信息。然后，根据路由表确定数据包的路由，再检查安全访问控制列表；若被通过，则再进行第二层信息的封装（称为“打包”），最后将该数据包转发。如果在路由表中查不到对应地址的网络，则路由器将向源地址的节点返回一个信息，并将这个数据包丢掉。

A、B、C、D 四个网络通过路由器连接在一起，如图 5-1-1 所示，现假设网络 A 中用户 A1 要向网络 C 中的 C3 用户发送数据，该数据传递的步骤如下：

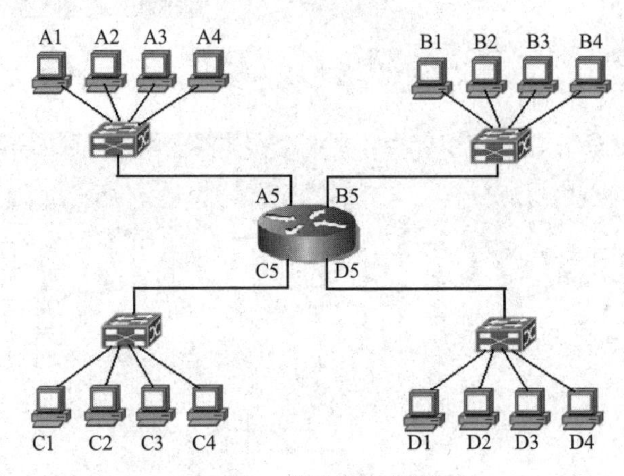

图 5-1-1　路由器工作过程

第 1 步：用户 A1 将目的用户 C3 的地址连同数据信息封装成数据帧，并通过集线器或交换机以广播的形式发送给同一网络中的所有节点，当路由器的 A5 端口侦听到这个数据帧后，分析得知所发送的目的节点不是本网段，需要经过路由器进行转发，就把数据帧接收下来。

第 2 步：路由器 A5 端口接收到用户 A1 的数据帧后，先从报头中取出目的用户 C3 的 IP 地址，并根据路由表计算出发往用户 C3 的最佳路径。因为从分析得知到达 C3 的网络 ID 号与路由器的 C5 端口所在网络的网络 ID 号相同，所以由路由器的 A5 端口直接发向路由器的 C5 端口应是数据传递的最佳途经。

第 3 步：路由器的 C5 端口再次取出目的用户 C3 的 IP 地址，找出 C3 的 IP 地址中的主机 ID 号，如果在网络中有交换机则可先发给交换机，由交换机根据 MAC 地址表找出具体的网络节点位置；如果没有交换机设备则根据其 IP 地址中的主机 ID 直接把数据帧发送给用户 C3。到此为止，一个完整的数据通信转发过程全部完成。

从上面可以看出，不管网络多么复杂，路由器其实所做的工作就是这么几步，所以整个路由器的工作原理基本都差不多。当然在实际的网络中远比图 5-1-1 所示的要复杂许多，实际的步骤也不会像上述过程那么简单，但总的过程是相似的。

5.1.2　路由器的分类

路由器发展到今天，为了满足各种应用需求，相继出现了各式各样的路由器，其分类方法也各不相同。

1. 按性能档次划分

按性能档次不同，可以将路由器分为高、中、低档路由器，不过不同厂家的划分方法并不完全一致。通常将背板交换能力大于 40 Gbit/s 的路由器称为高档路由器，背板交换能力在 25 ～ 40 Gbit/s 之间的路由器称为中档路由器，低于 25 Gbit/s 的路由器称为低档路由器。当然这只是一种宏观上的划分标准，实际上路由器档次的划分不应只按背板带宽进行，而应根据各种指标综合进行考虑。以思科公司为例，12000 系列为高档路由器，7500 以下系列为中低档路由器。如图 5-1-2 所示分别为思科公司的高、中、低三种档次的路由器产品。

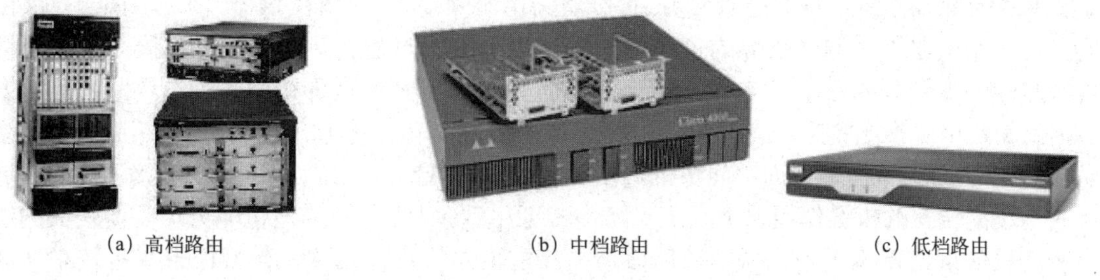

（a）高档路由　（b）中档路由　（c）低档路由

图 5-1-2　思科高、中、低档路由器产品

2. 按结构划分

从结构上划分，路由器可分为模块化和非模块化两种。模块化结构可以灵活地配置路由器，以适应企业不断增加的业务需求，非模块化的就只能提供固定的端口。通常中高档路由器为模块化结构，低档路由器为非模块化结构。如图 5-1-3 所示分别为非模块化结构和模块化结构路由器产品。

（a）非模块化结构　（b）模块化结构

图 5-1-3　非模块化结构和模块化结构路由器产品

3. 按功能划分

按功能划分，可将路由器分为主干级路由器、企业级路由器和接入级路由器。

（1）主干级路由器

主干级路由器是实现企业级网络互连的关键设备，其数据吞吐量较大，在企业网络系统中起着非常重要的作用。对主干级路由器的基本性能要求是高速度和高可靠性。为了获得高可靠性，网络系统普遍采用诸如热备份、双电源、双数据通路等冗余技术，从而确保主干级路由器的可靠性。主干级路由器的主要瓶颈在于如何快速地通过路由表查找某条路由信息，通常将访问频率较高的放到 Cache 中，从而达到提高路由查找效率的目的。

（2）企业级路由器

企业或校园级路由器连接许多终端系统，连接对象较多，但系统相对简单，且数据流量较小，对这类路由器的要求是以尽量方便的方法实现尽可能多的端点互连，同时还要求能够支持不同的服务质量。使用路由器连接的网络系统因为能够分成多个广播域，所以可以方便地控制一个网络的大小。此外，路由器还可以支持一定的服务等级（服务的优先级别）。由于路由器的每端口造价相对较贵，在使用之前还要求用户进行大量的配置工作。因此，企业级路由器的成败就在于是否可提供一定数量的低价端口、是否容易配置、是否支持 QoS、是否支持广播和组播等功能。

（3）接入级路由器

接入级路由器主要应用于连接家庭或 ISP 内的小型企业客户群体。接入级路由器要求能够支持多种异构的高速端口，并能在各个端口上运行多种协议。

4. 按所处网络位置划分

如果按路由器所处的网络位置划分，可以将路由器划分为“边界路由器”和“中间节点路由器”两类。边界路由器处于网络边界的边缘或末端，用于不同网络之间路由器的连接，这也是目前大多数路由器的类型，如互连网接入路由器和VPN路由器都属于边界路由器。边界路由器所支持的网络协议和路由协议比较广，背板带宽非常高，具有较高的吞吐能力，以满足各种不同类型网络（包括局域网和广域网）的互联。而中间节点路由器则处于局域网的内部，通常用于连接不同的局域网，起到一个数据转发的桥梁作用。中间节点路由器更注重MAC地址的记忆能力，需要较大的缓存。因为所连接的网络基本上是局域网，所以所支持的网络协议比较单一，背板带宽也较小，这些都是为了获得较高的性价比，适应一般企业的基本需求。

5. 按性能划分

按性能划分，路由器可分为线速路由器及非线速路由器。所谓线速路由器，就是完全可以按传输介质带宽进行通畅传输，基本上没有间断和延时。通常线速路由器是高端路由器，具有非常高的端口带宽和数据转发能力，能以介质速率转发数据包；中低端路由器一般均为非线速路由器，但是一些新的宽带接入路由器也具备线速转发能力。

5.1.3 路由器的选型参数

路由器的选型参数包括吞吐量、路由表能力、背板能力、丢包率、时延、时延抖动、背靠背帧数、服务质量能力、网络管理能力、可靠性和可用性等。

1. 吞吐量

吞吐量是路由器的数据包转发能力。吞吐量与路由器的端口数量、端口速率、数据包长度、数据包类型、路由计算模式（分布或集中）以及测试方法有关，一般泛指处理器处理数据包的能力，高速路由器的数据包转发能力至少能够达到20 Mpps以上。吞吐量包括整机吞吐量和端口吞吐量两个方面，整机吞吐量通常小于路由器所有端口吞吐量之和。

2. 路由表能力

路由器通常依靠所建立及维护的路由表来决定包的转发。路由表能力是指路由表内所容纳路由表项数量的极限。由于在Internet上执行BGP（Border Gateway Protocol，边界网关协议）的核心路由器通常拥有数十万条路由表项，所以该项目也是路由器能力的重要体现。一般而言，高速核心路由器应该能够支持至少25万条路由，平均每个目的地址至少提供2条路径，系统必须支持至少25个BGP对等以及至少50个IGP（Interior Gateway Protocol，内部网关协议）邻居。

3. 背板能力

背板指的是输入与输出端口间的物理通路，背板能力通常是指路由器背板容量或者总线带宽能力，这个性能对于保证整个网络之间的连接速度非常重要。如果所连接的两个网络速率都较快，而由于路由器的带宽限制，将直接影响整个网络之间的通信速度。所以一般来说，如果是连接两个较大的网络，且网络流量较大，此时，就应格外注意路由器的背板容量。但如果是在小型企业网之间，一般来说这个参数就不太重要了，因为一般来说路由器在这方面都能满足小型企业网之间的通信带宽要求。

背板能力主要体现在路由器的吞吐量上，传统路由器通常采用共享背板，但是作为高性能路由器不可避免会遇到拥塞问题，其次也很难设计出高速的共享总线，所以现有高速核心路由器一般都采用可交换式背板的设计。

4. 丢包率

丢包率是指路由器在稳定的持续负荷下，由于资源缺少而不能转发的数据包在应该转发的数据包中所占的比例。丢包率通常用作衡量路由器在超负荷工作时路由器的性能。丢包率与数据包长度以及包发送频率相关，在一些环境下，可以加上路由抖动或大量路由后进行测试模拟。

5. 时延

时延是指数据包第一个比特进入路由器到最后一个比特从路由器输出的时间间隔。该时间间隔是存储转发方式工作的路由器的处理时间。时延与数据包的长度以及链路速率都有关系，通常是在路由器端口吞吐量范围内进行测试。时延对网络性能影响较大，作为高速路由器，在最差的情况下，要求对 1 518B 及以下的 IP 包时延必须小于 1 ms。

6. 时延抖动

时延抖动是指时延变化。数据业务对时延抖动不敏感，所以该指标通常不作为衡量高速核心路由器的重要指标。当网络上需要传输语音、视频等数据量较大的业务时，该指标才有测试的必要性。

7. 背靠背帧数

背靠背帧数是指以最小帧间隔发送最多数据包不引起丢包时的数据包数量。该指标用于测试路由器的缓存能力。具有线速全双工转发能力的核心路由器，该指标值无限大。

8. 服务质量能力

服务质量能力包括队列管理控制机制和端口硬件队列数两项指标。其中，队列管理控制机制是指路由器拥塞管理机制及其队列调度算法。常见的方法有 RED（Random Early Detection，随机早期检测）、WRED（Weighted Random Early Detection，加权随机早期检测）、WRR（Weighted Round Robin，加权轮询）、DRR（Deficit Round Robin，差分轮询）、WFQ（Weighted Fair Queuing，加权公平排队）、WF2Q（Worst-case Fair Weighted Fair Queuing，最坏情况加权公平排队）等。端口硬件队列数指的是路由器所支持的优先级是由端口硬件队列来保证的，而每个队列中的优先级又是由队列调度算法进行控制的。

9. 网络管理能力

网络管理是指网络管理员通过网络管理程序对网络上的资源进行集中化管理的操作，包括配置管理、计账管理、性能管理、差错管理和安全管理。设备所支持的网管程度体现设备的可管理性与可维护性，通常使用 SNMPv2 协议进行管理。网管粒度指路由器管理的精细程度，如管理到端口、到网段、到 IP 地址、到 MAC 地址等，管理粒度可能会影响路由器的转发能力。

10. 可靠性和可用性

路由器的可靠性和可用性主要是通过路由器本身的设备冗余程度、组件热插拔、无故障工作时间及内部时钟精度等四项指标来提供保证的。

- 设备冗余程度：设备冗余可以包括接口冗余、插卡冗余、电源冗余、系统板冗余、时钟板冗余等。
- 组件热插拔：组件热插拔是路由器 24 小时不间断工作的保障。
- 无故障工作时间：即路由器不间断可靠工作的时间长短，该指标可以通过主要器件的无故障工作时间计算，或者通过大量相同设备的工作情况计算。
- 内部时钟精度：拥有 ATM（Asynchronous Transfer Mode，异步传输模式）端口做电路仿真或者 POS（Packet Over SONET/SDH，同步光纤网 / 同步数字体系上的分组）端口的路由器互连通常需要同步，在使用内部时钟时，其精度会影响误码率。

5.1.4 路由器的常见接口

路由器具有非常强大的网络连接和路由功能，它可以与各种各样的不同网络进行物理连接，这就决定了路由器的接口非常复杂，越是高档的路由器其接口种类也就越多，因为它所能连接的网络类型越多。路由器的接口主要分为局域网接口、广域网接口和配置接口三类。

1. 局域网接口

常见的局域网接口主要有 RJ-45、AUI、SC 接口等。

- RJ-54 接口，常见的双绞线以太网接口。
- AUI 接口，用来与粗同轴电缆连接的接口。它是一种“D”型 15 针连接器，主要用在令牌环网或总线以太网中。
- SC 接口，即光纤接口，用于与光纤的连接。光纤接口通常是不直接连接至工作站，而是通过光纤连接到具有光纤接口的交换机。

2. 广域网接口

路由器不仅能实现局域网之间连接，更重要的应用还是在于局域网与广域网、广域网与广域网之间的连接。

- RJ-45 接口。利用 RJ-45 接口也可以建立广域网与局域网 VLAN 之间，以及与远程网络或 Internet 的连接。
- 高速同步串口（Serial）。在路由器的广域网连接中，应用最多的接口是高速同步串口。这种接口主要用于连接目前应用非常广泛的 DDN（Digital Data Network，数字数据网络）、帧中继等网络连接模式。
- 同步串口(ASYNC)。应用于 Modem 和 Modem 池的连接,以实现远程计算机通过 PSTN 拨号接入。
- ISDN BRI 接口。这种接口通过 ISDN 线路实现路由器与 Internet 或其他网络的远程连接。

3. 配置接口

路由器的配置接口有两个，分别是 Console 接口和 AUX 接口。

- Console 接口。Console 接口通过配置专用电缆连接至计算机串行口,利用终端仿真程序（如 Windows 中的超级终端）对路由器进行本地配置。
- AUX 接口。对路由器进行远程配置时要使用“AUX”接口（Auxiliary Port，辅助接口）。AUX 接口在外观上与 RJ-45 接口一样，只是内部电路不同，实现的功能也不一样。通过 AUX 接口与 Modem 进行连接必须借助 RJ-45 to DB9 或 RJ-45 to DB25 适配器进行电路转换。

5.2 路由器的基本配置

扫一扫

思科路由器的基本配置

5.2.1 思科路由器的基本配置

1. 思科路由器配置的基本知识

对思科路由器的一般配置方法，是使用其命令行界面（CLI），通过输入命令来进行。路由器配置与交换机配置类似，有如下几种基本的命令访问模式：

(1) 用户模式

该模式下的提示符为“>”，例如，Router>。

（2）特权模式

默认的提示符为“#”，例如，Router#。进入方法：在普通用户模式下输入 enable 并回车。

（3）全局配置模式

全局配置模式是路由器的最高操作模式，可以设置路由器上运行的硬件和软件的相关参数，配置各接口、路由协议和广域网协议，设置用户和访问密码等。在特权模式“#”提示符下输入 configure terminal（可以简写为 config t）命令，进入全局配置模式。进入全局配置模式时，在路由器命令行界面上将看到如下提示符：Router(config)#。

（4）接口配置模式

接口配置模式用于对指定接口进行相关的配置。默认提示符为：Router(config-if)#。进入方法：在全局配置模式下，用 interface 命令进入具体的接口，例如，进入以太网接口 fastethernet 0/0 配置模式的命令为：Router(config)#interface fastethernet 0/0。

（5）线路配置模式

线路配置模式的默认提示符为：Router(config-line)#。进入方法是：在全局配置模式下，用 line 命令指定具体的 line 端口。例如，进入 Console 线路配置模式命令为：Router(config)#line console 0。退出 Console 线路配置模式的命令为：Router(config-line)#exit。

2. 思科路由器的基本配置命令

（1）配置路由器的名称

将路由器的名称设为 RT1。命令为：

```
Router>enable
Router#config terminal
Router(config)#hostname RT1
RT1(config)#
```

（2）为接口配置 IP 地址

在路由器上配置 fastethernet 0/0 接口的 IP 地址，如设置 IP 地址为 192.168.0.138，子网掩码为 255.255.255.0。

```
RT1(config)#interface fastethernet 0/0
RT1(config-if)#ip address 192.168.0.138 255.255.255.0
RT1(config-if)#no showdown
```

注意：路由器接口默认是关闭的（showdown），因此必须在配置接口 fastethernet 0/0 的 IP 地址后须用命令“no showdown”开启该接口。

（3）退出

可以使用 exit 命令一层一层退出。

```
RT1(config-if)#exit
RT1(config)#exit
RT1#
```

也可以使用 end 命令或者【Ctrl+Z】组合键，直接退回到特权模式。

```
RT1(config-if)# Ctrl+Z
RT1#
```

从特权模式退出到普通模式的命令为 disable，也可以用 exit 命令。

```
RT1#disable
RT1>
```

（4）保存配置

可以在特权模式下使用 copy running-config startup-config 命令或者 write 命令来保存配置。

```
RT1#copy running-config startup-config
```

或者

```
RT1#write
```

（5）查看配置

查看路由器的当前运行配置，命令为：RT1#show running-config。

查看 fa0/0 接口的具体配置和统计信息，命令为：RT1#show interface fa0/0。

查看路由表，命令为：RT1#show ip route。

查看路由器版本相关信息，命令为：RT1#show version。

5.2.2 华为路由器的基本配置

扫一扫

华为路由器的基本配置

1. 华为路由器配置的基本知识

对华为路由器的一般配置方法，是使用其命令行界面（CLI），通过输入命令来进行。路由器配置与交换机配置类似，有如下几种基本的命令视图：

（1）用户视图

该模式下的提示符为“<>”，例如 <Huawei>。

（2）系统视图

默认的提示符为“[]”，例如 [Huawei]。进入方法：在普通用户模式下输入 system-view 并回车。系统视图是路由器的最高操作视图，可以设置路由器上运行的硬件和软件的相关参数，配置各接口、路由协议和广域网协议，设置用户和访问密码等。

（3）接口视图

接口视图用于对指定接口进行相关的配置。如接口 g0/0/0 的视图提示符为 [Huawei-GigabitEthernet0/0/0]。进入方法：在系统视图下，用 interface 命令进入具体的接口，例如，进入千兆以太网接口 g0/0/0 配置视图的命令为 [Huawei]interface g 0/0/0。

（4）用户界面视图

用户界面视图的默认提示符为 [Huawei-ui-console0]。进入方法是：在系统视图下，用 user-interface 命令指定具体的线路用户界面视图。例如，进入 Console 线路用户界面视图命令为：[Huawei] user-interface console 0。退出 Console 线路用户界面视图的命令为：[Huawei-ui-console0]quit。

2. 华为路由器的基本配置命令

华为路由器的命令视图与华为交换机的命令视图类似，基本配置命令也与交换机的差不多。

（1）配置路由器的名称

将路由器的名称设为 RT1。命令为：

```
<Huawei>system-view
[Huawei]sysname RT1
[RT1]
```

（2）为接口配置 IP 地址

在路由器上配置 gigabitethernet0/0/0 接口的 IP 地址，如设置 IP 地址为 192.168.0.254，子网掩码为 255.255.255.0。

```
[RT1]interface g0/0/0
[RT1-GigabitEthernet0/0/0]ip address 192.168.0.254 255.255.255.0
```

或

```
[RT1-GigabitEthernet0/0/0]ip address 192.168.0.254 24
[RT1-GigabitEthernet0/0/0]undo showdown
```

注意：路由器接口默认是开启的（undo showdown），为防止因意外关闭接口，可在配置接口 gigabitethernet0/0/0 的 IP 地址后用命令“undo showdown”开启该接口。

（3）退出

可以使用 quit 命令一层一层退出。

```
[RT1-GigabitEthernet0/0/0]quit
[RT1]
```

也可以使用 return 命令或者【Ctrl+Z】组合键，直接退回到用户视图。

```
[RT1-GigabitEthernet0/0/0]Ctrl+Z
<RT1>
```

（4）保存配置

可以使用 save 命令来保存配置。

```
<RT1>save
```

（5）查看配置

查看路由器的当前运行配置，命令为：[RT1]display current-configuration。

查看接口配置信息，命令为：[RT1]display interface。

查看路由表，命令为：[RT1]display ip routing-table。

查看 VRP 版本号，命令为：[RT1]display version。

查看当前视图下的配置，如查看 g0/0/0 接口视图下的配置，命令为：[RT1-GigabitEthernet0/0/0] display this。

5.3 路由表及路由的分类

5.3.1 路由表

路由器的主要工作就是为经过路由器的每个数据包寻找一条最佳传输路径，并将该数据包有效地传送到目的站点。为了完成这项工作，在路由器中保存着各种传输路径的相关数据——路由表，供路由选择时使用。

1. 路由表的构成元素

路由器是根据路由表进行选路和转发的，路由表由一条条的路由信息组成。每一个路由器都保存、维护一张 IP 路由表，该表存储着有关可能的目的地址及怎样到达目的地址的信息。在需要传送 IP 数据报时，就查询该 IP 路由表，决定把数据发往何处。因此，路由表必须包括要到达的目的网络地址、到达目的网络路径上“下一个”路由器的 IP 地址。我们知道，很多网络并没有采用标准的 IP 编址，而是采用了对标准 IP 地址做进一步层次划分的子网编址，所以路由表还必须包括子网掩码的信息。

因此，IP 路由表可以表示为（M，N，R）三元组。其中，M 表示子网掩码，N 表示目的网络，R 表示到达目的地址路径上的“下一个”路由器的 IP 地址，简称为“下一站地址”。

当进行路由选择时，首先取出 IP 数据报中的目的 IP 地址，与路由表表目中的“子网掩码”逐位相“与”，结果再与表目中“目的网络地址”比较，如果相同，说明选路成功，数据报沿“下一站地址”转发出去。

图 5-3-1 显示了通过 3 台路由器互联 4 个网络，表 5-3-1 给出了路由器 B 的路由表。如果路由器 B 收到一个目的地址为 10.1.4.16 的 IP 数据报，那么在进行路由选择时首先将该 IP 地址与路由表第一个表项的子网掩码 255.255.255.0 进行“与”操作，由于得到的操作结果 10.1.4.0 与本表项的网络地址 10.1.2.0 不相同，说明路由选择不匹配，需要对路由表项的下一个表项进行相同的操作。当对路由表的最后一个表项进行操作时，IP 地址 10.1.4.16 与子网掩码 255.255.255.0“与”操作的结果 10.1.4.0 同目的网络地址 10.1.4.0 一致，说明选路成功，于是，路由器 B 将报文转发给该表项指定的下一路由器 10.1.3.7（即路由器 C）。

当然，路由器 C 接收到该 IP 数据报后也需要按照自己的路由表决定数据报的去向。

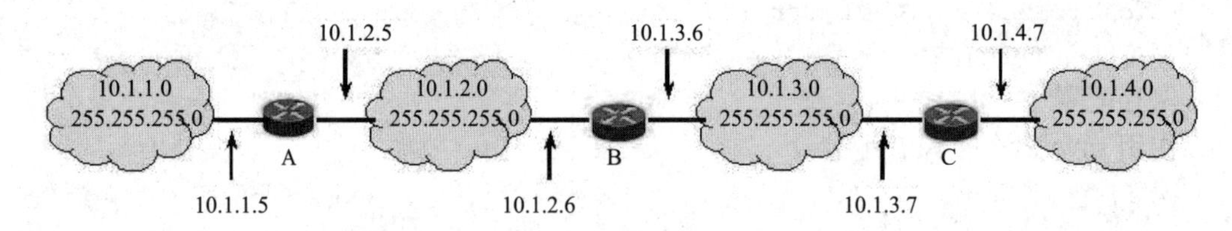

图 5-3-1　通过 3 台路由器互联的 4 个网段

表 5-3-1　路由器 B 的路由表

子网掩码	要到达的网络	下一跳地址	子网掩码	要到达的网络	下一跳地址
255.255.255.0	10.1.2.0	直接投递	255.255.255.0	10.1.1.0	10.1.2.5
255.255.255.0	10.1.3.0	直接投递	255.255.255.0	10.1.4.0	10.1.3.7

2. 路由表的实体

以思科路由器为例，路由器中路由表的每一行，从左到右有如下几个内容：路由的类型、目的网段（网络地址）、管理距离（Administrator Distance，AD）、度量值（Metric）、下一跳地址等，如图 5-3-2 所示。

（1）路由的类型

- C 表示直连路由，路由器的某个接口设置 / 连接了某个网段之后，就会自动生成。
- S 表示静态路由，系统管理员通过手工设置之后生成。
- S* 表示默认路由，静态路由的一种特例。
- R 表示由 RIP 协议协商生成的路由。
- O 表示由 OSPF 协议协商生成的路由。
- B 表示由 BGP 协议协商生成的路由。
- D 表示由 EIGRP 协议协商生成的路由，EIGRP 协议是思科公司私有的路由协议。

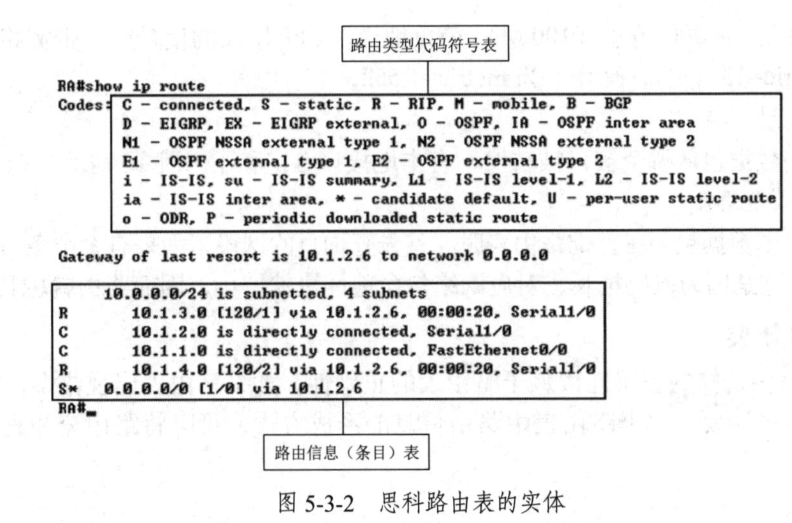

图 5-3-2　思科路由表的实体

（2）目的网段

目的网段就是网络号，描述了一类 IP 包（目的地址）的集合。

（3）管理距离

管理距离是指一种路由协议的可信度，该值在 0 ～ 255 之间取值，值越小，可信度越高。不同的路由协议的管理距离（AD）值不同，而同种类型的路由项 AD 值相同，每一种路由协议都有自己的默认管理距离，如表 5-3-2 示。

表 5-3-2　不同路由协议的默认管理距离

路由协议	管理距离	路由协议	管理距离
C 直连路由	0	O 域内 OSPF 协议	110
S 静态路由	1	B BGP 路由协议	20
R RIP 协议	120		

（4）度量值

度量值也是表示路由项优先级、可信度的重要参数之一。如果同种路由协议生成了多个路由表项，目的网段相同，且 AD 值也相同，则根据度量值这个信息来判断它们之间的优先级别。不同路由协议计算度量值的方法不同。

RIP 协议以跳数作为度量值，两个相邻的路由设备和之间的链路为一跳。跳数越多，优先级越低。在图 5-3-3 中，路径 1 为 metric=1+1=2，路径 2 为 metric=1。

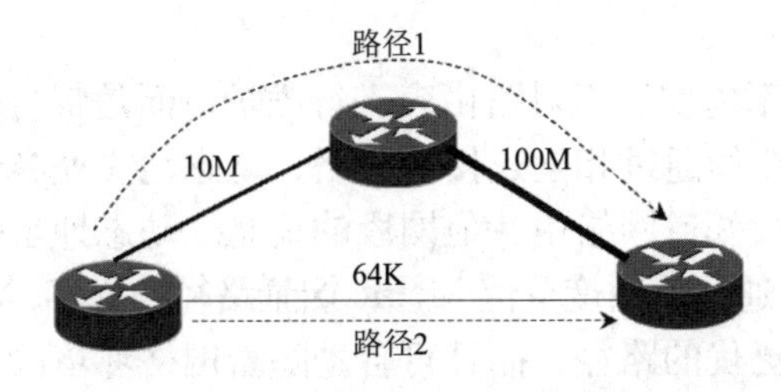

图 5-3-3　度量值与路径选择

OSPF 协议的度量值计算方法比较复杂，有一个公式 100 000 000/BW，就是把每一段网络的带宽倒数累加起来乘以 100 000 000(即 100 M)。简单地说,OSPF 协议的度量值与带宽相关。在图 5-3-3 中，路径 1 为 metric=10+1=11，路径 2 为 metric=1 562。

(5) 下一跳地址

表示被匹配的数据包从哪个接口被转发，有本地接口名字和下一跳 IP 地址可选。

3. 掩码长者优先匹配

路由器收到一个数据包，在查询路由表时，首先查询目的网段，如果有多个条目同时匹配时，则掩码长者优先。这是因为掩码越长，对应网络包含地址块就越小，因而路由就越具体。

5.3.2 路由的分类

IP 互联网的路由选择的正确性依赖于路由表的正确性，如果路由表出现错误，IP 数据报就不可能按照正确的路径转发。根据路由表中路由信息的形成方式，可以将路由分为直连路由、静态路由和动态路由。

1. 直连路由

路由器接口所连接的子网的路由方式称为直连路由，直连路由是其他路由的基础和前提条件。直连路由是在配置完路由器接口的 IP 地址后自动生成的。该路由信息不需要网络管理员维护，也不需要路由器通过某种算法进行计算获得，只要该接口处于活动状态 (Active)，路由器就会把通向该网段的路由信息填写到路由表中。直连路由经常被用在不同 VLAN 之间的通信。

2. 静态路由

静态路由是一种由网络管理员采用手工方法在路由器中配置的路由。网络管理员必须了解网络拓扑结构，通过手工方式指定路由路径，而且在网络拓扑发生变动时，也需要网络管理员手工修改路由路径。在早期的小规模网络中，由于路由器的数量很少，路由表也相对较小，通常采用手工方法对每台路由器的路由表进行配置，即静态路由。这种方法适合于在规模较小、路由表也相对比较简单的网络中使用。

但是随着网络规模的增长，网络中路由器的数量急剧增多，路由器中路由表也变得越来越大、越来越复杂。在这样的网络中对路由表进行手工配置，除了配置繁杂外，还有一个更明显的问题就是不能自动适应网络拓扑结构的变化。对于大规模网络而言，如果网络拓扑结构改变或者网络链路发生故障，那么路由器上指导数据转发的路由表就应该发生相应变化。这时，用手工的方法配置及修改路由器的静态路由就难以满足要求了。

但在小规模的网络中，静态路由也有其优势：手工配置，可以精确控制路由选择，改进网络的性能；不需要动态路由协议参与，这将减少路由器的开销，为重要的应用保证带宽。

在路由器的路由策略中，静态路由的优先级通常高于动态路由。

3. 动态路由

在动态路由中，管理员不需要手工对路由表进行维护，而是每台路由器通过某种路由协议自主学习得到的路由。各路由器间通过相互连接的网络，动态地交换各自所知道的路由信息。通过这种机制，网络上的路由器会知道网络中其他网段的信息，动态地生成和维护相应的路由表。如果到目标网络存在多条路径，通常使用度量值 Metric 衡量路径的好坏，Metric 越小，说明路径越好。动态路由可以自动选择性能更优的路径，而且可自动随着网络环境的变化而变化，适合于较大范围的网络环境。

目前，广泛采用的路由选择协议有：路由信息协议 (Routing Information Protocol，RIP 协议)，开放式最短路径优先协议（Open Shortest Path First，OSPF 协议）。

5.4 静态路由及配置

5.4.1 静态路由简介

1. 静态路由与默认路由

静态路由是管理员手动配置的，为到达目的网络指明路由器下一跳往哪个口转发数据。静态路由的优先级和开销是仅次于直连路由，在保证线路不中断的情况下，路由表比较稳定。在一个小而简单的网络中，经常使用静态路由，因为配置静态路由会更为简捷。如果管理员想控制数据转发路径，也会使用静态路由。

默认路由是对 IP 数据包中的目的地址找不到存在的其他路由时，路由器所选择的路由。默认路由是静态路由的一种特例，可以通过静态路由配置。在路由表中，默认路由以到达网络 0.0.0.0（子网掩码为 0.0.0.0）的路由形式出现。如果没有默认路由且报文的目的地不在路由表中，那么该报文将被丢弃。

2. 静态路由设计方面的考虑

静态路由适用于小型静态网络。在实施静态路由之前应考虑默认路由和路由环路问题，建议不要使用彼此指向对方的默认路由来配置邻接的路由器。默认路由会将不直接相连的网络上的所有通信都传递到已配置的路由器，具有彼此指向对方的默认路由的两个路由器对于不能到达目的地的通信可能产生路由环路。

5.4.2 思科路由器配置静态路由

1. 思科路由器静态路由配置命令

（1）显示路由表信息

显示路由表信息的命令格式如下：

```
Router#show ip route
```

（2）配置静态路由

配置静态路由的命令格式如下：

```
Router(config)#ip route 目的网络地址 子网掩码 下一跳地址或出栈接口
```

删除静态路由的命令格式如下：

```
Router(config)#no ip route 目的网络地址 子网掩码 下一跳地址或出栈接口
```

（3）配置默认路由

配置默认路由的命令格式如下：

```
Router(config)#ip route 0.0.0.0 0.0.0.0 下一跳地址或出栈接口
```

删除默认路由的命令格式如下：

```
Router(config)#no ip route 0.0.0.0 0.0.0.0 下一跳地址或出栈接口
```

2. 思科路由器配置静态路由实例

在由 3 台路由器所组成的简单网络中，路由器 R1 与 R3 各自连接一台主机，如图 5-4-1 所示。现在要求配置静态路由实现主机 PC1 和 PC2 之间的正常通信。

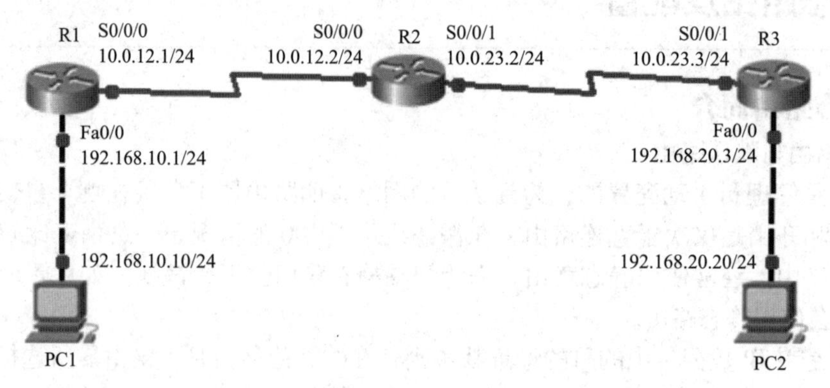

图 5-4-1　思科静态路由配置实例拓扑示意图

(1) 路由器基本配置

扫一扫

思科路由器配置静态路由－路由器基本配置

根据图 5-4-1 所示进行相应的基本配置。

R1 的配置如下：

```
Router>en
Router#config t
Router(config)#hostname R1
R1(config)#interface f0/0
R1(config-if)#ip address 192.168.10.1 255.255.255.0
R1(config-if)#no shutdown
R1(config-if)#exit
R1(config)#interface s0/0/0
R1(config-if)#clock rate 64000
R1(config-if)#ip address 10.0.12.1 255.255.255.0
R1(config-if)#no shutdown
R1(config-if)#exit
R1(config)#
```

R2 的配置如下：

```
Router>en
Router#config t
Router(config)#hostname R2
R2(config)#interface s0/0/0
R2(config-if)#clock rate 64000
R2(config-if)#ip address 10.0.12.2 255.255.255.0
R2(config-if)#no shutdown
R2(config-if)#exit
R2(config)#interface s0/0/1
R2(config-if)#clock rate 64000
R2(config-if)#ip address 10.0.23.2 255.255.255.0
R2(config-if)#no shutdown
R2(config-if)#exit
R2(config)#
```

R3 的配置如下：

```
Router>en
Router#config t
Router(config)#hostname R3
R3(config)#interface f0/0
R3(config-if)#ip address 192.168.20.3 255.255.255.0
R3(config-if)#no shutdown
R3(config-if)#exit
R3(config)#interface s0/0/1
R3(config-if)#clock rate 64000
R3(config-if)#ip address 10.0.23.3 255.255.255.0
R3(config-if)#no shutdown
R3(config-if)#exit
R3(config)#
```

（2）给 PC 配置 IP 地址、子网掩码及默认网关

给 PC1 配置 IP 地址、子网掩码及默认网关分别为 192.168.10.10、255.255.255.0 和 192.168.10.1。

给 PC2 配置 IP 地址、子网掩码及默认网关分别为 192.168.20.20、255.255.255.0 和 192.168.20.3。

（3）使用 ping 命令测试连通性

在主机 PC1 上直接 ping 主机 PC2，结果如图 5-4-2 所示。

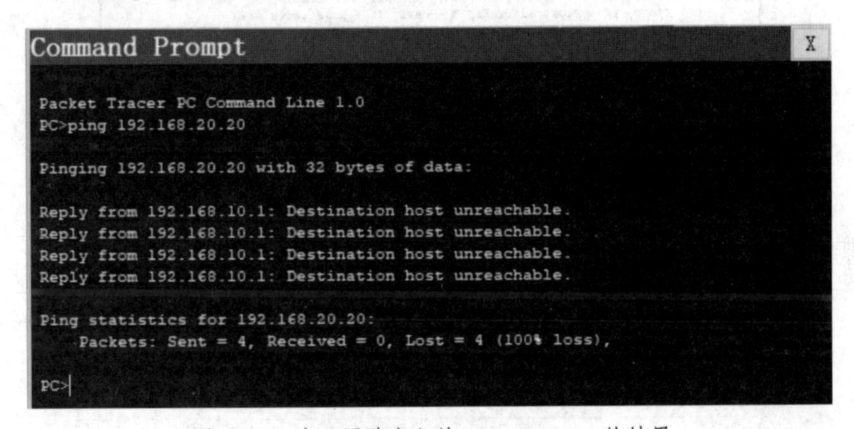

图 5-4-2 未配置路由之前 PC1 ping PC2 的结果

发现无法连通，这里要思考是什么原因导致它们无法连通。

假设主机 PC1 能与 PC2 之间正常通信，那么主机 A 将发送数据给其网关设备 R1，R1 收到后将根据数据包中的目的地址查看它的路由表，找到相应的目的网络所在路由条目，并且根据该条目的下一跳和出接口信息将该数据转发给下一台路由器 R2；R2 采用同样的步骤将数据转发给 R3。最后 R3 也采取这样的步骤将数据转发给与自己直连的主机 PC2。主机 PC2 在收到数据后，与主机 PC1 发送数据到 PC2 的过程一样，再发送相应的回应消息给 PC1。

在保证基本配置没有错误的情况下，首先查看主机 PC1 与其网关设备 R1 间能否正常通信，具体操作如下，在 PC1 上 ping 192.168.10.1，能够 ping 通。说明主机与网关之间通信正常，接下来检查网关设备 R1 上的路由表，结果如图 5-4-3 所示。

可以看出，在 R1 的路由表上没有任何关于主机 PC2 所在网段的信息。可以使用同样的方法查看 R2 和 R3 的路由表，结果如图 5-4-4 和图 5-4-5 所示。

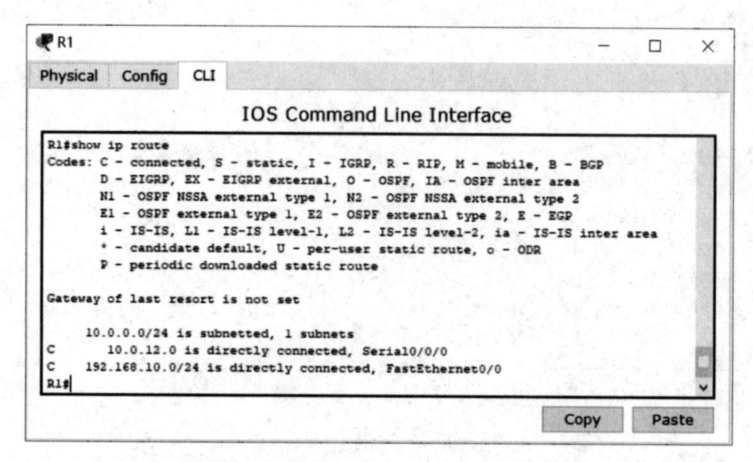

图 5-4-3　配置路由之前 R1 的路由表

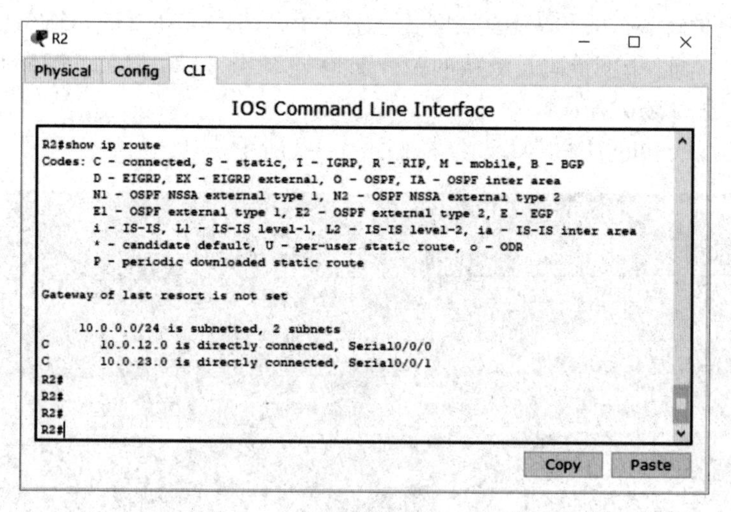

图 5-4-4　配置路由之前 R2 的路由表

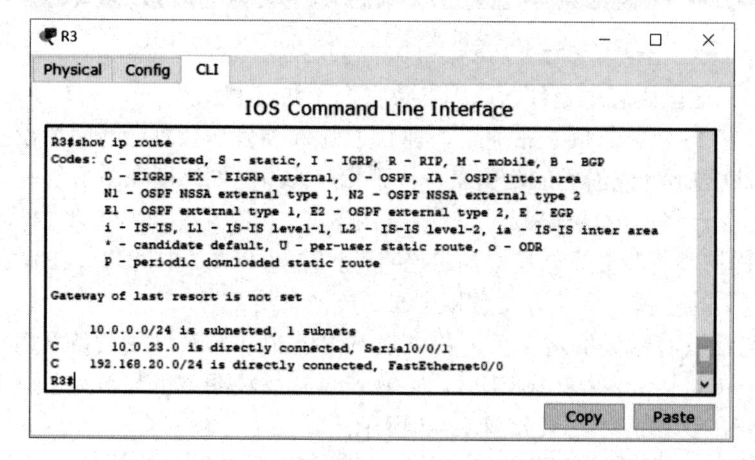

图 5-4-5　配置路由之前 R2 的路由表

可以看到，在 R2 上没有任何关于主机 PC1 和 PC2 所在网段的信息，R3 没有任何关于主机 PC1 所在网段的信息，验证了初始情况下各路由器的路由表上仅包括了自身直接相连的网段的路由信息。

现在主机 PC1 和 PC2 之间跨越了若干个不同的网段，要实现它们之间的通信，只通过简单的 IP 地址等基本配置是无法实现的，必须在 3 台路由器上添加相应的路由信息，可以通过配置静态路由来实现。

（4）配置静态路由实现主机 PC1 与 PC2 之间的通信

```
R1(config)#ip route 192.168.20.0 255.255.255.0 10.0.12.2
```

配置完成后可以在 R1 的路由表上查看到主机 PC2 所在网段的静态路由信息。

```
R2(config)#ip route 192.168.20.0 255.255.255.0 10.0.23.3
```

配置完成后可以在 R2 的路由表上查看到主机 PC2 所在网段的静态路由信息。

此时在主机 PC1 上 ping 主机 PC2，结果如图 5-4-6 所示。

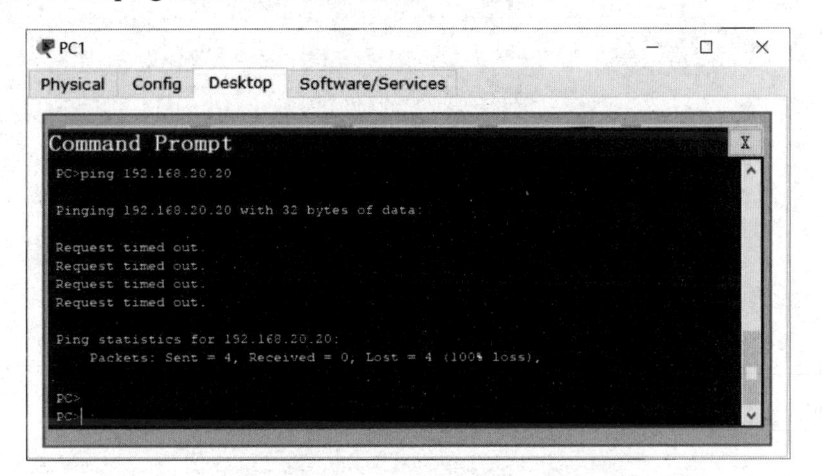

图 5-4-6 配置到 PC2 网段的路由后 PC1 ping PC2 的结果

此时发现仍然不能通信。超时不通，这是因为此时主机 PC1 仅发送了 ICMP 请求消息，并没有收到任何回应信息。原因在于仅仅实现了 PC1 能够通过路由将数据正常发送给 PC2，而 PC2 仍然无法发送数据给 PC1，所以同样需要在 R2 和 R3 的路由表上添加 PC1 所在的路由信息。

```
R3(config)#ip route 192.168.10.0 255.255.255.0 10.0.23.2
```

配置完成后可以在 R3 的路由表上查看到主机 PC1 所在网段的静态路由信息。

```
R2(config)#ip route 192.168.10.0 255.255.255.0 10.0.12.1
```

配置完成后可以在 R2 的路由表上查看到主机 PC1 所在网段的静态路由信息。

配置完成后，查看 R1、R2、R3 的路由表，结果如图 5-4-7 ~图 5-4-9 所示。

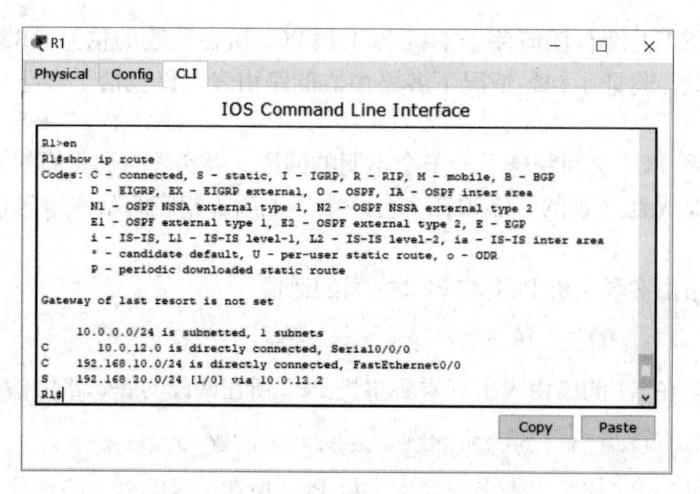

图 5-4-7　配置静态路由后 R1 的路由表

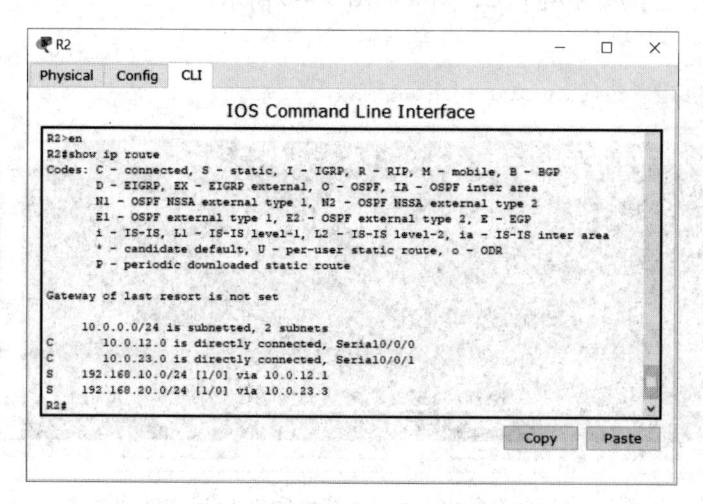

图 5-4-8　配置静态路由后 R2 的路由表

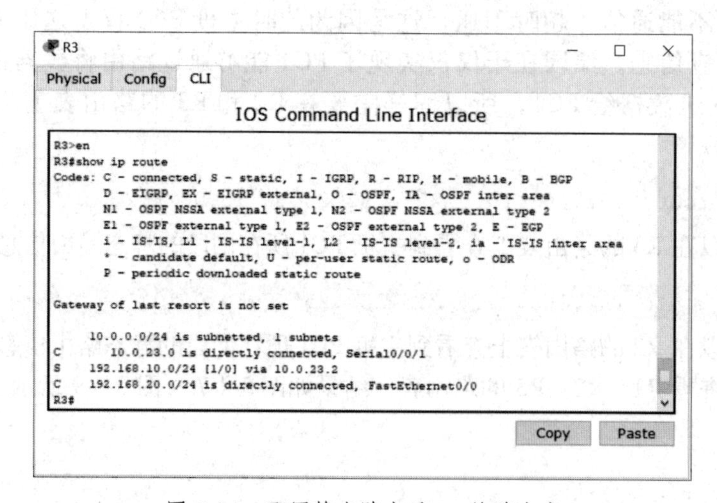

图 5-4-9　配置静态路由后 R3 的路由表

可以看出，现在每台路由器上都拥有了主机 PC1 和 PC2 所在网段的路由信息。再在主机 PC1 上 ping 主机 PC2，结果如图 5-4-10 所示。

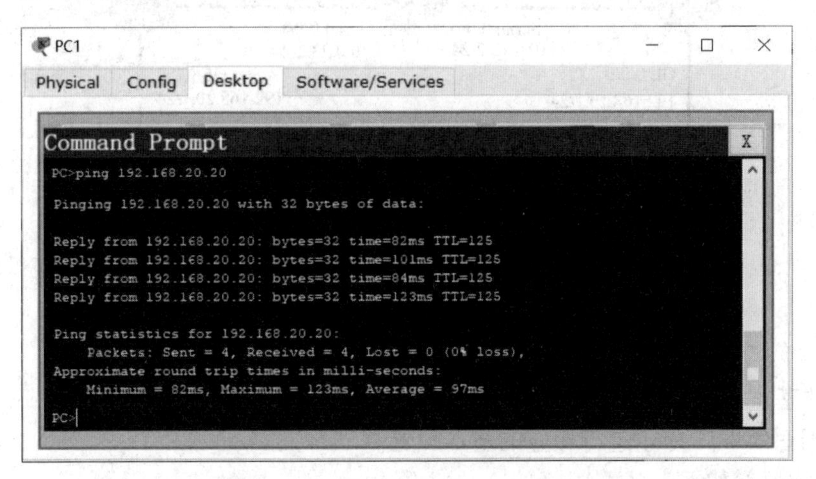

图 5-4-10　配置路由后 PC1 ping PC2 的结果

此时可以连通，即实现了主机 PC1 和 PC2 之间的正常通信。

5.4.3　华为路由器配置静态路由

1. 华为路由器静态路由配置命令

（1）显示路由表信息

显示路由表信息的命令格式如下：

```
[Huawei]display ip routing-table
```

（2）配置静态路由

配置静态路由的命令格式如下：

```
[Huawei]ip route-static 目的网络地址 子网掩码 下一跳地址或出栈接口
```

删除静态路由的命令格式如下：

```
[Huawei]undo ip route-static 目的网络地址 子网掩码 下一跳地址或出栈接口
```

（3）配置默认路由

配置默认路由的命令格式如下：

```
[Huawei]ip route-static 0.0.0.0 0.0.0.0 下一跳地址或出栈接口
```

删除默认路由的命令格式如下：

```
[Huawei]undo ip route-static 0.0.0.0 0.0.0.0 下一跳地址或出栈接口
```

2. 华为路由器配置静态路由实例

在由 3 台路由器所组成的简单网络中，路由器 R1 与 R3 各自连接一台主机，如图 5-4-11 所示。现在要求配置静态路由实现主机 PC1 和 PC2 之间的正常通信。

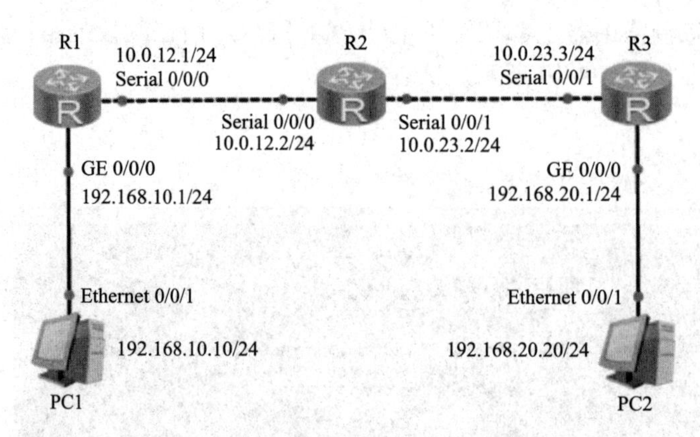

图 5-4-11　华为静态路由配置实例拓扑示意图

（1）路由器基本配置

扫一扫

华为路由器配置静态路由－路由器基本配置

根据图 5-4-11 所示进行相应的基本配置。

R1 的配置如下：

```
<Huawei>sys
[Huawei]sysname R1
[R1]interface g0/0/0
[R1-GigabitEthernet0/0/0]ip address 192.168.10.1 24
[R1-GigabitEthernet0/0/0]quit
[R1]interface s0/0/0
[R1-Serial0/0/0]ip address 10.0.12.1 24
[R1-Serial0/0/0]quit
```

R2 的配置如下：

```
<Huawei>sys
[Huawei]sysname R2
[R2]interface s0/0/0
[R2-Serial0/0/0]ip address 10.0.12.2 24
[R2-Serial0/0/0]quit
[R2]interface s0/0/1
[R2-Serial0/0/1]ip address 10.0.23.2 24
[R2-Serial0/0/1]quit
```

R3 的配置如下：

```
<Huawei>sys
[Huawei]sysname R3
[R3]interface g0/0/0
[R3-GigabitEthernet0/0/0]ip address 192.168.20.1 24
[R3-GigabitEthernet0/0/0]quit
[R3]interface s0/0/1
[R3-Serial0/0/1]ip address 10.0.23.3 24
[R3-Serial0/0/1]quit
```

（2）给 PC 机配置 IP 地址、子网掩码及默认网关

给 PC1 配置 IP 地址、子网掩码及默认网关分别为 192.168.10.10、255.255.255.0 和 192.168.10.1。

给 PC2 配置 IP 地址、子网掩码及默认网关分别为 192.168.20.20、255.255.255.0 和 192.168.20.1。

（3）使用 ping 命令测试连通性

在主机 PC1 上直接 ping 主机 PC2，结果如图 5-4-12 所示。

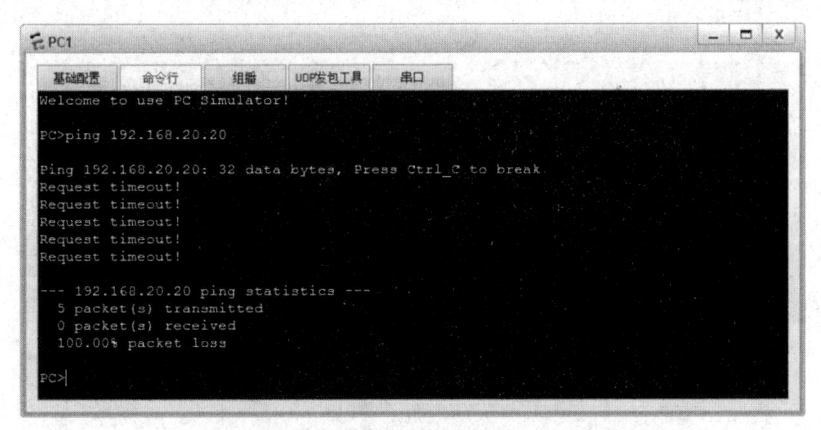

```
PC1
基础配置 命令行 组播 UDP发包工具 串口
Welcome to use PC Simulator!

PC>ping 192.168.20.20

Ping 192.168.20.20: 32 data bytes, Press Ctrl_C to break
Request timeout!
Request timeout!
Request timeout!
Request timeout!
Request timeout!

--- 192.168.20.20 ping statistics ---
  5 packet(s) transmitted
  0 packet(s) received
  100.00% packet loss

PC>
```

图 5-4-12　未配置路由之前 PC1 ping PC2 的结果

发现无法连通，这里要思考是什么原因导致它们无法连通。

假设主机 PC1 能与 PC2 之间正常通信，那么主机 A 将发送数据给其网关设备 R1，R1 收到后将根据数据包中的目的地址查看它的路由表，找到相应的目的网络所在路由条目，并且根据该条目的下一跳和出接口信息将该数据转发给下一台路由器 R2；R2 采用同样的步骤将数据转发给 R3。最后 R3 也采取这样的步骤将数据转发给与自己直连的主机 PC2。主机 PC2 在收到数据后，与主机 PC1 发送数据到 PC2 的过程一样，再发送相应的回应消息给 PC1。

在保证基本配置没有错误的情况下，首先查看主机 PC1 与其网关设备 R1 间能否正常通信，具体操作如下，在 PC1 上 ping 192.168.10.1，能够 ping 通。在 PC1 上 ping 10.0.12.2，不能 ping 通。说明主机与网关之间通信正常，接下来检查网关设备 R1 上的路由表，结果如图 5-4-13 所示。

```
R1
[R1]display ip routing-table
Route Flags: R - relay, D - download to fib
------------------------------------------------------------------------------
Routing Tables: Public
         Destinations : 7        Routes : 7

Destination/Mask    Proto   Pre  Cost      Flags NextHop         Interface

      10.0.12.0/24  Direct  0    0           D   10.0.12.1       Serial0/0/0
      10.0.12.1/32  Direct  0    0           D   127.0.0.1       Serial0/0/0
      10.0.12.2/32  Direct  0    0           D   10.0.12.2       Serial0/0/0
      127.0.0.0/8   Direct  0    0           D   127.0.0.1       InLoopBack0
      127.0.0.1/32  Direct  0    0           D   127.0.0.1       InLoopBack0
   192.168.10.0/24  Direct  0    0           D   192.168.10.1    GigabitEthernet
0/0/0
   192.168.10.1/32  Direct  0    0           D   127.0.0.1       GigabitEthernet
0/0/0

[R1]
```

图 5-4-13　配置路由之前 R1 的路由表

可以看出，在 R1 的路由表上没有任何关于主机 PC2 所在网段的信息。可以使用同样的方法查看 R2 和 R3 的路由表，结果如图 5-4-14 和图 5-4-15 所示。

```
R2
[R2]display ip routing-table
Route Flags: R - relay, D - download to fib
------------------------------------------------------------------------------
Routing Tables: Public
         Destinations : 8        Routes : 8

Destination/Mask    Proto   Pre  Cost      Flags NextHop         Interface

      10.0.12.0/24  Direct  0    0           D   10.0.12.2       Serial0/0/0
      10.0.12.1/32  Direct  0    0           D   10.0.12.1       Serial0/0/0
      10.0.12.2/32  Direct  0    0           D   127.0.0.1       Serial0/0/0
      10.0.23.0/24  Direct  0    0           D   10.0.23.2       Serial0/0/1
      10.0.23.2/32  Direct  0    0           D   127.0.0.1       Serial0/0/1
      10.0.23.3/32  Direct  0    0           D   10.0.23.3       Serial0/0/1
      127.0.0.0/8   Direct  0    0           D   127.0.0.1       InLoopBack0
      127.0.0.1/32  Direct  0    0           D   127.0.0.1       InLoopBack0

[R2]
```

图 5-4-14　配置路由之前 R2 的路由表

```
R3
[R3]display ip routing-table
Route Flags: R - relay, D - download to fib
------------------------------------------------------------------------------
Routing Tables: Public
         Destinations : 7        Routes : 7

Destination/Mask    Proto   Pre  Cost      Flags NextHop         Interface

      10.0.23.0/24  Direct  0    0           D   10.0.23.3       Serial0/0/1
      10.0.23.2/32  Direct  0    0           D   10.0.23.2       Serial0/0/1
      10.0.23.3/32  Direct  0    0           D   127.0.0.1       Serial0/0/1
      127.0.0.0/8   Direct  0    0           D   127.0.0.1       InLoopBack0
      127.0.0.1/32  Direct  0    0           D   127.0.0.1       InLoopBack0
   192.168.20.0/24  Direct  0    0           D   192.168.20.1    GigabitEthernet
0/0/0
   192.168.20.1/32  Direct  0    0           D   127.0.0.1       GigabitEthernet
0/0/0

[R3]
```

图 5-4-15　配置路由之前 R2 的路由表

扫一扫

华为路由器配置静态路由－路由器配置静态路由

可以看到，在 R2 上没有任何关于主机 PC1 和 PC2 所在网段的信息，R3 没有任何关于主机 PC1 所在网段的信息，验证了初始情况下各路由器的路由表上仅包括了自身直接相连的网段的路由信息。

现在主机 PC1 和 PC2 之间跨越了若干个不同的网段，要实现它们之间的通信，只通过简单的 IP 地址等基本配置是无法实现的，必须在 3 台路由器上添加相应的路由信息，可以通过配置静态路由来实现。

（4）配置静态路由实现主机 PC1 与 PC2 之间的通信

```
[R1]ip route-static 192.168.20.0 255.255.255.0 10.0.12.2
```

配置完成后可以在 R1 的路由表上查看到主机 PC2 所在网段的静态路由信息。

```
[R2]ip route-static 192.168.20.0 255.255.255.0 10.0.23.3
```

配置完成后可以在 R2 的路由表上查看到主机 PC2 所在网段的静态路由信息。

此时在主机 PC1 上 ping 主机 PC2，结果如图 5-4-16 所示。

此时发现仍然不能通信。超时不通，这是因为此时主机 PC1 仅发送了 ICMP 请求消息，并没有收到任何回应信息。原因在于仅仅实现了 PC1 能够通过路由将数据正常发送给 PC2，而 PC2 仍然无法发送数据给 PC1，所以同样需要在 R2 和 R3 的路由表上添加 PC1 所在的路由信息。

```
[R3]ip route-static 192.168.10.0 255.255.255.0 10.0.23.2
```

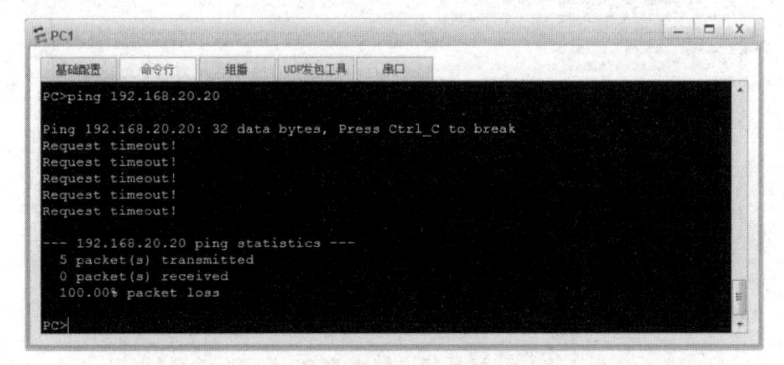

图 5-4-16　配置到 PC2 网段的路由后 PC1 ping PC2 的结果

配置完成后可以在 R3 的路由表上查看到主机 PC1 所在网段的静态路由信息。

```
[R2]ip route-static 192.168.10.0 255.255.255.0 10.0.12.1
```

配置完成后可以在 R2 的路由表上查看到主机 PC1 所在网段的静态路由信息。

配置完成后，查看 R1、R2、R3 的路由表，结果如图 5-4-17 ~图 5-4-19 所示。

```
R1
[R1]ip route-static 192.168.20.0 255.255.255.0 10.0.12.2
[R1]display ip routing-table
Route Flags: R - relay, D - download to fib
------------------------------------------------------------------------------
Routing Tables: Public
         Destinations : 8        Routes : 8

Destination/Mask    Proto   Pre  Cost      Flags NextHop         Interface

      10.0.12.0/24  Direct  0    0           D   10.0.12.1       Serial0/0/0
      10.0.12.1/32  Direct  0    0           D   127.0.0.1       Serial0/0/0
      10.0.12.2/32  Direct  0    0           D   10.0.12.2       Serial0/0/0
      127.0.0.0/8   Direct  0    0           D   127.0.0.1       InLoopBack0
      127.0.0.1/32  Direct  0    0           D   127.0.0.1       InLoopBack0
   192.168.10.0/24  Direct  0    0           D   192.168.10.1    GigabitEthernet
0/0/0
   192.168.10.1/32  Direct  0    0           D   127.0.0.1       GigabitEthernet
0/0/0
   192.168.20.0/24  Static  60   0          RD   10.0.12.2       Serial0/0/0

[R1]
```

图 5-4-17　配置静态路由后 R1 的路由表

```
R2
[R2]display ip routing-table
Route Flags: R - relay, D - download to fib
------------------------------------------------------------------------------
Routing Tables: Public
         Destinations : 10       Routes : 10

Destination/Mask    Proto   Pre  Cost      Flags NextHop         Interface

      10.0.12.0/24  Direct  0    0           D   10.0.12.2       Serial0/0/0
      10.0.12.1/32  Direct  0    0           D   10.0.12.1       Serial0/0/0
      10.0.12.2/32  Direct  0    0           D   127.0.0.1       Serial0/0/0
      10.0.23.0/24  Direct  0    0           D   10.0.23.2       Serial0/0/1
      10.0.23.2/32  Direct  0    0           D   127.0.0.1       Serial0/0/1
      10.0.23.3/32  Direct  0    0           D   10.0.23.3       Serial0/0/1
      127.0.0.0/8   Direct  0    0           D   127.0.0.1       InLoopBack0
      127.0.0.1/32  Direct  0    0           D   127.0.0.1       InLoopBack0
   192.168.10.0/24  Static  60   0          RD   10.0.12.1       Serial0/0/0
   192.168.20.0/24  Static  60   0          RD   10.0.23.3       Serial0/0/1

[R2]
```

图 5-4-18　配置静态路由后 R2 的路由表

```
[R3]display ip routing-table
Route Flags: R - relay, D - download to fib
------------------------------------------------------------------------------
Routing Tables: Public
         Destinations : 8        Routes : 8

Destination/Mask    Proto   Pre  Cost      Flags NextHop         Interface

      10.0.23.0/24  Direct  0    0           D   10.0.23.3       Serial0/0/1
      10.0.23.2/32  Direct  0    0           D   10.0.23.2       Serial0/0/1
      10.0.23.3/32  Direct  0    0           D   127.0.0.1       Serial0/0/1
      127.0.0.0/8   Direct  0    0           D   127.0.0.1       InLoopBack0
      127.0.0.1/32  Direct  0    0           D   127.0.0.1       InLoopBack0
   192.168.10.0/24  Static  60   0          RD   10.0.23.2       Serial0/0/1
   192.168.20.0/24  Direct  0    0           D   192.168.20.1    GigabitEthernet
0/0/0
   192.168.20.1/32  Direct  0    0           D   127.0.0.1       GigabitEthernet
0/0/0

[R3]
```

图 5-4-19　配置静态路由后 R3 的路由表

可以看出现在每台路由器上都拥有了主机 PC1 和 PC2 所在网段的路由信息。再在主机 PC1 上 ping 主机 PC2，结果如图 5-4-20 所示。

```
PC>ping 192.168.20.20

Ping 192.168.20.20: 32 data bytes, Press Ctrl_C to break
From 192.168.20.20: bytes=32 seq=1 ttl=125 time=125 ms
From 192.168.20.20: bytes=32 seq=2 ttl=125 time=125 ms
From 192.168.20.20: bytes=32 seq=3 ttl=125 time=110 ms
From 192.168.20.20: bytes=32 seq=4 ttl=125 time=125 ms
From 192.168.20.20: bytes=32 seq=5 ttl=125 time=125 ms

--- 192.168.20.20 ping statistics ---
  5 packet(s) transmitted
  5 packet(s) received
  0.00% packet loss
  round-trip min/avg/max = 110/122/125 ms

PC>
```

图 5-4-20　配置路由后 PC1 ping PC2 的结果

此时可以连通，即实现了主机 PC1 和 PC2 之间的正常通信。

5.5 RIP 动态路由协议及配置

5.5.1 RIP 路由协议

1. RIP 协议的原理及路由更新过程

RIP 协议是以跳数作为度量值的距离向量协议，主要适用于中小规模的动态网络环境，是一种内部网关协议（Interior Gateway Protocol, IGP），即在自治系统内部执行路由功能。RIP 协议的路由更新数据都封装在 UDP 数据报中，在 UDP 的 520 号端口上进行封装，每一台路由器都会接收来自邻居路由器的路由更新消息并对本地的路由表做相应的修改，同时将修改后的消息再通知其他路由器，通过这种方式 RIP 协议可以达到全网路由的收敛。

RIP 协议启动和运行的整个过程如下：

路由器运行 RIP 协议，当路由器启动的时候，只有那些与它们直接相连的网络号出现在各自的路由表里，所有直连网络的跳数都为 0。路由器发送路由更新时，会把度量值加 1。当 RIP

协议在每个路由器上启动后，路由器将从相邻路由器获得路由信息来更新自己的路由表。每个路由器将完整的路由表，包含网络号、出栈接口和跳数，发送给相邻路由器。接下来，路由表包含了完整的网络信息，每个路由器都会形成到达整个网络的路由。RIP 协议发现路由的过程，如图 5-5-1 所示。

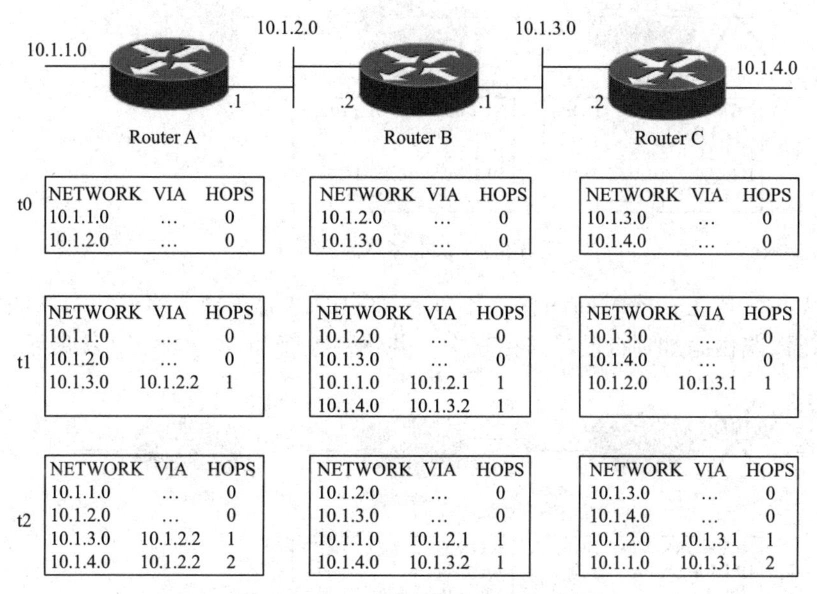

图 5-5-1 RIP 协议发现路由的过程

RIP 协议中路由的更新是通过定时广播实现的。默认情况下，路由器每隔 30 s 向与之直接连接的邻居路由器广播发送路由更新报文，这个时间称为路由更新时间（Route Update Timer）。如果在 180 s 内没有收到相邻路由器的回应，则认为去往该路由器的路由不可用，该路由器不可到达，这个时间称为路由失效时间（Route Invalid Timer）。如果在 240 s 后仍未收到该路由器的应答，则把有关该路由器的路由信息从路由表中删除，这个时间称为路由刷新时间（Route Flush Timer）。在路由失效时，抑制定时器（Hold-down Timer）和路由刷新定时器（Route Flush Timer）同时启动。

2. RIP 协议的特点

RIP 协议最大的优点就是实现简单，开销较小。

路由器之间交换的路由信息是路由器中的完整路由表，因而随着网络规模的扩大，开销也将增加。

RIP 协议规定如果一条路径的跳数到了 16 跳，就被认为目的网络不可达，这使得 RIP 协议只适用于较小的环境，限制了网络的规模。

RIP 存在的最大一个问题是当网络出现故障时，要经过比较长的时间才能将此信息传送到所有的路由器，容易产生路由环路。

3. 路由环路的产生

如图 5-5-2 所示网络中，所有路由器都使用 RIP 协议维护路由信息。在这种情况下，Router A 刚刚发送过路由更新，此时 Router A 连接的 10.1.1.0 网络的链路突然 down 掉。Router A 将马上知道这个状况，立即将这条直连路由从路由表中删去，但这个时候假如 Router B 已经到了更新时刻，就会将自己的路由表内容发送给 Router A，而 Router A 一旦收到有关 10.1.1.0 网络的路由信息就会将新的内容添加到自己的路由表中，并将跳数值加 1，因为它已经没有到达 10.1.1.0 网络的路由了。

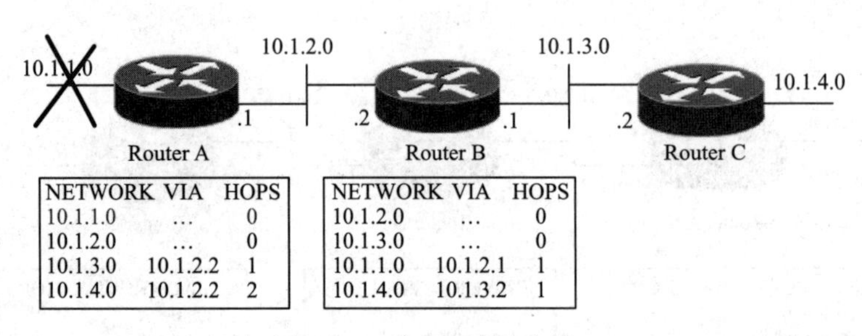

图 5-5-2　路由环路的产生 -1

这样，当 Router B 在一段时间内接收不到正确的消息后，也会将 Router A 发送给它的有关 10.1.1.0 网络的错误路由添加到自己的路由表中，并将跳数值加 1，如图 5-5-3 所示。

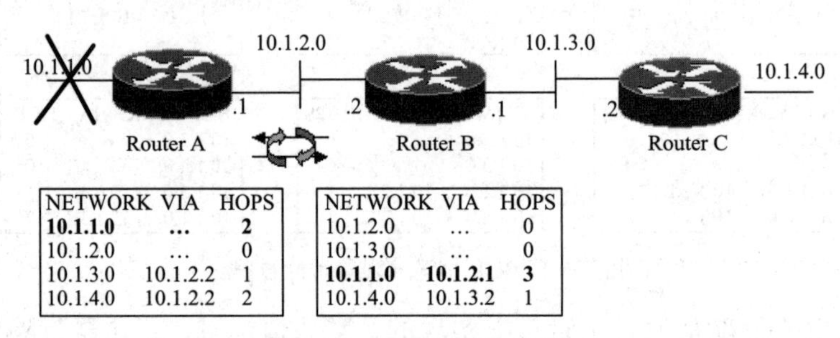

图 5-5-3　路由环路的产生 -2

于是，在路由器 Router A 和路由器 Router B 之间形成了一个路由环路，远端发送过来的欲到达 10.1.1.0 网络的数据包从 Router B 发送给 Router A，又从 Router A 发送给 Router B，如此循环下去。

4. 路由环路的消除

路由环路的消除主要有以下几种方法：

(1) 水平分割

水平分割的基本思想是阻止路由更新信息返回最初发送的方向，规定由一个接口发送出去的路由信息不能再朝这个接口往回发送。这是保证不产生路由环路的最基本措施。

(2) 路由中毒

当一条路径信息变为无效后，路由器并不立即将它从路由表中删除，而是用 16 即不可达的度量值来表示并广播出去。这样虽然增加了路由表的大小，但对消除路由环路很有帮助，可以立即清除相邻路由器之间的任何环路。

(3) 触发更新

当网络发生变化（新网段的加入、原有网段的消失）时，路由器立刻将更新报文广播给其相邻路由器，而不是等待 30 s 的更新周期。这样，网络拓扑的变化会最快地在网络上传播开，减少了路由环路产生的可能性。

（4）抑制定时器

当一条路由信息无效之后，一段时间内这条路由都处于抑制状态，即在一定时间内不再接收关于同一目的地址的路由更新。如果路由器从一个网段上得知一条路径失效，然后，立即在另一个网段上得知这个路由有效，这个有效的信息往往是不正确的。抑制定时器避免了这个问题，而且，当一条链路频繁起停时，抑制定时器减少了路由的浮动，增加了网络的稳定性。

（5）定义最大跳数

即便采用了上述提到的 4 种方法，路由环路的问题也不能完全解决，只是得到了最大程度的减少。一旦路由环路真的出现，路由项的度量值就会出现计数到无穷大的情况。如果任由环路无限循环下去，将对网络性能和路由表的稳定性造成很大影响。定义最大跳数可以缓解计数到无限的问题。RIP 协议定义最大跳数值为 15，当到达目的网络的跳数值大于这个值时，即认为目的网络是不可到达的。

5. RIP 协议的版本

RIP 协议有两个版本：RIPv1 和 RIPv2。

- RIPv1 是有类路由（Classful Routing）协议，因路由上不包括掩码信息，所以网络上的所有设备必须使用相同的子网掩码，不支持可变长子网掩码 VLSM。
- RIPv2 可发送子网掩码信息，是无类路由（Classless Routing）协议，支持可变长子网掩码 VLSM。

6. RIP 协议实施方面的考虑

RIP 协议适用于小型动态网络，在实施 RIP 之前考虑下列设计问题。

- 设计的网络直径减小到 14 个路由器之下。
- RIP 网络的最大直径为 15 个路由器。
- 如果使用自定义开销来表示链接速度、延迟或可靠性因素，确保网络上任意两个终点之间的累计开销（跳点数）不要超过 15。
- 为获得最大灵活性，应在 RIP 网络上使用 RIPv2。在配置 RIP 协议时建议路由器之间配置相同的 RIP 版本，即所有路由器都配置 RIPv1 或者都配置 RIPv2，以避免由于错误的配置而导致 RIP 协议无法正常运行。如果不指定版本，接口默认情况下是能接收 RIPv1 和 RIPv2 报文，但是却只能发送 RIPv1 报文；在指定版本的情况下，RIPv1 只能接收和发送 RIPv1 报文，RIPv2 只能接收和发送 RIPv2 报文。
- 如果使用 RIPv2 的简单密码身份验证，则必须将同一网络上的所有 RIPv2 接口配置为相同的密码（区分大小写）。可以在所有网络上使用相同的密码，或者对每个网络使用不同的密码。

5.5.2　思科路由器配置 RIP 协议

1. 思科路由器配置 RIP 协议命令

（1）启动 RIP 路由

```
Router(config)#router rip
```

（2）定义 RIP 路由协议的版本

```
Router(config-router)#version 2
```

扫一扫

思科路由器配置 RIP 协议

（3）指定 RIP 生效的网段（宣告网络）

```
Router(config-router)#network 网络地址
```

2. 思科路由器配置 RIP 协议实例

在由 3 台路由器所组成的简单网络中，路由器 R1 与 R3 各自连接一台主机，如图 5-4-1 所示。现在要求配置 RIP 协议实现主机 PC1 和 PC2 之间的正常通信。

（1）PC 及路由器基本配置

PC1、PC2 和 R1、R2、R3 的基本参数配置与 5.4.2 节静态路由配置实例的参数配置相同。

（2）配置 RIP 协议实现主机 PC1 与 PC2 之间的通信

① 在路由器 R1 上配置 RIP 协议：

```
R1(config)# router rip
R1(config-router)#version 2
R1(config-router)# network 192.168.10.0
R1(config-router)# network 10.0.12.0
R1(config-router)# exit
R1(config)#
```

② 在路由器 R2 上配置 RIP 协议：

```
R2(config)# router rip
R2(config-router)#version 2
R2(config-router)# network 10.0.12.0
R2(config-router)# network 10.0.23.0
R2(config-router)# exit
R2(config)#
```

③ 在路由器 R3 上配置 RIP 协议：

```
R3(config)# router rip
R3(config-router)#version 2
R3(config-router)# network 192.168.20.0
R3(config-router)# network 10.0.23.0
R3(config-router)# exit
R3(config)#
```

配置完成后，经过一段时间的收敛，查看 R1、R2、R3 的路由表，结果如图 5-5-4 ~ 图 5-5-6 所示。

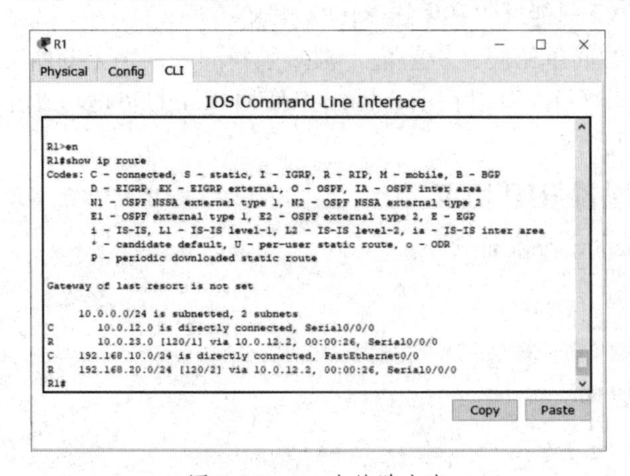

图 5-5-4　R1 上的路由表

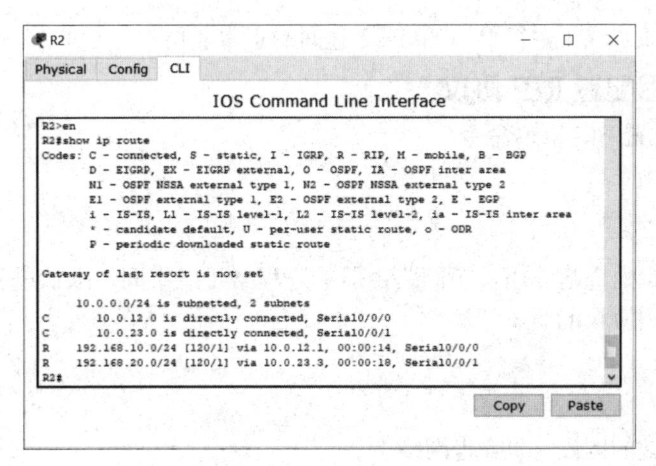

图 5-5-5　R2 上的路由表

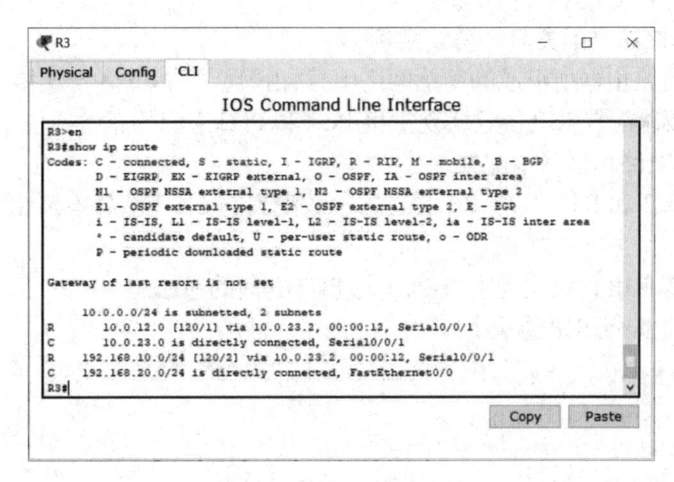

图 5-5-6　R3 上的路由表

可以看出，现在每台路由器上都拥有了所有网段的路由信息。在主机 PC1 上 ping 主机 PC2，结果能够 ping 通，如图 5-5-7 所示。

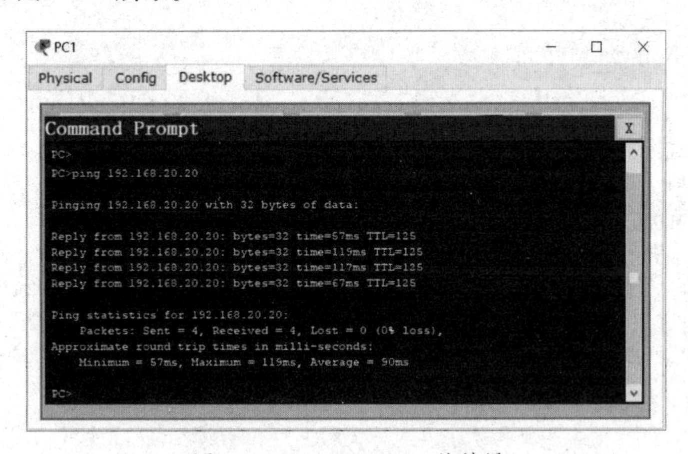

图 5-5-7　PC1 ping PC2 的结果

此时可以联通，即实现了主机 PC1 和 PC2 之间的正常通信。

5.5.3 华为路由器配置 RIP 协议

1. 华为路由器配置 RIP 协议命令

（1）启动 RIP 路由

```
[Huawei]rip 进程号
```

进程号只在路由器内部起作用，不同路由器的进程号可以不同，默认进程号为 1。

（2）定义 RIP 路由协议的版本

```
[Huawei]rip
[Huawei-rip-1]version 2
```

（3）指定 RIP 生效的网段 (即宣告网络)

```
[Huawei-rip-1]network 172.16.0.0
```

扫一扫

华为路由器配置 RIP 协议

2. 华为路由器配置 RIP 协议实例

在由 3 台路由器所组成的简单网络中，路由器 R1 与 R3 各自连接一台主机，如图 5-4-11 所示。现在要求配置 RIP 协议实现主机 PC1 和 PC2 之间的正常通信。

（1）PC 及路由器基本配置

PC1、PC2 和 R1、R2、R3 的基本参数配置与 5.4.3 节静态路由配置实例的参数配置相同。

（2）配置 RIP 协议实现主机 PC1 与 PC2 之间的通信

① 在路由器 R1 上配置 RIP 协议：

```
[R1]rip
[R1-rip-1]version 2
[R1-rip-1]network 192.168.10.0
[R1-rip-1]network 10.0.0.0
[R1-rip-1]quit
```

② 在路由器 R2 上配置 RIP 协议：

```
[R2]rip
[R2-rip-1]version 2
[R2-rip-1]network 10.0.0.0
[R2-rip-1]quit
```

③ 在路由器 R3 上配置 RIP 协议：

```
[R3]rip
[R3-rip-1]version 2
[R3-rip-1]network 192.168.20.0
[R3-rip-1]network 10.0.0.0
[R3-rip-1]quit
```

配置完成后，经过一段时间的收敛，查看 R1、R2、R3 的路由表，结果如图 5-5-8 ～图 5-5-10 所示。

```
R1
[R1]display ip routing-table
Route Flags: R - relay, D - download to fib
------------------------------------------------------------------------------
Routing Tables: Public
         Destinations : 9        Routes : 9

Destination/Mask    Proto   Pre  Cost      Flags NextHop         Interface

      10.0.12.0/24  Direct  0    0           D   10.0.12.1       Serial0/0/0
      10.0.12.1/32  Direct  0    0           D   127.0.0.1       Serial0/0/0
      10.0.12.2/32  Direct  0    0           D   10.0.12.2       Serial0/0/0
      10.0.23.0/24  RIP     100  1           D   10.0.12.2       Serial0/0/0
      127.0.0.0/8   Direct  0    0           D   127.0.0.1       InLoopBack0
      127.0.0.1/32  Direct  0    0           D   127.0.0.1       InLoopBack0
   192.168.10.0/24  Direct  0    0           D   192.168.10.1    GigabitEthernet
0/0/0
   192.168.10.1/32  Direct  0    0           D   127.0.0.1       GigabitEthernet
0/0/0
   192.168.20.0/24  RIP     100  2           D   10.0.12.2       Serial0/0/0

[R1]
```

图 5-5-8　R1 上的路由表

```
R2
[R2]display ip routing-table
Route Flags: R - relay, D - download to fib
------------------------------------------------------------------------------
Routing Tables: Public
         Destinations : 10       Routes : 10

Destination/Mask    Proto   Pre  Cost      Flags NextHop         Interface

      10.0.12.0/24  Direct  0    0           D   10.0.12.2       Serial0/0/0
      10.0.12.1/32  Direct  0    0           D   10.0.12.1       Serial0/0/0
      10.0.12.2/32  Direct  0    0           D   127.0.0.1       Serial0/0/0
      10.0.23.0/24  Direct  0    0           D   10.0.23.2       Serial0/0/1
      10.0.23.2/32  Direct  0    0           D   127.0.0.1       Serial0/0/1
      10.0.23.3/32  Direct  0    0           D   10.0.23.3       Serial0/0/1
      127.0.0.0/8   Direct  0    0           D   127.0.0.1       InLoopBack0
      127.0.0.1/32  Direct  0    0           D   127.0.0.1       InLoopBack0
   192.168.10.0/24  RIP     100  1           D   10.0.12.1       Serial0/0/0
   192.168.20.0/24  RIP     100  1           D   10.0.23.3       Serial0/0/1

[R2]
```

图 5-5-9　R2 上的路由表

```
R3
[R3]display ip routing-table
Route Flags: R - relay, D - download to fib
------------------------------------------------------------------------------
Routing Tables: Public
         Destinations : 9        Routes : 9

Destination/Mask    Proto   Pre  Cost      Flags NextHop         Interface

      10.0.12.0/24  RIP     100  1           D   10.0.23.2       Serial0/0/1
      10.0.23.0/24  Direct  0    0           D   10.0.23.3       Serial0/0/1
      10.0.23.2/32  Direct  0    0           D   10.0.23.2       Serial0/0/1
      10.0.23.3/32  Direct  0    0           D   127.0.0.1       Serial0/0/1
      127.0.0.0/8   Direct  0    0           D   127.0.0.1       InLoopBack0
      127.0.0.1/32  Direct  0    0           D   127.0.0.1       InLoopBack0
   192.168.10.0/24  RIP     100  2           D   10.0.23.2       Serial0/0/1
   192.168.20.0/24  Direct  0    0           D   192.168.20.1    GigabitEthernet
0/0/0
   192.168.20.1/32  Direct  0    0           D   127.0.0.1       GigabitEthernet
0/0/0

[R3]
```

图 5-5-10　R3 上的路由表

可以看出，现在每台路由器上都拥有了所有网段的路由信息。在主机 PC1 上 ping 主机 PC2，结果能够 ping 通，如图 5-5-11 所示。

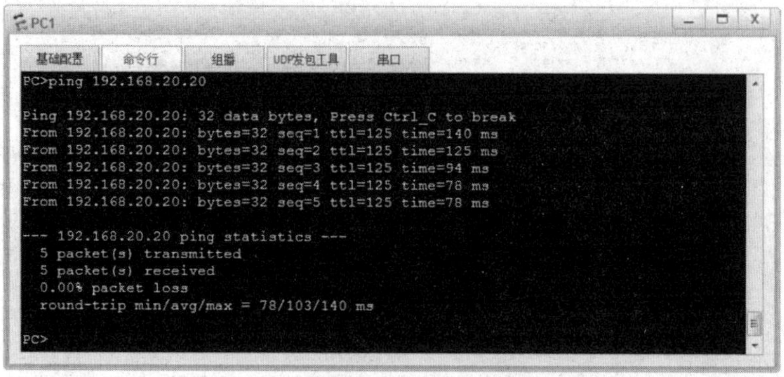

PC1

基础配置 命令行 组播 UDP发包工具 串口

```
PC>ping 192.168.20.20

Ping 192.168.20.20: 32 data bytes, Press Ctrl_C to break
From 192.168.20.20: bytes=32 seq=1 ttl=125 time=140 ms
From 192.168.20.20: bytes=32 seq=2 ttl=125 time=125 ms
From 192.168.20.20: bytes=32 seq=3 ttl=125 time=94 ms
From 192.168.20.20: bytes=32 seq=4 ttl=125 time=78 ms
From 192.168.20.20: bytes=32 seq=5 ttl=125 time=78 ms

--- 192.168.20.20 ping statistics ---
  5 packet(s) transmitted
  5 packet(s) received
  0.00% packet loss
  round-trip min/avg/max = 78/103/140 ms

PC>
```

图 5-5-11　PC1 ping PC2 的结果

此时可以联通，即实现了主机 PC1 和 PC2 之间的正常通信。

5.6 OSPF 动态路由协议及配置

5.6.1　OSPF 路由协议

1. OSPF 协议的原理及路由更新过程

OSPF 是 Open Shortest Path First（开放最短路由优先协议）的简称，它是 IETF 组织开发的一个基于链路状态的自治系统内部路由协议。OSPF 是一种基于链路状态的路由协议，它从设计上就保证了无路由环路。OSPF 协议和 RIP 协议一样，都是动态路由协议，它们的最终目标都是要形成实时的路由表。与 RIP 协议不同的是，每台 OSPF 协议路由器在形成最终的路由表时，都经历了如下 3 个步骤：

（1）路由器相互交换链路状态信息

每台 OSPF 协议路由器根据自己周围的网络拓扑结构生成链路状态通告（Link State Advertisement，LSA），并通过更新报文将 LSA 发送给特定网络范围的其他 OSPF 协议路由器。LSA 描述了路由器所有的链路、接口、路由器的邻居以及链路状态信息。

（2）路由器根据链路状态信息形成一致的拓扑结构

每台 OSPF 协议路由器都会收集特定网络范围内其他路由器通告的 LSA，所有的 LSA 放在一起便组成了链路状态数据库（Link State Database，LSDB）。LSA 是对路由器周围网络拓扑结构的描述，LSDB 则是对整个区域的网络拓扑结构的描述。

（3）SPF 算法根据拓扑结构计算从当前节点到各个目标网络的最短路径

每台路由器根据有向图，使用最短路径优先（Shortest Path First，SPF）算法计算出一棵以自己为根的最短路径树，这棵树给出了到区域中各节点的路由。

一旦某个链路状态有变化，区域中所有 OSPF 协议路由器必须再次同步拓扑数据库，并重新计算最短路径树，所以会使用大量 CPU 和内存资源。然而 OSPF 协议不像 RIP 协议操作那样使用广播发送路由更新，而是使用组播技术发布路由更新，并且也只是发送有变化的链路状态更新，所以 OSPF 协议会更加节省网络链路带宽。OSPF 协议是基于 IP 运行，协议的数据报文直接采用 IP 封装，在 IP 报文头部对应的协议号是 89。由于 OSPF 构成的数据报很短，不仅减少了路由信息的通信量，而且在传送中不必分片，不会出现一片丢失而重传整个数据报的现象。

2. OSPF 协议分层路由

OSPF 协议把一个大型网络分割成多个小型网络的能力被称为分层路由，这些被分割出来的小型网络就称为“区域”(Area)。由于区域内部路由器仅与同区域的路由器交换 LSA 信息，这样 LSA 报文数量及链路状态信息库表项都会极大减少，SPF 计算速度因此得到提高。多区域的 OSPF 协议必须存在一个主干区域——区域 0，为了防止区域间产生环路。其他非主干区域必须和主干区域相连，通过物理连接或通过 Virtual Link 技术均可以，非主干区域之间只能通过主干区域相互通信。主干区域负责收集非主干区域发出的汇总路由信息，并将这些信息返还到各区域。

链路状态信息只在区域内部泛洪，区域之间传递的只是路由条目，而非链路状态信息，因此大大减少了路由器的负担。OSPF 路由器根据在自治系统中的位置不同，可以分为以下四类：

（1）区域内路由器

该类路由器的所有接口都属于同一个 OSPF 区域。

（2）区域边界路由器

该类路由器可以同时属于两个以上的区域，但其中一个必须是主干区域。区域边界路由器用来连接主干区域和非主干区域，可以是物理连接，也可以是虚连接。

（3）主干路由器

该类路由器至少一个接口属于主干区域。因此，所有的区域边界路由器和位于 Area 0 的内部路由器都是主干路由器。

（4）自治系统边界路由器

与其他自治系统交换路由信息的路由器称为自治系统边界路由器。只要一台 OSPF 路由器引入了外部路由的信息，它就成为自治系统边界路由器。自治系统边界路由器并不一定位于自治系统的边界，它可能是区域内路由器，也可能是区域边界路由器。

3. OSPF 协议网络类型

根据路由器所连接的物理网络链路层协议不同，OSPF 协议将网络划分为 4 种类型。

（1）广播型

当链路层协议为 Ethernet、Token Ring、FDDI 时，OSPF 协议默认网络类型为广播型(Broadcast)。在该类型的网络中，通常以组播形式（224.0.0.5 和 224.0.0.6）发送协议报文。

（2）非广播多路访问型

当链路层协议为 Frame Relay、ATM、X.25 时，OSPF 协议默认网络类型为非广播多路访问型（None Broadcast Multi-Access，NBMA）。在该类型的网络中，以单播形式发送协议报文。由于无法通过组播的形式发现邻居路由器，因此必须手工为该接口指定相邻路由器的 IP 地址，以及该相邻路由器是否有指定路由器（Designated Router, DR）选举权等。

（3）点到点型

当链路层协议为 PPP、HDLC 时，OSPF 协议默认网络类型为点到点型（Point-to-Point)。在该类型的网络中，通常以组播形式（224.0.0.5）发送协议报文。

（4）点到多点型

没有一种链路层协议会被默认为点到多点（Point-to-Multi-Point）类型。点到多点往往是由其他的网络类型强制更改的。常用做法是将 NBMA 改为点到多点网络。在该类型网络中，通常以组播形式（224.0.0.5）发送协议报文。

4. 指定路由器和备份指定路由器

在广播网和NBMA网络中可能存在多个路由器，任意两台路由器之间都要交换路由信息。如果网络有 n 台路由器，则需要建立 $n \cdot (n-1)/2$ 个邻接关系。这使得任何一台路由器的路由变化都会导致多次传递，浪费了带宽资源。为了避免路由器之间建立完全相邻关系而引起的大量开销，OSPF协议要求在区域中选举一个指定路由器（Designated Router，DR）。每个路由器都与之建立完全相邻关系。DR负责收集所有的链路状态信息，并发布给其他路由器。如果DR由于某种故障而失效，这时网络中必须重新选举DR，再与新的DR同步。这需要较长的时间，在这段时间内，路由的计算是不正确的。为了能够缩短这个过程，OSPF协议提出了备份指定路由器（Backup Designated Router，BDR）的概念，BDR实际上是对DR的一个备份。在选举DR的同时也选举出BDR，BDR也要和本区域内的所有路由器建立邻接关系并交换路由信息，在DR失效的时候，BDR担负起DR的职责。

在一个网段上，OSPF协议优先级最高的那台路由器将成为DR，OSPF协议优先级次高的那台路由器将成为BDR。优先级取值范围是0～255，默认值是1。如果设置为0，则不能成为DR或BDR。若OSPF协议的优先级相同，则由路由器的Router-ID大者将成为DR。Router-ID是一个32位的无符号整数，可以在一个自治系统中的所有网络中唯一地标识一台路由器。Router-ID可以手工配置，也可以自动生成。自动生成规则是：如果存在配置了IP地址的Loopback接口，则选择Loopback接口地址中最大的作为Router-ID；如果设备上不存在Loopback接口或者存在Loopback接口但没有配置IP地址，则从其他接口的IP地址中选择最大的作为Router-ID，华为设备不考虑接口的UP/DOWN状态，而思科、锐捷设备选择UP接口中IP地址最大的。当且仅当被选为Router-ID的接口IP地址被删除或者修改，设备才会重新选取Router-ID。

只有在广播网络和NBMA的网络上才会选举DR和BDR。点到点型网络和点到多点型网络中不需要选举DR和BDR，因为节点间彼此完全相邻。

5. OSPF协议实施方面的考虑

OSPF协议适用于大型动态网络，在实施OSPF之前需考虑下列设计问题：

- 如果网络规模较大，且远程站点较多，网络互连复杂，规划时建议选择OSPF。
- 每个区域的路由器不要太多，思科建议不要超过50个。每个路由器的所属区域数不要超过3个。
- 两点间有多条线路，可以考虑使用OSPF进行负载平衡。

5.6.2 思科路由器配置OSPF协议

1. 思科路由器配置OSPF协议命令

（1）启动OSPF路由

```
Router(config)#router ospf 进程号
```

进程号只在路由器内部起作用，不同路由器的进程号可以不同。可以启动多个进程，但不推荐这么做。多个OSPF协议进程需要多个OSPF协议数据库的副本，必须运行多个最短路径优先算法的副本。

（2）配置运行OSPF的接口和区域

```
Router(config-router)#network 网络地址 子网通配符 area 区域号
```

例如：配置OSPF的区域为单区域，区域号为0，并将网络192.168.9.0加入到OSPF进程，命令如下：

```
route(config-router)#network 192.168.9.0 0.0.0.255 area 0
```

（3）OSPF 相关的查看命令

显示 OSPF 路由器 ID、OSPF 定时器以及 LSA 信息：Router#show ip ospf。

显示各种定时器和邻接关系：Router#show ip ospf interface。

显示路由器学习到的 OSPF 路由：Router#show ip route ospf。

显示 OSPF 邻居表：Router#show ip ospf neighbor。

2. 思科路由器配置单区域 OSPF 协议

在由 3 台路由器所组成的简单网络中，路由器 R1 与 R3 各自连接一台主机，如图 5-6-1 所示。现在要求配置单区域 OSPF 协议实现主机 PC1 和 PC2 之间的正常通信。

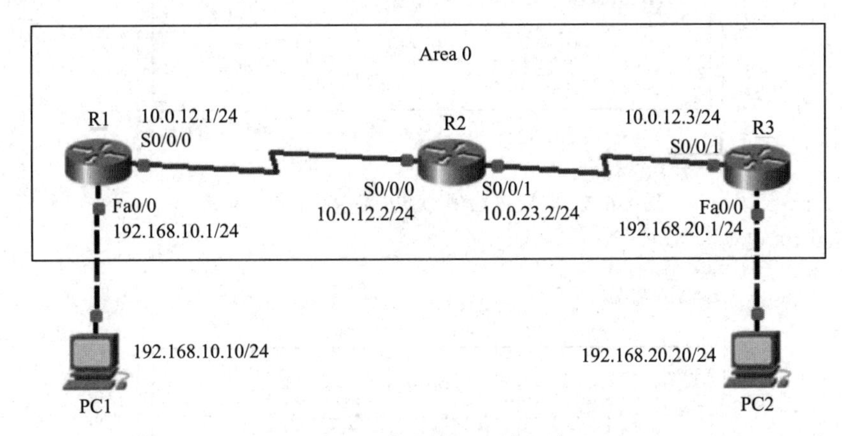

图 5-6-1　思科路由器配置单区域 OSPF

（1）PC 及路由器基本配置

PC1、PC2 和 R1、R2、R3 的基本参数配置与 5.4.2 节静态路由配置实例的参数配置相同。

（2）配置单区域 OSPF 协议实现主机 PC1 与 PC2 之间的通信

① 在路由器 R1 上配置 OSPF 协议：

```
R1(config)# router ospf 1
R1(config-router)# network 192.168.10.0 0.0.0.255 area 0
R1(config-router)# network 10.0.12.0 0.0.0.255 area 0
R1(config-router)# exit
R1(config)#
```

扫一扫

思科路由器配置单区域 OSPF 协议

② 在路由器 R2 上配置 OSPF 协议：

```
R2(config)# router ospf 1
R2(config-router)# network 10.0.12.0 0.0.0.255 area 0
R2(config-router)# network 10.0.23.0 0.0.0.255 area 0
R2(config-router)# exit
R2(config)#
```

③ 在路由器 R3 上配置 OSPF 协议：

```
R3(config)# router ospf 1
R3(config-router)# network 192.168.20.0 0.0.0.255 area 0
R3(config-router)# network 10.0.23.0 0.0.0.255 area 0
```

```
R3(config-router)# exit
R3(config)#
```

配置完成后，查看 R1、R2、R3 的路由表，结果如图 5-6-2 ～图 5-6-4 所示。

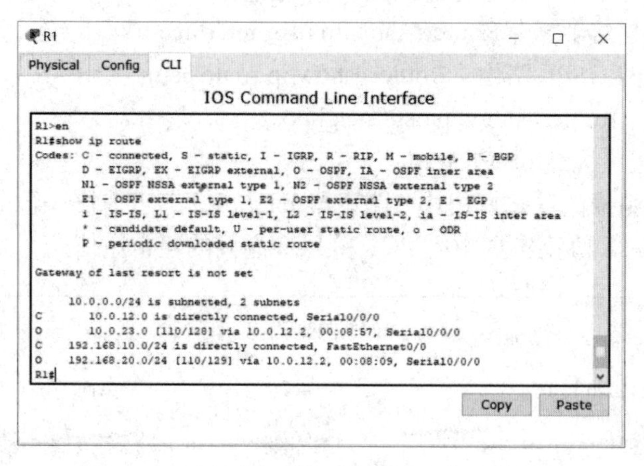

图 5-6-2　配置单区域 OSPF 后 R1 上的路由表

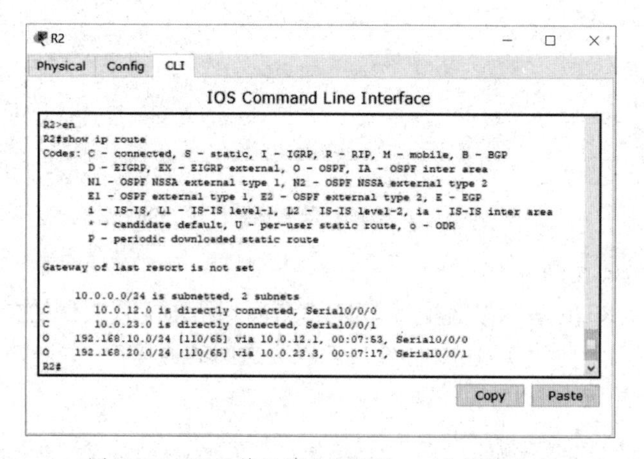

图 5-6-3　配置单区域 OSPF 后 R2 上的路由表

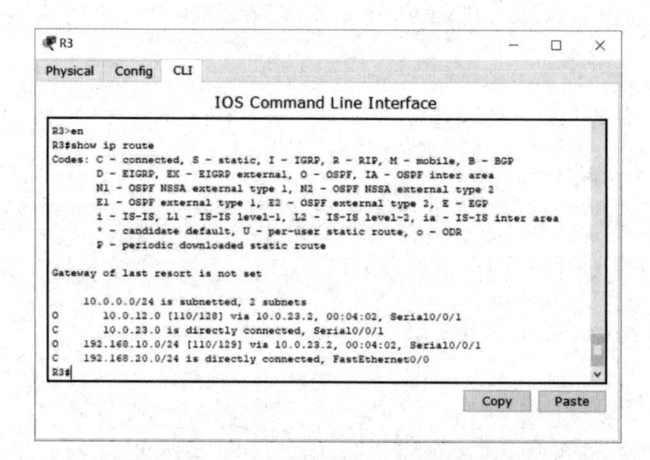

图 5-6-4　配置单区域 OSPF 后 R3 上的路由表

可以看出，现在每台路由器上都拥有了所有网段的路由信息。主机 PC1 和主机 PC2 能够相互 ping 通，实现了主机 PC1 和 PC2 之间的正常通信。

3. 思科路由器配置多区域 OSPF 协议

在由 3 台路由器所组成的简单网络中，路由器 R1 与 R3 各自连接一台主机，如图 5-6-5 所示。现在要求配置多区域 OSPF 协议实现主机 PC1 和 PC2 之间的正常通信。

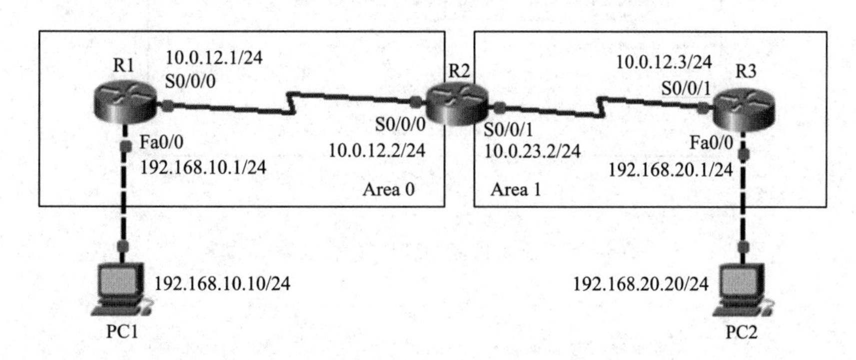

图 5-6-5　思科路由器配置多区域 OSPF

（1）PC 及路由器基本配置

PC1、PC2 和 R1、R2、R3 的基本参数配置与 5.4.2 节静态路由配置实例的参数配置相同。

扫一扫

思科路由器配置多区域 OSPF 协议

（2）配置多区域 OSPF 协议实现主机 PC1 与 PC2 之间的通信

① 在路由器 R1 上配置 OSPF 协议：

```
R1(config)# router ospf 1
R1(config-router)# network 192.168.10.0 0.0.0.255 area 0
R1(config-router)# network 10.0.12.0 0.0.0.255 area 0
R1(config-router)# exit
R1(config)#
```

② 在路由器 R2 上配置 OSPF 协议：

```
R2(config)# router ospf 1
R2(config-router)# network 10.0.12.0 0.0.0.255 area 0
R2(config-router)# network 10.0.23.0 0.0.0.255 area 1
R2(config-router)# exit
R2(config)#
```

③ 在路由器 R3 上配置 OSPF 协议：

```
R3(config)# router ospf 1
R3(config-router)# network 192.168.20.0 0.0.0.255 area 1
R3(config-router)# network 10.0.23.0 0.0.0.255 area 1
R3(config-router)# exit
R3(config)#
```

配置完成后，查看 R1、R2、R3 的路由表，结果如图 5-6-6 ～图 5-6-8 所示。

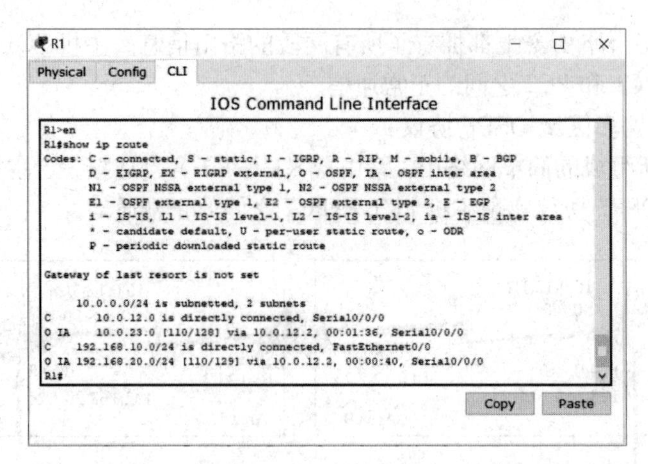

图 5-6-6　配置多区域 OSPF 后 R1 上的路由表

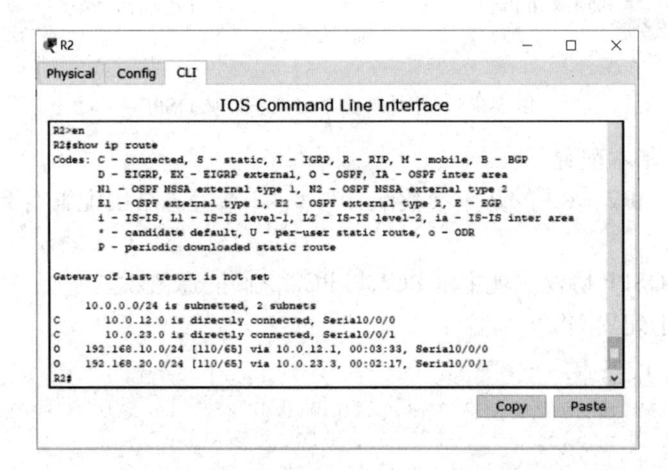

图 5-6-7　配置多区域 OSPF 后 R2 上的路由表

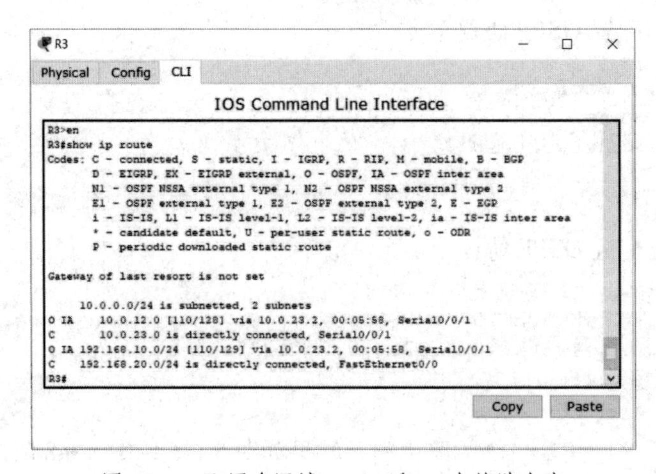

图 5-6-8　配置多区域 OSPF 后 R3 上的路由表

可以看出现在每台路由器上都拥有了所有网段的路由信息。主机 PC1 和主机 PC2 能够相互 ping 通，实现了主机 PC1 和 PC2 之间的正常通信。

5.6.3　华为路由器配置 OSPF 协议

1. 华为路由器配置 OSPF 协议命令

（1）启动 OSPF 路由

```
[Huawei]ospf 进程号
```

进程号只在路由器内部起作用，不同路由器的进程号可以不同，默认进程号为 1。可以启动多个进程，但不推荐这么做。多个 OSPF 协议进程需要多个 OSPF 协议数据库的副本，必须运行多个最短路径优先算法的副本。

（2）配置运行 OSPF 的接口和区域

```
[Huawei]ospf
[Huawei-ospf-1]area 0
[Huawei-ospf-1-area-0.0.0.0]network 网络地址 子网通配符
```

例如：配置 OSPF 的区域为单区域，区域号为 0，并将网络 192.168.9.0 加入到 OSPF 进程 1，命令如下：

```
[Huawei]ospf
[Huawei-ospf-1]area 0
[Huawei-ospf-1-area-0.0.0.0]network 192.168.9.0 0.0.0.255
```

（3）OSPF 相关的查看命令

查看 OSPF 路由器 ID、OSPF 定时器以及 LSA 信息：[Huawei]display ospf lsdb。

查看 OSPF 各种定时器和邻接关系：[Huawei]display ospf interface。

查看路由器学习到的 OSPF 路由：[Huawei]display ip routing-table protocol ospf。

查看邻居关系：[Huawei]display ospf peer。

2. 华为路由器配置单区域 OSPF 协议

在由 3 台路由器所组成的简单网络中，路由器 R1 与 R3 各自连接一台主机，如图 5-6-9 所示。现在要求配置单区域 OSPF 协议实现主机 PC1 和 PC2 之间的正常通信。

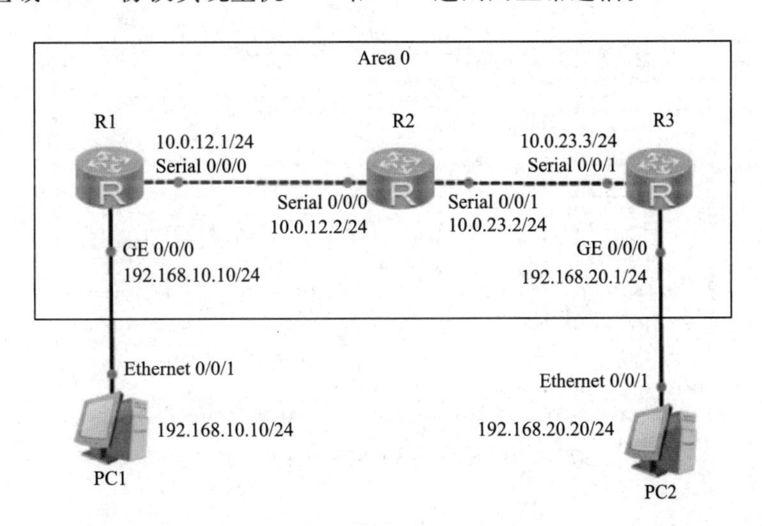

图 5-6-9　华为路由器配置单区域 OSPF

（1）PC 及路由器基本配置

PC1、PC2 和 R1、R2、R3 的基本参数配置与 5.4.3 节静态路由配置实例的参数配置相同。

（2）配置单区域 OSPF 协议实现主机 PC1 与 PC2 之间的通信

扫一扫

华为路由器配置单区域 OSPF 协议

① 在路由器 R1 上配置 OSPF 协议：

```
[R1]ospf
[R1-ospf-1]area 0
[R1-ospf-1-area-0.0.0.0]network 192.168.10.0 0.0.0.255
[R1-ospf-1-area-0.0.0.0]network 10.0.12.0 0.0.0.255
[R1-ospf-1-area-0.0.0.0]quit
[R1-ospf-1]quit
[R1]
```

② 在路由器 R2 上配置 OSPF 协议：

```
[R2]ospf
[R2-ospf-1]area 0
[R2-ospf-1-area-0.0.0.0]network 10.0.12.0 0.0.0.255
[R2-ospf-1-area-0.0.0.0]network 10.0.23.0 0.0.0.255
[R2-ospf-1-area-0.0.0.0]quit
[R2-ospf-1]quit
[R2]
```

③ 在路由器 R3 上配置 OSPF 协议：

```
[R3]ospf
[R3-ospf-1]area 0
[R3-ospf-1-area-0.0.0.0]network 192.168.20.0 0.0.0.255
[R3-ospf-1-area-0.0.0.0]network 10.0.23.0 0.0.0.255
[R3-ospf-1-area-0.0.0.0]quit
[R3-ospf-1]quit
[R3]
```

配置完成后，查看 R1、R2、R3 的路由表，结果如图 5-6-10 ~ 图 5-6-12 所示。

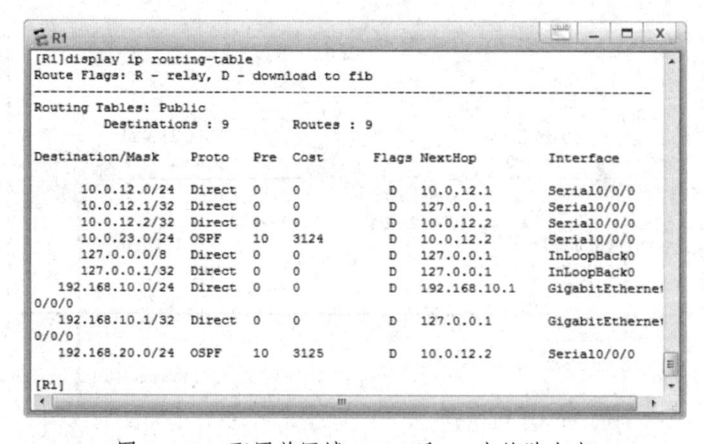

```
[R1]display ip routing-table
Route Flags: R - relay, D - download to fib
------------------------------------------------------------------------------
Routing Tables: Public
         Destinations : 9        Routes : 9

Destination/Mask    Proto   Pre  Cost       Flags NextHop         Interface

      10.0.12.0/24  Direct  0    0            D   10.0.12.1       Serial0/0/0
      10.0.12.1/32  Direct  0    0            D   127.0.0.1       Serial0/0/0
      10.0.12.2/32  Direct  0    0            D   10.0.12.2       Serial0/0/0
      10.0.23.0/24  OSPF    10   3124         D   10.0.12.2       Serial0/0/0
      127.0.0.0/8   Direct  0    0            D   127.0.0.1       InLoopBack0
      127.0.0.1/32  Direct  0    0            D   127.0.0.1       InLoopBack0
   192.168.10.0/24  Direct  0    0            D   192.168.10.1    GigabitEthernet
0/0/0
   192.168.10.1/32  Direct  0    0            D   127.0.0.1       GigabitEthernet
0/0/0
   192.168.20.0/24  OSPF    10   3125         D   10.0.12.2       Serial0/0/0

[R1]
```

图 5-6-10　配置单区域 OSPF 后 R1 上的路由表

```
R2
[R2]display ip routing-table
Route Flags: R - relay, D - download to fib
------------------------------------------------------------------------------
Routing Tables: Public
         Destinations : 10       Routes : 10

Destination/Mask    Proto   Pre  Cost      Flags NextHop         Interface

      10.0.12.0/24  Direct  0    0           D   10.0.12.2       Serial0/0/0
      10.0.12.1/32  Direct  0    0           D   10.0.12.1       Serial0/0/0
      10.0.12.2/32  Direct  0    0           D   127.0.0.1       Serial0/0/0
      10.0.23.0/24  Direct  0    0           D   10.0.23.2       Serial0/0/1
      10.0.23.2/32  Direct  0    0           D   127.0.0.1       Serial0/0/1
      10.0.23.3/32  Direct  0    0           D   10.0.23.3       Serial0/0/1
      127.0.0.0/8   Direct  0    0           D   127.0.0.1       InLoopBack0
      127.0.0.1/32  Direct  0    0           D   127.0.0.1       InLoopBack0
   192.168.10.0/24  OSPF    10   1563        D   10.0.12.1       Serial0/0/0
   192.168.20.0/24  OSPF    10   1563        D   10.0.23.3       Serial0/0/1

[R2]
```

图 5-6-11　配置单区域 OSPF 后 R2 上的路由表

```
R3
[R3]display ip routing-table
Route Flags: R - relay, D - download to fib
------------------------------------------------------------------------------
Routing Tables: Public
         Destinations : 9        Routes : 9

Destination/Mask    Proto   Pre  Cost      Flags NextHop         Interface

      10.0.12.0/24  OSPF    10   3124        D   10.0.23.2       Serial0/0/1
      10.0.23.0/24  Direct  0    0           D   10.0.23.3       Serial0/0/1
      10.0.23.2/32  Direct  0    0           D   10.0.23.2       Serial0/0/1
      10.0.23.3/32  Direct  0    0           D   127.0.0.1       Serial0/0/1
      127.0.0.0/8   Direct  0    0           D   127.0.0.1       InLoopBack0
      127.0.0.1/32  Direct  0    0           D   127.0.0.1       InLoopBack0
   192.168.10.0/24  OSPF    10   3125        D   10.0.23.2       Serial0/0/1
   192.168.20.0/24  Direct  0    0           D   192.168.20.1    GigabitEthernet
0/0/0
   192.168.20.1/32  Direct  0    0           D   127.0.0.1       GigabitEthernet
0/0/0

[R3]
```

图 5-6-12　配置单区域 OSPF 后 R3 上的路由表

可以看出，现在每台路由器上都拥有了所有网段的路由信息。主机 PC1 和主机 PC2 能够相互 ping 通，实现了主机 PC1 和 PC2 之间的正常通信。

3. 华为路由器配置多区域 OSPF 协议

在由 3 台路由器所组成的简单网络中，路由器 R1 与 R3 各自连接一台主机，如图 5-6-13 所示。现在要求配置多区域 OSPF 协议实现主机 PC1 和 PC2 之间的正常通信。

（1）PC 及路由器基本配置

PC1、PC2 和 R1、R2、R3 的基本参数配置与 5.4.3 节静态路由配置实例的参数配置相同。

（2）配置多区域 OSPF 协议实现主机 PC1 与 PC2 之间的通信

① 在路由器 R1 上配置 OSPF 协议：

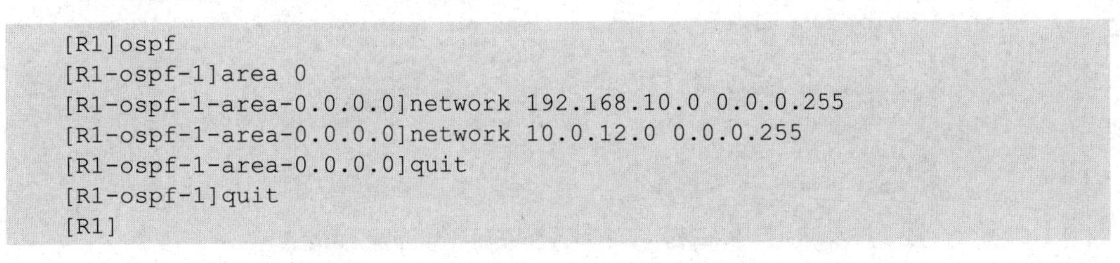

```
[R1]ospf
[R1-ospf-1]area 0
[R1-ospf-1-area-0.0.0.0]network 192.168.10.0 0.0.0.255
[R1-ospf-1-area-0.0.0.0]network 10.0.12.0 0.0.0.255
[R1-ospf-1-area-0.0.0.0]quit
[R1-ospf-1]quit
[R1]
```

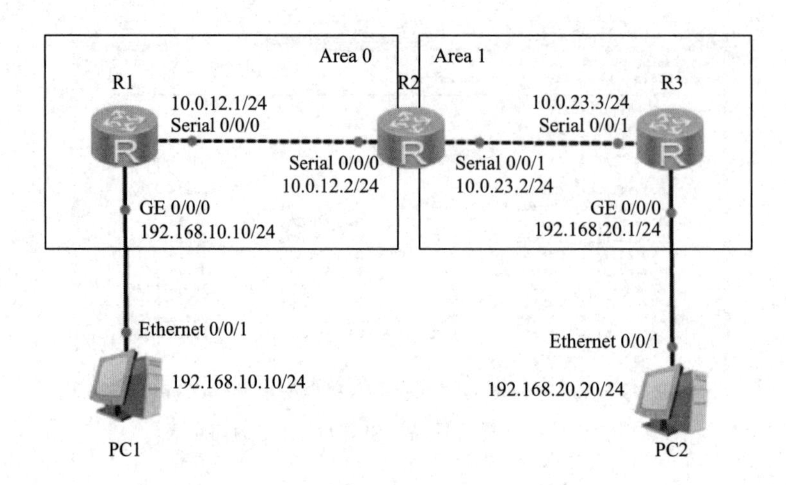

图 5-6-13　华为路由器配置多区域 OSPF

② 在路由器 R2 上配置 OSPF 协议：

```
[R2]ospf
[R2-ospf-1]area 0
[R2-ospf-1-area-0.0.0.0]network 10.0.12.0 0.0.0.255
[R2-ospf-1-area-0.0.0.0]quit
[R2-ospf-1]area 1
[R2-ospf-1-area-0.0.0.1]network 10.0.23.0 0.0.0.255
[R2-ospf-1]quit
[R2]
```

③ 在路由器 R3 上配置 OSPF 协议：

```
[R3]ospf
[R3-ospf-1]area 1
[R3-ospf-1-area-0.0.0.1]network 192.168.20.0 0.0.0.255
[R3-ospf-1-area-0.0.0.1]network 10.0.23.0 0.0.0.255
[R3-ospf-1-area-0.0.0.1]quit
[R3-ospf-1]quit
[R3]
```

配置完成后，查看 R1、R2、R3 的路由表，结果如图 5-6-14 ~图 5-6-16 所示。

```
R1
[R1]display ip routing-table
Route Flags: R - relay, D - download to fib
------------------------------------------------------------------------------
Routing Tables: Public
         Destinations : 9        Routes : 9

Destination/Mask    Proto   Pre  Cost      Flags NextHop         Interface

      10.0.12.0/24  Direct  0    0           D   10.0.12.1       Serial0/0/0
      10.0.12.1/32  Direct  0    0           D   127.0.0.1       Serial0/0/0
      10.0.12.2/32  Direct  0    0           D   10.0.12.2       Serial0/0/0
      10.0.23.0/24  OSPF    10   3124        D   10.0.12.2       Serial0/0/0
      127.0.0.0/8   Direct  0    0           D   127.0.0.1       InLoopBack0
      127.0.0.1/32  Direct  0    0           D   127.0.0.1       InLoopBack0
   192.168.10.0/24  Direct  0    0           D   192.168.10.1    GigabitEthernet
0/0/0
   192.168.10.1/32  Direct  0    0           D   127.0.0.1       GigabitEthernet
0/0/0
   192.168.20.0/24  OSPF    10   3125        D   10.0.12.2       Serial0/0/0

[R1]
```

图 5-6-14　配置多区域 OSPF 后 R1 上的路由表

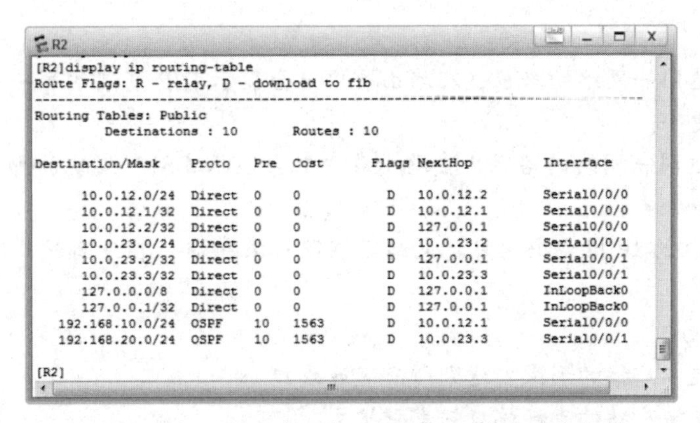

图 5-6-15 配置多区域 OSPF 后 R2 上的路由表

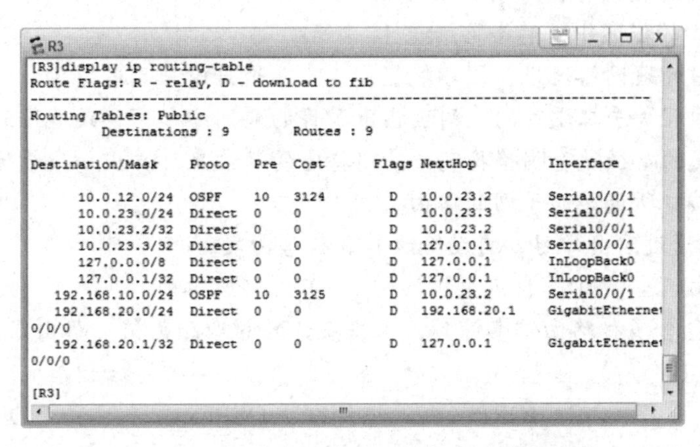

图 5-6-16 配置多区域 OSPF 后 R3 上的路由表

可以看出，现在每台路由器上都拥有了所有网段的路由信息。主机 PC1 和主机 PC2 能够相互 ping 通，实现了主机 PC1 和 PC2 之间的正常通信。

习　题

一、选择题

1. 路由器最主要的功能是（　　）。

　A. 路径选择　　B. 过滤　　C. 提高速度　　D. 流量控制

2. （　　）不会在路由表里出现。

　A. 下一跳地址　　B. 网络地址　　C. 度量值　　D. MAC 地址

3. 在默认的情况下，如果一台路由器在所有接口同时运行了 RIP 和 OSPF 两种动态路由协议，下列说法中正确的是（　　）。

　A. 针对到达同一网络的路径，在路由表中只会显示 RIP 发现的那一条，因为 RIP 协议的优先级更高

　B. 针对到达同一网络的路径，在路由表中只会显示 OSPF 发现的那一条，因为 OSPF 协

议的优先级更高

C. 针对到达同一网络的路径，在路由表中只会显示 RIP 发现的那一条，因为 RIP 协议的花费值（Metric）更小

D. 针对到达同一网络的路径，在路由表中只会显示 OSPF 发现的那一条，因为 OSPF 协议的花费值（Metric）更小

4. 当路由器接收的 IP 报文中的目标网络不在路由表中时，在没有默认路由时采取的策略是（　　）。

A. 丢掉该报文

B. 将该报文以广播的形式发送到所有直连端口

C. 直接向支持广播的直连端口转发该报文

D. 向源路由器发出请求，减小其报文大小

5. 下列关于路由的描述中，静态路由是（　　）。

A. 明确了目的地网络地址，但不能指定下一跳地址时采用的路由

B. 由网络管理员手工设定的，明确指出了目的地网络和下一跳地址的路由

C. 数据转发的路径没有明确指定，采用特定的算法来计算出一条最优的转发路径

D. 路由器接口所连接的子网的路由

6.（　　）可以通过自身学习，自动修改和刷新路由表。

A. 默认路由　　B. 特定主机路由　　C. 静态路由　　D. 动态路由

7. 当路由表中包含多种路由信息源时，根据默认的管理距离值，路由器在转发数据包时，会选择的路由信息源是（　　）。

A. RIP　　B. IGRP　　C. OSPF　　D. Static

8. 管理员在RTA、RTB和RTC上配置了OSPF，它们的Gigabit Ethernet 0/0/0接口都处于Area 0，网络类型都为 broadcast。RTA 的 Router ID 为 1.1.1.1，Gigabit Ethernet 0/0/0 接口的 DR-Priority 配置为 0；RTB 的 Router ID 为 2.2.2.2，Gigabit Ethernet 0/0/0 接口的 DR-Priority 配置为 255；RTC 的 Router-ID 为 3.3.3.3，Gigabit Ethernet 0/0/0 接口的 DR-Priority 为默认值。

下列描述正确的是（　　）。

A. RTA 为 DR，RTB 为 BDR　　B. RTB 为 DR，RTC 为 BDR

C. RTB 为 DR，RTA 为 BDR　　D. RTC 为 DR，RTB 为 BDR

9. 关于 OSPF 和 RIP，下列说法正确的是（　　）。

A. OSPF 和 RIP 都适合在规模庞大的、动态的互联网上使用

B. OSPF 和 RIP 比较适合于在小型的、静态的互联网上使用

C. OSPF 适合于在小型的、静态的互联网上使用，而 RIP 适合于在大型的、动态的互联网上使用

D. OSPF 适合于在大型的、动态的互联网上使用，而 RIP 适合于在小型的、动态的互联网上使用

10. 思科定义的 RIP 协议默认管理距离为（　　）。

A. 120　　B. 110　　C. 100　　D. 90

11．下面采用 SPF 算法的协议是（　　）。

A. RIPv1　　B. RIPv2　　C. OSPF　　D. BGP

12．下面是某台路由器的路由表信息：

```
Destination/MaskProto  Pre   Cost  Flags  NextHop      Interface
172.16.1.0/24   OSPF   10    200   D      192.168.1.2  Gigabit Ethernet0/0/0
172.16.0.0/16   Static 5     0     RD     192.168.1.2  Gigabit Ethernet0/0/0
172.16.1.0/24   Static 80    0     RD     192.168.1.2  Gigabit Ethernet0/0/0
```

当有数据需要经过此路由器发往目的地 172.16.1.1 时，则会使用（　　）路由。

A. 优先级为 5，开销值为 0 的静态路由 172.16.0.0/16

B. 优先级为 80，开销值为 0 的静态路由 172.16.0.0/24

C. 优先级为 10，开销值为 200 的 OSPF 路由 172.16.1.0/24

D. 由于两条静态路由的开销值相同，所以会被同时使用

13. 思科设备中查看路由表的命令是（　　）。

A. show ip route　　B. display ip routing-table

C. display logbuffer　　D. show logging

14. 思科设备配置默认路由的命令是（　　）。

A. Router(config)#ip route 0.0.0.0 0.0.0.0 12.0.0.2

B. Router#ip route 0.0.0.0 0.0.0.0 12.0.0.2

C. Router(config-if)#ip route 0.0.0.0 0.0.0.0 12.0.0.2

D. Router(config)#ip route 12.0.0.2 255.255.255.0 0.0.0.0

15. 在思科路由器上特权模式下输入（　　）命令进入全局配置模式。

A. super　　B. configure terminal　C. configure-terminal　D．enable

16．思科设备通过（　　）命令可以查看 OSPF 邻居列表。

A. show ospf neighbor　　B．show ip ospf neighbor

C. show ospf peer　　D. show ip ospf peer

17. 华为设备中查看路由表的命令是（　　）。

A. show ip route　　B. display ip routing-table

C. display logbuffer　　D. show logging

18. 华为设备配置默认路由的命令是（　　）。

A. [Huawei]ip route-static 0.0.0.0 0 12.0.0.2

B. <Huawei>ip route-static 0.0.0.0 0 12.0.0.2

C. [Huawei-GigabitEthernet0/0/0]ip route 0.0.0.0 0 12.0.0.2

D. [Huawei]ip route-static 12.0.0.2 255.255.255.0 0.0.0.0

19. 在华为路由器上用户视图下输入（　　）命令进入系统视图。

A. super　　B. system view　　C. system-view　　D. enable

20. 华为设备通过（　　）命令可以查看 OSPF 邻居状态信息。

A. display ospf peer　　B. display ip ospf peer

C. display ospf neighbor　　D. display ip ospf neighbor

二、简答题

1. 分析二层交换机与路由器的区别，为什么交换机一般用于局域网内主机的互联，不能实现不同 IP 网络的主机互相访问？路由器为什么可以实现不同网段主机之间的访问？为什么不使用路由器来连接局域网主机？

2. 简述静态路由的配置方法和过程。

3. 简述 RIP 协议的工作原理。

4. 简述 RIP 协议的配置步骤及注意事项。

5. 简述 RIPv1、RIPv2 之间的区别。

6. OSPF 路由协议有多个区域时为什么必须需要 0 区域？0 区域的作用是什么？

7. 简述 OSPF 的基本工作过程。

8. 分析说明 RIP 与 OSPF 协议的区别。

第6章

网络扩展与公网接入

随着Internet的发展，局域网和广域网技术得到了广泛的推广和应用。广域网可以连接不同企业或者城市的网络，广域网的通信子网可以利用公用分组交换网、卫星通信网和无线分组交换网，将分布在不同地区的局域网互联起来，以便实现资源的共享。

本章介绍了广域网协议PPP及其两种身份验证方式，以及思科和华为设备PPP配置。重点阐述了NAT技术的作用，不同类型NAT的特点、适用场合，以及思科和华为路由器的NAT配置。介绍了GRE隧道技术的基本工作原理，利用GRE隧道通过公网连接局域网的方法，以及思科和华为设备GRE隧道技术的配置。

学习目标

- 理解广域网协议PPP的工作原理及其两种不同身份验证方式，掌握思科和华为设备PPP配置。
- 掌握NAT的基本原理，了解不同类型NAT的应用场景，掌握思科和华为设备NAT配置，能使用NAT技术完成公私网之间的通信。
- 理解GRE隧道技术的工作原理，掌握思科和华为设备GRE隧道技术的配置，能利用GRE隧道搭建异地局域网。
- 通过对比的方法分析不同技术的优劣和适用场合，并考虑经济与成本因素，形成“工程学”思维分析和解决复杂网络问题。

6.1 广域网协议及配置

广域网是一种跨地区的数据通信网络，使用电信运营商提供的设备作为信息传输平台。对照OSI参考模型，广域网技术主要位于低三层，分别是物理层、数据链路层和网络层。广域网数据链路层协议定义了数据帧如何在广域网上进行帧的封装、传输和处理。常用的广域网协议有PPP（Point to Point Protocol，点对点协议）、HDLC（High level Data Link Control，高级数据链路控制）和帧中继（Frame Relay）。本节重点介绍PPP。

6.1.1 PPP简介

PPP提供了在串行点对点链路上传输数据报的方法。该协议提供全双工操作，并按照一定顺序传递数据报。PPP常用于Modem通过拨号或专线方式将用户计算机接入ISP（Internet Service Provider，因特网服务提供商）网络，PPP的另一个应用领域是局域网之间的互联。目前，PPP已经成为各种主机、交换机和路由器之间通过拨号或专线方式建立点对点连接的首选方案。PPP是一个工作于数据链路层的广域网协议，为路由器到路由器、主机到网络之间使用串行接口进行点到点的连接提供了OSI第二层的服务规程。在物理上可使用各种不同的传输介质，包括双绞线、光纤及无线传输介质；在数据链路层提供了一套解决链路建立、维护、拆除和上层协议协商、身份验证等问题的方案；对网络层协议的支持包括多种不同的主流协议，如IP和IPX等。

1. PPP的组成与特点

PPP大部分在数据链路层，具有部分网络层功能。PPP主要包含两个子协议：链路控制协议（Link Control Protocol，LCP）和网络控制协议（Network Control Protocol，NCP）。LCP提供了通信双方进行参数协商的手段，主要实现链路控制、身份验证等功能。NCP与上层协议通信，使PPP可以支持不同的上层协议及IP地址的自动分配。

PPP具有以下特点：

- 能够控制数据链路的建立。
- 能够对IP地址进行分配和使用。
- 允许同时采用多种网络层协议。
- 能够配置和测试数据链路。
- 能够进行错误检测。
- 支持身份验证，以防止未经许可的非法用户访问。
- 有协商选项，能够对网络层的地址和数据压缩等进行协商。

2. PPP的工作过程

确保路由器双方串行线缆已连接，PPP已配置完成，其中DCE接口必须配置clock rate，并且通信接口已激活，如图6-1-1所示。

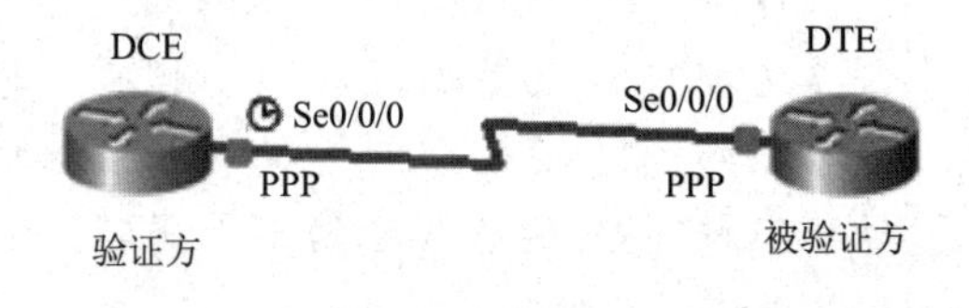

图6-1-1　PPP链路

① PPP在建立链路之前首先进行链路层协商（LCP协商），协商内容包括工作方式、身份验证方式等。

② LCP协商成功后就进入Established阶段，此时LCP状态是Opened，表示链路已经建立。

③ 若未配置身份验证，则直接进入网络层协商（NCP协商），进入第（5）步；若配置了身份验证，则根据不同的验证类型进行协商，开始PAP或CHAP验证，进入第（4）步。

④ 如果验证失败进入Terminate阶段，拆除链路，LCP状态转为Down；如果验证成功，就进入网络层协商（NCP协商），进入第（5）步。

⑤ NCP协商支持IPCP、IPXCP协商，例如IPCP协商主要包括双方的IP地址。只有选中的网络层协议配置成功后，该网络层协议才可通过这条链路发送报文。网络层协议参数协商成功后，就可以在PPP链路上发送该协议数据包了。

⑥ PPP链路一直保持通信，直至有明确的LCP数据帧关闭这条链路。数据传输结束后，NCP

释放与网络层的连接，LCP 释放数据链路层连接，转到终止状态，最后释放物理层连接。

6.1.2　PPP 身份验证

PPP 支持两种验证方式：PAP（Password Authentication Protocol，口令验证协议）和 CHAP（Challenge Handshake Authentication Protocol，询问握手认证协议）。

1. PAP 验证

PAP 验证是简单认证方式，采用明文传输，验证只在开始连接时进行，验证过程如图 6-1-2 所示。被验方先发起连接，以明文方式将用户名和密码发送到验证方。验证方收到被验证方的用户名和密码后，在本端合法用户列表查看对端用户名及密码是否匹配。当检查为合法用户，则 PAP 验证通过；如果检查为非法用户，则 PAP 验证失败。

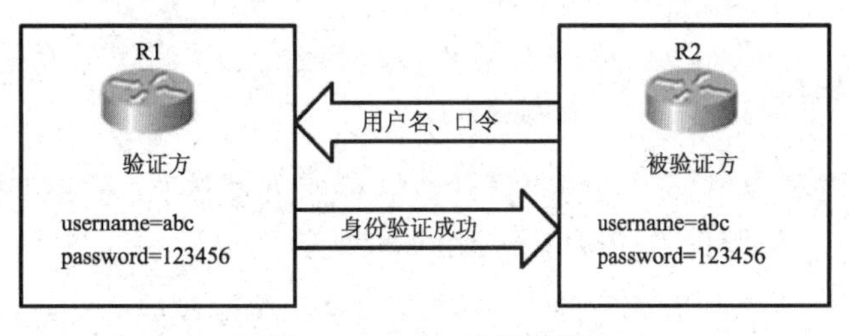

图 6-1-2　PAP 验证过程

2. CHAP 验证

CHAP 是要求握手验证方式，安全性较高，验证过程如图 6-1-3 所示。验证方向被验证方发送一串随机产生的报文；被验证方用自己的用户密码对这串随机报文进行 MD5 加密，并将生成的密文发送回验证方；验证方用本端用户列表中保存的被验证方密码对原随机报文进行 MD5 加密，并比较两个密文，根据比较结果返回不同的响应。当比较结果相同，则认为是合法用户，CHAP 认证通过；当比较结果不同，则认为是非法用户，CHAP 认证失败。

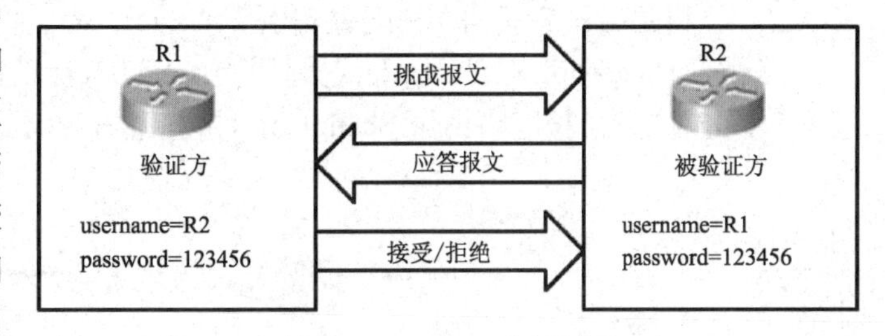

图 6-1-3　CHAP 验证过程

验证方和被验方两边都有数据库，要求双方的用户名互为对方的主机名，即本端的用户名等于对端的主机名，且口令相同。

6.1.3　思科路由器配置 PPP

1. PPP 的封装与验证配置命令

（1）配置 PPP 封装

在接口配置模式下启动 PPP 封装协议，验证双方都要配置此协议，否则不能建立连接：

```
Router(config-if)#encapsulation ppp
```

（2）配置 PAP 验证

验证方建立本地口令数据库，用 0.7 标注加密类型，0 表示不加密，7 表示简单加密：

```
Router(config-if)#username 用户名 password [0|7] 口令
```

验证双方在接口上启用 PAP 验证：

```
Router(config-if)#ppp authentication pap
```

配置被验证方将用户名和口令发送给验证方，要求与验证方的用户名和口令一致：

```
Router(config-if)#ppp pap sent-username 用户名 password [0|7] 口令
```

（3）配置 CHAP 验证

验证双方必须指定路由器的主机名：

```
Router(config)#hostname 主机名
```

验证双方必须建立本地口令数据库，用户名填写验证对方的主机名，而不是自己的主机名，验证双方的口令必须相同：

```
Router(config-if)#username 用户名 password [0|7] 口令
```

验证方在接口上启用 CHAP 验证：

```
Router(config-if)#ppp authentication chap
```

（4）测试命令

```
Router#show interface serial              ！检查二层协议封装，显示 LCP 和 NCP 状态
Router#debug ppp negotiation              ！查看 PPP 通信过程中协商信息
Router#debug ppp authentication           ！查看 PPP 通信过程中验证信息
```

2. 思科路由器 PPP-PAP 配置实例

路由器 HangZhou 和 ShangHai 之间用接口 S0/0/0 互联，如图 6-1-4 所示。要求路由器 HangZhou（验证方）以 PAP 方式验证路由器 ShangHai（被验证方）。

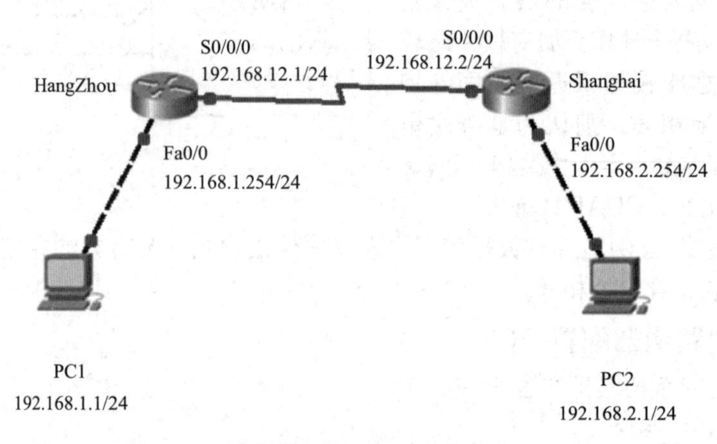

图 6-1-4 思科路由器 PPP-PAP 配置

配置步骤：

（1）配置路由器 HangZhou（验证方）

```
Router>en
Router#config t
Router(config)#hostname HangZhou
HangZhou(config)#int f0/0
HangZhou(config-if)#ip address 192.168.1.254 255.255.255.0
HangZhou(config-if)#no shutdown
HangZhou(config-if)#exit
HangZhou(config)#int s0/0/0
```

```
HangZhou(config-if)#ip address 192.168.12.1 255.255.255.0
HangZhou(config-if)#no shutdown
HangZhou(config-if)#clock rate 64000
HangZhou(config-if)#encapsulation ppp
HangZhou(config-if)#ppp authentication pap
HangZhou(config-if)#exit
HangZhou(config)#username ShangHai password 0 123456
HangZhou(config)#ip route 0.0.0.0 0.0.0.0 192.168.12.2
```

（2）配置路由器 ShangHai（被验证方）

```
Router>en
Router#config t
Router(config)#hostname ShangHai
ShangHai(config)#int f0/0
ShangHai(config-if)#ip address 192.168.2.254 255.255.255.0
ShangHai(config-if)#no shutdown
ShangHai(config-if)#exit
ShangHai(config)#int s0/0/0
ShangHai(config-if)#ip address 192.168.12.2 255.255.255.0
ShangHai(config-if)#no shutdown
ShangHai(config-if)#clock rate 64000
ShangHai(config-if)#encapsulation ppp
ShangHai(config-if)#ppp pap sent-username ShangHai password 0 123456
ShangHai(config-if)#exit
ShangHai(config)#ip route 0.0.0.0 0.0.0.0 192.168.12.1
ShangHai(config)#
```

（3）查看 PPP 链路状态

在路由器 ShangHai 上，使用命令 show interfaces s0/0/0，查看 PPP 链路状态，如图 6-1-5 所示。从结果可以看到 LCP 子层和 IPCP 子层都 open，说明 PPP 链路正常建立了。

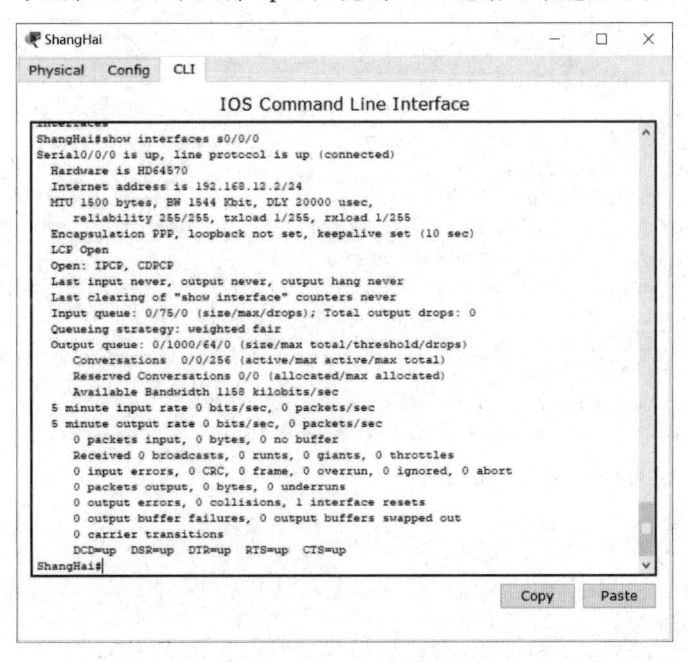

图 6-1-5 查看 PPP 链路状态

（4）测试连通性

根据图 6-1-4 配置 PC1 和 PC2 的网络参数，然后在主机 PC1 上 ping 主机 PC2，结果相互连通，如图 6-1-6 所示。

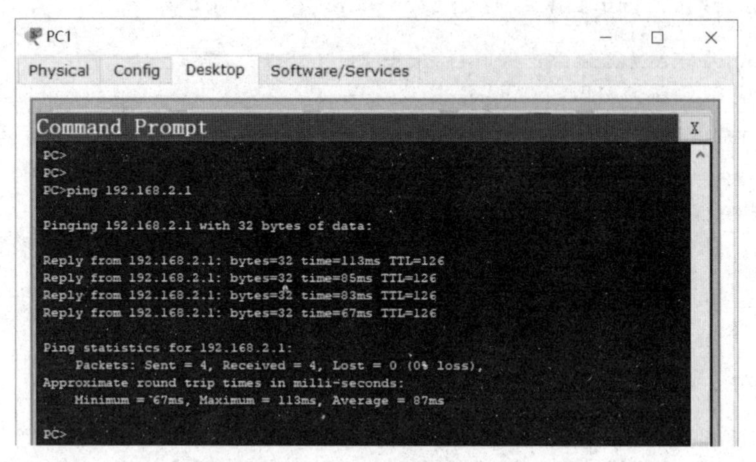

图 6-1-6　主机 PC1 ping 主机 PC2 的结果

3. 思科路由器 PPP-CHAP 配置实例

路由器 HangZhou 和 ShangHai 之间用接口 S0/0/0 互联，如图 6-1-4 所示。要求路由器 HangZhou（验证方）以 CHAP 方式验证路由器 ShangHai（被验证方）。

扫一扫

思科路由器 PPP-CHAP 配置

配置步骤：

（1）配置路由器 HangZhou（验证方）

```
Router>en
Router#config t
Router(config)#hostname HangZhou
HangZhou(config)#int f0/0
HangZhou(config-if)#ip address 192.168.1.254 255.255.255.0
HangZhou(config-if)#no shutdown
HangZhou(config-if)#exit
HangZhou(config)#int s0/0/0
HangZhou(config-if)#ip address 192.168.12.1 255.255.255.0
HangZhou(config-if)#no shutdown
HangZhou(config-if)#clock rate 64000
HangZhou(config-if)#encapsulation ppp
HangZhou(config-if)#ppp authentication chap
HangZhou(config-if)#exit
HangZhou(config)#username ShangHai password 0 123456
HangZhou(config)#ip route 0.0.0.0 0.0.0.0 192.168.12.2
```

（2）配置路由器 ShangHai（被验证方）

```
Router>en
Router#config t
Router(config)#hostname ShangHai
ShangHai(config)#int f0/0
ShangHai(config-if)#ip address 192.168.2.254 255.255.255.0
ShangHai(config-if)#no shutdown
ShangHai(config-if)#exit
```

```
ShangHai(config)#int s0/0/0
ShangHai(config-if)#ip address 192.168.12.2 255.255.255.0
ShangHai(config-if)#no shutdown
ShangHai(config-if)#clock rate 64000
ShangHai(config-if)#encapsulation ppp
ShangHai(config)#username HangZhou password 0 123456
ShangHai(config)#ip route 0.0.0.0 0.0.0.0 192.168.12.1
ShangHai(config)#
```

（3）查看 PPP 链路状态

在路由器 ShangHai 上，使用命令 show interfaces s0/0/0，查看 PPP 链路状态。查看到 LCP 子层和 IPCP 子层都 open，则说明 PPP 链路正常建立。

（4）测试连通性

根据图 6-1-4 配置 PC1 和 PC2 的网络参数，然后在主机 PC1 上 ping 主机 PC2，结果可以相互连通。

6.1.4 华为路由器配置 PPP

1. PPP 的封装与验证配置命令

（1）配置 PPP 封装

在接口视图下启动 PPP 封装协议，验证双方都要配置此协议，否则不能建立连接：

```
[Huawei-Serial0/0/0]link-protocol ppp
```

（2）配置 PAP 验证

验证方启用 AAA 管理，建立本地口令数据库：

```
[Huawei]aaa
[Huawei-aaa]local-user 用户名 password cipher 口令
[Huawei-aaa]local-user 用户名 service-type ppp
```

验证方在接口上启用 PAP 验证：

```
[Huawei-Serial0/0/0]ppp authentication-mode pap
```

配置被验证方将用户名和口令发送给验证方，要求与验证方的用户名和口令一致：

```
[Huawei-Serial0/0/0]ppp pap local-user 用户名 password cipher 口令
```

（3）配置 CHAP 验证

验证双方启用 AAA 管理，建立本地口令数据库，用户名必须填写验证对方的主机名，验证双方的口令必须相同：

```
[Huawei-aaa]local-user 用户名 password cipher 口令
```

验证双方在接口上设置本端用户名：

```
[Huawei-Serial0/0/0]ppp chap user 用户名
```

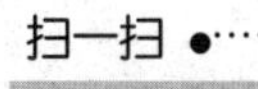

验证方在接口上启用 CHAP 验证：

```
[Huawei-Serial0/0/0]ppp authentication-mode chap
```

华为路由器 PPP-PAP 配置

（4）测试命令

```
[Huawei]display interface serial     ! 检查二层协议封装，显示 LCP 和 IPCP 状态
```

2. 华为路由器 PPP-PAP 配置实例

路由器 HangZhou 和 ShangHai 之间用接口 S0/0/0 互联，如图 6-1-7 所示。要求路由器

HangZhou（验证方）以 PAP 方式验证路由器 ShangHai（被验证方）。

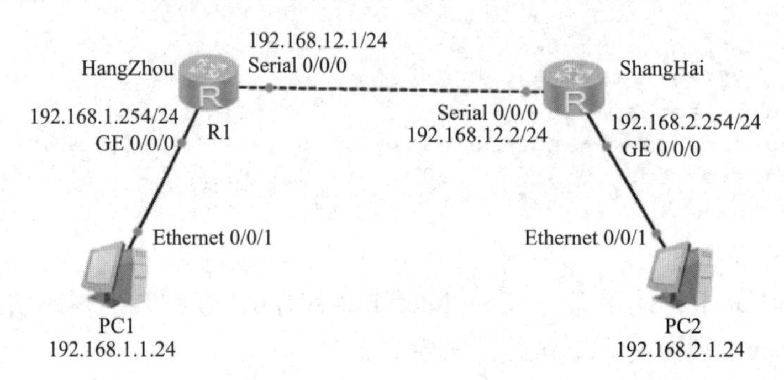

图 6-1-7　华为路由器 PPP 配置

配置步骤：

（1）配置路由器 HangZhou（验证方）

```
<Huawei>sys
[Huawei]sysname HangZhou
[HangZhou]int g0/0/0
[HangZhou-GigabitEthernet0/0/0]ip address 192.168.1.254 24
[HangZhou-GigabitEthernet0/0/0]quit
[HangZhou]int s0/0/0
[HangZhou-Serial0/0/0]ip address 192.168.12.1 24
[HangZhou-Serial0/0/0]link-protocol ppp
[HangZhou-Serial0/0/0]quit
[HangZhou]aaa
[HangZhou-aaa]local-user ShangHai password cipher 123456
[HangZhou-aaa]local-user ShangHai service-type ppp
[HangZhou-aaa]quit
[HangZhou]interface s0/0/0
[HangZhou-Serial0/0/0]ppp authentication-mode pap
[HangZhou-Serial0/0/0]quit
[HangZhou]ip route-static 0.0.0.0 0.0.0.0 192.168.12.2
```

（2）配置路由器 ShangHai（被验证方）

```
<Huawei>sys
[Huawei]sysname ShangHai
[ShangHai]int g0/0/0
[ShangHai-GigabitEthernet0/0/0]ip address 192.168.2.254 24
[ShangHai-GigabitEthernet0/0/0]quit
[ShangHai]int s0/0/0
[ShangHai-Serial0/0/0]ip address 192.168.12.2 24
[ShangHai-Serial0/0/0]link-protocol ppp
[ShangHai-Serial0/0/0]ppp pap local-user ShangHai password cipher 123456
[ShangHai-Serial0/0/0]quit
[ShangHai]ip route-static 0.0.0.0 0.0.0.0 192.168.12.1
```

（3）查看 PPP 链路状态

在路由器 ShangHai 上，使用命令 display interface s0/0/0，查看 PPP 链路状态，如图 6-1-8 所示。从结果可以看到 LCP 子层和 IPCP 子层都 opened，说明 PPP 链路正常建立了。

```
ShangHai
[ShangHai]display interface s0/0/0
Serial0/0/0 current state : UP
Line protocol current state : UP
Last line protocol up time : 2021-08-28 20:12:07 UTC-08:00
Description:
Route Port,The Maximum Transmit Unit is 1500, Hold timer is 10(sec)
Internet Address is 192.168.12.2/24
Link layer protocol is PPP
LCP opened, IPCP opened
Last physical up time   : 2021-08-28 19:42:09 UTC-08:00
Last physical down time : 2021-08-28 19:42:06 UTC-08:00
Current system time: 2021-08-28 20:17:26-08:00Interface is V35
    Last 300 seconds input rate 2 bytes/sec, 0 packets/sec
    Last 300 seconds output rate 2 bytes/sec, 0 packets/sec
    Input: 5702 bytes, 467 Packets
    Ouput: 5538 bytes, 467 Packets
    Input bandwidth utilization  : 0.02%
    Output bandwidth utilization : 0.02%

[ShangHai]
```

图 6-1-8　查看 PPP 链路状态

（4）测试连通性

根据图 6-1-7 配置 PC1 和 PC2 的网络参数，然后在主机 PC1 上 ping 主机 PC2，结果相互连通，如图 6-1-9 所示。

```
PC1
基础配置 命令行 组播 UDP发包工具 串口
Welcome to use PC Simulator!

PC>ping 192.168.2.1

Ping 192.168.2.1: 32 data bytes, Press Ctrl_C to break
From 192.168.2.1: bytes=32 seq=1 ttl=126 time=110 ms
From 192.168.2.1: bytes=32 seq=2 ttl=126 time=78 ms
From 192.168.2.1: bytes=32 seq=3 ttl=126 time=78 ms
From 192.168.2.1: bytes=32 seq=4 ttl=126 time=78 ms
From 192.168.2.1: bytes=32 seq=5 ttl=126 time=78 ms

--- 192.168.2.1 ping statistics ---
  5 packet(s) transmitted
  5 packet(s) received
  0.00% packet loss
  round-trip min/avg/max = 78/84/110 ms

PC>
```

图 6-1-9　主机 PC1 ping 主机 PC2 的结果

3. 华为路由器 PPP-CHAP 配置实例

扫一扫

华为路由器 PPP-CHAP 配置

路由器 HangZhou 和 ShangHai 之间用接口 S0/0/0 互联，如图 6-1-7 所示。要求路由器 HangZhou（验证方）以 CHAP 方式验证路由器 ShangHai（被验证方）。

配置步骤：

（1）配置路由器 HangZhou（验证方）

```
<Huawei>sys
[Huawei]sysname HangZhou
[HangZhou]int g0/0/0
[HangZhou-GigabitEthernet0/0/0]ip address 192.168.1.254 24
[HangZhou-GigabitEthernet0/0/0]quit
```

```
[HangZhou]int s0/0/0
[HangZhou-Serial0/0/0]ip address 192.168.12.1 24
[HangZhou-Serial0/0/0]link-protocal ppp
[HangZhou-Serial0/0/0]quit
[HangZhou]aaa
[HangZhou-aaa]local-user ShangHai password cipher 654321
[HangZhou-aaa]local-user ShangHai service-type ppp
[HangZhou-aaa]quit
[HangZhou]interface s0/0/0
[HangZhou-Serial0/0/0]ppp chap user HangZhou
[HangZhou-Serial0/0/0]ppp authentication-mode chap
[HangZhou-Serial0/0/0]quit
[HangZhou]ip route-static 0.0.0.0 0.0.0.0 192.168.12.2
```

（2）配置路由器 ShangHai（被验证方）

```
<Huawei>sys
[Huawei]sysname ShangHai
[ShangHai]int g0/0/0
[ShangHai-GigabitEthernet0/0/0]ip address 192.168.2.254 24
[ShangHai-GigabitEthernet0/0/0]quit
[ShangHai]int s0/0/0
[ShangHai-Serial0/0/0]ip address 192.168.12.2 24
[ShangHai-Serial0/0/0]link-protocl ppp
[ShangHai-Serial0/0/0]quit
[ShangHai]aaa
[ShangHai-aaa]local-user HangZhou password cipher 654321
[ShangHai-aaa]local-user HangZhou service-type ppp
[ShangHai-aaa]quit
[ShangHai]interface s0/0/0
[ShangHai-Serial0/0/0]ppp chap user ShangHai
[ShangHai]ip route-static 0.0.0.0 0.0.0.0 192.168.12.1
```

（3）查看 PPP 链路状态

在路由器 ShangHai 上，使用命令 display interface s0/0/0 查看 PPP 链路状态。从结果看到 LCP 子层和 IPCP 子层都 opened，则说明 PPP 链路正常建立了。

（4）测试连通性

根据图 6-1-7 配置 PC1 和 PC2 的网络参数，然后在主机 PC1 上 ping 主机 PC2，结果可以相互连通。

6.2 NAT 技术及配置

6.2.1 NAT 简介

目前互联网的一个重要问题是 IP 地址空间的衰竭，网络地址转换（Network Address Translation，NAT）的使用可以缓解该问题。NAT 是指将网络地址从一个地址空间转换到另一个地址空间的行为，它可以让那些使用私有地址的内部网络连接到 Internet 或其他 IP 网络上。NAT 路由器在将内部网络的数据包发送到公用网络时，把 IP 数据包报头中的私有地址转换成合法的公网

IP 地址。这样就可以将内部私有的 IP 地址通过 NAT 之后，变为合法的全局可路由地址，实现了原有网络与互联网的连接，而不需要给每台主机分配公网 IP 地址。NAT 使得一个机构的 IP 网络呈现给外部网络的 IP 地址，可以与正在使用的 IP 地址空间完全不同。

NAT 将网络划分为内部网络（Inside）和外部网络（Outside）两部分。局域网主机利用 NAT 访问网络时，将局域网内部的本地地址转换成了全局地址（互联网合法的 IP 地址）后转发数据包。

当内部网络中的一台主机想传输数据到外部网络时，它先将数据包传输到 NAT 路由器上，路由器检查数据包的报头，获取该数据包的源 IP 信息，并从它的 NAT 映射表中找出与该 IP 匹配的转换条目，用所选用的内部全局地址（全球唯一的 IP 地址）来替换内部本地地址，并转发数据包。

当外部网络对内部主机进行应答时，数据包被送到 NAT 路由器上，路由器接收到目的地址为内部全局地址的数据包后，它将用内部全局地址通过 NAT 映射表查找出内部本地地址，然后将数据包的目的地址替换成内部本地地址，并将数据包转发到内部主机。

6.2.2　NAT 分类

NAT 分为三种类型：静态网络地址转换（Static NAT）、动态网络地址转换（Pooled NAT）和网络地址端口转换（Network Address Port Translation，NAPT）。NAPT 也被称为“一对多”的 NAT，或者叫 PAT（Port Address Translations，端口地址转换）、地址超载（address overloading）。

1. 静态 NAT

静态地址转换将内部本地地址一对一转换成内部全局地址。相当于内部本地的每一台 PC 都绑定了一个全局地址，即使这个地址没有被使用，其他的 PC 也不能拿来转换使用，这样容易造成 IP 地址的资源浪费，一般是用于在内网中对外提供服务的服务器。

2. 动态 NAT

动态地址转换也是将内部本地地址一对一地转换成内部全局地址。动态地址转换在内部本地地址进行转换的时候，从地址池中选择一个空闲的、没有正在被使用的地址来进行转换。一般选择的是在地址池定义中排在前面的地址，当数据传输或者访问完成时就会放回地址池中，以供内部本地的其他主机使用。但是，如果这个地址正在被使用，则不能被另外的主机拿来进行地址转换。

3. 网络地址端口转换 NAPT

NAPT 也是一种动态转换，是将多个内部本地地址被转换成同一个内部全局地址。路由器通过 IP 地址、端口号进行转换，多个内部本地地址转换成一个内部全局地址，通过 IP 地址、端口号标识不同的主机。

目前网络中由于公网 IP 地址紧缺，而局域网主机数量较多，因此一般使用 NAPT 实现局域网多台主机公用一个或少数几个公网 IP 访问互联网。当内部网络要与外部网络通信时，需要配置 NAT 将内部私有 IP 地址转换成全局合法的 IP 地址，可以配置静态或动态的 NAT、NAPT 来实现互联互通的目的。

Easy-IP 是 NAPT 的一种方式，直接借用路由器出接口 IP 地址作为公网地址，将不同的内部地址映射到同一公有地址的不同端口号上，实现多对一地址转换。

6.2.3 思科路由器配置 NAT

1. 静态 NAT 配置命令

静态 NAT 是建立内部本地地址和内部全局地址的一对一永久映射。当外部网络需要通过固定的全局可路由的地址访问内部主机，静态 NAT 就显得十分重要。

配置静态 NAT，在全局配置层中执行以下命令：

第一步，定义内部源地址静态转换：

```
Route(config)#ip nat inside source static 内部本地地址 内部全局地址
```

第二步，进入相应接口配置层：

```
Route(config)#interface 接口类型 接口号
```

第三步，定义该接口连接内部网络：

```
Route(config-if)#ip nat inside
```

第四步，进入相应接口配置层：

```
Route(config)#interface 接口类型 接口号
```

第五步，定义该接口连接外部网络：

```
Route(config-if)#ip nat outside
```

2. 静态 NAT 配置实例

如图 6-2-1 所示，在路由器 Lan-RT 上配置静态 NAT，将内网用户私有 IP 地址转换为公网 IP 地址实现上网。将局域网内部的 192.168.1.10 映射到全局 IP 地址 12.1.1.10；将局域网内部的 192.168.2.10 映射到全局 IP 地址 12.1.1.100。

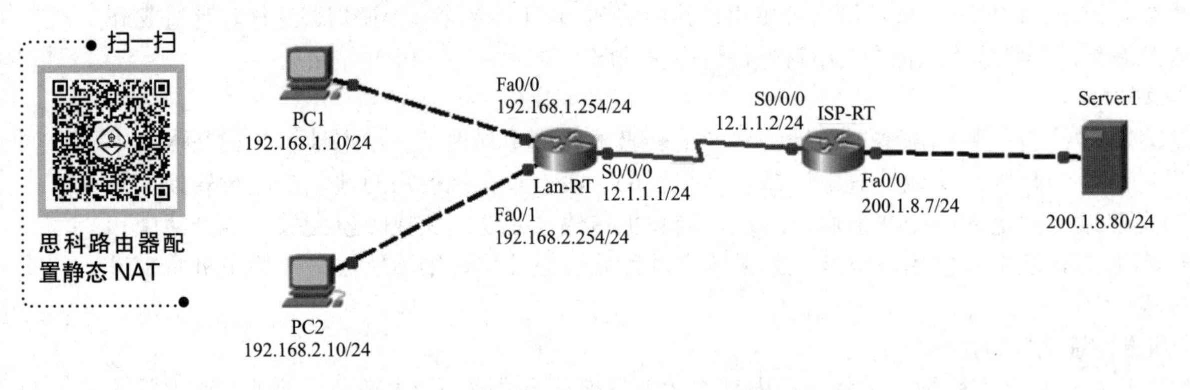

图 6-2-1 思科 NAT 配置拓扑示意图

Lan-RT 上的配置如下：

```
Router>en
Router#config t
Router(config)#hostname Lan-RT
Lan-RT(config)#int f0/0
Lan-RT(config-if)#ip address 192.168.1.254 255.255.255.0
Lan-RT(config-if)#ip nat inside
Lan-RT(config-if)#no shutdown
Lan-RT(config-if)#exit
```

```
Lan-RT(config)#int f0/1
Lan-RT(config-if)#ip address 192.168.2.254 255.255.255.0
Lan-RT(config-if)#no shutdown
Lan-RT(config-if)#ip nat inside
Lan-RT(config-if)#exit
Lan-RT(config)#int s0/0/0
Lan-RT(config-if)#ip address 12.1.1.1 255.255.255.0
Lan-RT(config-if)#no shutdown
Lan-RT(config-if)#clock rate 64000
Lan-RT(config-if)#ip nat outside
Lan-RT(config-if)#exit
Lan-RT(config)#ip nat inside source static 192.168.1.10 12.1.1.10
Lan-RT(config)#ip nat inside source static 192.168.2.10 12.1.1.100
Lan-RT(config)#ip route 0.0.0.0 0.0.0.0 12.1.1.2
```

ISP-RT 上的配置如下：

```
Router>en
Router#config t
Router(config)#hostname ISP-RT
ISP-RT(config)#int s0/0/0
ISP-RT(config-if)#ip address 12.1.1.2 255.255.255.0
ISP-RT(config-if)#clock rate 64000
ISP-RT(config-if)#no shutdown
ISP-RT(config-if)#exit
ISP-RT(config)#int f0/0
ISP-RT(config-if)#ip address 200.1.8.7 255.255.255.0
ISP-RT(config-if)#no shutdown
ISP-RT(config-if)#
```

根据图 6-2-1 配置 PC1、PC2 和 Server1 的网络参数，然后在主机 PC1 和 PC2 上 ping 服务器 Server1，可以 ping 通。在路由器 Lan-RT 上 show ip nat translation 后结果如图 6-2-2 所示。

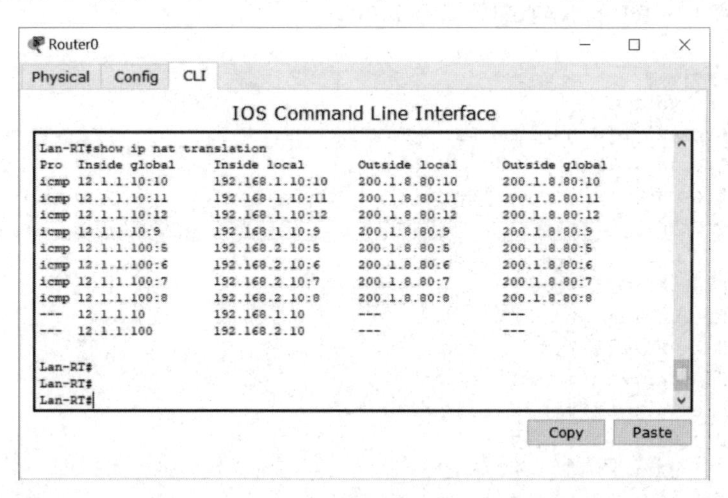

图 6-2-2 思科路由器静态 NAT 转换后结果

3. 动态 NAT 配置命令

动态 NAT 是建立内部本地地址和内部全局地址池的临时映射关系，过一段时间没有用就会删除映射关系，直到下一次建立新的映射关系。

要配置动态NAT，在全局配置层中执行以下命令：

第一步，定义全局IP地址池：

```
Route(config)#ip nat pool 地址池名称 起始地址 终止地址 netmask 子网掩码
```

第二步，定义访问列表，只有匹配该列表的地址才转换：

```
Route(config)#access-list 列表号 permit 源地址 子网通配符
```

第三步，定义内部源地址动态转换关系：

```
Route(config)#ip nat inside source list 列表号pool 地址池名称
```

第四步，进入接口配置层：

```
Route(config)#interface 接口类型 接口号
```

第五步，定义该接口连接内部网络：

```
Route(config-if)#ip nat inside
```

第六步，进入接口配置层：

```
Route(config)#interface 接口类型 接口号
```

第七步，定义该接口连接外部网络：

```
Route(config-if)#ip nat outside
```

注意：访问列表的定义，使得只在列表中许可的源地址才可以被转换，必须注意访问列表最后一个规则是否定全部。访问列表不能定义太宽，要尽量准确，否则将出现不可预知的结果。

4. 动态NAT配置实例

扫一扫

思科路由器动态NAT配置

如图6-2-1所示，内部网络地址段为192.168.1.0/24和192.168.2.0/24，本地全局地址从NAT地址池net10中分配，该地址池定义了地址范围为12.1.1.10 ~ 12.1.1.100。只有内部源地址匹配访问列表1的数据包才会建立NAT转换记录。

路由器Lan-RT的NAT配置命令如下：

```
Router>en
Router#config t
Router(config)#hostname Lan-RT
Lan-RT(config)#int f0/0
Lan-RT(config-if)#ip address 192.168.1.254 255.255.255.0
Lan-RT(config-if)#ip nat inside
Lan-RT(config-if)#no shutdown
Lan-RT(config-if)#exit
Lan-RT(config)#int f0/1
Lan-RT(config-if)#ip address 192.168.2.254 255.255.255.0
Lan-RT(config-if)#no shutdown
Lan-RT(config-if)#ip nat inside
Lan-RT(config-if)#exit
Lan-RT(config)#int s0/0/0
Lan-RT(config-if)#ip address 12.1.1.1 255.255.255.0
Lan-RT(config-if)#no shutdown
Lan-RT(config-if)#clock rate 64000
Lan-RT(config-if)#ip nat outside
Lan-RT(config-if)#exit
Lan-RT(config)#access-list 1 permit 192.168.1.0 0.0.0.255
```

```
Lan-RT(config)#access-list 1 permit 192.168.2.0 0.0.0.255
Lan-RT(config)#ip nat pool net10 12.1.1.10 12.1.1.100 netmask 255.255.255.0
Lan-RT(config)#ip nat inside source list 1 pool net10
Lan-RT(config)#ip route 0.0.0.0 0.0.0.0 12.1.1.2
```

ISP-RT 上的配置如下：

```
Router>en
Router#config t
Router(config)#hostname ISP-RT
ISP-RT(config)#int s0/0/0
ISP-RT(config-if)#ip address 12.1.1.2 255.255.255.0
ISP-RT(config-if)#clock rate 64000
ISP-RT(config-if)#no shutdown
ISP-RT(config-if)#exit
ISP-RT(config)#int f0/0
ISP-RT(config-if)#ip address 200.1.8.7 255.255.255.0
ISP-RT(config-if)#no shutdown
ISP-RT(config-if)#
```

根据图 6-2-1 配置 PC1、PC2 和 Server1 的网络参数，然后在主机 PC1 和 PC2 上 ping 服务器 Server1，可以 ping 通。在路由器 Lan-RT 上 show ip nat translation 后结果如图 6-2-3 所示。

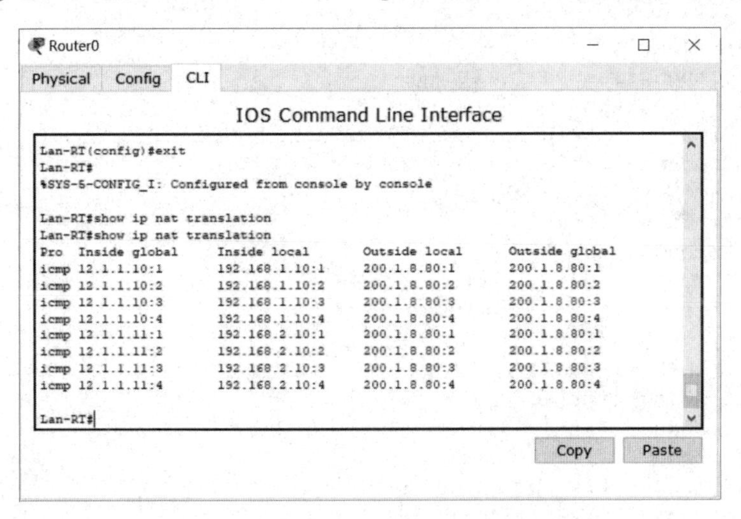

图 6-2-3 思科路由器动态 NAT 转换后结果

5. NAPT 配置命令

内部源地址动态 NAPT，允许内部所有主机可以访问外部网络，动态 NAPT 的内部全局地址可以是路由器外部（Outside）接口的 IP 地址，也可以是其他向 CNNIC（China Internet Network Information Center，中国互联网络信息中心）申请来的地址。要配置动态 NAPT，在全局配置层中执行以下命令：

第一步，定义全局 IP 地址池：

```
Route(config)#ip nat pool 地址池名称 起始地址 终止地址 netmask 子网掩码
```

第二步，定义访问列表，只有匹配该列表的地址才转换：

```
Route(config)#access-list 列表号 permit 源地址 子网通配符
```

第三步，定义内部源地址动态转换关系：

```
Route(config)#ip nat inside source list 列表号 pool 地址池名称 overload
```

第四步，进入接口配置层：

```
Route(config)#interface 接口类型 接口号
```

第五步，定义该接口连接内部网络：

```
Route(config-if)#ip nat inside
```

第六步，进入接口配置层：

```
Route(config)#interface 接口类型 接口号
```

第七步，定义该接口连接外部网络：

```
Route(config-if)#ip nat outside
```

扫一扫

思科路由器配置 NAPT

6. NAPT 配置实例

如图 6-2-1 所示，内部网络地址段为 192.168.1.0/24 和 192.168.2.0/24，本地全局地址从 NAT 地址池 net1 中分配，该地址池定义了 1 个地址 12.1.1.1。只有内部源地址匹配访问列表 1 的数据包才会建立 NAPT 转换记录。

路由器 Lan-router 的 NAPT 配置命令如下：

```
Router>en
Router#config t
Router(config)#hostname Lan-RT
Lan-RT(config)#int f0/0
Lan-RT(config-if)#ip address 192.168.1.254 255.255.255.0
Lan-RT(config-if)#ip nat inside
Lan-RT(config-if)#no shutdown
Lan-RT(config-if)#exit
Lan-RT(config)#int f0/1
Lan-RT(config-if)#ip address 192.168.2.254 255.255.255.0
Lan-RT(config-if)#no shutdown
Lan-RT(config-if)#ip nat inside
Lan-RT(config-if)#exit
Lan-RT(config)#int s0/0/0
Lan-RT(config-if)#ip address 12.1.1.1 255.255.255.0
Lan-RT(config-if)#no shutdown
Lan-RT(config-if)#clock rate 64000
Lan-RT(config-if)#ip nat outside
Lan-RT(config-if)#exit
Lan-RT(config)#access-list 1 permit 192.168.1.0 0.0.0.255
Lan-RT(config)#access-list 1 permit 192.168.2.0 0.0.0.255
Lan-RT(config)#ip nat pool net1 12.1.1.1 12.1.1.1 netmask 255.255.255.0
Lan-RT(config)#ip nat inside source list 1 pool net1 overload
（也可以用 ip nat inside source list 1 interface s0/0/0 overload 命令）
Lan-RT(config)#ip route 0.0.0.0 0.0.0.0 12.1.1.2
Lan-RT(config)#
```

ISP-RT 上的配置如下：

```
Router>en
Router#config t
Router(config)#hostname ISP-RT
```

```
ISP-RT(config)#int s0/0/0
ISP-RT(config-if)#ip address 12.1.1.2 255.255.255.0
ISP-RT(config-if)#clock rate 64000
ISP-RT(config-if)#no shutdown
ISP-RT(config-if)#exit
ISP-RT(config)#int f0/0
ISP-RT(config-if)#ip address 200.1.8.7 255.255.255.0
ISP-RT(config-if)#no shutdown
ISP-RT(config-if)#exit
ISP-RT(config)#
```

根据图 6-2-1 配置 PC1、PC2 和 Server1 的网络参数，然后在主机 PC1 和 PC2 上 ping 服务器 Server1，可以 ping 通。在路由器 Lan-RT 上 show ip nat translation 后结果如图 6-2-4 所示。

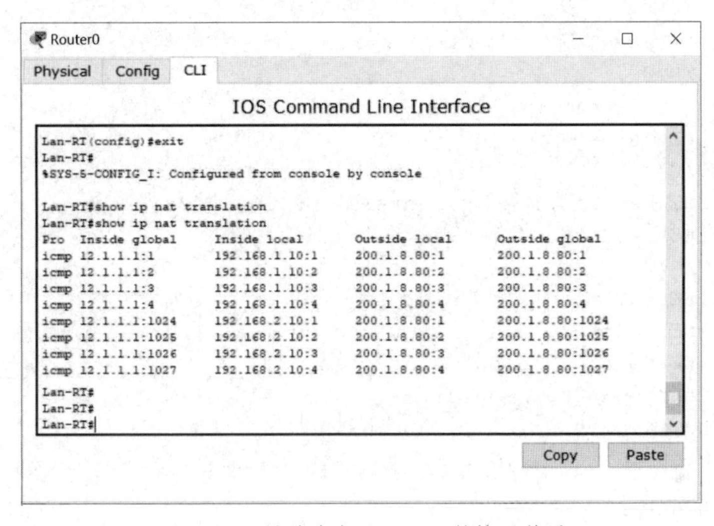

图 6-2-4 思科路由器 NAPT 转换后结果

6.2.4 华为路由器配置 NAT

1. 静态 NAT 配置命令

静态 NAT 是建立内部本地地址和内部全局地址的一对一永久映射。当外部网络需要通过固定的全局可路由的地址访问内部主机，静态 NAT 十分重要。

配置静态 NAT，在接口视图中执行以下命令：

```
[Huawei-GigabitEthernet0/0/2]nat static global 内部全局地址 inside 内部本地地址
[Huawei-GigabitEthernet0/0/2]nat static enable
```

或者在系统视图下执行如下命令：

```
[Huawei]nat static global 内部全局地址 inside 内部本地地址
```

华为路由器配置静态 NAT

注意：华为 eNSP 模拟器中的 Router 类型路由器不支持 NAT，需要选择 AR 类型路由器。

2. 静态 NAT 配置实例

如图 6-2-5 所示，在路由器 Lan-RT 上配置静态 NAT，将内网用户私有 IP 地址转换为公网 IP 地址实现上网。将局域网内部的 192.168.1.10 映射到全局 IP 地址 12.1.1.10；将局域网内部的 192.168.2.10 映射到全局 IP 地址 12.1.1.100。

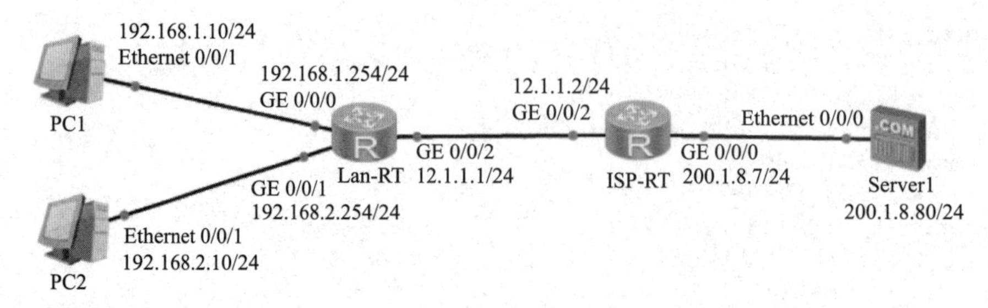

图 6-2-5　华为 NAT 配置拓扑示意图

Lan-RT 上的配置如下：

```
<Huawei>sys
[Huawei]sysname Lan-RT
[Lan-RT]int g0/0/0
[Lan-RT-GigabitEthernet0/0/0]ip address 192.168.1.254 24
[Lan-RT-GigabitEthernet0/0/0]quit
[Lan-RT]int g0/0/1
[Lan-RT-GigabitEthernet0/0/1]ip address 192.168.2.254 24
[Lan-RT-GigabitEthernet0/0/1]quit
[Lan-RT]int g0/0/2
[Lan-RT-GigabitEthernt0/0/2]ip address 12.1.1.1 24
[Lan-RT-GigabitEthernt0/0/2]nat static global 12.1.1.100 inside 192.168.2.10
[Lan-RT-GigabitEthernt0/0/2]nat static enable
[Lan-RT-GigabitEthernt0/0/2]quit
[Lan-RT]nat static global 12.1.1.10 inside 192.168.1.10
[Lan-RT]ip route-static 0.0.0.0 0.0.0.0 12.1.1.2
```

ISP-RT 上的配置如下：

```
<Huawei>sys
[Huawei]sysname ISP-RT
[ISP-RT]int g0/0/0
[ISP-RT-GigabitEthernet0/0/0]ip address 200.1.8.7 24
[ISP-RT-GigabitEthernet0/0/0]quit
[ISP-RT]int g0/0/2
[ISP-RT-GigabitEthernet0/0/2]ip address 12.1.1.2 24
[ISP-RT-GigabitEthernet0/0/2]quit
```

配置完成后在路由器 Lan-RT 上查看 NAT 静态配置信息 display nat static，结果如图 6-2-6 所示。在主机 PC1 和 PC2 上使用 ping 命令测试与外网服务器 Server1 的连通性，可以 ping 通。

3．动态 NAT 配置命令

动态 NAT 是建立内部本地地址和内部全局地址池的临时映射关系，过一段时间没有用就会删除映射关系，直到下一次建立新的映射关系。

要配置动态 NAT，在系统视图中执行以下命令：

第一步，配置 NAT 转换用的公网地址组：

```
[Huawei]nat address-group 地址组号 起始地址 终止地址
```

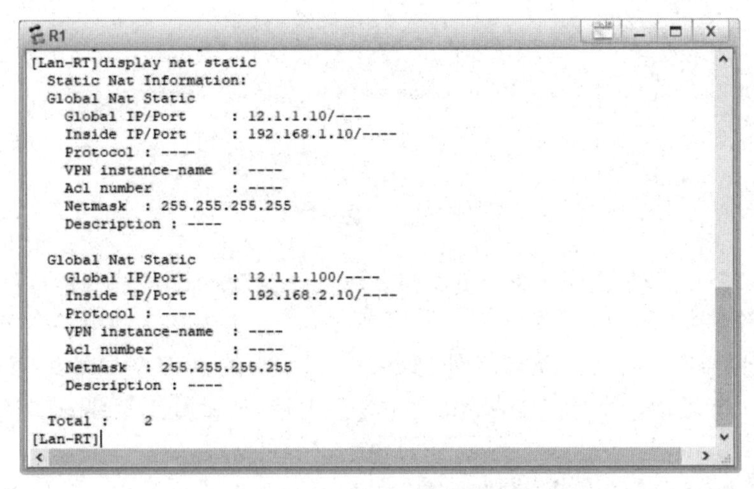

图 6-2-6　华为路由器 NAT 静态配置信息

第二步，定义访问列表，只有匹配该列表的地址才转换：

```
[Huawei]acl number 列表号
[Huawei-acl-basic- 列表号 ]rule 1 permit source 源地址 通配符
```

第三步，在接口出方向上使用动态 NAT，不做端口复用：

```
[Huawei-GigabitEthernet0/0/2]nat outbound 列表号 address-group 地址组号 no-pat
```

4. 动态 NAT 配置实例

扫一扫

华为路由器配置动态 NAT

如图 6-2-5 所示，内部网络地址段为 192.168.1.0/24 和 192.168.2.0/24，本地全局地址从 NAT 地址组 1 中分配，该地址组定义了地址范围为 12.1.1.10 ~ 12.1.1.100。只有内部源地址匹配访问列表 2000 的数据包才会建立 NAT 转换记录。

路由器 Lan-RT 的 NAT 配置命令如下：

```
<Huawei>sys
[Huawei]sysname Lan-RT
[Lan-RT]acl 2000
[Lan-RT-acl-basic-2000]rule 1 permit source 192.168.1.0 0.0.0.255
[Lan-RT-acl-basic-2000]rule 2 permit source 192.168.2.0 0.0.0.255
[Lan-RT-acl-basic-2000]quit
[Lan-RT]nat address-group 1 12.1.1.10 12.1.1.100
[Lan-RT]int g0/0/0
[Lan-RT-GigabitEthernet0/0/0]ip address 192.168.1.254 24
[Lan-RT-GigabitEthernet0/0/0]quit
[Lan-RT]int g0/0/1
[Lan-RT-GigabitEthernet0/0/1]ip address 192.168.2.254 24
[Lan-RT-GigabitEthernet0/0/1]quit
[Lan-RT]int g0/0/2
[Lan-RT-GigabitEthernet0/0/2]ip address 12.1.1.1 24
[Lan-RT-GigabitEthernet0/0/2]nat outbound 2000 address-group 1 no-pat
[Lan-RT-GigabitEthernet0/0/2]quit
[Lan-RT]ip route-static 0.0.0.0 0.0.0.0 12.1.1.2
```

ISP-RT 上的配置如下：

```
<Huawei>sys
```

```
[Huawei]sysname ISP-RT
[ISP-RT]int g0/0/0
[ISP-RT-GigabitEthernet0/0/0]ip address 200.1.8.7 24
[ISP-RT-GigabitEthernet0/0/0]quit
[ISP-RT]int g0/0/2
[ISP-RT-GigabitEthernet0/0/2]ip address 12.1.1.2 24
[ISP-RT-GigabitEthernet0/0/2]quit
[ISP-RT]
```

在主机 PC1 和 PC2 上使用 ping 命令测试与外网服务器 Server1 的连通性，可以 ping 通。

5. NAPT 配置命令

NAPT 允许内部所有主机可以访问外部网络，NAPT 的内部全局地址可以是路由器外部（Outside）接口的 IP 地址，也可以是其他向 CNNIC 申请来的地址。要配置 NAPT，在系统视图中执行以下命令：

第一步，配置 NAPT 转换用的公网地址池：

```
[Huawei]nat address-group 地址池号 起始地址 终止地址
```

第二步，定义访问列表，只有匹配该列表的地址才转换：

```
[Huawei]acl number 列表号
[Huawei-acl-basic- 列表号 ]rule 1 permit source 源地址 通配符
```

第三步，在接口出方向上使用动态 NAPT，做端口复用：

```
[Huawei-GigabitEthernet0/0/2]nat outbound 列表号 address-group 地址池号
```

也可以不配置地址池，直接应用在出栈接口上，nat outbound 列表号。或者将公网 ip 配置在 loopback 接口上，使用 loopback 接口来做 NAPT 接口 ip 地址，这样当物理接口 IP 地址没有了也不会影响 NAPT，提高稳定性。命令为 nat outbound 列表号 interface loopback 0。

6. NAPT 配置实例

扫一扫

华为路由器配置 NAPT

如图 6-2-5 所示，内部网络地址段为 192.168.1.0/24 和 192.168.2.0/24，边界路由器 Lan-RT 的出栈接口地址为全局地址 12.1.1.1。在出栈接口上直接应用 NAPT，只有内部源地址匹配访问列表 2000 的数据包才会建立 NAPT 转换记录。

路由器 Lan-RT 的 NAPT 配置命令如下：

```
<Huawei>sys
[Huawei]sysname Lan-RT
[Lan-RT]acl 2000
[Lan-RT-acl2000]rule 1 permit source 192.168.1.0 0.0.0.255
[Lan-RT-acl2000]rule 2 permit source 192.168.2.0 0.0.0.255
[Lan-RT-acl2000]quit
[Lan-RT]int g0/0/0
[Lan-RT-GigabitEthernet0/0/0]ip address 192.168.1.254 24
[Lan-RT-GigabitEthernet0/0/0]quit
[Lan-RT]int g0/0/1
[Lan-RT-GigabitEthernet0/0/1]ip address 192.168.2.254 24
[Lan-RT-GigabitEthernet0/0/1]quit
[Lan-RT]int g0/0/2
[Lan-RT-GigabitEthernet0/0/2]ip address 12.1.1.1 24
[Lan-RT-GigabitEthernet0/0/2]nat outbound 2000
[Lan-RT-Serial0/0/0]quit
[Lan-RT]ip route-static 0.0.0.0 0.0.0.0 12.1.1.2
```

ISP-RT 上的配置如下：

```
<Huawei>sys
[Huawei]sysname ISP-RT
[ISP-RT]int g0/0/0
[ISP-RT-GigabitEthernet0/0/0]ip address 200.1.8.7 24
[ISP-RT-GigabitEthernet0/0/0]quit
[ISP-RT]int g0/0/2
[ISP-RT-GigabitEthernet0/0/2]ip address 12.1.1.2 24
[ISP-RT-GigabitEthernet0/0/2]quit
[ISP-RT]
```

在主机 PC1 和 PC2 上使用 ping 命令测试与外网服务器 Server1 的连通性，可以 ping 通。

6.3 GRE 隧道技术及配置

6.3.1 GRE 隧道技术简介

虚拟专用网络（Virtual Private Network，VPN）的功能是在公用网络上建立专用网络，进行加密通信，在企业网络中有广泛应用。VPN 网关通过对数据包的加密和数据包目标地址的转换实现远程访问。隧道技术是实现虚拟专用网的方法之一。

隧道技术（Tunneling）是一种通过使用互联网络的基础设施在网络之间传递数据的方式。使用隧道传递的数据（或负载）可以是不同协议的数据帧或包。隧道协议将其他协议的数据帧或包重新封装后通过隧道发送。新的帧头提供路由信息，以便通过互联网传递被封装的负载数据。

通用路由封装（Generic Routing Encapsulation，GRE）协议是对某些网络层协议（如 IP 和 IPX）的数据包进行封装，使这些被封装的数据包能够在另一个网络层协议（如 IP）中传输。最早是由 Cisco 和 Net-smiths 等公司提出，目前多数厂商的网络设备均支持 GRE 隧道协议。GRE 是 VPN 的第三层隧道协议，规定了如何用一种网络协议去封装另一种网络协议报文的方法，使报文能够在异种网络中实现点对点传输。

GRE 的原理并不复杂，是在私网 IP 包头前再封装一个公网的 IP 包头，再在公网上传输。公网路由器看到的只是公网的 IP 包头的 IP，不会看到私网的 IP 包头，直到到达目标路由器。目标路由器接收到数据后，去除公网 IP 包头，发现是 GRE 数据，那么它将原封不动将这个私网 IP 数据传送到内网中（只是 IP 包头以上的数据不动，改变的是二层帧头）。

隧道传递数据包的过程分为 3 步：

① 接收原始数据包当作乘客协议，原始数据包包头的 IP 地址为私有 IP 地址。

② 将原始 IP 数据包封装进 GRE 协议，GRE 协议称为封装协议，封装的包头 IP 地址为虚拟直连链路两端的 IP 地址。

③ 将整个 GRE 数据包当作数据，在外层封装公网 IP 包头，也就是隧道的起源和终点，从而路由到隧道终点。

6.3.2 思科设备配置 GRE 隧道

1. GRE 隧道创建命令

```
interface tunnel 编号
```

```
ip address IP地址 子网掩码              ! 设置隧道接口 IP 地址
tunnel source 接口 ! tunnel 源接口，路由器将此地址作为源地址重新封装数据包
tunnel destination IP 地址 ! tunnel 目的 IP 地址，路由器将此地址作为目的地址重新封装数据包
```

2. GRE 隧道配置实例

通过 GRE 隧道技术实现总、分公司之间的通信，网络结构和网络参数如图 6-3-1 所示。路由器 R1 模拟总公司的出口路由器，路由器 R2 模拟分公司的出口路由器，路由器 ISP 模拟 Internet ISP 网络环境，PC1 和 PC2 分别模拟总公司和分公司内网主机。

扫一扫

思科设备配置 GRE 隧道

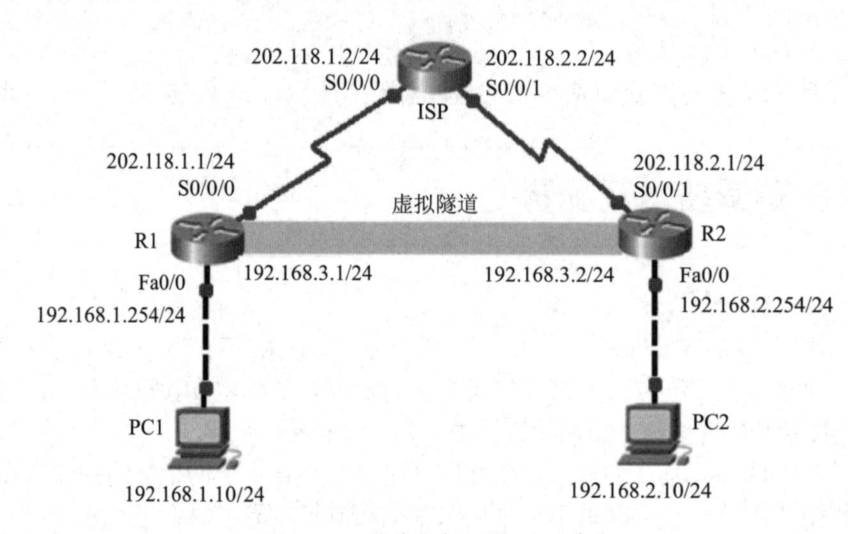

图 6-3-1 思科设备配置 GRE 隧道

（1）配置路由器 R1 网络参数

```
Router>en
Router#config t
Router(config)#hostname R1
R1(config)#int s0/0/0
R1(config-if)#ip address 202.118.1.1 255.255.255.0
R1(config-if)#clock rate 64000
R1(config-if)#no shutdown
R1(config-if)#exit
R1(config)#int f0/0
R1(config-if)#ip address 192.168.1.254 255.255.255.0
R1(config-if)#no shutdown
R1(config-if)#exit
R1(config)#ip route 0.0.0.0 0.0.0.0 202.118.1.2
R1(config)#
```

（2）配置路由器 R2 网络参数

```
Router>en
Router#config t
Router(config)#hostname R2
R2(config)#int s0/0/1
R2(config-if)#ip address 202.118.2.1 255.255.255.0
R2(config-if)#clock rate 64000
R2(config-if)#no shutdown
```

```
R2(config-if)#exit
R2(config)#int f0/0
R2(config-if)#ip address 192.168.2.254 255.255.255.0
R2(config-if)#no shutdown
R2(config-if)#exit
R2(config)#ip route 0.0.0.0 0.0.0.0 202.118.2.2
R2(config)#
```

（3）配置路由器 ISP 网络参数

```
Router>en
Router#config t
Router(config)#hostname ISP
ISP(config)#int s0/0/0
ISP(config-if)#ip address 202.118.1.2 255.255.255.0
ISP(config-if)#clock rate 64000
ISP(config-if)#no shutdown
ISP(config-if)#exit
ISP(config)#int s0/0/1
ISP(config-if)#ip address 202.118.2.2 255.255.255.0
ISP(config-if)#clock rate 64000
ISP(config-if)#no shutdown
ISP(config-if)#exit
ISP(config)#
```

（4）测试连通性

在路由器 R2 上 ping 202.118.1.1，结果显示可达，ping 192.168.1.254，结果显示不可达。这是没有进行 GRE 隧道配置时的网络连通状态。

（5）在 R1 与 R2 之间创建隧道并配置路由

① 路由器 R1 的配置为：

```
R1(config)#interface tunnel 0
R1(config-if)#ip address 192.168.3.1 255.255.255.0
R1(config-if)#tunnel source s0/0/0
R1(config-if)#tunnel destination 202.118.2.1
R1(config-if)#no shutdown
R1(config-if)#exit
R1(config)#router rip
R1(config-router)#network 192.168.1.0
R1(config-router)#network 192.168.3.0
R1(config-router)#exit
R1(config)#
```

② 路由器 R2 的配置为：

```
R2(config)#interface tunnel 0
R2(config-if)#ip address 192.168.3.2 255.255.255.0
R2(config-if)#tunnel source s0/0/1
R2(config-if)#tunnel destination 202.118.1.1
R2(config-if)#no shutdown
R2(config-if)#exit
R2(config)#router rip
R2(config-router)#network 192.168.2.0
R2(config-router)#network 192.168.3.0
```

```
R2(config-router)#exit
R2(config)#
```

（6）测试连通性

在路由器 R2 上 ping 202.118.1.1，结果显示可达，ping 192.168.1.254，结果显示可达。说明 GRE 隧道配置成功。主机 PC1 和 PC2 能够相互 ping 通。

6.3.3 华为设备配置 GRE 隧道

1. GRE 隧道创建命令

```
interface tunnel 0/0/编号
tunnel-protocol gre
ip address IP地址 子网掩码          ！设置隧道接口 IP 地址
source IP地址                       ！路由器将此地址作为源地址重新封装数据包
destination IP地址                  ！路由器将此地址作为目的地址重新封装数据包
```

2. GRE 隧道配置实例

通过 GRE 隧道技术实现总、分公司之间的通信，网络结构和网络参数如图 6-3-2 所示。路由器 R1 模拟总公司的出口路由器，路由器 R2 模拟分公司的出口路由器，路由器 ISP 模拟 Internet ISP 网络环境，PC1 和 PC2 分别模拟总公司和分公司内网主机。

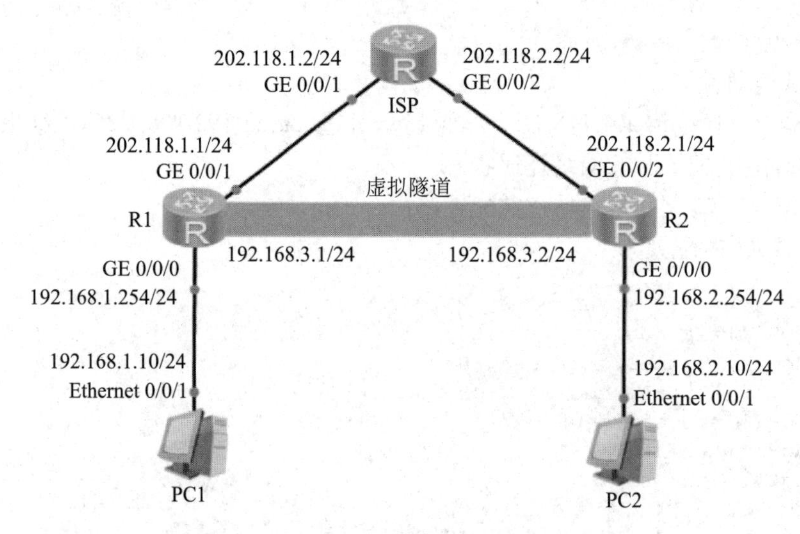

图 6-3-2 华为设备配置 GRE 隧道

（1）配置路由器 R1 网络参数

```
<Huawei>sys
[Huawei]sysname R1
[R1]int g0/0/0
[R1-GigabitEthernet0/0/0]ip address 192.168.1.254 24
[R1-GigabitEthernet0/0/0]quit
[R1]int g0/0/1
[R1-GigabitEthernet0/0/1]ip address 202.118.1.1 24
[R1-GigabitEthernet0/0/1]quit
[R1]ip route-static 0.0.0.0 0.0.0.0 202.118.1.2
```

（2）配置路由器 R2 网络参数

```
<Huawei>sys
[Huawei]sysname R2
[R2]int g0/0/0
[R2-GigabitEthernet0/0/0]ip address 192.168.2.254 24
[R2-GigabitEthernet0/0/0]quit
[R2]int g0/0/2
[R2-GigabitEthernet0/0/2]ip address 202.118.2.1 24
[R2-GigabitEthernet0/0/2]quit
[R2]ip route-static 0.0.0.0 0.0.0.0 202.118.2.2
```

（3）配置路由器 ISP 网络参数

```
<Huawei>sys
[Huawei]sysname ISP
[ISP]int g0/0/1
[ISP-GigabitEthernet0/0/1]ip address 202.118.1.2 24
[ISP-GigabitEthernet0/0/1]quit
[ISP]int g0/0/2
[ISP-GigabitEthernet0/0/2]ip address 202.118.2.2 24
[ISP-GigabitEthernet0/0/2]quit
[ISP]
```

（4）测试连通性

在路由器 R2 上 ping 202.118.1.1，结果显示可达，ping 192.168.1.254，结果显示不可达。这是没有进行 GRE 隧道配置时的网络连通状态。

（5）在 R1 与 R2 之间创建隧道并配置路由

① 路由器 R1 的配置为：

```
[R1]int tunnel 0/0/0
[R1-Tunnel0/0/0]ip address 192.168.3.1 24
[R1-Tunnel0/0/0]tunnel-protocol gre
[R1-Tunnel0/0/0]source 202.118.1.1
[R1-Tunnel0/0/0]destination 202.118.2.1
[R1-Tunnel0/0/0]quit
[R1]rip
[R1-rip-1]network 192.168.1.0
[R1-rip-1]network 192.168.3.0
[R1-rip-1]quit
[R1]
```

② 路由器 R2 的配置为：

```
[R2]int tunnel 0/0/0
[R2-Tunnel0/0/0]ip address 192.168.3.2 24
[R2-Tunnel0/0/0]tunnel-protocol gre
[R2-Tunnel0/0/0]source 202.118.2.1
[R2-Tunnel0/0/0]destination 202.118.1.1
[R2-Tunnel0/0/0]quit
[R2]rip
[R2-rip-1]network 192.168.2.0
[R2-rip-1]network 192.168.3.0
```

```
[R2-rip-1]quit
[R2]
```

（6）测试连通性

在路由器 R2 上 ping 202.118.1.1，结果显示可达，ping 192.168.1.254，结果显示可达，说明 GRE 隧道配置成功。主机 PC1 和 PC2 能够相互 ping 通。

习　题

一、选择题

1. 在计算机网络中，一般局域网的数据传输速率要比广域网的数据传输速率（　　）。

   A. 高　　B. 低　　C. 相同　　D. 不确定

2. 下列所述的协议中，（　　）不是广域网协议。

   A. PPP　　B. Frame Relay　　C. HDLC　　D. Ethernet II

3. 在 PPP 的验证方式中，（　　）为两次握手协议，它通过在网络上以明文的方式传递用户名及口令来对用户进行验证。

   A. PAP　　B. IPCP　　C. CHAP　　D. RADIUS

4. CHAP 是三次握手的验证协议，其中第一次握手是（　　）。

   A. 被验证方直接将用户名和口令传递给验证方

   B. 验证方将一段随机报文传递到被验证方

   C. 被验证方生成一段随机报文，用自己的口令对这段随机报文进行加密，然后与自己的用户名一起传递给验证方

   D. 验证方根据收到的被验证方的用户名在本端查找口令字，返回验证结果

5. 公司的两个分公司处于不同地区，其间要搭建广域网连接。根据规划，广域网采用 PPP 协议，考虑到网络安全，要求密码类的报文信息不允许在网络上明文传送，那么应采取PPP(　　)验证协议。

   A. PAP　　B. CHAP　　C. MD5　　D. 3DES

6. 使一台 IP 地址为 10.0.0.1 的主机能访问 Internet，要配置的必要技术是（　　）。

   A. 静态路由　　B. 动态路由　　C. 路由引入　　D. NAT

7. 某公司的内网用户采用 NAT 的 No-PAT 方式访问互联网，如果所有的公网 IP 地址均被使用，那么后续上网的内网用户（　　）。

   A. 自动把 NAT 切换成 PAT 后上网

   B. 后续的内网用户将不能上网

   C. 将报文同步到其他 NAT 转换设备进行 NAT 转换

   D. 挤掉前一个用户，强制进行 NAT 转换上网

8. 下列有关 NAT 叙述错误的是（　　）。

   A. NAT 是英文“网络地址转换”的缩写

   B. 地址转换又称地址翻译，用来实现私有地址和公用网络地址之间的转换

   C. 当内部网络的主机访问外部网络时，一定不需要 NAT

D. 地址转换的提出为解决 IP 地址紧张的问题提供了一个有效途径

9. GRE 的英文全称是（　　）。

A. Generic Router Encapulation　　B. Generic Routing Encapulation

C. General Router Encapulation　　D. General Routing Encapulation

10.（多选）下列描述 GRE 的语句中，正确有（　　）。

A. GRE 对于某些网络协议（如 IP、IPX 等）的数据进行封装，使这些被封装的数据报能够在 IP 网中传输

B. GRE 提供数据保密

C. GRE 在网络层之间采用了 Tunnel（隧道）的技术

D. GRE 是二层隧道协议

11. 在思科路由器上查询 NAT 转换结果的命令是（　　）。

A. show current nat　　B. show nat translation

C. show ip nat translation　　D. show nat current

12. 在华为路由器上查询 NAT 转换结果的命令是（　　）。

A. display current nat　　B. display nat translation

C. display routers nat transltion　　D. display nat current

二、简答题

1. PAP 和 CHAP 各自的特点是什么？
2. 简述 CHAP 的验证过程。
3. 什么是 NAT？简述 NAT 技术的优点。
4. 简述 GRE 协议及其特点。

第7章 网络安全技术

随着云计算、物联网、大数据、人工智能、5G甚至6G技术的出现，万物互联、万物皆是数据源的时代已经开启。但是，由于网络系统具有开发和可渗透等特性，重要信息和数据面临的安全问题越来越突出，网络系统瘫痪、数据泄露的情况时有发生。因此，运用网络安全技术构建一个保障系统和数据安全的网络至关重要。

本章介绍了网络安全基础知识，以及常见网络攻击手段及其防御措施。重点介绍了思科和华为设备安全登录技术及其配置、思科和华为交换机端口安全技术及其配置、思科和华为设备访问控制技术及其配置。阐述了防火墙的定义、功能，介绍了防火墙技术分类，重点介绍了思科和华为防火墙及其配置。

学习目标

- 掌握网络安全的基础知识，了解常见的网络攻击手段及其防御措施。
- 认识网络设备安全登录的重要性，掌握思科和华为网络设备Console安全登录的配置，掌握思科和华为网络设备Telnet安全登录的配置。
- 理解交换机的端口安全特性，掌握思科和华为交换机的端口安全配置。
- 理解访问控制列表的概念、分类、工作原理，掌握思科和华为设备标准、扩展访问控制列表的配置。
- 了解防火墙的定义、功能、构成、不足、分类，掌握思科防火墙和华为防火墙的特点及基本配置。
- 形成良好职业道德，做合格的网络安全卫士。

7.1 网络安全概述

7.1.1 网络安全定义

1. 网络安全的概念

计算机网络安全（computer network security，简称网络安全）是指利用网络管理控制和技术措施，保证在网络环境中数据的机密性、完整性、网络服务可用性和可审查性受到保护，保证网络系统的硬件、软件及其系统中的数据资源得到完整、准确、连续运行和服务不受到干扰破坏和非授权使用。网络的安全问题实际上包括两方面的内容：一是网络的系统安全，二是网络的信息安全。而保护网络的信息安全是网络安全的最终目标和关键，因此，网络安全的实质是网络的信息安全。

从狭义的保护角度来看，网络安全是指计算机及其网络系统资源和信息资源不受自然和人为有害因素的威胁和危害，从广义来说，凡是涉及计算机网络上信息的机密性、完整性、可用性、可控性、不可否认性的相关技术和理论都是计算机网络安全的研究领域。现在通常所称“网络安全”如无特别声明，一般均指广义的定义。

计算机网络安全是一门涉及计算机科学、网络技术、信息安全技术、通信技术、应用数学、密码技术和信息论等多学科的综合性学科，是信息安全学科的重要组成部分。

随着信息技术的发展与应用，信息安全的内涵在不断的延伸和变化，从最初的信息机密性发展到信息的完整性、可用性、可控性和不可否认性，进而又发展为“攻（攻击）、防（防范）、测（检测）、控（控制）、管（管理）、评（评估）”等多方面的基础理论和实施技术。信息安全是一个综合、交叉学科领域，它要综合利用数学、信息学、通信和计算机诸多学科的长期知识积累和最新发展成果。因此，网络安全的概念、理论和技术正在不断发展完善之中，很多观点、技术和方法也不尽一致而且具有其特殊性。

2. 网络安全的技术特征

机密性、完整性、可用性、可控性、不可否认性，反映了信息安全的基本特征和目标，其中前 3 个为信息安全的基本要求。保证信息安全，最根本的就是保证信息安全的基本特征发挥作用。

（1）机密性

网络信息安全的机密性也称保密性，是指网络信息按给定要求不泄露给非授权的个人、实体或过程，或提供其利用的特性，即杜绝有用信息泄露给非授权个人或实体，强调有用信息只被授权对象使用的特征。

（2）完整性

网络信息安全的完整性，是指信息在传输、交换、存储和处理过程保持非修改、非破坏和非丢失的特性，即保持信息原样性，使信息能正确生成、存储、传输，这是最基本的安全特征。

（3）可用性

网络信息安全的可用性，指网络信息可被授权实体正确访问，并按要求能正常使用或在非正常情况下能恢复使用的特征，即在系统运行时能正确存取所需信息，当系统遭受攻击或破坏时，能迅速恢复并能投入使用。可用性是衡量网络信息系统面向用户的一种安全性能。

（4）可控性

网络信息安全的可控性，指对流通在网络系统中的信息传播及具体内容能够实现有效控制的特性，即网络系统中的任何信息要在一定传输范围和存放空间内可控。除了采用常规的传播站点和传播内容监控这种形式外，最典型的如密码的托管政策，当加密算法交由第三方管理时，必须严格按规定可控执行。

（5）不可否认性

网络信息安全的不可否认性又称可审查性，指网络通信双方在信息交互过程中，确信参与者本身，以及参与者所提供的信息的真实同一性，即所有参与者都不可能否认或抵赖本人的真实身份，以及提供信息的原样性和完成的操作与承诺。

7.1.2 网络攻击与防御

1. 网络攻击

网络攻击是指对网络的机密性、完整性、可用性、可控性、不可否认性产生危害的任何行为，可抽象分为信息泄露、完整性破坏、拒绝服务攻击和非法访问四种基本类型。网络攻击的基本特征是：由攻击者发起并使用一定的攻击工具，对目标网络系统进行攻击访问，并呈现一定的攻击效果，实现攻击者的攻击意图。

实施网络攻击的过程虽然复杂多变，但是仍有规律可循。一次成功的网络攻击通常包括信息收集、网络隐身、端口和漏洞扫描、实施攻击、设置后门和清除痕迹等步骤。

（1）信息收集

信息收集指通过各种方式获取目标主机或网络的信息，属于攻击前的准备阶段，也是一个关键的环节。首先要确定攻击目的，即明确要给对方形成何种后果，有的可能是为了获取机密文件信息，有的可能是为了破坏系统完整性，有的可能是为了获得系统的最高权限。其次是尽可能多地收集各种与目标系统有关的信息，形成对目标系统的粗略性认识。

（2）网络隐身

网络隐身通常指在网络中隐藏自己真实的 IP 地址，使受害者无法反向追踪到攻击者。

（3）端口和漏洞扫描

因为网络服务基于 TCP/UDP 端口开放，所以判定目标服务是否开启，就演变为判定目标主机的对应端口是否开启。端口扫描检测有关端口是打开还是关闭，现有端口扫描工具还可以在发现端口打开后，继续发送探测报文，判定目标端口运行的服务类型和版本信息，如经典扫描工具 nmap，以及其图形化工具 zenmap 和 sparta 都支持服务类型的版本判定。通过对主机发送多种不同的探测报文，根据不同操作系统的响应情况，可以产生操作系统的“网络指纹”，从而识别不同系统的类型和版本，这项工作通常由端口扫描工具操作完成。

漏洞扫描是对指定的远程或本地计算机进行安全检测，利用发现的漏洞进行渗透攻击的行为。在检测出目标系统和服务的类型及版本后，需要进一步扫描它们是否存在可供利用的安全漏洞，这一步的工作通常由专用的漏洞扫描工具完成，如经典漏洞扫描工具 Nessus，其开源版本 Openvas 及国产对应版本 X-scan 等。除了对主机系统的漏洞扫描工具外，还有专门针对 Web 应用程序的漏洞扫描工具，如 Nikto、Golismero 等，以及专门针对数据库 DMBS 的漏洞扫描工具，如 NGS Squirrel。

（4）实施攻击

当攻击者检测到可利用漏洞后，利用漏洞破解程序即可发起入侵或破坏性攻击。攻击的结果

一般分为拒绝服务攻击、获取访问权限和提升访问权限等。拒绝服务攻击可以使得目标系统瘫痪，此类攻击危害极大，特别是从多台不同主机发起的分布式拒绝服务攻击（DDoS），目前还没有防御 DDoS 较好的解决办法。获取访问权限指获得目标系统的一个普通用户权限，一般利用远程漏洞进行远程入侵都是先获得普通用户权限，然后需要配合本地漏洞把获得的权限提升为系统管理员的最高权限。只有获得了最高权限后，才可以实施如网络监听、清除攻击痕迹等操作。权限提升的其他办法包括暴力破解管理员密码、检测系统配置错误、网络监听或设置钓鱼木马。

（5）设置后门

一次成功的攻击往往耗费大量时间和精力，因此攻击者为了再次进入目标系统并保持访问权限，通常在退出攻击之前，会在系统中设置后门程序。木马和 Rootkits 也可以说是后门。所谓后门，就是无论系统配置如何改变，都能够让攻击者再次轻松和隐蔽地进入网络或系统而不被发现的通道。

设置后门的主要方法有开放不安全的服务端口、修改系统配置、安装网络嗅探器、建立隐藏通道、创建具有 root 权限的虚假用户账号、安装批处理文件、安装远程控制木马、使用木马程序替换系统程序等。

（6）清除痕迹

在攻击成功获得访问权或控制权后，此时最重要的事情是清除所有痕迹，隐藏自己踪迹，防止被管理员发现。因为所有操作系统通常都提供日志记录，会把所有发生的操作记录下来，所以攻击者往往要清除登录日志和其他有关记录。常用方法包括隐藏上传的文件、修改日志文件中的审计信息、修改系统时间造成日志文件数据紊乱、删除或停止审计服务进程、干扰入侵检测系统正常运行、修改完整性检测数据、使用 Rootkits 工具等。

2. 网络防御

网络防御主要是用于防范网络攻击，随着网络攻击手段的不断进步，防御技术也从被动防御转向主动防御。现有防御技术大体可以分为数据加密、访问控制、安全检测、安全监控和安全审计技术等，综合运用这些技术，根据目标网络的安全需求，有效形成网络安全防护的解决方案，可以很好地抵御网络攻击。

常见的网络防御技术有信息加密、访问控制、防火墙、入侵防御、恶意代码防范、安全审计与查证等。

（1）信息加密

加密是网络安全的核心技术，是传输安全的基础，包括数据加密、消息摘要、数字签名和密钥交换等，可以实现保密性、完整性和不可否认性等基本安全目标。

（2）访问控制

访问控制是网络防护的核心策略。它基于身份认证，规定了用户和进程对系统和资源访问的限制，目的是合法地使用网络资源，用户不能越权访问，只能根据自身的权限来访问系统资源。

身份认证是指用户要向系统证明他就是他所声明的用户，包括身份识别和身份验证。身份识别是明确访问者的身份，识别信息是公开的，例如居民身份证件上的姓名和住址等信息。身份验证是对其身份进行确认，验证信息是保密的，例如查验居民身份证上的信息是否真实有效。身份认证就是证实用户的真实身份是否与其申明的身份相符的过程，是为了限制非法用户访问网络资源，是所有其他安全机制的基础。身份认证包括单机环境下的认证和网络环境下的认证。

(3) 防火墙

防火墙是指在不同网络或网络安全域之间，对网络流量或访问行为实施访问控制的一系列安全组件或设备，从技术上分类，它属于网络访问控制机制。防火墙通常工作在可信内部网络和不可信外部网络之间的边界，它的作用是在保证网络通畅的前提下，保证内部网络的安全。这是一种被动的防御技术，也是一种静态安全组件。

(4) 入侵防御

入侵是指未经授权蓄意访问、篡改数据，使网络系统不可使用的行为。入侵防御系统（Intrusion Prevention System，IPS），它是通过从网络上获得的信息，检测对系统的入侵或企图，并阻止入侵的行为。IPS 是一种主动安全技术，可以检测出用户的未授权活动和误操作，可有效弥补防火墙的不足，被称为防火墙之后的第二道闸门。它通常与防火墙联合，把攻击拦截在防火墙外。与防火墙的不同之处在于，入侵防御主要检测内部网络流的信息流模式，尤其是关键网段的信息流模式，及时报警并通知管理员。

(5) 恶意代码防范

恶意代码实质是一种在一定环境下可以独立执行的指令集或嵌入到其他程序中的代码。恶意代码分类的标准是独立性和自我复制性。独立性是指恶意代码本身可独立执行，非独立性指必须要嵌入到其他程序中执行的恶意代码，本身无法独立执行。自我复制性指能够自动将自己传染给其他正常程序或传播给其他系统，不具有自我复制能力的恶意代码必须借助其他媒介传播。

恶意代码的传播途径包括移动媒介、Web 站点、电子邮件和自动传播等。所有编程语言都可编写恶意代码，常见的恶意脚本使用 VBS 或 JavaScript 实现，木马和病毒多用 C 和 C++ 实现。

(6) 安全审计与查证

网络安全审计是指在特定网络环境下，为了保证网络系统和信息资源不受来自外网和内网用户的入侵和破坏，运用各种技术手段实时收集和监控网络各组件的安全状态和安全事件，以便集中报警、分析和处理的一种技术。它作为一种新的概念和发展方向，已经出现许多产品和解决方案，如上网行为监控、信息过滤等。安全审计对于系统安全的评价、对攻击源和攻击类型与危害的分析、对完整证据的收集至关重要。

7.2 设备安全登录

7.2.1 设备安全登录简介

对于大多数企业内部网络来说，连接网络中各个节点的网络互联设备，是整个网络规划中最需要重点保护的对象。大多数网络都有一、二个主要的接入点，对这个接入点的破坏将直接造成整个网络瘫痪。

如果网络互联设备没有实施很好的安全防护措施，来自网络内部的攻击或者恶作剧式的破坏对网络的打击是最致命的，因此设置恰当的网络设备防护措施是保护网络安全的重要手段之一。

据调查显示，80% 的安全破坏事件都是由弱密码引起的，因此为网络互联设备配置一个恰当的密码，是保护网络不受侵犯的最根本保护。

7.2.2　思科设备 Console 安全登录配置

1. 思科设备 Console 安全登录基本命令

以交换机为例说明，在全局配置模式下进行设置，基本命令如下：

```
Switch(config)#line console 0          ! 进入线路配置模式
Switch(config-line)#password 密码
Switch(config-line)#login                      ! 启用密码认证
```

login 和 password 命令要成对出现：

```
Switch(config-line)#login local                ! 开启本地用户认证
Switch(config)#username 用户名 password 密码 ! 创建本地用户并设置密码
Switch(config)#username 用户名 privilege 级别 password 密码  ! 创建用户并设置密码和相应赋
予权限。
```

对用户的权限定义为 0 ~ 15 级，最低为 0，最高为 15。若级别为 15，直接进入特权模式。若级别为 0，进入普通用户模式。

2. 思科设备 Console 安全登录配置实例

通过 Console 口登录交换机，要求 1，设置 Console 登录设备时只需要密码认证，密码为 gench@sh；要求 2，为了防止非法用户登录，设置 Console 登录设备时开启本地用户认证。用户名 cisco2，密码为 cisco2@sh，直接进入特权模式；用户名 cisco3，密码为 cisco3@sh，进入普通用户模式。

（1）要求 1 的配置命令

扫一扫

思科设备 Console 安全登录配置

```
Switch>
Switch>en
Switch#config t
Switch(config)#line console 0
Switch(config-line)#password gench@sh
Switch(config-line)#login
```

验证：

```
Switch(config-line)#exit
Switch(config)#exit
Switch#exit
Switch con0 is now available
Press RETURN to get started.
User Access Verification
Password:
```

此时输入设置好的密码，然后回车，进入到普通用户模式。

（2）要求 2 的配置命令

```
Switch>
Switch>en
Switch#config t
Switch(config)#line console 0
Switch(config-line)#login local
Switch(config-line)#exit
Switch(config)#username cisco2 privilege 15 password cisco2@sh
Switch(config)#username cisco3 privilege 0 password cisco3@sh
Switch(config)#
```

验证：

```
Switch(config)#exit
Switch#exit
Switch con0 is now available
Press RETURN to get started.
User Access Verification
Username: cisco2
Password:         ! 输入相应密码
Switch#exit
Switch con0 is now available
Press RETURN to get started.
User Access Verification
Username: cisco3
Password:         ! 输入相应密码
Switch>
```

7.2.3 华为设备 Console 安全登录配置

1. 华为设备 Console 安全登录基本命令

以路由器为例说明，在系统视图下进行设置，基本命令如下：

```
[Huawei]user-interface console 0     ! 进入线路配置模式
```

然后选择认证模式，华为设备 console 线路认证模式有三种：none（无认证）、password（密码）及 aaa 认证。无认证模式就是开机可以直接登录，密码认证模式即开机输入密码就可以登录。

```
[Huawei-ui-console0]authentication-mode password
[Huawei-ui-console0]Please configure the login password (maximum length 16):
```

在此处输入登录用的密码。如果想修改密码，可通过命令“set authentication password cipher 密码”来设置密码。

```
[Huawei-ui-console0]set authentication password cipher 密码
```

aaa 认证模式开机后需验证用户名及用户密码，可以对不同的用户设置不同的权限。

```
[Huawei-ui-console0]authentication-mode aaa
```

在系统视图下进入 aaa，新建用户及配置用户密码，并赋予不同的权限。命令为：

```
[Huawei]aaa
[Huawei-aaa]local-user 用户名 password cipher 密码
[Huawei-aaa]local-user 用户名 privilege level 权限级别
```

户等级有 0 ～ 15 共 16 级，值越大，权限越大。0 级权限（访问级），登录后不能进入系统视图且可使用命令极少；1 级权限（监控级），登录后依旧不能进入系统视图但可使用命令比 0 级更丰富；2 级权限（配置级），可以进入系统视图进行设备配置。

扫一扫

华为设备 Console 安全登录配置

2. 华为设备 Console 安全登录配置实例

通过 Console 口登录路由器，要求 1，设置 Console 登录设备时只需要密码认证，密码为 huawei@123；要求 2，为了防止非法用户登录，设置 Console 登录设备时开启 aaa 认证。用户名 huawei2，密码为 huawei2@sh，只有最低权限，不能进入系统视图；用户名 huawei3，密码为 huawei3@sh，具有最高权限，并能进入系统试图。

（1）要求 1 的配置命令

```
<Huawei>sys
[Huawei]user-interface console 0
[Huawei-ui-console0]authentication-mode password
[Huawei-ui-console0]set authentication password cipher huawei@123
[Huawei-ui-console0]quit
[Huawei]
```

验证：

```
[Huawei]quit
<Huawei>quit
 Configuration console exit, please press any key to log on
Login authentication
Password:
```

此时输入设置好的密码，然后回车，进入到用户视图。

（2）要求 2 的配置命令

```
<Huawei>sys
[Huawei]user-interface console 0
[Huawei-ui-console0]authentication-mode aaa
[Huawei-ui-console0]quit
[Huawei]aaa
[Huawei-aaa]local-user huawei2 password cipher huawei2@sh
[Huawei-aaa]local-user huawei2 privilege level 0
[Huawei-aaa]local-user huawei3 password cipher huawei3@sh
[Huawei-aaa]local-user huawei3 privilege level 15
```

验证：

```
[Huawei-aaa]quit
[Huawei]quit
<Huawei>quit
 Configuration console exit, please press any key to log on
Login authentication
Username:输入用户名
Password:输入设置好的密码
<Huawei>
```

用不同的用户名登录，验证相应的权限。

7.2.4 思科设备 Telnet 安全登录配置

1. 思科设备 Telnet 安全登录基本命令

以交换机为例说明，在全局配置模式下进行设置，基本命令如下：

```
Switch(config)#line vty 0 4   ! 进入 vty 配置模式，0 到 4 共 5 个并发连接
Switch(config-line)#password 密码
Switch(config-line)#login       ! 启用密码认证
```

login 和 password 命令要成对出现：

```
Switch(config-line)#login local        ! 开启本地用户认证
Switch(config)#username 用户名 privilege 级别 password 密码！创建用户并设置密码和相应
赋予权限
Switch(config)#enable password 密码
```

2. 思科设备 Telnet 安全登录配置实例

如图 7-2-1 所示，开启交换机的远程登录功能。要求 1，设置 Telnet 远程登录设备时只需要密码认证，密码为 vty@sh；要求 2，为了防止非法用户登录，设置 Telnet 远程登录设备时开启本地用户认证。用户名 cisco2，密码为 cisco2@sh，直接进入特权模式；用户名 cisco3，密码为 cisco3@sh，进入普通用户模式。从普通用户模式进入到全局配置模式的密码为 enable@sh。

扫一扫

思科设备 Telnet 安全登录配置

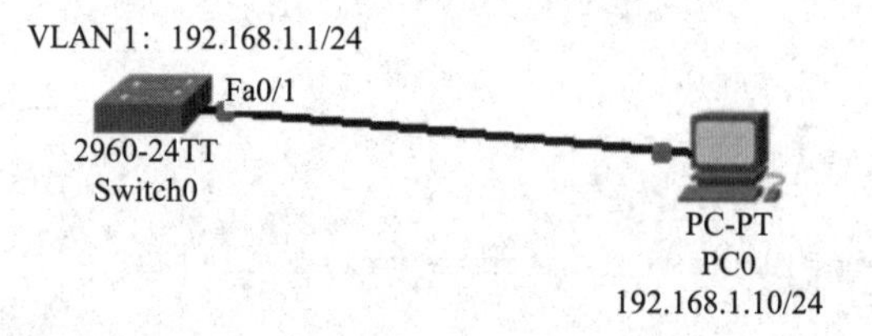

图 7-2-1 思科设备配置 Telnet 安全登录拓扑示意图

（1）配置交换机管理 IP 地址

```
Switch>
Switch>en
Switch#config t
Switch(config)#int vlan 1
Switch(config-if)#ip add 192.168.1.1 255.255.255.0
Switch(config-if)#no shutdown
Switch(config-if)#exit
```

（2）要求 1 的配置命令

```
Switch(config)#line vty 0 4
Switch(config-line)#password vty@sh
Switch(config-line)#login
Switch(config-line)#exit
Switch(config)#enable password enable@sh
```

验证：在 PC0 上，telnet 192.168.1.1，结果如图 7-2-2 所示。

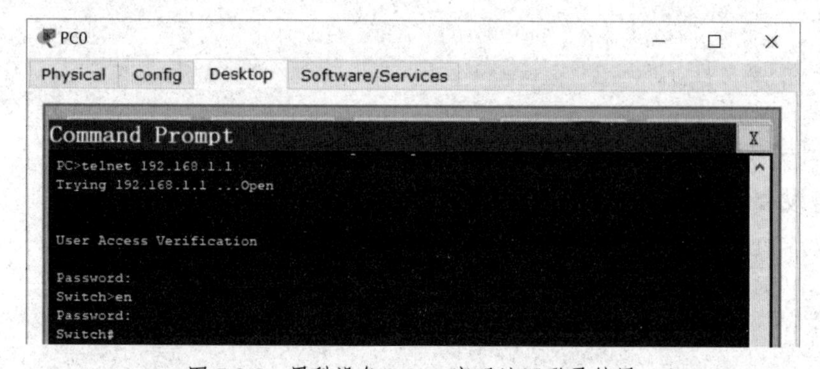

图 7-2-2 思科设备 Telnet 密码认证登录结果

（3）要求 2 的配置命令

```
Switch>
Switch>en
Switch#config t
```

```
Switch(config)#line vty 0 4
Switch(config-line)#login local
Switch(config-line)#exit
Switch(config)#username cisco2 privilege 15 password cisco2@sh
Switch(config)#username cisco3 privilege 0 password cisco3@sh
Switch(config)#
```

验证：在 PC0 上，telnet 192.168.1.1，分别用不同用户登录，结果如图 7-2-3 所示。

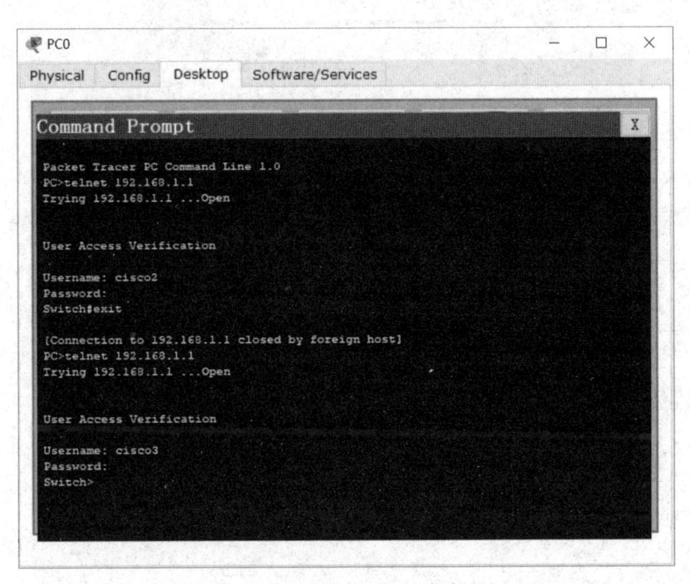

图 7-2-3　思科设备 Telnet 用户认证登录结果

7.2.5　华为设备 Telnet 安全登录配置

1. 华为设备 Telnet 安全登录基本命令

以路由器为例说明，在系统视图下进行设置，基本命令如下：

```
[Huawei]user-interface vty 0 4
```

进入 vty 配置模式，0 到 4 共 5 个并发连接。然后选择认证模式，华为设备 vty 线路认证模式有三种：none（无认证）、password（密码认证）及 aaa 认证。无认证模式就是可以直接登录。密码认证模式即开机输入密码就可以登录。

```
[Huawei-ui-vty0-4]authentication-mode password
[Huawei-ui-vty0-4]Please configure the login password (maximum length 16):
```

在此处输入登录用的密码。如果想修改密码，可通过命令“set authentication password cipher 密码”来设置密码。

```
[Huawei-ui-vty0-4]set authentication password cipher 密码
```

aaa 认证模式开机后需验证用户名及用户密码，可以对不同的用户设置不同的权限。

```
[Huawei-ui-vty0-4]authentication-mode aaa
```

并在系统视图下进入 aaa 管理模式，新建用户及配置用户密码，并赋予不同的权限。

2. 华为设备 Telnet 安全登录配置实例

如图 7-2-4 所示，开启路由器 R1 的远程登录功能。由于在 eNSP 模拟器里 PC 只能用

扫一扫

华为设备 Telnet 安全登录配置

arp、ipconfig、ping 和 tracert 命令，不能使用 Telnet 命令，这里采用路由器 R2 作为 Telnet 的客户端。要求 1，设置 Telnet 远程登录设备时只需要密码认证，密码为 vty@123；要求 2，为了防止非法用户登录，设置 Telnet 远程登录设备时开启 aaa 认证。用户名 huawei2，密码为 huawei2@sh，只有最低权限，不能进入系统视图；用户名 huawei3，密码为 huawei3@sh，具有最高权限，并能进入系统试图。

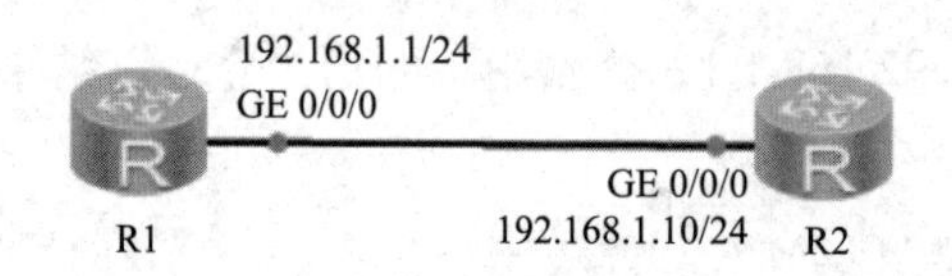

图 7-2-4　华为设备配置 Telnet 安全登录拓扑示意图

（1）配置路由器 R1 的接口 IP 地址

```
<Huawei>sys
[Huawei]sysname R1
[R1]int g0/0/0
[R1-GigabitEthernet0/0/0]ip add 192.168.1.1 24
[R1-GigabitEthernet0/0/0]quit
```

（2）要求 1 的配置命令

```
[R1]user-interface vty 0 4
[R1-ui-vty0-4]authentication-mode password
[R1-ui-vty0-4]set authentication password cipher vty@123
[R1-ui-vty0-4]quit
[R1]
```

验证：

```
配置 R2 的接口 IP 地址
<Huawei>sys
[Huawei]sysname R2
[R2]int g0/0/0
[R2-GigabitEthernet0/0/0]ip add 192.168.1.10 24
[R2-GigabitEthernet0/0/0]quit
[R2]quit
<R2>
```

在 R2 的用户视图下，telnet 192.168.1.1，结果如图 7-2-5 所示。

```
R2
[R2]quit
<R2>
<R2>telnet 192.168.1.1
Trying 192.168.1.1 ...
Press CTRL+K to abort
Connected to 192.168.1.1 ...


Login authentication


Password:
Info: The max number of VTY users is 10, and the number
      of current VTY users on line is 1.
      The current login time is 2022-08-19 21:57:19.
<R1>
```

图 7-2-5　华为设备 Telnet 密码认证登录结果

(3) 要求2的配置命令

```
[R1]user-interface vty 0 4
[R1-ui-vty0-4]authentication-mode aaa
[R1-ui-vty0-4]quit
[R1]aaa
[R1-aaa]local-user huawei2 password cipher huawei2@sh
[R1-aaa]local-user huawei2 privilege level 0
[R1-aaa]local-user huawei3 password cipher huawei3@sh
[R1-aaa]local-user huawei3 privilege level 15
```

验证：在R2的用户视图下，telnet 192.168.1.1，分别用不同用户登录。用huawei2登录到R1，不能进入系统视图，具体如图7-2-6所示。

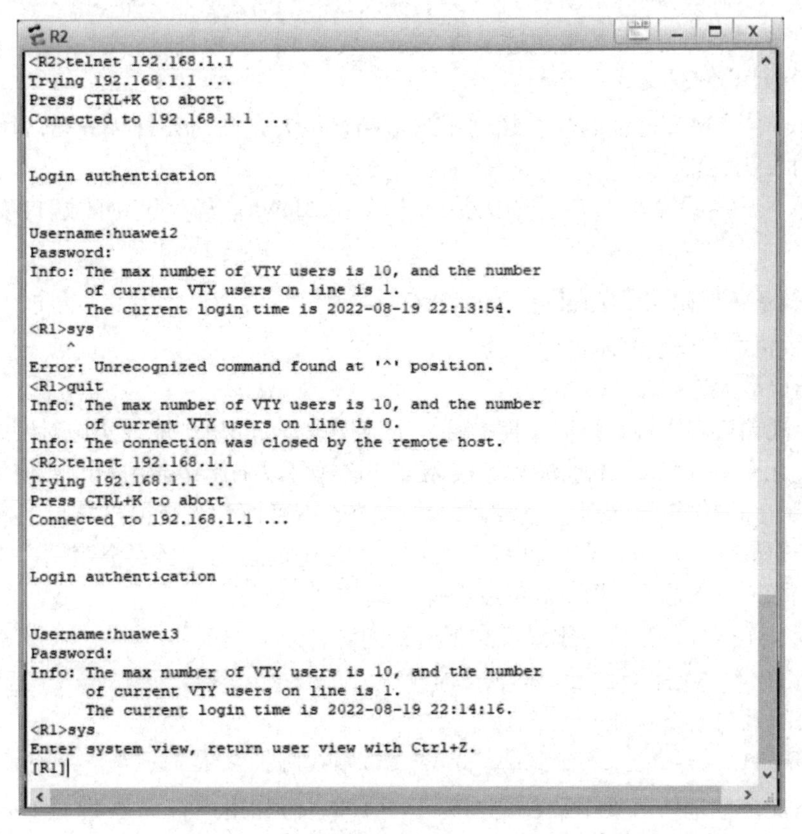

图7-2-6　华为设备Telnet AAA认证登录结果

7.3 交换机端口安全技术及配置

7.3.1 交换机端口安全

端口安全是一种交换机安全技术，在一定程度上可以保证企业交换网络的安全，其本质是通过限制MAC地址表实现对网络的管控。一般情况下可用于限制接入端口下的授权用户，非授权用户或者过多的用户会引发安全处理行为，比如限制用户私自接入家用级别路由器。如果应用在接入层设备中，通过配置端口安全可以防止仿冒用户从其他端口攻击。如果应用在汇聚层设备中，通过配置端口安全，可以控制接入用户的数量。

在开启端口安全的默认情况下，每个端口仅可以学习一个安全 MAC 地址，用户可以配置端口学习安全 MAC 地址的最大数量。当最大安全数目 MAC 地址表外的一个 MAC 地址试图访问这个端口，或一个被配置为其他端口的安全 MAC 地址试图访问这个端口时，则产生违例，触发交换机安全保护动作。

- 产生违规以后，交换机有以下三种安全保护动作：
- protect：当 MAC 地址的数量达到这个端口最大允许的数量时，端口丢弃未知源地址的报文。直到删除了足够数量的 MAC 地址，降到最大数值之后才会不丢弃。
- restrict：当 MAC 地址的数量超过了这个端口最大允许的数量时，端口丢弃未知源地址的报文，同时发出告警。
- shutdown：当 MAC 地址的数量超过了这个端口最大允许的数量时，端口执行 shutdown 操作，同时发出告警。

默认情况下，思科设备的端口安全保护动作为 shutdown，华为设备的端口安全保护动作为 restrict。

7.3.2 思科交换机端口安全配置

1. 思科交换机端口安全基本命令

(1) 配置端口最大连接数

常见的交换机端口安全就是根据交换机端口上连接设备的 MAC 地址实施对网络流量的控制，如限制具体端口上通过的 MAC 地址最大连接数量。这样可以限制终端用户非法使用集线器等接入设备，随意扩展内部网络连接数量，造成网络中流量的不可控。当交换机端口上所连接的安全地址数目达到允许的最大个数时，交换机将产生一个安全违例通知。当安全违例产生后，可以设置交换机，针对不同的安全需求采用不同的安全保护动作。

配置端口最大连接数，在接口配置模式下进行配置，命令如下：

```
Switch(config-if)#switchport port-security
```

即打开接口的端口安全功能。

```
Switch(config-if)#switchport port-security maximum 数值
```

设置端口上安全地址的最大个数，范围为 1 ～ 128。假如用户有一个 12 端口的集线器连接到交换机的此端口，使用 switchport port-security maximum 12 来设定此端口通过的最大 MAC 地址数目为 12。

```
Switch(config-if)#switchport port-security violation 安全保护动作
```

此命令告诉交换机，当端口上 MAC 地址数超过了最大数量之后交换机应该怎么做。默认是 shutdown 端口。可以选择使用 restrict 来警告网络管理员，也可以选择 protect 来应答通过安全端口通信并丢弃来自其他 MAC 地址的数据包。

(2) 绑定端口安全地址

对交换机端口安全的实施，还可以根据 MAC 地址限制来实施网络安全，如把接入主机的 MAC 地址与交换机相连的端口绑定。通过在交换机的指定端口上限制某些接入设备的 MAC 地址流量通过，从而实现对网络的安全控制访问目的。

当连接主机的 MAC 地址与交换机连接端口绑定后，如果交换机发现收到的数据帧中主机的 MAC 地址与交换机上配置的 MAC 地址不一致时，交换机相应的端口将执行安全保护动作，如关闭连接端口。

在一个端口上绑定安全地址的命令如下：

```
Switch(config-if)#switchport port-security mac-address MAC 地址 {ip-address IP 地址 }
```

需要注意的是，不同的版本，地址绑定命令稍有区别，可使用？和关键字进行查询。

2. 思科交换机端口安全配置实例

某企业为了防范企业内部网络攻击行为，为企业中每一台计算机分配固定 IP 地址，如某位员工的计算机分配 IP 地址是 192.168.1.55/24，查看获得该主机的 MAC 地址，并限制只允许企业内部的员工才可以使用企业网络，网络拓扑如图 7-3-1 所示。

扫一扫

思科交换机端口安全配置

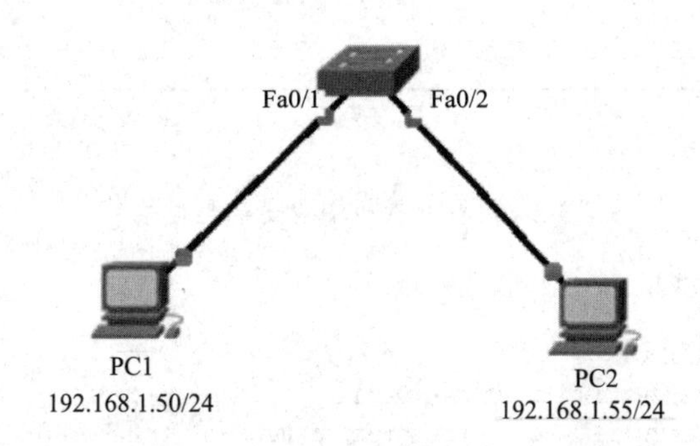

图 7-3-1 思科交换机端口安全配置

(1) 配置网络参数

根据图 7-3-1 配置 PC1 和 PC2 的网络参数。

(2) 配置交换机端口最大连接数

```
Switch>
Switch>en
Switch#config t
Switch(config)#int range fa0/1-23
Switch(config-if-range)#switchport mode access
Switch(config-if-range)#switchport port-security
Switch(config-if-range)#switchport port-security maximum 1
Switch(config-if-range)#switchport port-security violation shutdown
Switch(config-if-range)#end
Switch#
```

(3) 验证测试

在特权模式下，使用 show port-security 命令查看交换机的端口配置，结果如图 7-3-2 所示。

(4) 查看主机的 IP 和 MAC 地址信息

在主机上打开 CMD 命令提示符窗口，执行 ipconfig /all 命令，查看计算机地址信息。

```
Physical Address................: 0001.6369.D7A7
IP Address......................: 192.168.1.55
Subnet Mask.....................: 255.255.255.0
```

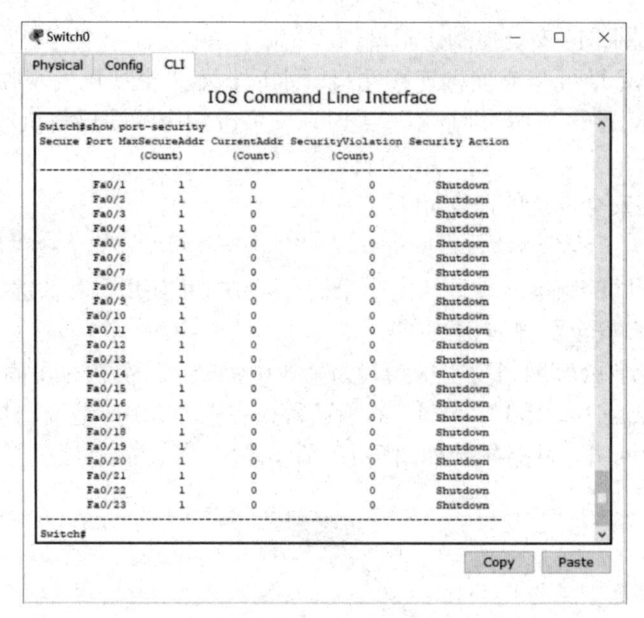

图 7-3-2　思科交换机端口安全配置结果

（5）配置交换机端口的地址绑定

```
Switch(config)#int f0/2
Switch(config-if)#switchport port-security
Switch(config-if)#switchport port-security mac-address 0001.6369.D7A7
```

（6）验证测试

查看地址安全绑定配置，结果如图 7-3-3 所示。

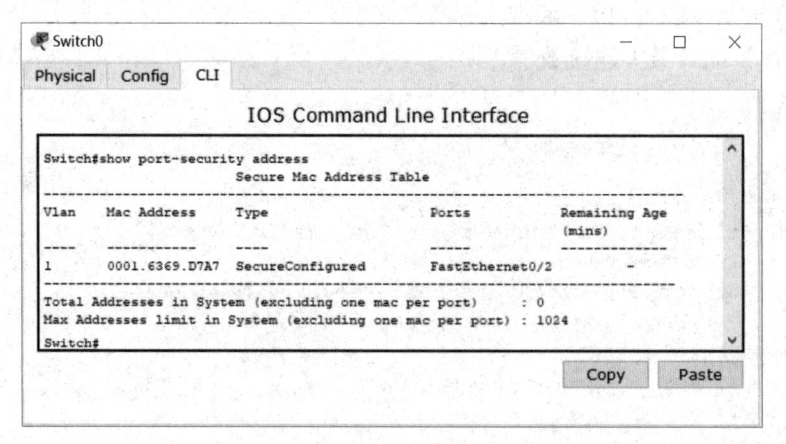

图 7-3-3　思科交换机地址安全绑定结果

在 PC2 上 ping PC1 能够 ping 通。将一台新的 PC 连接到 Fa0/2 端口，并将新 PC 的 IP 地址也设置为 192.168.1.55，然后在新的 PC 上 ping PC1，端口 Fa0/2 马上关闭。要开启此端口，可以先手动使用 shutdown 命令关闭该端口，再用 no shutdown 命令开启该端口。

7.3.3 华为交换机端口安全配置

1. 华为交换机端口安全基本命令

(1) 配置端口最大连接数

华为交换机配置端口最大连接数，在接口配置视图下进行配置，命令如下：

```
[Huawei-GigabitEthernet0/0/1]port-security enable
# 开启接口的端口安全功能
[Huawei-GigabitEthernet0/0/1]port-security max-mac-num 数值
# 设置端口上安全地址的最大个数，范围为 1-128。
[Huawei-GigabitEthernet0/0/1]port-security protect-action 安全保护动作
# 此命令告诉交换机，当端口上 MAC 地址数超过了最大数量之后交换机应该怎么做。默认是 restrict。
```

(2) 绑定端口安全地址

在华为交换机的端口上绑定安全地址的命令如下：

```
[Huawei-GigabitEthernet0/0/1]port-security mac-address MAC 地址 {ip-address IP 地址 }
# 手工配置接口上的安全地址
[Huawei-GigabitEthernet0/0/1]port-security mac-address sticky
```

2. 华为交换机端口安全配置实例

某企业为了防范企业内部网络攻击行为，为企业中每一台计算机分配固定 IP 地址，如为某位员工的计算机分配 IP 地址是 192.168.1.55/24，查看该主机 MAC 地址；并限制只允许企业内部的员工才可以使用企业网络，网络拓扑如图 7-3-4 所示。

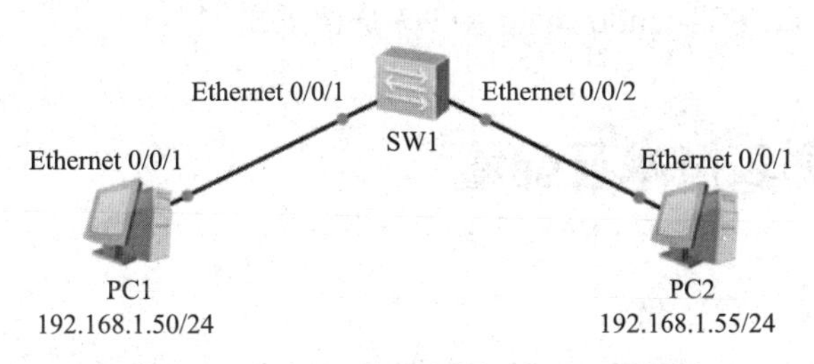

图 7-3-4 华为交换机端口安全配置

扫一扫

华为交换机端口安全配置

(1) 配置网络参数

根据图 7-3-4 配置 PC1 和 PC2 的网络参数。

(2) 配置交换机端口最大连接数

```
<Huawei>sys
[Huawei]port-group group-member ethernet 0/0/1 to ethernet 0/0/22
[Huawei-port-group]port-security enable
[Huawei-port-group]port-security max-mac-num 1
[Huawei-port-group]port-security protect-action shutdown
[Huawei-port-group]quit
```

对于连续端口的配置，可以采用命令 port-group group-member 接口 to 接口。

(3) 查看主机的 IP 和 MAC 地址信息

在主机 PC2 上打开 CMD 命令提示符窗口，执行 ipconfig 命令，查看计算机地址信息。

```
IPv4 address......................: 192.168.1.55
Subnet mask.......................: 255.255.255.0
```

```
Physical address..................: 54-89-98-A6-7A-F7
```

(4) 配置交换机端口的地址绑定

```
[Huawei]int e0/0/2
[Huawei-Ethernet0/0/2]port-security mac-address sticky
```

(5) 验证违规

PC1 ping PC2 后，查看地址 MAC 地址表，结果如图 7-3-5 所示。

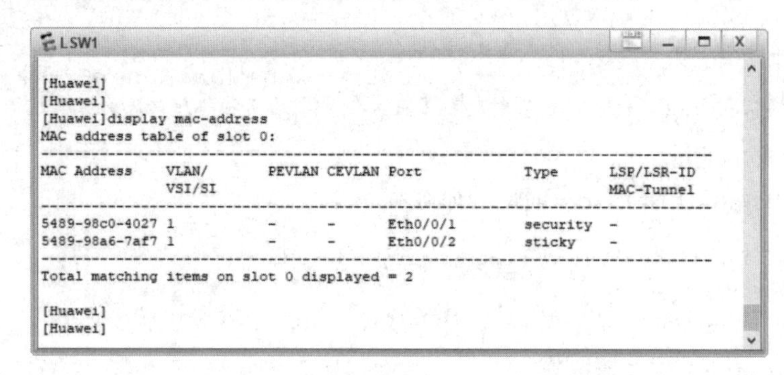

图 7-3-5 华为交换机查看 MAC 地址表

在 PC2 上 ping PC1 能够 ping 通。将一台新的 PC 机连接到 Eth0/0/2 端口，并将新 PC 的 IP 地址也设置为 192.168.1.55，然后在新的 PC 上 ping PC1，端口 Eth0/0/2 会关闭。要开启此端口，可以先手动 shutdown 该端口，再用 undo shutdown 开启该端口。

7.4 访问控制列表技术及配置

7.4.1 访问控制列表 ACL 简介

访问控制列表（Access Control List，ACL）技术是基于包过滤的访问控制技术，它可以根据设定的条件对接口上的数据包进行过滤，允许或禁止其通过。

访问控制列表安全规则中包含一组安全控制和检查的命令列表，一般应用在三层交换机或者路由器接口上。这些命令列表告诉路由器哪些数据包可以通过，哪些数据包需要拒绝。至于什么样的数据包被允许还是被拒绝，由数据包中携带的源地址、目的地址、端口号、协议等特征信息来决定。

访问控制列表技术通过对网络中所有的输入和输出访问数据流进行控制，过滤掉网络中非法的、未授权的访问，对通信流量进行控制，提高网络安全性能。

1. 访问控制列表的作用

ACL 提供了一种网络安全访问机制，通过过滤网络互联设备上的接口信息流，对该接口上进入、流出的数据进行安全检测。

访问控制列表技术的主要作用如下：

- 提供网络安全访问控制手段。允许一些符合匹配规则的数据包通过访问的同时而拒绝另一部分不符合匹配规则的数据包。例如，允许主机 A 访问人力资源网络，而拒绝主机 B 访问人力资源网络。

- 过滤数据流。防止一些不必要的数据包通过路由器，来提高网络的带宽的利用率。例如，用户可以允许 E-mail 通信流量被路由，而拒绝所有的 Telnet 通信流量。
- 限制网络访问，从而提高网络性能。例如，ACL 可以根据数据包的协议，指定这种类型的数据包具有更高的优先级，同等情况下可预先被网络设备处理。

2. 访问控制列表的工作原理

当一个数据包进入一个接口，路由器检查这个数据包是否可路由。如果是可以路由的，路由器检查这个接口是否有 ACL 控制进入的数据包。如果有，根据 ACL 中的条件指令，检查这个数据包。如果数据包是被允许的，就根据路由表决定数据包的目标接口。

路由器检查目标接口是否存在 ACL 控制流出的数据包。若不存在，这个数据包就直接发送到目标接口。若存在，就再根据 ACL 进行取舍，然后再转发到目标接口。

总之，入站数据包由路由器处理器调入内存，读取数据包的包头信息，如目标 IP 地址，并搜索路由器的路由表，查看是否在路由表项中，如果有，则从路由表的出栈接口转发，如果无，则丢弃该数据包。数据进入该接口的访问控制列表（如果无访问控制规则，直接转发），然后按条件进行筛选。

当 ACL 处理数据包时，一旦数据包与某条 ACL 语句匹配，则会跳过列表中剩余的其他语句，根据该条匹配的语句内容决定允许或者拒绝该数据包。如果数据包内容与 ACL 语句不匹配，那么将依次使用 ACL 列表中的下一条语句检测数据包。该匹配过程会一直继续，直到抵达列表末尾。最后一条隐含的语句适用于不满足之前任何条件的所有数据包，这条最后的测试条件与这些数据包匹配，通常会隐含拒绝一切数据包的指令。此时路由器不会让这些数据进入或送出接口，而是直接丢弃。最后这条语句通常称为隐式的“deny any”语句。由于该语句的存在，所以在 ACL 中应该至少包含一条 permit 语句，否则，默认情况下，ACL 将阻止所有流量。

3. 访问控制列表的分类

（1）标准访问控制列表

标准访问控制列表匹配 IP 包中的源地址，可对匹配的数据包采取拒绝或允许两个操作。思科设备中编号范围从 1 到 99 的访问控制列表是标准 IP 访问控制列表。华为设备中编号范围从 2000 到 2999 的访问控制列表是标准 IP 访问控制列表。

（2）扩展访问控制列表

扩展访问控制列表比标准访问控制列表具有更多的匹配项，包括协议类型、源 IP 地址、目的 IP 地址、源端口、目的端口等。思科设备中编号范围从 100 到 199 的访问控制列表是扩展 IP 访问控制列表。华为设备中编号范围从 3000 到 3999 的访问控制列表是扩展 IP 访问控制列表。

（3）命名的 IP 访问控制列表

所谓命名的 IP 访问控制列表，是以列表名代替列表编号来定义访问控制列表，同样包括标准和扩展两种列表，定义过滤的语句与编号方式相似。

4. 访问控制列表的使用

访问控制列表 ACL 的使用分为两步：

① 创建访问控制列表 ACL，根据实际需要设置对应的条件项。

② 将 ACL 应用到路由器指定接口的指定方向上。

在访问控制列表 ACL 的配置与使用中需要注意以下事项：

- ACL 是按自顶向下顺序进行处理，一旦匹配成功，就会进行处理，且不再比对以后的语句，所以 ACL 中语句的顺序很重要。应当将最严格的语句放在最上面，最不严格的语句放在底部。
- 当所有语句没有匹配成功时，会丢弃分组。这也称为 ACL 隐性拒绝。
- 每个接口在每个方向上，只能应用一个 ACL。
- 标准 ACL 应该部署在距离分组的目的网络近的位置，扩展 ACL 应该部署在距离分组发送者近的位置。

7.4.2 思科设备配置 ACL

1. 思科设备 ACL 配置基本命令

（1）标准访问控制列表命令格式

标准访问控制列表通过使用 IP 包中的源 IP 地址进行过滤。思科设备使用列表号 1 到 99 来创建相应的 ACL。标准访问控制列表在全局配置模式下创建，它的命令格式如下：

```
Router(config)#access-list 列表号 deny|permit 源地址 子网通配符
```

deny 的含义是丢弃所有与特定源地址相匹配的数据包；permit 的含义是允许与特定源地址相匹配的数据包通过接口。应用于源地址的子网通配符掩码定义了一个源主机组，这些主机组会被检查。如果没有规定子网通配符，默认通配符是 0.0.0.0。

标准 ACL 还支持以下关键字：

- any——任何主机。
- host——规定一个特定的主机。

例如：

```
access-list 10 deny host 192.168.1.1
```

这句命令的含义是将所有来自 192.168.1.1 地址的数据包丢弃。

```
access-list 10 deny 192.168.1.0 0.0.0.255
```

这句命令的含义是将来自 192.168.1.0/24 的所有计算机的数据包进行过滤丢弃。这里子网通配符 0.0.0.255 用来匹配 192.168.1.0/24 网段。

子网通配符是一个 32 比特长度的数值，用于指示 IP 地址中哪些位需要严格匹配，哪些位模糊匹配（无关位）。通配符通常采用类似子网掩码的点分十进制形式表示，但是含义却与子网掩码完全不同。子网通配符的匹配规则是“0”表示“匹配”，“1”表示“随机匹配”。例如匹配 192.168.1.0/24 这个子网中的奇数 IP 地址，192.168.1.1、192.168.1.3、……、192.168.1.253，则通配符为 0.0.0.254。

（2）扩展访问控制列表命令格式

思科设备定义扩展访问控制列表对数据包源地址、目的地址、源端口、目的端口等都进行检查。可使用扩展访问控制列表允许或禁止某网段主机访问其他网段主机中的某应用，该应用使用熟知的端口号。一般将扩展访问控制列表应用在距离源最近的地方，通过自己匹配进入设备数据包进行策略拒绝，避免数据包任何无必要的消耗系统处理资源。

思科设备使用列表号 100 到 199 来创建相应的 ACL。扩展访问控制列表在全局配置模式下创建，它的命令格式如下：

```
    Router(config)#access-list 列表号 deny|permit 协议 源地址 子网通配符 目的地址 子网通配符 [操作码 目标端口]
```

命令格式中的协议，经常用到的是 ICMP、IP、TCP 和 UDP。

例如：Router(config)#access-list 100 deny tcp 192.168.1.0 0.0.0.255 192.168.2.2 eq 80，该命令的含义是禁止 192.168.1.0/24 网段用户访问主机 192.168.2.2 的 80 端口服务（或 WWW 服务）。

Router(config)#access-list 100 permit tcp 192.168.1.0 0.0.0.255 192.168.2.2 eq 23，该命令的含义允许 192.168.1.0/24 网段用户访问主机 192.168.2.2 的 23 端口服务（或 Telnet 服务）。

（3）访问控制列表的应用

访问控制列表要应用在接口上，命令为：

```
router(config)#interface fa0/0
router(config-if)#ip access-group 100 in
```

该命令是将列表号为 100 的扩展 ACL 应用于 fa0/0 接口的入口方向。也可以根据需要应用于设备的出口上，此时使用关键字 out。

2. 思科设备配置 ACL 实例

某电子商务公司内部网络安全和网络服务质量问题日益突出，企业重要服务器资源访问不受限制，企业机密信息容易泄露，造成安全隐患。为防止内部网络安全事件，需要设置访问控制列表，拓扑图如图 7-4-1 所示。

扫一扫

思科设备配置 ACL

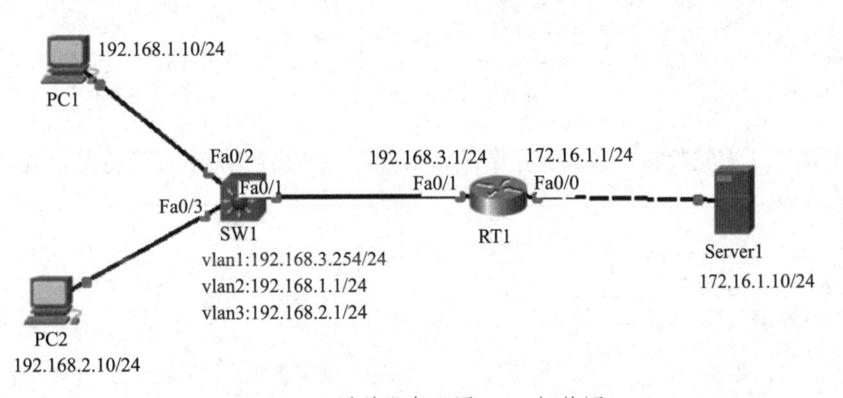

图 7-4-1 思科设备配置 ACL 拓扑图

其中，Server1 为公司一台服务器，SW1 为公司内网交换机，通过配置 SW1 中的路由协议和 VLAN 信息以达到公司内网之间相互通信以及将公司内部用户划分为不同群体的要求。配置路由器 RT1 上的路由协议，使公司内网可以与服务器通信。配置路由器 RT1 访问控制列表，并在 fa0/1 接口上应用访问控制列表，使得 192.168.1.0/24 网段只能访问服务器上面的 DNS、SMTP、POP3 等服务；对于 192.168.2.0/24 网段，该网段的主机只能访问服务器的 ICMP 与 WWW 两个服务，其他不允许。

① 在三层交换机 SW1 创建 VLAN2，VLAN3，并将 PC1 和 PC2 划入正确的 VLAN；配置交换机 SW1 上各 SVI 接口的 IP 地址，开启相应的动态路由协议 RIP，使得企业网络正常通信。

```
Switch>en
Switch#config t
Switch(config)#hostname SW1
SW1(config)#vlan 2
SW1(config-vlan)#exit
```

```
SW1(config)#vlan 3
SW1(config-vlan)#exit
SW1(config)#int f0/2
SW1(config-if)#switchport mode access
SW1(config-if)#switchport access vlan 2
SW1(config-if)#exit
SW1(config)#int f 0/3
SW1(config-if)#switchport mode access
SW1(config-if)#switchport access vlan 3
SW1(config-if)#exit
SW1(config)#int vlan 2
SW1(config-if)#ip address 192.168.1.1 255.255.255.0
SW1(config-if)#no shutdown
SW1(config-if)#exit
SW1(config)#int vlan 3
SW1(config-if)#ip address 192.168.2.1 255.255.255.0
SW1(config-if)#no shutdown
SW1(config-if)#exit
SW1(config)#int vlan 1
SW1(config-if)#ip address 192.168.3.254 255.255.255.0
SW1(config-if)#no shutdown
SW1(config)#ip routing
SW1(config)#router rip
SW1(config-router)#network 192.168.1.0
SW1(config-router)#network 192.168.2.0
SW1(config-router)#network 192.168.3.0
SW1(config-router)#exit
SW1(config)#
```

② 在路由器RT1上配置接口IP地址,并开启相应的动态路由协议RIP,使得企业网络正常通信。

```
Router>en
Router#config t
Router(config)#hostname RT1
RT1(config)#int f0/0
RT1(config-if)#ip address 172.16.1.1 255.255.255.0
RT1(config-if)#no shutdown
RT1(config-if)#exit
RT1(config)#int f0/1
RT1(config-if)#ip add 192.168.3.1 255.255.255.0
RT1(config-if)#no shutdown
RT1(config-if)#exit
RT1(config)#router rip
RT1(config-router)#network 192.168.3.0
RT1(config-router)#network 172.16.1.0
RT1(config-router)#exit
```

③ 为PC1、PC2和Server1配置IP地址，并测试连通性。

设置PC1的网络参数：IP地址192.168.1.10，子网掩码255.255.255.0，默认网关192.168.1.1。

设置PC2的网络参数：IP地址192.168.2.10，子网掩码255.255.255.0，默认网关192.168.2.1。

设置Server1的网络参数:IP地址172.16.1.10，子网掩码255.255.255.0，默认网关172.16.1.1。

PC1、PC2和Server1之间相互都能通信。以PC1上ping服务器Server1为例，结果如图7-4-2所示。

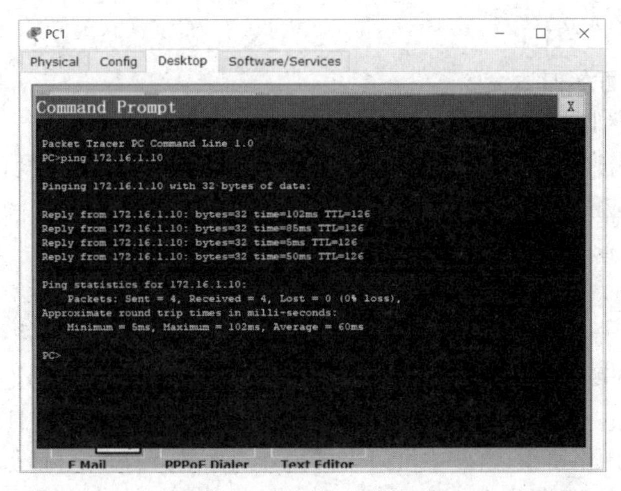

图 7-4-2　思科配置 ACL 前 PC1 ping Server1 的结果

④ 在路由器 RT1 上配置访问控制列表，列表号为 101，并在 f0/1 接口上应用访问控制列表。

```
RT1(config)#access-list 101 permit tcp 192.168.1.0 0.0.0.255 172.16.1.0 0.0.0.255 eq 25
RT1(config)#access-list 101 permit tcp 192.168.1.0 0.0.0.255 172.16.1.0 0.0.0.255 eq 110
RT1(config)#access-list 101 permit tcp 192.168.1.0 0.0.0.255 172.16.1.0 0.0.0.255 eq 53
RT1(config)#access-list 101 permit udp 192.168.1.0 0.0.0.255 172.16.1.0 0.0.0.255 eq 53
RT1(config)#access-list 101 permit icmp 192.168.2.0 0.0.0.255 172.16.1.0 0.0.0.255
RT1(config)#access-list 101 permit tcp 192.168.2.0 0.0.0.255 172.16.1.0 0.0.0.255 eq www
RT1(config)#access-list 101 deny ip any any
RT1(config)#int f0/1
RT1(config-if)#ip access-group 101 in
RT1(config-if)#
```

此时，在 PC1 上 ping Server1 不通，结果如图 7-4-3 所示，在 PC2 上 ping Server1 可以 ping 通。

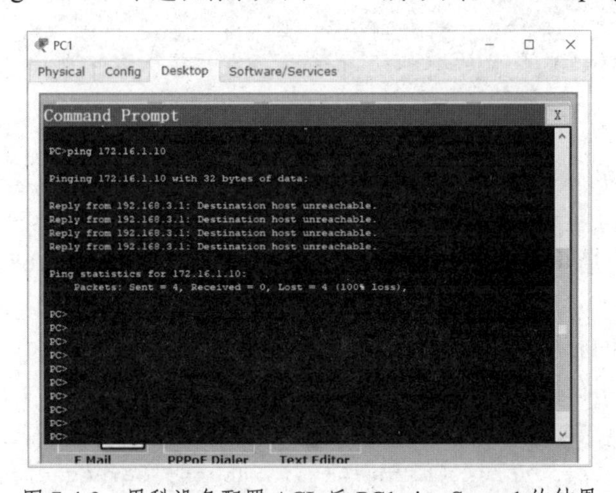

图 7-4-3　思科设备配置 ACL 后 PC1 ping Server1 的结果

7.4.3 华为设备配置ACL

1. 华为设备ACL配置基本命令

（1）标准访问控制列表命令格式

标准访问控制列表通过使用IP包中的源IP地址进行过滤。华为设备使用访问控制列表号2000到2999来创建相应的ACL。

标准访问控制列表在系统视图下创建，它的命令格式如下：

```
[Huawei]acl 列表号
[Huawei-acl-basic-列表号]rule [规则号] permit|deny source 源地址 子网通配符
```

deny的含义是丢弃所有与特定源地址相匹配的数据包；permit的含义是允许与特定源地址相匹配的数据包通过接口。source用来指定ACL规则匹配报文的源地址信息。应用于源地址的子网通配符掩码定义了一个源主机组,这些主机组会被检查。如果没有规定掩码,默认通配符是0.0.0.0。

标准ACL还支持以下关键字：

any——任何主机。

host——规定一个特定的主机匹配。

例如：

```
acl 2000
rule 1 deny source 192.168.1.1 0.0.0.0
```

这句命令的含义是将所有来自192.168.1.1地址的数据包丢弃。

（2）扩展访问控制列表命令格式

扩展访问控制列表对数据包源地址、目的地址、源端口、目的端口等都进行检查。可使用扩展访问控制列表允许或禁止某网段主机访问其他网段主机中某应用，该应用使用熟知的端口号。一般将扩展访问控制列表应用在距离源最近的地方，通过自己匹配进入设备数据包进行策略拒绝，避免数据包任何无必要的消耗系统处理资源。华为设备使用的访问控制列表号3000到3999来创建相应的扩展ACL。

扩展访问控制列表在系统视图下创建，它的命令格式如下：

```
[Huawei]acl 列表号
[Huawei-acl-adv-列表号]rule [规则号] permit|deny 协议 source 源地址 子网通配符
destination 源地址 子网通配符 [destination-port] [操作码 端口号]
```

例如：

```
[Huawei]acl 3000
[Huawei-acl-adv-3000]rule 1 deny tcp source 192.168.1.0 0.0.0.255 destination
192.168.2.2 destination-port eq 80
```

这个命令的含义是禁止192.168.1.0/24网段的用户访问主机192.168.2.2的80端口服务（或WWWP服务）。

（3）访问控制列表的应用

访问控制列表要应用在接口上，命令为：

```
[Huawei]interface g0/0/0
[Huawei-GigabitEthernet0/0/0]traffic-filter inbound|outbound acl 列表号
```

请注意:华为eNSP模拟器中Router类型路由器不支持ACL,需要选择AR类型路由器。

2. 华为设备配置 ACL 实例

某电子商务公司内部网络安全和网络服务质量问题日益突出，企业重要服务器资源访问不受限制，企业机密信息容易泄露，造成安全隐患，为防止内部网络安全事件，需要设置访问控制列表，拓扑图如图 7-4-4 所示。

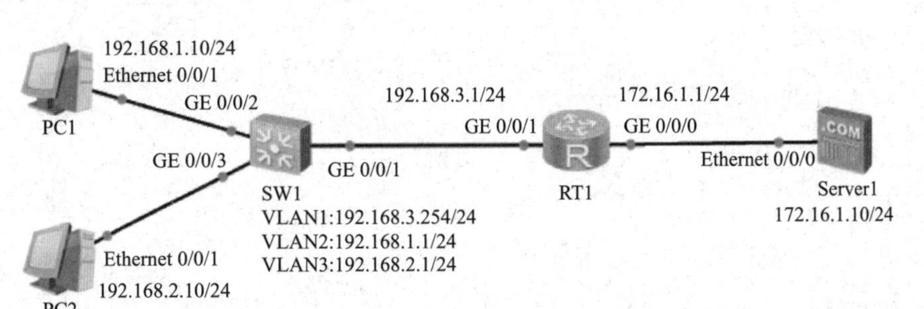

图 7-4-4 华为设备配置 ACL 拓扑图

其中，Server1 为公司中的一台服务器，SW1 为公司内网交换机，通过配置 SW1 中的路由协议和 VLAN 信息以达到公司内网之间相互通信以及将公司内部用户划分为不同群体的要求。配置路由器 RT1 上的路由协议，使公司内网可以与服务器通信。配置路由器 RT1 访问控制列表，并在 GE0/0/1 接口上应用访问控制列表，使得 192.168.1.0/24 网段只能访问服务器上面的 DNS、SMTP、POP3 等服务；对于 192.168.2.0/24 网段，该网段的主机只能访问服务器的 ICMP 与 WWW 服务；其他不允许。

① 在三层交换机 SW1 创建 VLAN2，VLAN3，并将 PC1 和 PC2 划入正确的 VLAN；配置交换机 SW1 上各 SVI 接口的 IP 地址，开启相应的动态路由协议 RIP，使得企业网络正常通信。

```
<Huawei>system
[Huawei]sysname SW1
[SW1]vlan batch 2 3
[SW1]interface GigabitEthernet 0/0/2
[SW1-GigabitEthernet0/0/2]port link-type access
[SW1-GigabitEthernet0/0/2]port default vlan 2
[SW1-GigabitEthernet0/0/2]quit
[SW1]interface GigabitEthernet 0/0/3
[SW1-GigabitEthernet0/0/3]port link-type access
[SW1-GigabitEthernet0/0/3]port default vlan 3
[SW1-GigabitEthernet0/0/3]quit
[SW1]interface vlan 2
[SW1-Vlanif2]ip address 192.168.1.1 24
[SW1-Vlanif2]quit
[SW1]interface vlan 3
[SW1-Vlanif3]ip address 192.168.2.1 24
[SW1-Vlanif3]quit
[SW1]interface vlan 1
[SW1-Vlanif1]ip address 192.168.3.254 24
[SW1-Vlanif1]quit
[SW1]rip
[SW1-rip-1]ver 2
```

```
[SW1-rip-1]network 192.168.1.0
[SW1-rip-1]network 192.168.2.0
[SW1-rip-1]network 192.168.3.0
```

② 在路由器RT1上配置接口IP地址，并开启相应的动态路由协议RIP，使得企业网络正常通信。

```
<Huawei>system
[Huawei]sysname RT1
[RT1]int g0/0/0
[RT1-GigabitEthernet0/0/0]ip address 172.16.1.1 24
[RT1-GigabitEthernet0/0/0]quit
[RT1]int g0/0/1
[RT1-GigabitEthernet0/0/1]ip address 192.168.3.1 24
[RT1-GigabitEthernet0/0/1]quit
[RT1]rip
[RT1-rip-1]ver 2
[RT1-rip-1]network 172.16.0.0
[RT1-rip-1]network 192.168.3.0
```

③ 为PC1、PC2和Server1配置IP地址，并测试连通性。

设置PC1的网络参数：IP地址192.168.1.10，子网掩码255.255.255.0，默认网关192.168.1.1。

设置PC2的网络参数：IP地址192.168.2.10，子网掩码255.255.255.0，默认网关192.168.2.1。

设置Server1的网络参数:IP地址172.16.1.10，子网掩码255.255.255.0，默认网关172.16.1.1。

PC1、PC2和Server1之间相互都能通信。以PC1上ping服务器Server1为例，结果如图7-4-5所示。

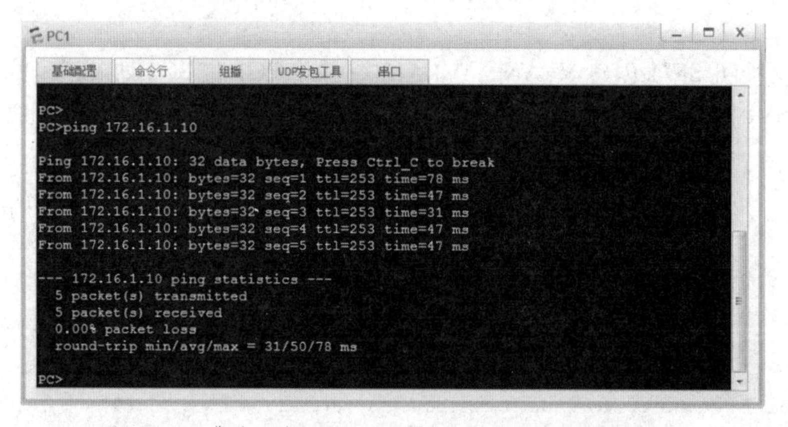

图7-4-5　华为设备配置ACL前PC1 ping Server1的结果

④ 在路由器RT1上配置访问控制列表，列表号为3000，并在g0/0/1接口上应用访问控制列表。

```
[RT1]acl 3000
[RT1-acl-adv-3000]rule 1 permit tcp source 192.168.1.0 0.0.0.255 destination 172.16.1.0 0.0.0.255 destination-port eq 25
[RT1-acl-adv-3000]rule 2 permit tcp source 192.168.1.0 0.0.0.255 destination 172.16.1.0 0.0.0.255 destination-port eq 110
[RT1-acl-adv-3000]rule 3 permit tcp source 192.168.1.0 0.0.0.255 destination 172.16.1.0 0.0.0.255 destination-port eq 53
[RT1-acl-adv-3000]rule 4 permit udp source 192.168.1.0 0.0.0.255 destination 172.16.1.0 0.0.0.255 destination-port eq 53
```

```
[RT1-acl-adv-3000]rule 5 permit icmp source 192.168.2.0 0.0.0.255 destination 172.16.1.0 0.0.0.255
[RT1-acl-adv-3000]rule 6 permit tcp source 192.168.2.0 0.0.0.255 destination 172.16.1.0 0.0.0.255 destination-port eq www
[RT1-acl-adv-3000]rule 7 deny ip
[RT1-acl-adv-3000]quit
[RT1]int g0/0/1
[RT1-GigabitEthernet0/0/1]traffic-filter inbound acl 3000
```

此时，在 PC1 上 ping Server1 不通，结果如图 7-4-6 所示，在 PC2 上 ping Server1 可以 ping 通。

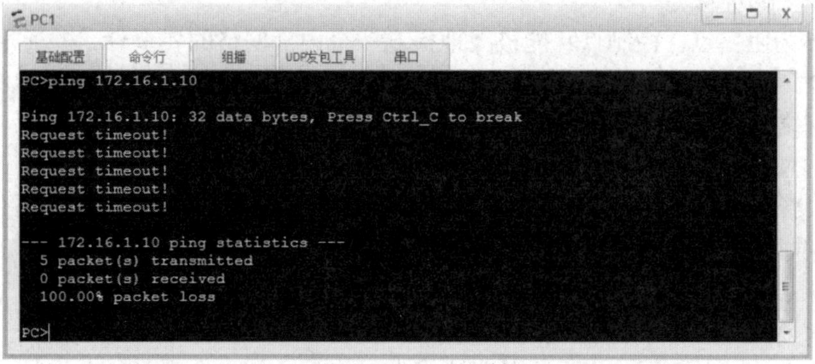

```
PC1
基础配置 命令行 组播 UDP发包工具 串口
PC>ping 172.16.1.10

Ping 172.16.1.10: 32 data bytes, Press Ctrl_C to break
Request timeout!
Request timeout!
Request timeout!
Request timeout!
Request timeout!

--- 172.16.1.10 ping statistics ---
  5 packet(s) transmitted
  0 packet(s) received
  100.00% packet loss

PC>
```

图 7-4-6 华为设备配置 ACL 后 PC1 ping Server1 的结果

7.5 防火墙技术及配置

7.5.1 防火墙简介

1. 防火墙基本概念

防火墙技术是一种保护计算机网络安全的技术性措施，是在内部网络和外部网络之间实现控制策略的一个或多个系统。防火墙作为不同网络或网络安全域之间信息的出入口，能根据安全策略（允许、拒绝、监测）控制出入的信息流，且本身具有较强的抗攻击能力。防火墙是基于访问控制技术架构在内外网络边界上的一类安全保护机制，内部网络被认为是安全可信赖的，而外部网络被认为是不安全不可信赖的。防火墙置于可信网络和不可信网络（如内部网络与外部网络，专用网与公共网等）之间，实现对可信网络的保护和屏障作用。防火墙是一个网关型设备，所有进出的流量都必须经过防火墙。只有被允许或授权的合法数据，即符合防火墙安全策略的数据，才可以通过防火墙。防火墙的作用是防止不希望的、未经授权的通信进出被保护的内部网络，通过边界控制强化内部网络的安全策略。从本质上说，防火墙遵从的是一种允许或阻止业务往来的网络通信安全机制，也就是提供可控的过滤网络通信，只允许授权的通信。

防火墙是一种非常有效的网络安全模型，通过它可以隔离风险区域（外部网络）与安全区域（内部网络）的连接，同时不妨碍人们对风险区域的访问。监控出入网络的信息，仅让安全的、符合规则的信息进入内部网络，为网络用户提供一个安全的网络环境。设置防火墙的目的是保护内部网络资源不被外部非授权用户使用，过滤不安全服务和非法用户，防止内部网络受到外部非法用户的攻击。通过检查所有进出内部网络的数据包，检查数据包的合法性，判断是否会对网络安全构成威胁，为内部网络建立安全边界；所有经过防火墙的通信流都有安全策略的确认和授权。防火墙是网络安全防护中的一个重要组成部分，通过部署防火墙能有效防范非法攻击，有效保障内部网络的安全。

2. 防火墙的基本功能

防火墙技术可以帮助计算机网络在其内、外网之间构建一道相对隔绝的保护屏障。从总体上看，防火墙应该具有以下基本功能：

(1) 网络安全的屏障

防火墙（作为阻塞点、控制点）能极大地提高一个内部网络的安全性，并通过过滤不安全的服务而降低风险。由于只有经过精心选择的应用协议才能通过防火墙，所以网络环境变得更安全。

(2) 强化网络安全策略

通过以防火墙为中心的安全方案配置，能将所有安全软件（如密码、加密、身份认证、审计等）配置在防火墙上。与将网络安全问题分散到各个主机上相比，防火墙的集中安全管理更经济。例如在网络访问时，一次一密密码系统和其他的身份认证系统完全可以不必分散在各个主机上，而集中在防火墙上。

(3) 监控审计

防火墙可以对内、外部网络存取和访问进行监控审计。每当发生可疑动作时，防火墙能进行适当的报警，并提供网络是否受到监测和攻击的详细信息。

(4) 防止内部信息的外泄

通过利用防火墙对内部网络的划分，可实现内部网络重点网段的隔离，从而限制了局部重点或敏感网络安全问题对全局网络造成的影响。使用防火墙可以隐蔽那些透漏内部细节的信息（如DNS 服务）。

(5) 日志记录与事件通知

进出网络的数据都必须经过防火墙，防火墙通过日志对其进行记录，能提供网络使用的详细统计信息。当发生可疑事件时，防火墙更能根据机制进行报警和通知，提供网络是否受到威胁的信息。

3. 防火墙的不足

防火墙虽然是保护网络安全的基础性设施，但是它还存在着一些不易防范的安全威胁：

- 防火墙不能防范未经过防火墙或绕过防火墙的攻击。例如，如果允许从受保护的网络内部向外拨号，一些用户就可能形成与 Internet 的直接连接。
- 防火墙基于数据包包头信息的检测阻断方式，主要对主机提供或请求的服务进行访问控制，无法阻断通过开放端口流入的有害流量，并不是对蠕虫或者黑客攻击的解决方案。
- 防火墙很难防范来自于网络内部的攻击或滥用。

4. 防火墙的结构

防火墙是一种保护计算机网络安全的技术型措施，它可以是软件，也可以是硬件，或两者结合。防火墙常常安装在受保护的内部网络连接到 Internet 的点上、内部网络和外部网络之间、网络的出口和入口处、专用网络内部（如关键的网段、数据中心）。它是一个网关型设备，所有进出的流量都必须经过防火墙。

防火墙一般有四个接口：内网口、外网口、非军事区（Demilitarized Zone，DMZ）接口和管理口。一般将防火墙区域分为 Trust 网（内部网）、Untrust 网（外部网、Internet）、DMZ 区和本地区域 Local。

Trust 区域网络的受信任程度高，通常用来定义内部用户所在的网络。Untrust 区域代表的是不受信任的网络，通常用来定义 Internet 等不安全的网络。Local 区域，通常代表防火墙本身。非军事区（DMZ）也称为隔离区，是在内外部网络之间另加的一层安全保护网络。DMZ 术语来自军事方面,在这个区域中禁止任何军事行为。DMZ 可以理解为一个不同于外网或内网的一个特殊区域，DMZ 是内部网络与外部网络的缓冲区。DMZ 的作用是放置对公网发布的各种服务器，如 Mail 服务器、DNS 服务器、WWW 服务器、FTP 服务器等，能使外部网络访问内部网络的公开服务，同时又能有效阻断外部网络对内部网络的侵袭。通常将堡垒主机、各种信息服务器等公用服务器放于 DMZ 中。

7.5.2　防火墙分类

防火墙技术可根据防范的方式和侧重点的不同而分为多种类型。

- 防火墙从构成上可以分为软件防火墙、硬件防火墙、软硬件结合的防火墙。CheckPoint 的 FireWall-1 是软件防火墙。硬件防火墙有锐捷 RG-WALL、Juniper、Netscreen、思科 PIX/ASA、华为 USG 系列、天融信 NetGuard 等。
- 防火墙按性能可以分为百兆级防火墙、千兆级防火墙和万兆级防火墙。
- 防火墙按照应用对象的不同，可分为企业级防火墙与个人防火墙。
- 防火墙按体系结构可以分为屏蔽主机防火墙、屏蔽子网防火墙、多宿主主机防火墙。
- 按照防火墙实现技术的不同，防火墙主要分为包过滤防火墙、应用代理防火墙和状态检测防火墙。

下面对包过滤防火墙、应用代码防火墙、状态检测防火墙进行介绍。

1. 包过滤防火墙

包过滤是最早使用的一种防火墙技术，使用包过滤技术的防火墙通常工作在 OSI 参考模型中的网络层。包过滤防火墙工作的地方就是各种基于 TCP/IP 协议的数据包进出的通道，检查每一个数据包的源 IP 地址、目的 IP 地址以及头部的其他各种标志信息(如协议、服务类型等)，并与预先设定好的防火墙过滤规则进行核对，确定是否允许该数据包通过。适当的设置过滤规则可以让防火墙工作得更安全有效。

包过滤防火墙的缺点很显著，它得以进行正常工作的一切依据都在于过滤规则的实施，规则数量和防火墙性能成反比；它主要工作于网络层，并不能判断高级协议里的数据是否有害。但是由于包过滤防火墙成本较低，容易实现，所以它依然被应用在各种领域。

2. 应用代理防火墙

由于包过滤技术无法提供完善的数据保护措施，而且一些特殊的报文攻击仅仅使用过滤的方法并不能消除危害，如 SYN 攻击、ICMP 洪水等。因此人们需要一种更全面的防火墙保护技术，在这样的需求背景下，采用应用代理技术的防火墙诞生了。

一个完整的代理设备包含一个服务端和客户端，服务端接收来自用户的请求，调用自身的客户端模拟一个基于用户请求的连接到目标服务器，再把目标服务器返回的数据转发给用户，完成一次代理工作过程。应用代理防火墙具有传统的代理服务器和防火墙的双重功能。

应用代理防火墙可以针对应用层进行检测和扫描，可有效地防止应用层的恶意入侵和病毒。应用代理防火墙具有较高的安全性，每一个内外网络之间的连接都要通过代理服务器的介入和转换，而且在应用代理防火墙上会针对每一种网络应用（如 HTTP）使用特定的应用程序来处理。

应用代理防火墙的缺点是对系统的整体性能有较大的影响，系统的处理效率会有所下降，因为应用代理防火墙对数据包进行内部结构的分析和处理，这会导致数据包的吞吐能力降低，低于包过滤防火墙。

3. 状态检测防火墙

由于静态包过滤技术要检查进入防火墙的每一个数据包，所以在一定程序上影响了网络的通信速度。后来就出现了状态检测防火墙。状态检测技术即动态包过滤技术。状态检测防火墙检查的不仅仅是数据包中的头部信息，而且会跟踪数据包的状态，即不同数据包之间的共性。

状态检测防火墙通过一种被称为“状态检测”的模块，在不影响网络安全正常工作的前提下，采用抽取相关数据的方法对网络通信的各个层次实行检测，并根据各种过滤规则做出安全决策。状态检测技术在保留了对每个数据包的头部、协议、地址、端口、类型等信息进行分析的基础上，进一步发展了会话过滤功能。在每个连接建立时，防火墙会为这个连接构造一个会话状态，里面包含了这个连接数据包的所有信息，以后这个连接都基于这个状态信息进行，这种检测的高明之处是能对每个数据包的内容进行监视，一旦建立了一个会话状态，则此后的数据传输都要以此会话状态作为依据，例如一个连接的数据包源端口是 8000，那么在以后的数据传输过程中，防火墙都会审核这个包的源端口还是不是 8000，否则这个数据包就被拦截，而且会话状态的保留是有时间限制的，在规定的时间范围内如果没有再进行数据传输，这个会话状态就会被丢弃。状态检测防火墙还可以对数据包内容进行分析，从而摆脱了传统包过滤防火墙仅局限于几个数据包头部信息的检测弱点，而且这种防火墙不必开放过多端口，进一步杜绝了可能因为开放端口过多而带来的安全隐患。

由于状态检测技术相当于结合了包过滤技术和应用代理技术，因此是最先进的，但是由于实现技术复杂，在实际应用中还不能做到真正的完全有效的数据安全检测。

7.5.3 思科防火墙基础介绍及配置

1. 思科防火墙产品介绍

Cisco 硬件防火墙包括：PIX500 系列安全设备、ASA5500 系列自适应安全设备、Catalyst 6500 系列交换机和 Cisco 7600 系列路由器的防火墙服务模块。Cisco ASA5500 系列自适应安全设备提供了整合防火墙、入侵保护系统（IPS）、高级自适应威胁防御服务，其中包括应用安全和简化网络安全解决方案的 VPN 服务。

2. ASA 状态化防火墙安全算法基本操作

ASA 使用安全算法执行以下三项基本操作：

- 访问控制列表：基于特定的网络、主机和服务（TCP/UDP 端口号）控制网络访问。
- 连接表：ASA 状态化防火墙维护一个关于用户信息的连接表，称为 Conn 表。Conn 表中的关键信息包括内部 IP 地址、协议、内部端口号、外部 IP 地址、外部端口号，维护每个连接的状态信息。安全算法使用此信息在已建立的连接中有效的转发流量。
- 检测引擎：执行状态检测和应用层检测。检测规则集是预先定义的，来验证应用是否遵从相应标准。

3. ASA 接口

ASA 的一个接口通常有两种名称：物理名称和逻辑名称。

- 物理名称与路由器接口的名称类似，如 Ethernet0/0 可以简写成 E0/0，通常用来配置接口的速率、双工模式和 IP 地址等。
- 逻辑名称用于大多数的配置命令，如配置 ACL、路由器等使用的命令中都用到逻辑名称。逻辑名称用来描述安全区域，如通常用 inside 表示 ASA 连接的内部区域（安全级别高），用 outside 表示 ASA 连接的外部区域（安全级别低）。
- 接口的安全级别：每个接口都有一个安全级别，范围是 0 ~ 100，数值越大，安全级别越高。一般配置接口为 inside（内网接口）时，将其安全级别设置为 100，为 outside（外网接口）时，将其安全级别设置为 0，为 DMZ（隔离区）时，安全级别介于 inside 和 outside 之间即可。

4. ASA 默认规则

不同安全级别的接口之间相互访问时，遵从以下默认规则：

- 允许出站连接：就是允许从高安全级别接口到低安全级别接口的流量通过，如从 inside 访问 outside 是允许的。
- 禁止入站连接：就是禁止从低安全级别接口到高安全级别接口的流量通过，如从 outside 访问 inside 是禁止的。
- 禁止相同安全级别的接口之间通信。

5. ASA 的基本配置

（1）配置接口名称和接口安全级别

```
asa(config)#int e0/0     !进入 e0 接口
asa(config-if)#nameif inside   !将 e0/0 接口定义为 inside
asa(config-if)# security-level 100 !将 inside 接口的安全级别配置为 100
```

如果 ASA 的型号是 5505，则不支持在物理接口上直接进行以上配置，必须通过 VLAN 虚接口来配置，具体如下：

```
asa(config)#int vlan 1
asa(config-if)# nameif inside
asa(config-if)# security-level 100
asa(config-if)#ip address 10.1.1.254 255.255.255.0
asa(config-if)# no shutdown
```

（2）配置 ACL

在 ASA 上配置 ACL 有两个作用：一是允许入站连接，二是控制出站连接的流量。

需要注意的是，路由器上的 ACL 使用反码，而 ASA 上的 ACL 使用正常的掩码。

允许入站连接的实例：

```
asa(config)# access-list out_to_in permit ip host 172.16.1.1 host 10.1.1.1
```

允许外网主机 172.16.1.1 访问内网主机 10.1.1.1，out_to_in 为 ACL 组名。

```
asa(config)# access-group out_to_in in int outside
```

将组名为 out_to_in 的 ACL 应用在 outside 接口。

(3) 配置路由

```
asa(config)#route outside 172.16.0.0 255.255.0.0 10.0.0.1
```

去往外网 172.16.0.0 网段的流量下一跳为 10.0.0.1。

6. 思科防火墙配置实例

防火墙配置如图 7-5-1 所示。将网络划分为 Inside（内网）、Outside（外网）、Dmz（非军事区）三个区域，并对防火墙进行配置，使得内网和的 dmz 区的设备可以访问外网的设备，内网设备可以访问 DMZ 区设备，但是 DMZ 区设备不能访问内网设备，外网设备可以访问 DMZ 区的设备。

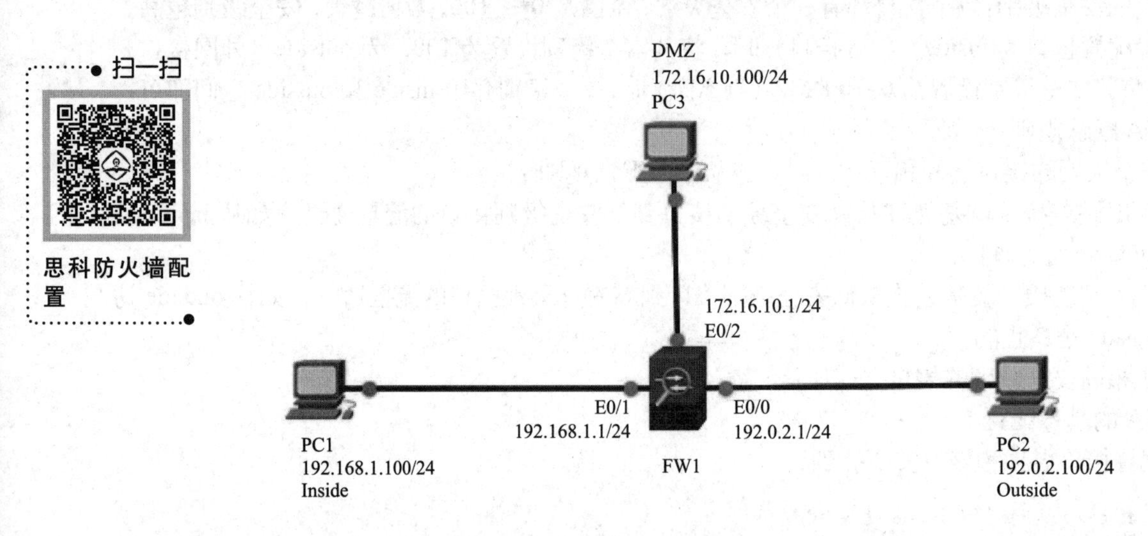

图 7-5-1 思科防火墙配置

(1) 配置三台 PC 的 IP 地址、子网掩码和默认网关。

PC1 的 IP 地址为 192.168.1.100，子网掩码为 255.255.255.0，默认网关为 192.168.1.1。

PC2 的 IP 地址为 192.0.2.100，子网掩码为 255.255.255.0，默认网关为 192.0.2.1。

PC3 的 IP 地址为 172.16.10.100，子网掩码为 255.255.255.0，默认网关为 172.16.10.1。

(2) 配置 ASA 防火墙

```
ciscoasa>enable
Password: （密码默认为空）
ciscoasa#configure terminal
ciscoasa(config)#hostname FW1
FW1(config)#interface vlan 1
FW1(config-if)#ip address 192.168.1.1 255.255.255.0
FW1(config-if)#nameif inside
FW1(config-if)#security-level 100
FW1(config-if)#exit
FW1(config)#interface vlan 2
FW1(config-if)#ip address 192.0.2.1 255.255.255.0
FW1(config-if)#nameif outside
FW1(config-if)#security-level 0
FW1(config-if)#exit
FW1(config)#interface vlan 3
```

```
FW1(config-if)#no forward interface vlan 1
FW1(config-if)#nameif dmz
FW1(config-if)#security-level 50
FW1(config-if)#ip address 172.16.10.1 255.255.255.0
FW1(config-if)#exit
FW1(config)#interface Ethernet 0/2
FW1(config-if)#switchport access vlan 3
FW1(config-if)#exit
```

说明：Packet Tracer 中的 ASA 5505 已经默认配置好了两个 VLAN：

VLAN1：Inside VLAN（interfaces E0/1->E0/7）

VLAN2：Outside VLAN（interfaces E0/0）

VLAN1 和 VLAN2 已经默认划分，不需要再配置。

（3）结果验证

从 ASA 防火墙分别 ping 三台 PC，结果如图 7-5-2 所示，表明全部能够 ping 通。

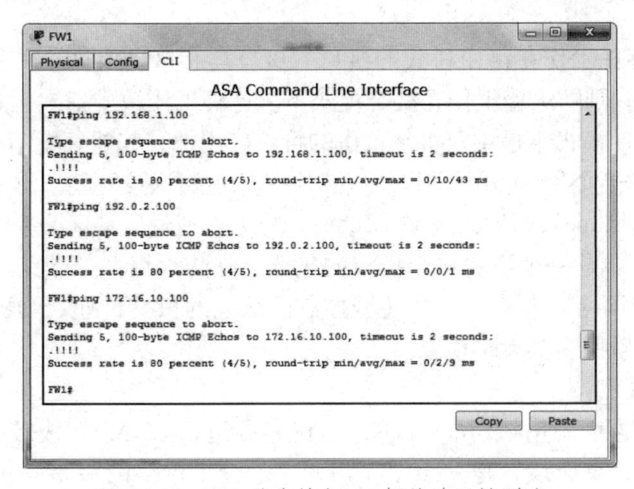

图 7-5-2　ASA 防火墙与 PC 机的连通性测试

使用 ping 命令验证从 Inside 和 DMZ 区域连通到 Outside 区域情况。模拟网络运行，通过数据包动态传输图，结果表明 ICMP 数据包可以从高安全级别的 Inside 和 DMZ 区域通过防火墙到达低安全区域的 Outside，反之则不行。这是因为默认情况下，ASA 防火墙只对穿越的 TCP 和 UDP 流量维护状态化信息。所有 Telnet 等流量可以出去再穿越防火墙回来，ICMP 的流量出去就回不来了。如果需要使得 ICMP 数据包可以从低安全级别的 Outside 区域通过防火墙到高安全级别的 Inside 区域，则需要手动通过 ACL 进行配置，命令如下：

```
FW1(config)#access-list icmp permit icmp any any
FW1(config)#access-group icmp in interface outside
```

7.5.4　华为防火墙基础介绍及配置

1. 华为防火墙产品介绍

USG2000、USG5000、USG6000 和 USG9500 构成了华为防火墙的四大部分，分别适合于不同环境的网络需求，其中 USG2000 和 USG5000 系列定位于 UTM（统一威胁管理）产品，USG6000 系列属于下一代防火墙产品，USG9500 系列属于高端防火墙产品。

2. 华为防火墙工作模式

华为防火墙具有三种工作模式：路由模式、透明模式、混合模式。

（1）路由模式

如果华为防火墙连接网络的接口配置 IP 地址，则认为防火墙工作在路由模式下，当华为防火墙位于内部网络和外部网络之间时，需要将防火墙与内部网络、外部网络以及 DMZ 三个区域相连的接口分别配置不同网段的 IP 地址。此时防火墙首先是一台路由器，然后提供其他防火墙功能。

（2）透明模式

如果华为防火墙通过第二层对外连接（接口无 IP 地址），则防火墙工作在透明模式下。如果华为防火墙采用透明模式进行工作，只需要在网络中像连接交换机一样连接华为防火墙设备即可，其最大的优点是无须修改任何已有的 IP 配置；此时防火墙就像一个交换机一样工作，内部网络和外部网络必须处于同一个子网。此模式下，报文在防火墙当中不仅进行二层的交换，还会对报文进行高层分析处理。

（3）混合模式

如果华为防火墙存在工作在路由模式的接口（接口具有 IP 地址），又存在工作在透明模式的接口（接口无 IP 地址），则防火墙工作在混合模式下。这种工作模式基本上是透明模式和路由模式的混合，目前只用于透明模式下提供双机热备份的特殊应用中，其他环境不建议使用。

3. 华为防火墙的安全区域划分

安全区域（Security Zone），简称为区域（Zone）。防火墙通过区域区分安全网络和不安全网络，在华为防火墙上安全区域是一个或者多个接口的集合，是防火墙区分于路由器的主要特性。防火墙通过安全区域来划分网络，并基于这些区域控制区域间的报文传递。当数据报文在不同的安全区域之间传递时，将会触发安全策略检查。

几种常见的区域如下：

- Trust 区域：主要用于连接公司内部网络，优先级为 85，安全等级较高。
- DMZ 区域：非军事区域，是一个军事用语，是介于严格的军事管制区和公共区域之间的一种区域，在防火墙中通常定义为需要对外提供服务的网络，其安全性介于 Trust 区域和 Untrust 区域之间，优先级为 50，安全等级中等。
- Untrust 区域：通常定义外部网络，优先级为 5，安全级别很低。Untrust 区域表示不受信任的区域，互联网上威胁较多，所以一般把 Internet 等不安全网络划入 Untrust 区域。
- Local 区域：通常定义防火墙本身，优先级为 100。防火墙除了转发区域之间的报文之外，还需要自身接收或发送流量，如网络管理、运行动态路由协议等。由防火墙主动发起的报文被认为是从 Local 区域传出的，需要防火墙响应并处理（不是穿越）的报文被认为是由 Local 区域接收并进行相应处理的。
- 其他区域：用户自定义区域，默认最多自定义 16 个区域，自定义区域没有默认优先级，所以需要手工指定。

4. 防火墙的 Inbound 和 Outbound

防火墙基于区域之间处理流量，即使由防火墙自身发起的流量也属于 Local 区域和其他区域之间的流量传递。当数据流在安全区域之间流动时，才会激发华为防火墙进行安全策略的检查，即华为防火墙的安全策略通常都是基于域间（如 Untrust 区域和 Trust 区域之间）的，不同的区域之间可以设置不同的安全策略。域间的数据流分为两个方向：

- 入方向（Inbound）：数据由低级别的安全区域向高级别的安全区域传输的方向。
- 出方向（Outbound）：数据由高级别的安全区域向低级别的安全区域传输的方向。

5. 华为防火墙配置步骤

华为防火墙配置步骤如图 7-5-3 所示。

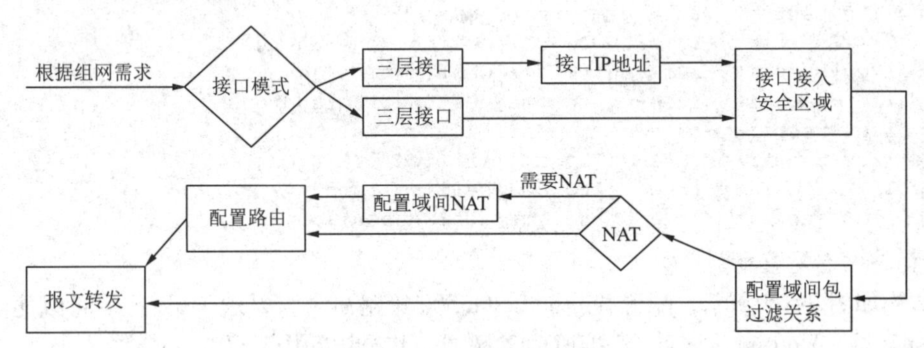

图 7-5-3 华为防火墙配置步骤

（1）配置接口模式

在接口模式下配置 IP 地址，配置三层以太网接口。例如，配置 GigabitEthernet0/0/0 的 IP 地址为 192.168.1.1，命令如下：

```
[USG]int g0/0/0
[USG-GigabitEthernet0/0/0]ip address 192.168.1.1 24
```

若在接口模式下，执行命令 portswitch，则配置二层以太网接口。

（2）配置安全区域

在系统视图下，通过命令“firewall zone [name] 区域名”创建安全区域，并进入相应安全区域视图。若安全区域已经存在，则不必配置关键字 name，直接进入安全区域视图；若安全区域不存在，则需要配置关键字 name，进入安全区域视图。

通过命令“set priority 安全级别值”，可以配置安全区域的安全级别，安全级别取值范围为 1 ~ 100。

通过命令“add interface 具体接口”，可以将接口加入安全区域。例如，配置 GigabitEthernet0/0/0 加入 Trust 安全区域，命令如下：

```
[USG]firewall zone trust
[USG-zone-trust]add interface gigabitethernet0/0/0
```

（3）配置防火墙策略

防火墙的安全策略（包过滤规则）可以根据数据包的源地址、目的地址、服务（端口号）等对通过防火墙的报文进行检测。防火墙策略包括本地策略、域间安全策略和域内安全策略。本地策略是指与 Local 安全区域有关的域间安全策略，用于控制外界与设备本身的互访。域间安全策略就是指不同的区域之间的安全策略。域内安全策略就是指同一个安全区域之间的策略，默认情况下，同一安全区域内的数据流都允许通过，域内安全策略没有 Inbound 和 Outbound 方向的区分。每条安全策略中包括匹配条件、控制动作和 UTM 等高级安全策略。安全策略可以指定多种匹配条件，报文必须同时满足所有条件才会匹配上策略。域间可以应用多条安全策略，按照策略列表的顺序从上到下匹配。举例说明：配置从 Untrust 区域发往 DMZ 目标服务器 10.0.3.3 的 Telnet 和 FTP 请求被放行，同时允许 ping 操作，命令如下：

```
<USG>sys
[USG]security-policy
[USG-policy-security]rule name un_to_dmz
[USG-policy-security-rule-un_to_dmz]source-zone untrust
[USG-policy-security-rule-un_to_dmz]destination-zone dmz
[USG-policy-security-rule-un_to_dmz]destination-address 10.0.3.3 32
[USG-policy-security-rule-un_to_dmz]service telnet
[USG-policy-security-rule-un_to_dmz]service ftp
[USG-policy-security-rule-un_to_dmz]service icmp
[USG-policy-security-rule-un_to_dmz]action permit
```

6. 华为防火墙配置实例

网络结构如图 7-5-4 所示，配置并验证 USG5500 策略命令。要求 Trust 区域可以访问 DMZ 区域和 Untrust 区域，Untrust 区域可以访问 DMZ 区域，其余访问均不可。

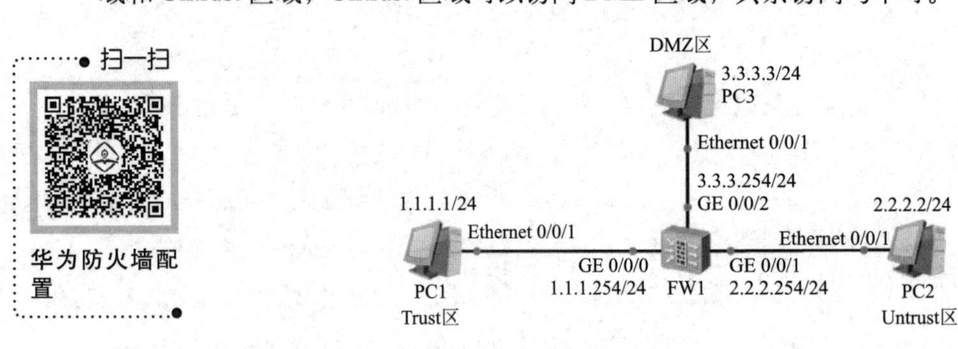

图 7-5-4　华为 USG5500 策略配置

（1）PC 的配置

PC1 作为 Trust 区域内主机，IP 地址为 1.1.1.1，子网掩码为 255.255.255.0，默认网关为 1.1.1.254。

PC2 作为 Untrust 区域内主机，IP 地址为 2.2.2.2，子网掩码为 255.255.255.0，默认网关为 2.2.2.254。

PC3 作为 DMZ 区域内主机，IP 地址为 3.3.3.3，子网掩码为 255.255.255.0，默认网关为 3.3.3.254。

（2）防火墙的配置

```
<SRG>sys
[SRG]sysname FW1
[FW1]int g0/0/0
[FW1-GigabitEthernet0/0/0]ip address 1.1.1.254 24
[FW1-GigabitEthernet0/0/0]undo shutdown
[FW1-GigabitEthernet0/0/0]quit
[FW1]int g0/0/1
[FW1-GigabitEthernet0/0/1]ip address 2.2.2.254 24
[FW1-GigabitEthernet0/0/1]undo shutdown
[FW1-GigabitEthernet0/0/1]quit
[FW1]int g0/0/2
[FW1-GigabitEthernet0/0/2]ip address 3.3.3.254 24
[FW1-GigabitEthernet0/0/2]undo shutdown
```

```
[FW1-GigabitEthernet0/0/2]quit
[FW1]firewall zone trust
[FW1-zone-trust]add int g0/0/0
[FW1-zone-trust]quit
[FW1]firewall zone untrust
[FW1-zone-untrust]add int g0/0/1
[FW1-zone-untrust]quit
[FW1]firewall zone dmz
[FW1-zone-dmz]add int g0/0/2
[FW1-zone-dmz]quit
[FW1]policy interzone trust untrust outbound
[FW1-policy-interzone-trust-untrust-outbound]policy 1
[FW1-policy-interzone-trust-untrust-outbound-1]policy source 1.1.1.0 0.0.0.255
[FW1-policy-interzone-trust-untrust-outbound-1]action permit
[FW1-policy-interzone-trust-untrust-outbound-1]quit
[FW1-policy-interzone-trust-untrust-outbound]quit
[FW1]policy interzone trust dmz outbound
[FW1-policy-interzone-trust-dmz-outbound]policy 2
[FW1-policy-interzone-trust-dmz-outbound-2]policy source 1.1.1.0 0.0.0.255
[FW1-policy-interzone-trust-dmz-outbound-2]action permit
[FW1-policy-interzone-trust-dmz-outbound-2]quit
[FW1-policy-interzone-trust-dmz-outbound]quit
[FW1]policy interzone untrust dmz inbound
[FW1-policy-interzone-untrust-dmz-inbound]policy 3
[FW1-policy-interzone-untrust-dmz-inbound-3]policy source 2.2.2.0 0.0.0.255
[FW1-policy-interzone-untrust-dmz-inbound-3]action permit
[FW1-policy-interzone-untrust-dmz-inbound-3]quit
[FW1-policy-interzone-untrust-dmz-inbound]quit
[FW1]
```

（3）结果验证

PC1 可以访问 PC2 和 PC3，结果如图 7-5-5 所示。

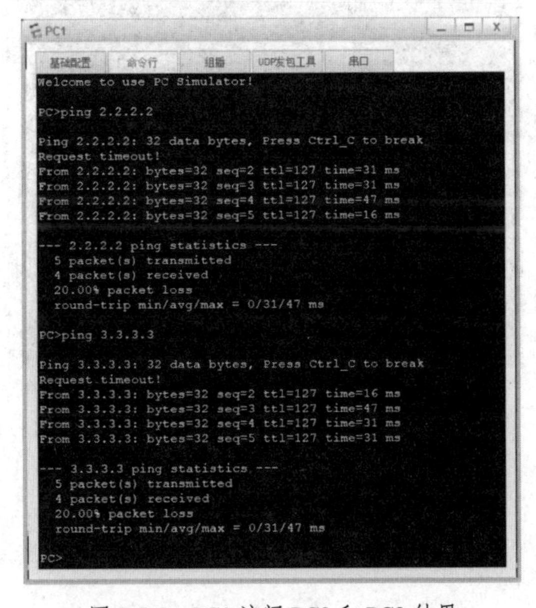

图 7-5-5　PC1 访问 PC2 和 PC3 结果

PC2 可以访问 PC3，PC2 不能访问 PC1，结果如图 7-5-6 所示。

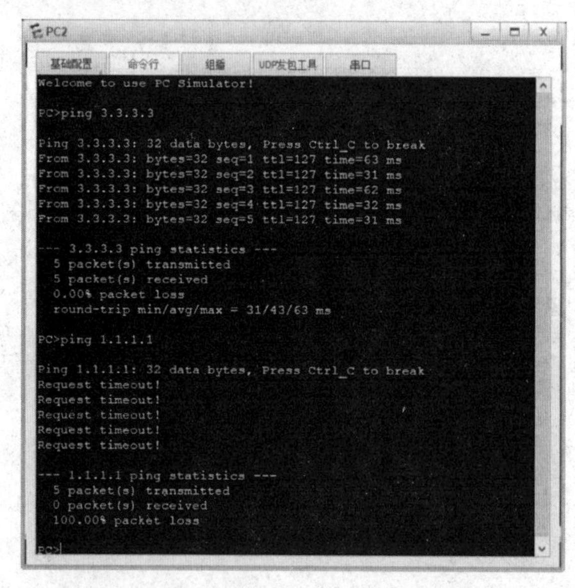

图 7-5-6　PC2 访问 PC1 和 PC3 结果

PC3 不能访问 PC1 和 PC2，结果如图 7-5-7 所示。

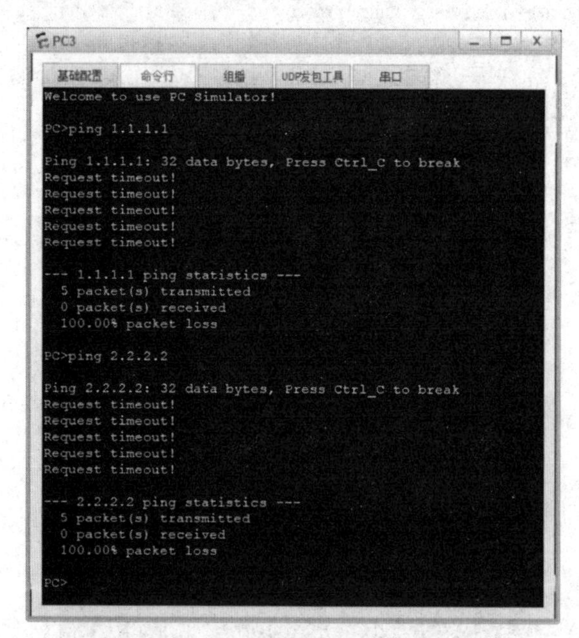

图 7-5-7　PC3 访问 PC1 和 PC2 结果

习 题

一、选择题

1. 网上银行系统的一次转账操作过程中发生了转账金额被非法篡改的行为，这破坏了信息安全的（　　）属性。

A. 保密性　B. 完整性　C. 不可否认性　D. 可用性

2. 从安全属性对各类网络攻击进行分类，阻断攻击是针对（　　）的攻击。

A. 机密性　B. 可用性　C. 完整性　D. 真实性

3.（多选）信息安全最关心的三个属性是（　　）。

A. 机密性 (confidentiality)　B. 完整性 (integrity)

C. 可用性 (availability)　D. 身份验证 (authentication)

4. 管理员在华为 AR2220 路由器上做了如下配置，下列描述正确的是（　　）。

```
<huawei>system-view
[huawei]user-interface maximum-vty 7
```

A. 设备最多只允许 7 个用户同时通过异步串行端口进行登录

B. 设备最多只允许 7 个用户同时通过 Telnet 进行登录

C. 设备最多只允许 7 个用户同时通过 Console 口进行登录

D. 当用户忘记登录系统的密码时，最多尝试 7 次后就会被锁定

5.（多选）用 Telnet 方式登录路由器时，可以选择的认证方式有（　　）。

A. password 认证　B. AAA 本地认证

C. MD5 密文认证　D. 不认证

6.（多选）交换机端口安全管理（　　）。

A. 此端口最大可通过的 MAC 地址数目　B. 违反规则后的处理策略

C. 端口与固定 MAC 地址的绑定　D. 此端口至少可通过的 MAC 地址数

7. 思科交换机启用端口安全的命令是（　　）。

A. switchport port-security　B. security

C. sw-security　D. security-port

8. 标准 ACL 只使用（　　）定义规则。

A. 源端口号　B. 目的端口号　C. 源 IP　D. 目的 IP

9. 创建一个标准访问控制列表用来拒绝网络 192.168.160.0 到 192.168.191.0 内的主机，下面表达式正确的是（　　）。

A. access-list 20 deny 192.168.160.0 255.255.240.0

B. access-list 20 deny 192.168.160.0 0.0.191.255

C. access-list 20 deny 192.168.160.0 0.0.31.255

D. access-list 20 deny 192.168.0.0 0.0.31.255

10. rule 5 deny tcp source 158.9.0.0 0.0.255.255 destination 202.38.160.0 0.0.0.255 destination-port equal www，这条规则的含义是（　　）。

A. 禁止 158.9.0.0/16 访问 202.38.160.0/24 的请求

B. 禁止 158.9.0.0/16 访问 202.38.160.0/24 的 TCP 请求

C. 禁止 158.9.0.0/16 访问 202.38.160.0/24 的 UDP 请求

D. 禁止 158.9.0.0/16 访问 202.38.160.0/24 端口号等于 80 的 TCP 请求

11. rule 10 permit ip source 192.168.11.35 0.0.0.31 表示的地址范围是（　　）。

A. 192.168.11.0 ~ 192.168.11.255

B. 192.168.11.32 ~ 192.168.11.63

C. 192.168.11.31 ~ 192.168.11.64

D. 192.168.11.32 ~ 192.168.11.64

12.（多选）某个 ACL 规则如下：rule 5 permit ip source 10.1.1.0 255.0.254.255，则（　　）可以被该 permit 规则匹配。

A. 7.1.2.1　　B．6.1.3.1　　C．8.2.2.1　　D．9.1.1.1

13. 关于防火墙，下列说法中错误的是（　　）。

A. 防火墙能隐藏内部 IP 地址

B. 防火墙能控制进出内网的信息流向和信息包

C. 防火墙能提供 VPN 功能

D. 防火墙能阻止来自内部的威胁

14. 为保障学校本地局域网的安全，学校决定添置硬件防火墙。防火墙合适的放置位置是（　　）。

A. 学校域名服务器上　　B. 学校局域网与外网连接处

C. 教学区与图书馆服务器之间　　D. 学校 FTP 服务器上

15. 包过滤防火墙对（　　）的数据报文进行检查。

A. 应用层　　B. 物理层　　C. 网络层　　D. 链路层

16.（多选）防火墙的作用包括（　　）。

A. 确保网络安全万无一失

B. 防火墙可以防止内部信息外泄

C. 防火墙可以强化网络安全策略

D. 防火墙可以对网络存取和访问进行监控审计

17. 如果防火墙域间没有配置安全策略，检查安全策略时，所有的安全策略都没有命中，则执行域间的默认包过滤动作，默认会（　　）。

A. 只允许通过一部分　　B. 拒绝通过

C. 上报管理员　　D. 不同的应用默认动作不同

18. 在防火墙域间安全策略中，以下选项中数据流不是 Outbound 方向的是（　　）。

A. 从 DMZ 区域到 untrust 区域的数据流

B. 从 trust 区域到 DMZ 区域的数据流

C. 从 trust 区域到 untrust 区域的数据流

D. 从 DMZ 区域到 local 区域的数据流

19. 在华为 USG 系列防火墙中，Untrust 区域的安全级别是（　　）。

A. 5　　B. 10　　C. 15　　D. 50

20. 在思科 ASA 系列防火墙中，Outside 接口的安全级别是（　　）。

A. 0　　B. 10　　C. 50　　D. 100

二、简答题

1. Telnet 远程访问设备有哪三种登录方式？各有什么特点？
2. 交换机的端口安全功能可以配置哪些？可以实现什么功能？
3. 简述标准 ACL 与扩展 ACL 的区别。
4. 简述应用访问控制列表规则时的建议方法及其原因。
5. 简述华为 USG 防火墙默认预定义的安全区域，其安全级别分别为多少？

第8章 网络规划与设计综合应用

随着网络的普及和Internet的飞速发展，人们已经把越来越多的生活、娱乐和学习等事务转移到网络中。企业通过Internet开展远程视频会议、家人和朋友通过Internet进行跨地域的沟通交流、学校开放网上课堂供学生随时随地学习。

本章以典型的中型企业网为案例，分析企业组织结构与业务需求，设计合理的网络架构，绘制网络拓扑图，规划VLAN与IP地址，选择合适的路由、NAT、ACL、VPN、STP、链路聚合、冗余网关等技术，并在思科和华为模拟器软件上仿真测试。

学习目标

- 掌握网络总体规划过程。
- 学会综合运用VLAN技术、STP与链路聚合技术、VRRP技术、动态与静态默认路由、GRE隧道技术、ACL与NAT技术搭建企业网。
- 学会分层设计、分块测试的方法，能对所学技术综合运用、融会贯通，提升网络工程师职业素养，增强就业能力和信心。

8.1 中型企业网规划与设计实例

8.1.1 项目背景

某企业总部位于上海，负责公司运营管理、产品研发、销售以及财务管理；在昆山还设有一间分厂，主要负责原材料采购与产品生产。企业总部下设经理办公室、产品研发部、销售部和财务部，各部门计算机、打印机等网络设备共200台套；分厂下设采购部和生产部，计算机、打印机等网络设备共50台套。总部与分厂之间需要分享“进销存”等相关数据信息；财务部的财务信息、资金往来等信息需要保密，该部门网络设备不得连接公网与分厂；企业在外出差人员经常通过因特网将大量文件传送回公司，需要搭建FTP服务器供出差人员使用；企业因经营与宣传需要，需搭建门户网站。

8.1.2　网络建设目标

企业决定对当前总部和分厂的办公网络进行规划，提高公司效益，降低公司运营成本。为此企业提出了以下建设目标：

- 网络带宽达到千兆主干，百兆到桌面。
- 增强网络的可靠性及可用性。
- 网络要易于管理、升级和扩展。
- 确保内网安全及同分厂之间数据的交互。
- 服务器管理及访问权限控制。

8.1.3　拓扑结构设计

大中型企业网的网络系统从结构上可以分为接入层、汇聚层、核心层等三层。分层思想使得网络有一个系统化、结构化的设计，可针对不同的层次进行模块化分析，且能够支持任何拓扑结构，极大地减轻核心层交换机的负载，保证网络的整体性能，对校园网的管理和维护提供很大的便捷。目前，分层式网络结构已经成为一种主流，而新型的网络要求实现网络结构扁平化，这样既方便建设和配置，也方便网络管理人员今后的维护。因此，本次设计方案采用三层物理结构和二层逻辑结构，如图 8-1-1 所示。

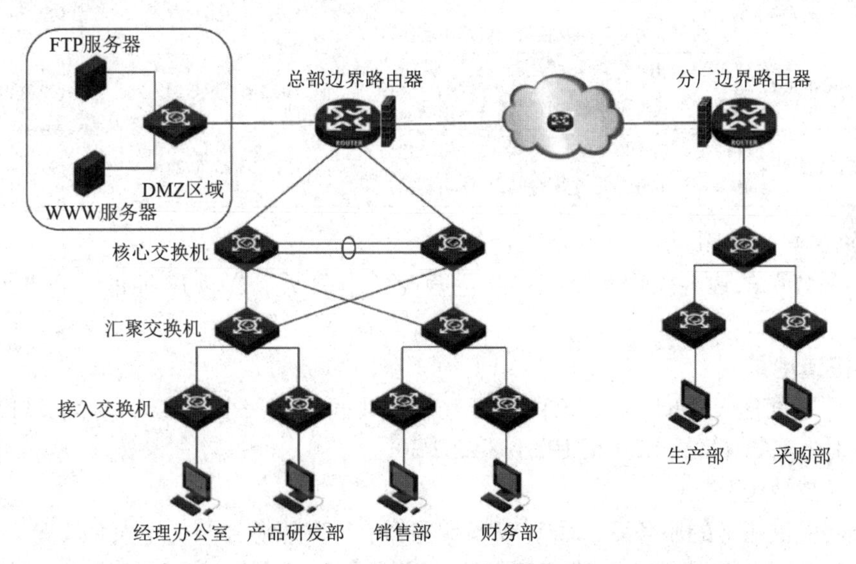

图 8-1-1　网络规划与设计图

接入交换机用于接入用户，提供百兆到桌面的连接。接入交换机用千兆光纤上联到汇聚交换机，各汇聚交换机再用万兆光纤上联到核心交换机。采用两台核心交换机以实现网络的冗余备份，核心交换机通过边界路由器连接到 Internet。

分厂各用户连接到分厂接入交换机，上联到汇聚交换机，再通过分厂边界路由器接入 Internet。总部局域网与分厂局域网利用 GRE 隧道穿过 Internet 实现互联。

8.1.4 VLAN 划分与 IP 地址规划

1. 企业网内部

企业网内部按照部门的不同划分 VLAN，共划分 6 个不同业务 VLAN，其中总部 4 个，分厂 2 个。总部的经理办公室、产品研发部、销售部、财务部分别属于 VLAN5、VLAN10、VLAN15 和 VLAN20；分厂的生产部与采购部分别属于 VLAN30 和 VLAN40。

企业网内部使用 C 类私有地址，不同 VLAN 使用不同网段的私有 IP 地址。总部核心交换机与总部边界路由器的连接链路、分厂汇聚交换机与分厂边界路由器的连接链路也要配置 IP 地址。具体的 VLAN 划分及 IP 地址分配如表 8-1-1 所示。

表 8-1-1 VLAN 划分及 IP 地址分配

部　门	VLAN 编号	IP 网段 / 子网	默认网关
经理办公室（总部）	5	192.168.5.0/24	192.168.5.254
产品研发部（总部）	10	192.168.10.0/24	192.168.10.254
销售部（总部）	15	192.168.15.0/24	192.168.15.254
财务部（总部）	20	192.168.20.0/24	192.168.20.254
生产部（分厂）	30	192.168.30.0/24	192.168.30.254
采购部（分厂）	40	192.168.40.0/24	192.168.40.254
总部核心交换机 1 连接到路由器	100 （或开启三层交换机端口路由功能）	192.168.100.0/24	192.168.100.254
总部核心交换机 2 连接到路由器	200 （或开启三层交换机端口路由功能）	192.168.200.0/24	192.168.200.254
分厂汇聚交换机连接到路由器	250 （或开启三层交换机端口路由功能）	192.168.250.0/24	192.168.250.254

2. 边界路由器公网侧

企业总部和分厂的边界路由器公网侧从运营商处申请两个公网 IP 地址，分别为 1.1.1.1/29，2.2.2.1/29。

3. GRE 隧道地址

总部与分厂之间通过 GRE VPN 方式进行互联，共同构建一个完整的企业局域网。GRE 隧道两端的地址分别为 192.168.22.1/30 和 192.168.22.2/30。

4. DMZ 区域地址

所有对公网提供服务的服务器，如 WWW 服务器、FTP 服务器等，均独立放置于 DMZ 区域，通过二层交换机与总部边界路由器进行连接。为提高服务器安全性，DMZ 区域的服务器均采用 192.168.80.0/24 网段的私有地址。

8.1.5 冗余备份设计

1. 冗余网关协议和生成树协议

总部承担企业的财务、销售及管理服务，对网络的稳定性、健壮性要求高，核心层配备两台核心层交换机共同组成冗余网关备份组，承担所有业务 VLAN（VLAN5、VLAN10、VLAN15 和 VLAN20）的网关功能，并共同分担所有业务 VLAN 流量，配置冗余网关协议和生成树协议，同时为各备份组 Master 设备进行上行链路监视。

2. 链路聚合技术

总部两台核心交换机之间配置链路聚合，增加带宽，并提供链路备份。总部各业务 VLAN 网关备份组的虚拟 IP 地址如表 8-1-2 所示。

表 8-1-2 总部业务 VLAN 的冗余网关备份组虚拟 IP 地址分配

业务 VLAN	冗余网络备份组虚拟 IP 地址	冗余网关备份组设备的 IP 地址
VLAN 5	192.168.5.254	核心交换机 1：192.168.5.252 核心交换机 2：192.168.5.253
VLAN 10	192.168.10.254	核心交换机 1：192.168.10.252 核心交换机 2：192.168.10.253
VLAN 15	192.168.15.254	核心交换机 1：192.168.15.252 核心交换机 2：192.168.15.253
VLAN 20	192.168.20.254	核心交换机 1：192.168.20.252 核心交换机 2：192.168.20.253

8.1.6 路由规划

1. 局域网内部路由设计

局域网内部三层设备运行 OSPF 协议进行连接，GRE 隧道作为区域 0 连接企业总部和分厂，总部划分到 OSPF 的区域 1，分厂划分到 OSPF 的区域 2。OSPF 区域的具体划分如表 8-1-3 所示。

表 8-1-3 OSPF 区域的具体划分

OSPF 区域	网 段
Area0	192.168.22.0/30
Area1	192.168.5.0/24、192.168.10.0/24、192.168.15.0/24、192.168.20.0/24
	192.168.80.0/24
	192.168.100.0/24、192.168.200.0/24
Area2	192.168.30.0/24、192.168.40.0/24
	192.168.250.0/24

2. 私网访问公网路由设计

企业总部和分厂的边界路由器分别配置一条静态路由指向公网设备。同时将默认路由通过 OSPF 协议发布到私网的网关设备，作为它们访问公网的路由。

8.1.7 NAT 与 ACL 包过滤设计

1. 私网访问公网

在企业总部和分厂的边界路由器的公网侧接口配置 Easy IP，解决私网访问公网的 IP 地址问题。Easy IP 的实现原理与 NAPT 转换原理类似，是 NAPT 的一种特例。Easy IP 方式可以实现自动根据路由器上 WAN 接口的公网 IP 地址实现与私网 IP 地址之间的映射，而无须创建公网地址池。其中，总部边界路由器配置 ACL 拒绝财务部网段 192.168.20.0/24 进行网络地址转换并访问公网，其他网段的设备均可以在网络地址转换后访问公网。

2. 访问控制

应用访问控制列表，拒绝财务部网段 192.168.20.0/24 的报文转发到分厂。其他所有网段的设备均可以在私网内部自由通信。

3. 公网访问内部服务器

内部服务器使用 192.168.80.0/24 网段的私有地址以及端口号，通过 NAT Server 映射到公网 IP 地址的相应端口，以便外部用户通过公网访问内网服务器。

8.2 中型企业网仿真实现

8.2.1 思科模拟器仿真实现

1. 仿真用拓扑结构图

根据 8.1 节所设计的企业网络，抽象简化后，采用 Cisco Packet Tracer 模拟器软件进行仿真测试，搭建一个模拟的网络，如图 8-2-1 所示。

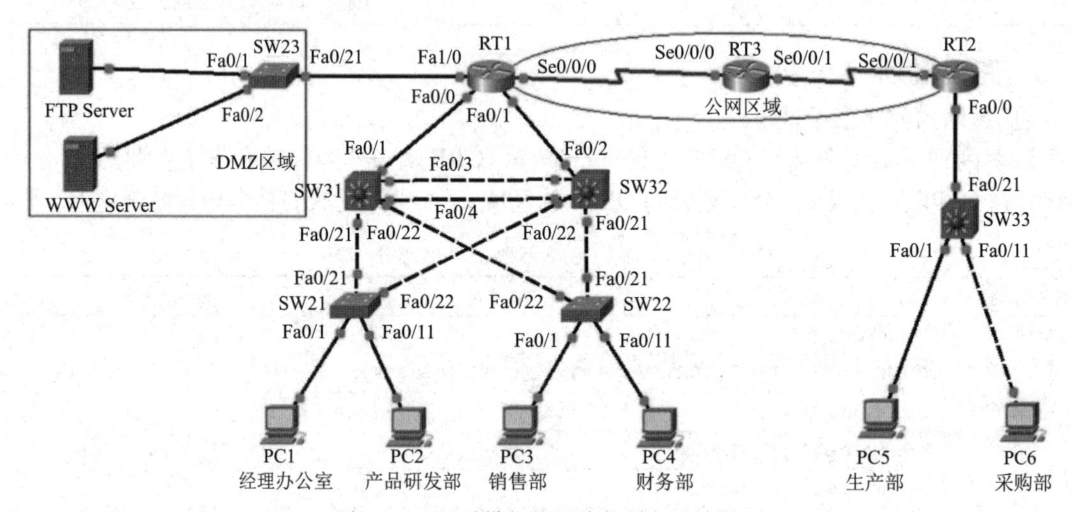

图 8-2-1 思科模拟器网络规划与设计图

2. 核心交换机链路聚合配置

SW31 的链路聚合配置如下：

扫一扫

思科核心交换机链路聚合配置

```
Switch>enable
Switch#config terminal
Switch(config)#hostname SW31
SW31(config)#interface range f0/3-4
SW31(config-if-range)#channel-group 1 mode on
SW31(config-if-range)#exit
SW31(config)#interface port-channel 1
SW31(config-if)#switchport trunk encapsulation dot1q
SW31(config-if)#switchport mode trunk
SW31(config-if)#exit
```

SW32 的链路聚合配置如下：

```
Switch>enable
Switch#config terminal
```

```
Switch(config)#hostname SW32
SW32(config)#interface range f0/3-4
SW32(config-if-range)#channel-group 1 mode on
SW32(config-if-range)#exit
SW32(config)#interface port-channel 1
SW32(config-if)#switchport trunk encapsulation dot1q
SW32(config-if)#switchport mode trunk
SW32(config-if)#exit
```

使用 show etherchannel summary 命令查看交换机 SW31 和 SW32 设备的链路组合状态。其中，SW31 的查看结果如图 8-2-2 所示，端口 F0/3 和 F0/4 聚合成功（Status：S）。

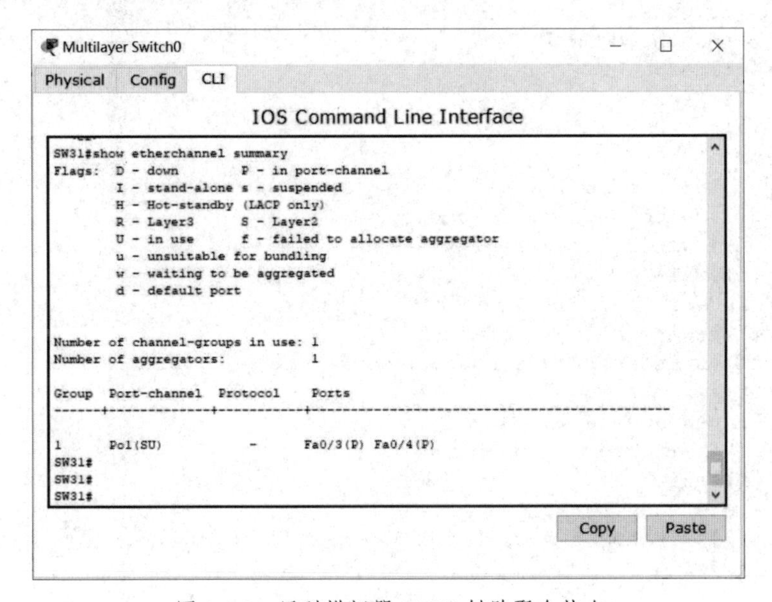

图 8-2-2　思科模拟器 SW31 链路聚合状态

3. VLAN 划分

在二层交换机 SW21 上创建 VLAN5 和 VLAN10，将接口 f0/1 和 f0/11 分别加入到 VLAN5 和 VLAN10，并将接口 f0/21 和 f0/22 设置为 Trunk 模式。命令如下：

扫一扫

思科 VLAN 划分

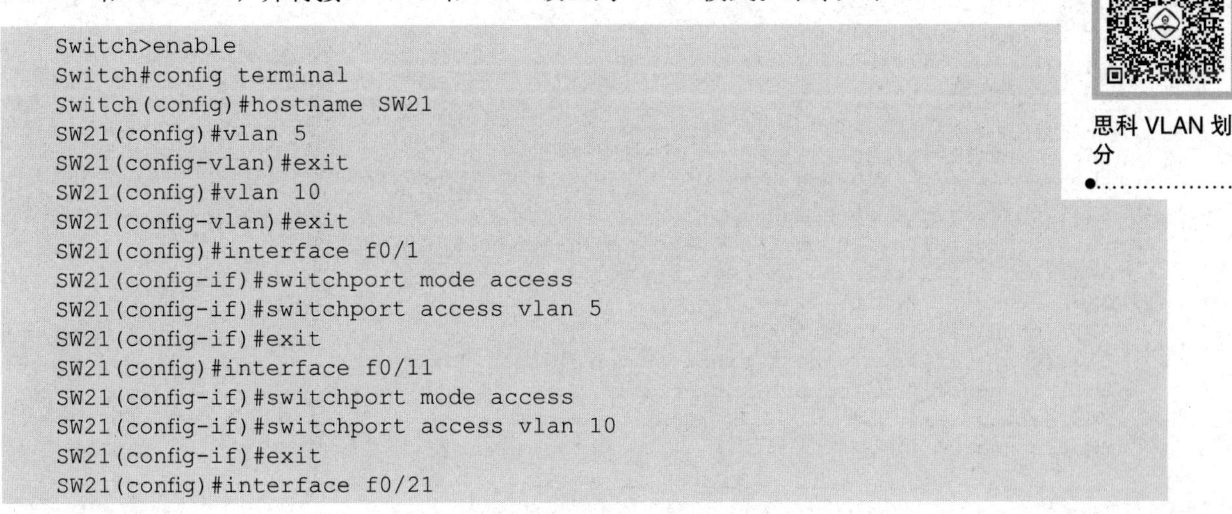

```
Switch>enable
Switch#config terminal
Switch(config)#hostname SW21
SW21(config)#vlan 5
SW21(config-vlan)#exit
SW21(config)#vlan 10
SW21(config-vlan)#exit
SW21(config)#interface f0/1
SW21(config-if)#switchport mode access
SW21(config-if)#switchport access vlan 5
SW21(config-if)#exit
SW21(config)#interface f0/11
SW21(config-if)#switchport mode access
SW21(config-if)#switchport access vlan 10
SW21(config-if)#exit
SW21(config)#interface f0/21
```

```
SW21(config-if)#switchport mode trunk
SW21(config-if)#exit
SW21(config)#interface f0/22
SW21(config-if)#switchport mode trunk
SW21(config-if)#exit
SW21(config)#
```

在二层交换机 SW22 创建 VLAN15 和 VLAN20，将接口 f0/1 和 f0/11 分别加入到 VLAN15 和 VLAN20，并将接口 f0/21 和 f0/22 设置为 Trunk 模式。命令如下：

```
Switch>enable
Switch#config terminal
Switch(config)#hostname SW22
SW22(config)#vlan 15
SW22(config-vlan)#exit
SW22(config)#vlan 20
SW22(config-vlan)#exit
SW22(config)#interface f0/1
SW22(config-if)#switchport mode access
SW22(config-if)#switchport access vlan 15
SW22(config-if)#exit
SW22(config)#interface f0/11
SW22(config-if)#switchport mode access
SW22(config-if)#switchport access vlan 20
SW22(config-if)#exit
SW22(config)#interface f0/21
SW22(config-if)#switchport mode trunk
SW22(config-if)#exit
SW22(config)#interface f0/22
SW22(config-if)#switchport mode trunk
SW22(config-if)#exit
SW22(config)#
```

在三层交换机 SW31 上创建 VLAN5、VLAN10、VLAN15 和 VLAN20，并将接口 f0/21 和 f0/22 设置为 Trunk 模式。命令如下：

```
SW31(config)#vlan 5
SW31(config-vlan)#exit
SW31(config)#vlan 10
SW31(config-vlan)#exit
SW31(config)#vlan 15
SW31(config-vlan)#exit
SW31(config)#vlan 20
SW31(config-vlan)#exit
SW31(config)#interface f0/21
SW31(config-if)#switchport trunk encapsulation dot1q
SW31(config-if)#switchport mode trunk
SW31(config-if)#exit
SW31(config)#interface f0/22
SW31(config-if)#switchport trunk encapsulation dot1q
SW31(config-if)#switchport mode trunk
SW31(config-if)#exit
SW31(config)#
```

在三层交换机 SW32 上创建 VLAN5、VLAN10、VLAN15 和 VLAN20，并将接口 f0/21 和 f0/22 设置为 Trunk 模式。命令如下：

```
SW32(config)#vlan 5
SW32(config-vlan)#exit
SW32(config)#vlan 10
SW32(config-vlan)#exit
SW32(config)#vlan 15
SW32(config-vlan)#exit
SW32(config)#vlan 20
SW32(config-vlan)#exit
SW32(config)#interface f0/21
SW32(config-if)#switchport trunk encapsulation dot1q
SW32(config-if)#switchport mode trunk
SW32(config-if)#exit
SW32(config)#interface f0/22
SW32(config-if)#switchport trunk encapsulation dot1q
SW32(config-if)#switchport mode trunk
SW32(config-if)#exit
SW32(config)#
```

在三层交换机 SW33 上划分 VLAN30 和 VLAN40，命令如下：

```
Switch>enable
Switch#config terminal
Switch(config)#hostname SW33
SW33(config)#vlan 30
SW33(config-vlan)#exit
SW33(config)#vlan 40
SW33(config-vlan)#exit
SW33(config)#interface f0/1
SW33(config-if)#switchport mode access
SW33(config-if)#switchport access vlan 30
SW33(config-if)#exit
SW33(config)#interface f0/11
SW33(config-if)#switchport mode access
SW33(config-if)#switchport access vlan 40
SW33(config-if)#exit
SW33(config)#
```

4. STP 配置

配置 STP，SW31 为 VLAN5 和 VLAN10 的根交换机，SW32 为 VLAN15 和 VLAN20 的根交换机。

在 SW31 上配置 STP，命令如下：

```
SW31(config)#spanning-tree mode rapid-pvst
SW31(config)#spanning-tree vlan 5 root primary
SW31(config)#spanning-tree vlan 10 root primary
SW31(config)#spanning-tree vlan 15 root secondary
SW31(config)#spanning-tree vlan 20 root secondary
```

扫一扫

思科 STP 配置

在 SW32 上配置 STP，命令如下：

```
SW32(config)#spanning-tree mode rapid-pvst
SW32(config)#spanning-tree vlan 5 root secondary
```

```
SW32(config)#spanning-tree vlan 10 root secondary
SW32(config)#spanning-tree vlan 15 root primary
SW32(config)#spanning-tree vlan 20 root primary
```

在 SW21 上配置 STP，命令如下：

```
SW21(config)#spanning-tree mode rapid-pvst
```

在 SW22 上配置 STP，命令如下：

```
SW22(config)#spanning-tree mode rapid-pvst
```

使用 show spanning-tree vlan 5 等命令查看 SW31、SW32、SW21 和 SW22 设备的 STP 状态，以 SW31 为例，结果如图 8-2-3 所示。

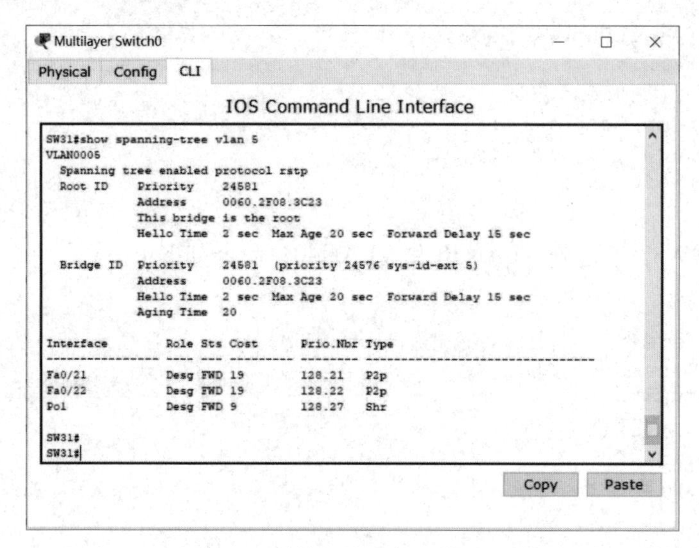

图 8-2-3　思科模拟器 SW31 的 STP 状态

SW31 上 VLAN5 和 VLAN10 的所有端口都是指定端口，因此 SW31 为 VLAN5 和 VLAN10 的根交换机；SW32 上 VLAN15 和 VLAN20 的所有端口都是指定端口，因此 SW32 为 VLAN15 和 VLAN20 的根交换机。

扫一扫

思科终端 IP 地址配置

5. 配置终端设备网络参数

根据 8.1.4 节 IP 地址规划和图 8-2-1，配置终端 PC 及服务器的 IP 地址、子网掩码和默认网关。

6. 配置网络设备 IP 地址

配置 SW31 的接口 IP，命令如下：

扫一扫

思科设备 IP 地址配置

```
SW31(config)#interface vlan 5
SW31(config-if)#ip address 192.168.5.252 255.255.255.0
SW31(config-if)#exit
SW31(config)#interface vlan 10
SW31(config-if)#ip address 192.168.10.252 255.255.255.0
SW31(config-if)#exit
SW31(config)#interface vlan 15
SW31(config-if)#ip address 192.168.15.252 255.255.255.0
SW31(config-if)#exit
```

```
SW31(config)#interface vlan 20
SW31(config-if)#ip address 192.168.20.252 255.255.255.0
SW31(config-if)#exit
SW31(config)#interface f0/1
SW31(config-if)#no switchport
SW31(config-if)#ip address 192.168.100.2 255.255.255.0
SW31(config-if)#exit
SW31(config)#
```

配置 SW32 的接口 IP，命令如下：

```
SW32(config)#interface vlan 5
SW32(config-if)#ip address 192.168.5.253 255.255.255.0
SW32(config-if)#exit
SW32(config)#interface vlan 10
SW32(config-if)#ip address 192.168.10.253 255.255.255.0
SW32(config-if)#exit
SW32(config)#interface vlan 15
SW32(config-if)#ip address 192.168.15.253 255.255.255.0
SW32(config-if)#exit
SW32(config)#interface vlan 20
SW32(config-if)#ip address 192.168.20.253 255.255.255.0
SW32(config-if)#exit
SW32(config)#interface f0/2
SW32(config-if)#no switchport
SW32(config-if)#ip address 192.168.200.2 255.255.255.0
SW32(config-if)#exit
SW32(config)#
```

配置 SW33 的接口 IP，命令如下：

```
SW33(config)#interface vlan 30
SW33(config-if)#ip address 192.168.30.254 255.255.255.0
SW33(config-if)#exit
SW33(config)#interface vlan 40
SW33(config-if)#ip address 192.168.40.254 255.255.255.0
SW33(config-if)#exit
SW33(config)#interface f0/21
SW33(config-if)#no switchport
SW33(config-if)#ip address 192.168.250.2 255.255.255.0
SW33(config-if)#exit
SW33(config)#
```

配置 RT1 的接口 IP，命令如下：

```
Router>enable
Router#config terminal
Router(config)#hostname RT1
RT1(config)#interface s0/0/0
RT1(config-if)#clock rate 64000
RT1(config-if)#ip address 1.1.1.1 255.255.255.252
RT1(config-if)#no shutdown
RT1(config-if)#exit
RT1(config)#interface f1/0
RT1(config-if)#ip address 192.168.80.254 255.255.255.0
```

```
RT1(config-if)#no shutdown
RT1(config-if)#exit
RT1(config)#interface f0/0
RT1(config-if)#ip address 192.168.100.1 255.255.255.0
RT1(config-if)#no shutdown
RT1(config-if)#exit
RT1(config)#interface f0/1
RT1(config-if)#ip address 192.168.200.1 255.255.255.0
RT1(config-if)#no shutdown
RT1(config-if)#exit
RT1(config)#
```

配置 RT2 的接口 IP，命令如下：

```
Router>enable
Router#config terminal
Router(config)#hostname RT2
RT2(config)#interface s0/0/1
RT2(config-if)#clock rate 64000
RT2(config-if)#ip address 2.2.2.1 255.255.255.252
RT2(config-if)#no shutdown
RT2(config-if)#exit
RT2(config)#interface f0/0
RT2(config-if)#ip address 192.168.250.1 255.255.255.0
RT2(config-if)#no shutdown
RT2(config-if)#exit
RT2(config)#
```

配置 RT3 的接口 IP，命令如下：

```
Router>enable
Router#config terminal
Router(config)#hostname RT3
RT3(config)#interface s0/0/0
RT3(config-if)#clock rate 64000
RT3(config-if)#ip address 1.1.1.2 255.255.255.252
RT3(config-if)#no shutdown
RT3(config-if)#exit
RT3(config)#interface s0/0/1
RT3(config-if)#clock rate 64000
RT3(config-if)#ip address 2.2.2.2 255.255.255.252
RT3(config-if)#no shutdown
RT3(config-if)#exit
```

7. HSRP 配置

扫一扫

思科 HSRP 配置

分别为 VLAN5、VLAN10、VLAN15 和 VLAN20 配置一个 HSRP 备份组。

SW31 作为 VLAN5 和 VLAN10 的主网关，同时作为 VLAN15 和 VLAN20 的备份网关；SW32 作为 VLAN15 和 VLAN20 的主网关，同时作为 VLAN5 和 VLAN10 的备份网关。

为 SW31 配置 HSRP 备份组，创建虚拟备份组，配置虚拟 IP、优先级、跟踪上行链路，命令如下：

```
SW31(config)#interface vlan 5
SW31(config-if)#standby 1 ip 192.168.5.254
```

```
SW31(config-if)#standby 1 priority 150
SW31(config-if)#standby 1 preempt
SW31(config-if)#standby 1 track f0/1
SW31(config-if)#
SW31(config)#interface vlan 10
SW31(config-if)#standby 2 ip 192.168.10.254
SW31(config-if)#standby 2 priority 150
SW31(config-if)#standby 2 preempt
SW31(config-if)#standby 2 track f0/1
SW31(config-if)#
SW31(config)#interface vlan 15
SW31(config-if)#standby 3 ip 192.168.15.254
SW31(config-if)#standby 3 track f0/1
SW31(config-if)#
SW31(config)#interface vlan 20
SW31(config-if)#standby 4 ip 192.168.20.254
SW31(config-if)#standby 4 track f0/1
SW31(config-if)#
SW31(config)#
```

为 SW32 配置 HSRP 备份组，创建虚拟备份组，配置虚拟 IP、优先级、跟踪上行链路，命令如下：

```
SW32(config)#interface vlan 5
SW32(config-if)#standby 1 ip 192.168.5.254
SW32(config-if)#standby 1 track f0/2
SW32(config-if)#
SW32(config)#interface vlan 10
SW32(config-if)#standby 2 ip 192.168.10.254
SW32(config-if)#standby 2 track f0/2
SW32(config-if)#
SW32(config)#interface vlan 15
SW32(config-if)#standby 3 ip 192.168.15.254
SW32(config-if)#standby 3 priority 150
SW32(config-if)#standby 3 preempt
SW32(config-if)#standby 3 track f0/2
SW32(config-if)#
SW32(config)#interface vlan 20
SW32(config-if)#standby 4 ip 192.168.20.254
SW32(config-if)#standby 4 priority 150
SW32(config-if)#standby 4 preempt
SW32(config-if)#standby 4 track f0/2
SW32(config-if)#
SW32(config)#
```

使用 show standby brief 命令查看 SW31 和 SW32 的 HSRP 协议状态。其中 SW31 的 HSRP 协议状态如图 8-2-4 所示。SW31 成为 VLAN5 和 VLAN10 的主网关，同时作为 VLAN15 和 VLAN20 的备份网关；SW32 成为 VLAN15 和 VLAN20 的主网关，同时作为 VLAN5 和 VLAN10 的备份网关。

8. 公网路由配置

RT3 与 RT1 和 RT2 直连，不需要配置路由协议。

对于两个私网，只需要在边界路由器 RT1 和 RT2 上配置指向公网的静态默认路由，再将这条默认路由发布到私网内部即可完成私网到公网的路由配置。

扫一扫

思科公网路由及 GRE 隧道配置

```
RT1(config)#ip route 0.0.0.0 0.0.0.0 1.1.1.2
RT2(config)#ip route 0.0.0.0 0.0.0.0 2.2.2.2
```

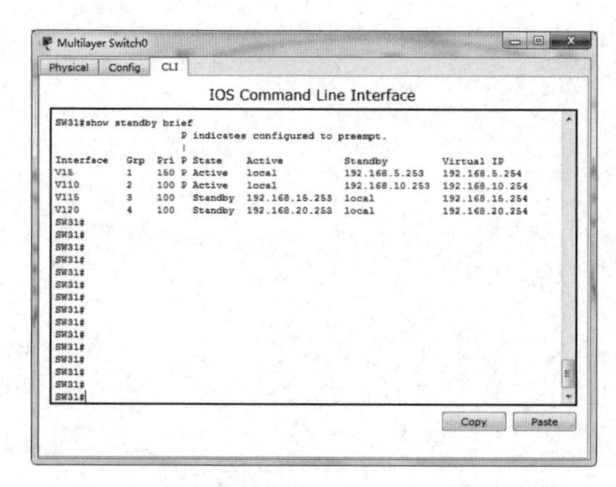

图 8-2-4　思科模拟器 SW31 的 HSRP 状态

9. GRE VPN 配置

在边界路由器 RT1、RT2 上配置 GRE 隧道连接两个私网，提供私网间的数据传输通道。

```
RT1 上的 GRE 配置命令如下:
RT1(config)#interface tunnel 0
RT1(config-if)#ip address 192.168.22.1 255.255.255.252
RT1(config-if)#tunnel destination 2.2.2.1
RT1(config-if)#tunnel source serial 0/0/0
RT1(config-if)#exit
RT1(config)#
```

RT2 上的 GRE 配置命令如下：

```
RT2(config)#interface tunnel 0
RT2(config-if)#ip address 192.168.22.2 255.255.255.252
RT2(config-if)#tunnel destination 1.1.1.1
RT2(config-if)#tunnel source serial 0/0/1
RT2(config-if)#exit
RT2(config)#
```

从 RT1 侧隧道接口 192.168.22.1 用扩展 ping 命令去 ping 隧道另一侧的 192.168.22.2 接口，结果如图 8-2-5 所示，表明隧道两侧可以互通。

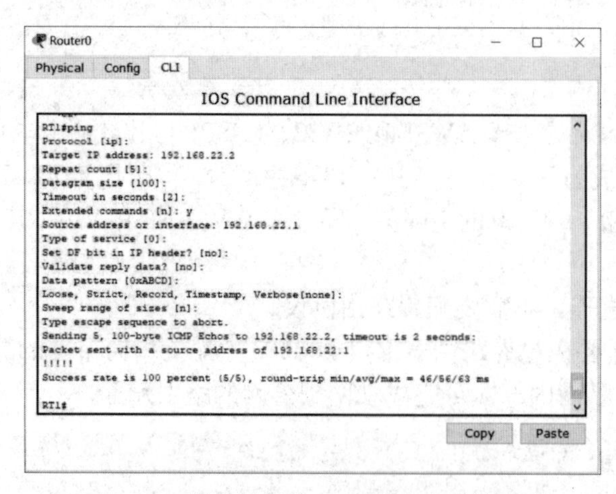

图 8-2-5　思科模拟器 GRE 隧道连通性测试

在 RT3 上使用 show ip route 命令查看路由表信息，结果如图 8-2-6 所示。公网路由器 RT3 的路由表上并未出现私网路由，这说明隧道接口间的私网报文并非直接通过 RT3 进行路由转发，而是在 GRE 封装后经隧道传输。

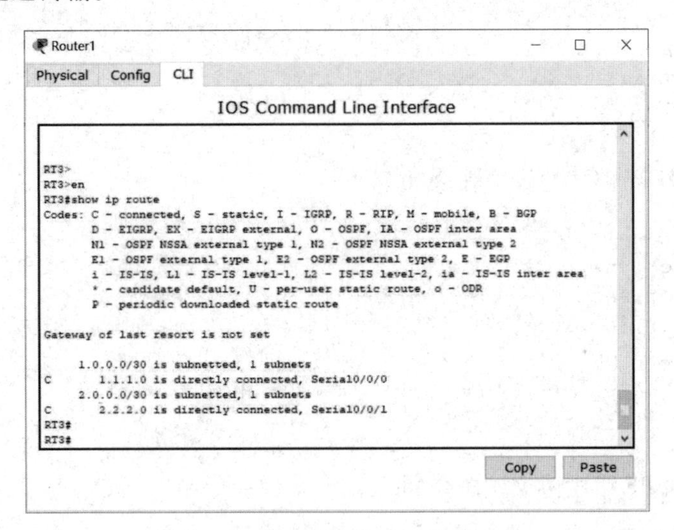

图 8-2-6 思科模拟器 RT3 的路由表

扫一扫

思科内网路由协议配置

10. 内网路由协议配置

内网（包括 GRE 隧道）运行 OSPF 路由协议进行连接。其中，RT1 侧私网属于 OSPF 区域 1；RT2 侧私网属于 OSPF 区域 2；GRE 隧道的属于 OSPF 区域 0，两个私网区域的路由信息通过隧道（区域 0）进行交换。

RT1、RT2 通过 OSPF 协议分别将去往公网的静态路由发布到两个私网。

为 SW31 上配置 OSPF 路由协议，命令如下：

```
SW31(config)#ip routing
SW31(config)#router ospf 1
SW31(config-router)#network 192.168.100.0 0.0.0.255 area 1
SW31(config-router)#network 192.168.5.0 0.0.0.255 area 1
SW31(config-router)#network 192.168.10.0 0.0.0.255 area 1
SW31(config-router)#network 192.168.15.0 0.0.0.255 area 1
SW31(config-router)#network 192.168.20.0 0.0.0.255 area 1
SW31(config-router)#exit
SW31(config)#
```

为 SW32 上配置 OSPF 路由协议，命令如下：

```
SW32(config)#ip routing
SW32(config)#router ospf 1
SW32(config-router)#network 192.168.200.0 0.0.0.255 area 1
SW32(config-router)#network 192.168.5.0 0.0.0.255 area 1
SW32(config-router)#network 192.168.10.0 0.0.0.255 area 1
SW32(config-router)#network 192.168.15.0 0.0.0.255 area 1
SW32(config-router)#network 192.168.20.0 0.0.0.255 area 1
SW32(config-router)#exit
SW32(config)#
```

为 SW33 上配置 OSPF 路由协议，命令如下：

```
SW33(config)#ip routing
SW33(config)#router ospf 1
SW33(config-router)#network 192.168.250.0 0.0.0.255 area 2
SW33(config-router)#network 192.168.30.0 0.0.0.255 area 2
SW33(config-router)#network 192.168.40.0 0.0.0.255 area 2
SW33(config-router)#exit
SW33(config)#
```

为 RT1 上配置 OSPF 路由协议，命令如下：

```
RT1(config)#router ospf 1
RT1(config-router)#network 192.168.22.0 0.0.0.3 area 0
RT1(config-router)#network 192.168.80.0 0.0.0.255 area 1
RT1(config-router)#network 192.168.100.0 0.0.0.255 area 1
RT1(config-router)#network 192.168.200.0 0.0.0.255 area 1
RT1(config-router)#default-information originate
RT1(config-router)#exit
RT1(config)#
```

为 RT2 上配置 OSPF 路由协议，命令如下：

```
RT2(config)#router ospf 1
RT2(config-router)#network 192.168.22.0 0.0.0.3 area 0
RT2(config-router)#network 192.168.250.0 0.0.0.255 area 2
RT2(config-router)#default-information originate
RT2(config-router)#exit
RT2(config)#
```

11. 内网连通性测试

RT1 和 RT2 私网已通过 GRE 隧道进行了互联，形成了一个完整的跨公网的局域网。查看 RT1、RT2、SW31、SW32、SW33 的路由表可以看出内网各网段路由信息完整。其中 RT1 与 SW31 的路由表信息如图 8-2-7 和图 8-2-8 所示。

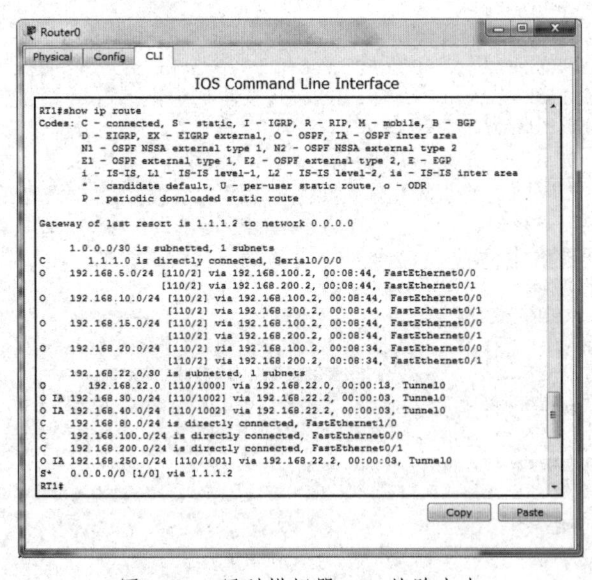

图 8-2-7　思科模拟器 RT1 的路由表

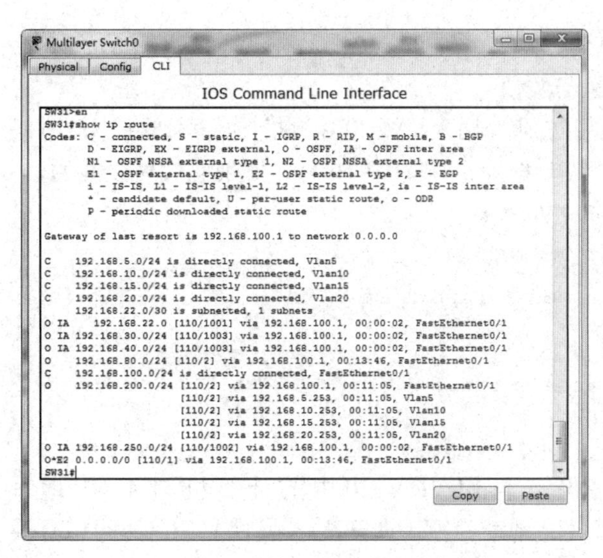

图 8-2-8 思科模拟器 SW31 的路由表

RT1 侧私网连通性测试，包括：使用 ping 命令测试业务网段 VLAN5、VLAN10、VLAN15 和 VLAN20 间的连通性；使用 ping 命令测试业务网段 VLAN5、VLAN10、VLAN15 和 VLAN20 与 RT1 的 192.168.100.0/24 和 192.168.200.0/24 网段之间的连通性。

RT2 侧私网连通性测试，包括：使用 ping 命令测试业务网段 VLAN30 和 VLAN40 间的连通性；使用 ping 命令测试业务网段 LAN30 和 VLAN40 间与 RT2 的 192.168.250.0/24 网段之间的连通性。

RT1 和 RT2 两侧私网间的连通性测试，主要是使用 ping 命令测试业务网 VLAN5、VLAN10、VLAN15、VLAN20 与 VLAN30、VLAN40 间的连通性。

12. STP、链路聚合与 HSRP 功能测试

测试 STP 的步骤包括：

① 关闭 SW31 的 GE0/0/21 端口，VLAN5 和 VLAN10 会启用备份链路，重新计算生成树。测试之后重新打开 SW31 的 GE0/0/21。

② 关闭 SW32 的 GE0/0/21 端口，VLAN15 和 VLAN20 会启用备份链路，重新计算生成树。测试之后重新打开 SW32 的 GE0/0/21。

③ 轮流关闭 SW31、SW32，分别测试 VLAN5、VLAN10 和 VLAN15、VLAN20 的主、从根切换情况。

轮流关闭 SW31 的 GE0/0/3、GE0/0/4 端口，测试链路聚合效果。

测试 HSRP 的步骤包括：

① 轮流关闭 SW31、SW32 的上行链路 GE0/0/1、GE0/0/2，分别测试 VLAN5、VLAN10、VLAN15、VLAN20 的 VRRP 备份组的 Master 切换情况。

② 轮流关闭 SW31、SW32 设备，分别测试 VLAN5、VLAN10、VLAN15、VLAN20 的 VRRP 备份组的 Master 切换情况。

13. 定义包过滤与 NAT 使用的 ACL

定义 ACL 拒绝 192.168.20.0/24 网段（财务部）源地址报文通过，命令如下：

```
RT1(config)#access-list 1 deny 192.168.20.0 0.0.0.255
```

扫一扫

思科 ACL 及 NAT 配置

```
RT1(config)#access-list 1 permit any
```

14. ACL 包过滤配置与测试

在配置 ACL 包过滤之前，用 VLAN20 中的计算机 PC4（IP 地址：192.168.20.1）去 ping VLAN30 中的计算机 PC5（IP 地址：192.168.30.1），发现它们可以互通。

ACL 包过滤配置的命令如下：

```
RT1(config)#interface f0/0
RT1(config-if)#ip access-group 1 in
RT1(config-if)#exit
RT1(config)#interface f0/1
RT1(config-if)#ip access-group 1 in
RT1(config-if)#exit
RT1(config)#
```

配置 ACL 包过滤之后，再用 VLAN20 中的计算机 PC4（IP 地址：192.168.20.1）去 ping VLAN30 中的计算机 PC5（IP 地址:192.168.30.1），发现它们已不可以互通，说明 ACL 包过滤发挥了作用。

15. Easy IP 配置与测试

未配置 NAT 时，分别用私网的计算机 PC2（IP 地址：192.168.10.1）和计算机 PC5（IP 地址：192.168.30.1）去 ping 公网 RT3（IP 地址 1.1.1.2 或 2.2.2.2），发现它们之间不可互通。

在 RT1 侧公网接口配置 Easy IP，命令如下：

```
RT1(config)#interface serial0/0/0
RT1(config-if)#ip nat outside
RT1(config-if)#exit
RT1(config)#interface f0/0
RT1(config-if)#ip nat inside
RT1(config-if)#exit
RT1(config)#interface f0/1
RT1(config-if)#ip nat inside
RT1(config-if)#exit
RT1(config)#ip nat inside source list 1 interface s0/0/0 overload
RT1(config)#
```

此时，RT1 侧公司总部只有 192.168.20.0/24 网段的设备不能访问公网。

在 RT2 侧公网接口配置 Easy IP，命令如下：

```
RT2(config)#interface serial0/0/1
RT2(config-if)#ip nat outside
RT2(config-if)#exit
RT2(config)#interface f0/0
RT2(config-if)#ip nat inside
RT2(config-if)#exit
RT2(config)#access-list 2 permit any
RT2(config)#ip nat inside source list 2 interface s0/0/1 overload
```

此时，在 RT2 侧分厂允许所有出方向的报文进行地址转换。

然后，分别用私网的主机 PC2（IP 地址：192.168.10.1）和 PC5（IP 地址：192.168.30.1）去 ping 公网 RT3(IP 地址:1.1.1.2 或 2.2.2.2),会发现它们之间已经可以互通,说明 Easy IP 发挥了作用。

16. NAT Server 配置与测试

首先在 FTP Server 上启动 FTP 服务器，监听端口号“21”，配置文件根目录；在 WWW Server 上启动 HTTP 服务器，监听端口号“80”，配置文件根目录。

然后在 RT1 的 Serial1/0/1 端口上做 FTP 服务器的 21 号端口映射，命令如下：

```
RT1(config)#interface f1/0
RT1(config-if)#ip nat inside
RT1(config-if)#exit
RT1(config)#interface serial0/0/0
RT1(config-if)#ip nat outside
RT1(config-if)#exit
RT1(config)#ip nat inside source static tcp 192.168.80.1 21 1.1.1.1 21
RT1(config)#ip nat inside source static tcp 192.168.80.2 80 1.1.1.1 80
RT1(config)#
```

CiscoPacket Tracer 模拟器上的路由器没有 ftp 命令，这里在 RT3 的接口 f0/0（配置 IP 地址：10.10.10.1/8）上连接一台计算机 PC7（配置 IP 地址：10.10.10.10/8）。在 PC7 主机上使用 ftp 1.1.1.1 命令去访问内网的 FTP 服务器，结果会显示已经可以正常访问 FTP 服务器，说明 NAT Server 发挥了作用。在 PC7 主机上使用浏览器访问 1.1.1.1，也可以访问到内网的 WWW 服务器。

8.2.2 华为模拟器仿真实现

1. 仿真用拓扑结构图

根据 8.1 节所设计的企业网络，抽象简化后，采用华为 eNSP 模拟器软件进行仿真测试，搭建一个模拟的网络，如图 8-2-9 所示。

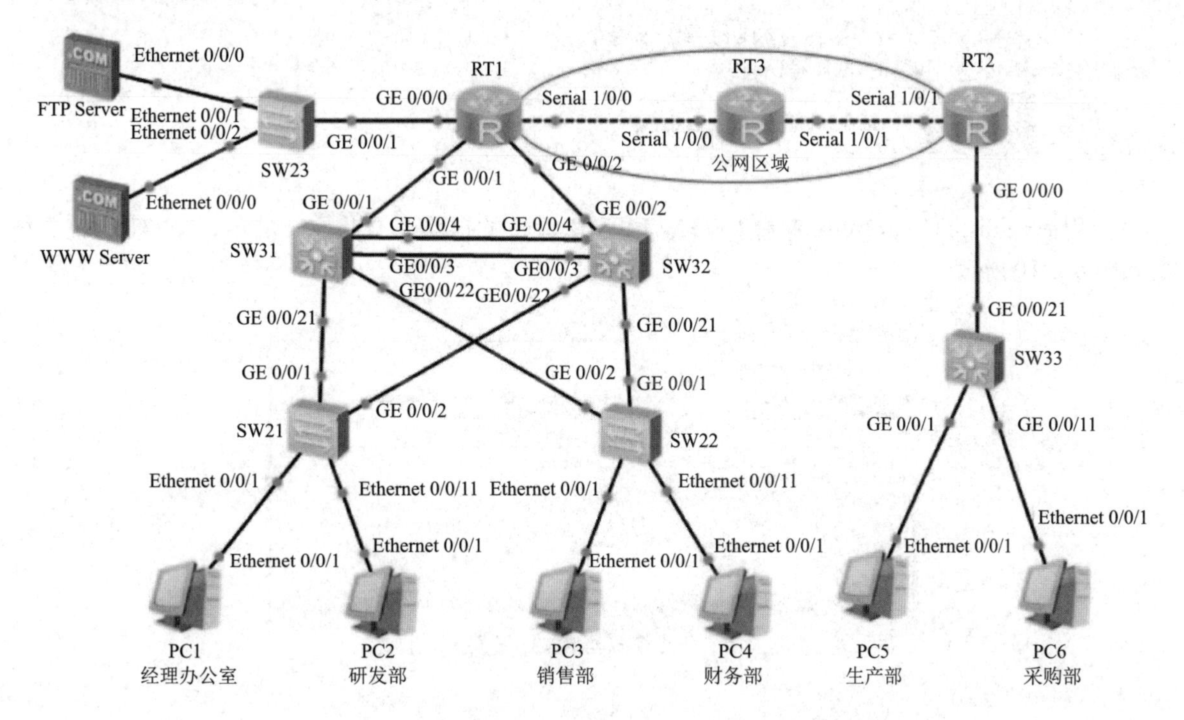

图 8-2-9　华为模拟器网络规划与设计图

扫一扫

华为核心交换机链路聚合配置

2. 核心交换机链路聚合配置

SW31 链路聚合配置，命令如下：

```
<Huawei>system-view
[Huawei]#sysname SW31
[SW31]interface eth-trunk 0
[SW31-Eth-Trunk0]quit
[SW31]interface GigabitEthernet 0/0/3
[SW31-GigabitEthernet0/0/3]eth-trunk 0
[SW31-GigabitEthernet0/0/3]quit
[SW31]interface GigabitEthernet 0/0/4
[SW31-GigabitEthernet0/0/4]eth-trunk 0
[SW31-GigabitEthernet0/0/4]quit
[SW31]interface eth-trunk 0
[SW31-Eth-Trunk0]port link-type trunk
[SW31-Eth-Trunk0]port trunk allow-pass vlan all
[SW31-Eth-Trunk0]quit
```

SW32 链路聚合配置，命令如下：

```
<Huawei>system-view
[Huawei]#sysname SW32
[SW32]interface eth-trunk 0
[SW32-Eth-Trunk0]quit
[SW32]interface GigabitEthernet 0/0/3
[SW32-GigabitEthernet0/0/3]eth-trunk 0
[SW32-GigabitEthernet0/0/3]quit
[SW32]interface GigabitEthernet 0/0/4
[SW32-GigabitEthernet0/0/4]eth-trunk 0
[SW32-GigabitEthernet0/0/4]quit
[SW32]interface eth-trunk 0
[SW32-Eth-Trunk0]port link-type trunk
[SW32-Eth-Trunk0]port trunk allow-pass vlan all
[SW32-Eth-Trunk0]quit
```

使用命令 display eth-trunk 查看 SW31 与 SW32 设备的链路聚合状态。其中，SW31 的查看结果如图 8-2-10 所示。

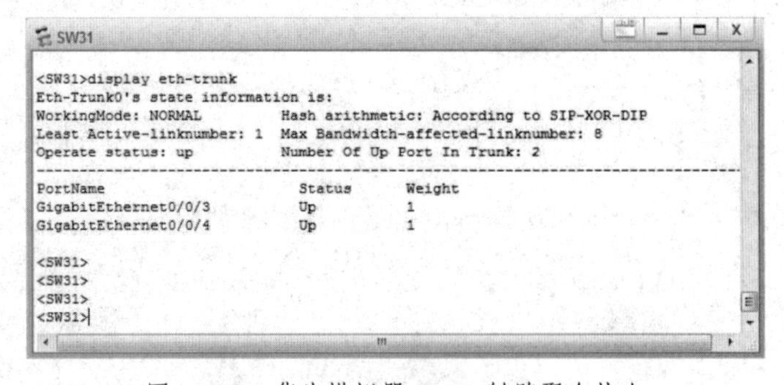

图 8-2-10　华为模拟器 SW31 链路聚合状态

3. VLAN 划分

在二层交换机 SW21 上创建 VLAN5、VLAN10、VLAN15、VLAN20，将接口 e0/0/1 和 e0/0/11 分别加入到 VLAN5 和 VLAN10，接口 g0/0/1 和 g0/0/2 设置为 trunk 模式。命令如下：

```
<Huawei>system-view
[Huawei]#sysname SW21
[SW21]vlan batch 5 10 15 20
[SW21]interface ethernet 0/0/1
[SW21-Ethernet0/0/1]port link-type access
[SW21-Ethernet0/0/1]port default vlan 5
[SW21-Ethernet0/0/1]quit
[SW21]interface ethernet 0/0/11
[SW21-Ethernet0/0/11]port link-type access
[SW21-Ethernet0/0/11]port default vlan 10
[SW21-Ethernet0/0/11]quit
[SW21]interface g0/0/1
[SW21-GigabitEthernet0/0/1]port link-type trunk
[SW21-GigabitEthernet0/0/1]port trunk allow-pass vlan all
[SW21-GigabitEthernet0/0/1]quit
[SW21]interface g0/0/2
[SW21-GigabitEthernet0/0/2]port link-type trunk
[SW21-GigabitEthernet0/0/2]port trunk allow-pass vlan all
[SW21-GigabitEthernet0/0/2]quit
[SW21]
```

扫一扫

华为 VLAN 划分

在二层交换机 SW22 上创建 VLAN5、VLAN10、VLAN15、VLAN20，将接口 e0/0/1 和 e0/0/11 分别加入到 VLAN15 和 VLAN20，接口 g0/0/1 和 g0/0/2 设置为 trunk 模式。命令如下：

```
<Huawei>system-view
[Huawei]#sysname SW22
[SW22]vlan batch 5 10 15 20
[SW22]interface ethernet 0/0/1
[SW22-Ethernet0/0/1]port link-type access
[SW22-Ethernet0/0/1]port default vlan 15
[SW22-Ethernet0/0/1]quit
[SW22]interface ethernet 0/0/11
[SW22-Ethernet0/0/11]port link-type access
[SW22-Ethernet0/0/11]port default vlan 20
[SW21-Ethernet0/0/11]quit
[SW22]interface g0/0/1
[SW22-GigabitEthernet0/0/1]port link-type trunk
[SW22-GigabitEthernet0/0/1]port trunk allow-pass vlan 15 20
[SW22-GigabitEthernet0/0/1]quit
[SW22]interface g0/0/2
[SW22-GigabitEthernet0/0/2]port link-type trunk
[SW22-GigabitEthernet0/0/2]port trunk allow-pass vlan 15 20
[SW22-GigabitEthernet0/0/2]quit
[SW22]
```

在三层交换机 SW31 上创建 VLAN5、VLAN10、VLAN15 和 VLAN20，接口 g0/0/21 和 g0/0/22 配置为 Trunk 模式，命令如下：

```
[SW31]vlan batch 5 10 15 20
[SW31]int g0/0/21
[SW31-GigabitEthernet0/0/21]port link-type trunk
[SW31-GigabitEthernet0/0/21]port trunk allow-pass vlan all
[SW31-GigabitEthernet0/0/21]quit
[SW31]int g0/0/22
```

```
[SW31-GigabitEthernet0/0/22]port link-type trunk
[SW31-GigabitEthernet0/0/22]port trunk allow-pass vlan all
[SW31-GigabitEthernet0/0/22]quit
[SW31]
```

在三层交换机 SW32 上创建 VLAN5、VLAN10、VLAN15 和 VLAN20，接口 g0/0/21 和 g0/0/22 配置为 Trunk 模式，命令如下：

```
[SW32]vlan batch 5 10 15 20
[SW32]int g0/0/21
[SW32-GigabitEthernet0/0/21]port link-type trunk
[SW32-GigabitEthernet0/0/21]port trunk allow-pass vlan 15 20
[SW32-GigabitEthernet0/0/21]quit
[SW32]int g0/0/22
[SW32-GigabitEthernet0/0/22]port link-type trunk
[SW32-GigabitEthernet0/0/22]port trunk allow-pass vlan 5 10
[SW32-GigabitEthernet0/0/22]quit
[SW32]
```

在三层交换机 SW33 上创建 VLAN30 和 VLAN40，并将相应接口加入到 VLAN 中，命令如下：

```
<Huawei>system-view
[Huawei]#sysname SW33
[SW33]vlan 30
[SW33-vlan30]quit
[SW33]vlan 40
[SW33-vlan40]quit
[SW33]interface g0/0/1
[SW33-GigabitEthernet0/0/1]port link-type access
[SW33-GigabitEthernet0/0/1]port default vlan 30
[SW33-GigabitEthernet0/0/1]quit
[SW33]interface g0/0/11
[SW33-GigabitEthernet0/0/11]port link-type access
[SW33-GigabitEthernet0/0/11]port default vlan 40
[SW33-GigabitEthernet0/0/11]quit
```

4. MSTP 配置

在 SW31 上配置 MSTP，命令如下：

扫一扫

华为 MSTP 配置

```
[SW31]stp mode mstp
[SW31]stp enable
[SW31]stp region-configuration
[SW31-mst-region]region-name coremst
[SW31-mst-region]instance 1 vlan 5 10
[SW31-mst-region]instance 2 vlan 15 20
[SW31-mst-region]active region-configuration
[SW31-mst-region]quit
[SW31]stp instance 1 root primary
[SW31]stp instance 2 root secondary
```

在 SW32 上配置 MSTP，命令如下：

```
[SW32]stp mode mstp
[SW32]stp enable
[SW32]stp region-configuration
```

```
[SW32-mst-region]region-name coremst
[SW32-mst-region]instance 1 vlan 5 10
[SW32-mst-region]instance 2 vlan 15 20
[SW32-mst-region]active region-configuration
[SW32-mst-region]quit
[SW32]stp instance 1 root secondary
[SW32]stp instance 2 root primary
```

在 SW21 上配置 MSTP，命令如下：

```
[SW21]stp mode mstp
[SW21]stp enable
[SW21]stp region-configuration
[SW21-mst-region]region-name coremst
[SW21-mst-region]instance 1 vlan 5 10
[SW21-mst-region]instance 2 vlan 15 20
[SW21-mst-region]active region-configuration
[SW21-mst-region]quit
```

在 SW22 上配置 MSTP，命令如下：

```
[SW22]stp mode mstp
[SW22]stp enable
[SW22]stp region-configuration
[SW22-mst-region]region-name coremst
[SW22-mst-region]instance 2 vlan 15 20
[SW22-mst-region]active region-configuration
[SW22-mst-region]quit
```

使用 dis stp brief 命令查看 SW31 和 SW32 设备的 MSTP 状态，如图 8-2-11 所示。

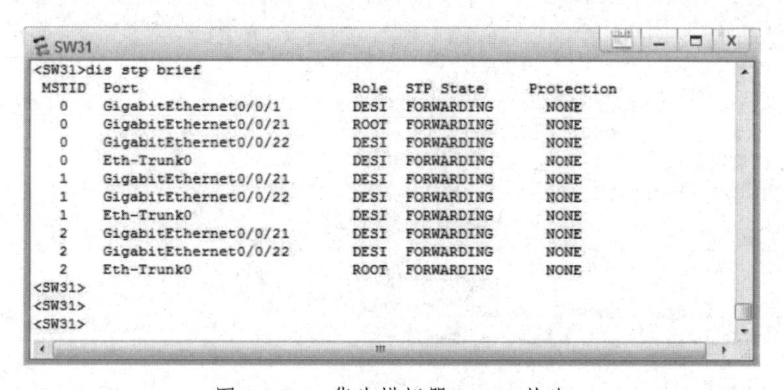

图 8-2-11　华为模拟器 MSTP 状态

SW31 上实例 1 的所有端口都是指定端口，因此 SW31 为 MST1 的根桥；SW32 上实例 2 的所有端口都是指定端口，因此 SW32 为 MST2 的根桥。

5. 配置终端设备网络参数

根据 8.1.4 节 IP 地址规划和图 8-2-9，配置终端 PC 及服务器的 IP 地址、子网掩码和默认网关。

6. 配置设备 IP 地址

配置 SW31 的接口 IP，命令如下：

扫一扫

华为终端 IP 地址配置

扫一扫

华为设备 IP 地址配置

```
[SW31]vlan 100
```

```
[SW31-vlan100]quit
[SW31]interface g0/0/1
[SW31-GigabitEthernet0/0/1]port link-type access
[SW31-GigabitEthernet0/0/1]port default vlan 100
[SW31-GigabitEthernet0/0/1]quit
[SW31]interface vlan 5
[SW31-Vlanif5]ip address 192.168.5.252 24
[SW31-Vlanif5]quit
[SW31]interface vlan 10
[SW31-Vlanif10]ip address 192.168.10.252 24
[SW31-Vlanif10]quit
[SW31]interface vlan 15
[SW31-Vlanif15]ip address 192.168.15.252 24
[SW31-Vlanif15]quit
[SW31]interface vlan 20
[SW31-Vlanif20]ip address 192.168.20.252 24
[SW31-Vlanif20]quit
[SW31]interface vlan 100
[SW31-Vlanif100]ip address 192.168.100.2 24
[SW31-Vlanif100]quit
```

配置 SW32 的接口 IP，命令如下：

```
[SW32]vlan 200
[SW32-vlan200]quit
[SW32]interface g0/0/2
[SW32-GigabitEthernet0/0/2]port link-type access
[SW32-GigabitEthernet0/0/2]port default vlan 200
[SW32-GigabitEthernet0/0/2]quit
[SW32]interface vlan 5
[SW32-Vlanif5]ip address 192.168.5.253 24
[SW32-Vlanif5]quit
[SW32]interface vlan 10
[SW32-Vlanif10]ip address 192.168.10.253 24
[SW32-Vlanif10]quit
[SW32]interface vlan 15
[SW32-Vlanif15]ip address 192.168.15.253 24
[SW32-Vlanif15]quit
[SW32]interface vlan 20
[SW32-Vlanif20]ip address 192.168.20.253 24
[SW32-Vlanif20]quit
[SW32]interface vlan 200
[SW32-Vlanif200]ip address 192.168.200.2 24
[SW32-Vlanif200]quit
```

配置 SW33 的接口 IP，命令如下：

```
[SW33]vlan 250
[SW33-vlan250]quit
[SW33]interface g0/0/21
[SW33-GigabitEthernet0/0/21]port link-type access
[SW33-GigabitEthernet0/0/21]port default vlan 250
[SW33-GigabitEthernet0/0/21]quit
[SW33]interface vlan 30
[SW33-Vlanif30]ip address 192.168.30.254 24
```

```
[SW33-Vlanif30]quit
[SW33]interface vlan 40
[SW33-Vlanif40]ip address 192.168.40.254 24
[SW33-Vlanif40]quit
[SW33]interface vlan 250
[SW33-Vlanif250]ip address 192.168.250.2 24
[SW33-Vlanif250]quit
```

配置 RT1 的接口 IP，命令如下：

```
<Huawei>system-view
[Huawei]#sysname RT1
[RT1]interface s1/0/0
[RT1-Serial1/0/0]ip address 1.1.1.1 30
[RT1-Serial1/0/0]quit
[RT1]interface g0/0/0
[RT1-GigabitEthernet0/0/0]ip address 192.168.80.254 24
[RT1-GigabitEthernet0/0/0]quit
[RT1]interface g0/0/1
[RT1-GigabitEthernet0/0/1]ip address 192.168.100.1 24
[RT1-GigabitEthernet0/0/1]quit
[RT1]interface g0/0/2
[RT1-GigabitEthernet0/0/2]ip address 192.168.200.1 24
[RT1-GigabitEthernet0/0/2]quit
```

配置 RT2 的接口 IP，命令如下：

```
<Huawei>system-view
[Huawei]#sysname RT2
[RT2]interface s1/0/1
[RT2-Serial1/0/1]ip address 2.2.2.1 30
[RT2-Serial1/0/1]quit
[RT2]interface g0/0/0
[RT2-GigabitEthernet0/0/0]ip address 192.168.250.1 24
[RT2-GigabitEthernet0/0/0]quit
```

配置 RT3 的接口 IP，命令如下：

```
<Huawei>system-view
[Huawei]#sysname RT3
[RT3]interface s1/0/0
[RT3-Serial1/0/0]ip address 1.1.1.2 30
[RT3-Serial1/0/0]quit
[RT3]interface s1/0/1
[RT3-Serial1/0/1]ip address 2.2.2.2 30
[RT3-Serial1/0/1]quit
```

7. VRRP 配置

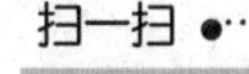

华为 VRRP 配置

分别为 VLAN5、VLAN10、VLAN15 和 VLAN20 配置一个 VRRP 备份组。SW31 作为 VLAN5 和 VLAN10 的主网关，同时作为 VLAN15 和 VLAN20 的备份网关；SW32 作为 VLAN15 和 VLAN20 的主网关，同时作为 VLAN5 和 VLAN10 的备份网关。

为 SW31 配置 VRRP 备份组，创建虚拟备份组，配置虚拟 IP、优先级，命令如下：

```
[SW31]interface vlan 5
```

```
[SW31-Vlanif5]vrrp vrid 1 virtual-ip 192.168.5.254
[SW31-Vlanif5]vrrp vrid 1 priority 150
[SW31-Vlanif5]quit
[SW31]interface vlan 10
[SW31-Vlanif10]vrrp vrid 1 virtual-ip 192.168.10.254
[SW31-Vlanif10]vrrp vrid 1 priority 150
[SW31-Vlanif10]quit
[SW31]interface vlan 15
[SW31-Vlanif15]vrrp vrid 1 virtual-ip 192.168.15.254
[SW31-Vlanif15]vrrp vrid 1 priority 50
[SW31-Vlanif15]quit
[SW31]interface vlan 20
[SW31-Vlanif20]vrrp vrid 1 virtual-ip 192.168.20.254
[SW31-Vlanif20]vrrp vrid 1 priority 50
[SW31-Vlanif20]quit
```

为 SW32 配置 VRRP 备份组，创建虚拟备份组，配置虚拟 IP、优先级，命令如下：

```
[SW32]interface vlan 5
[SW32-Vlanif5]vrrp vrid 1 virtual-ip 192.168.5.254
[SW32-Vlanif5]vrrp vrid 1 priority 50
[SW32-Vlanif5]quit
[SW32]interface vlan 10
[SW32-Vlanif10]vrrp vrid 1 virtual-ip 192.168.10.254
[SW32-Vlanif10]vrrp vrid 1 priority 50
[SW32-Vlanif10]quit
[SW32]interface vlan 15
[SW32-Vlanif15]vrrp vrid 1 virtual-ip 192.168.15.254
[SW32-Vlanif15]vrrp vrid 1 priority 150
[SW32-Vlanif15]quit
[SW32]interface vlan 20
[SW32-Vlanif20]vrrp vrid 1 virtual-ip 192.168.20.254
[SW32-Vlanif20]vrrp vrid 1 priority 150
[SW32-Vlanif20]quit
```

使用 display vrrp brief 命令查看 SW31 和 SW32 的 VRRP 协议状态。其中 SW31 的 VRRP 协议状态如图 8-2-12 所示。SW31 成为 VLAN5 和 VLAN10 的主网关，同时作为 VLAN15 和 VLAN20 的备份网关；SW32 成为 VLAN15 和 VLAN20 的主网关，同时作为 VLAN5 和 VLAN10 的备份网关。

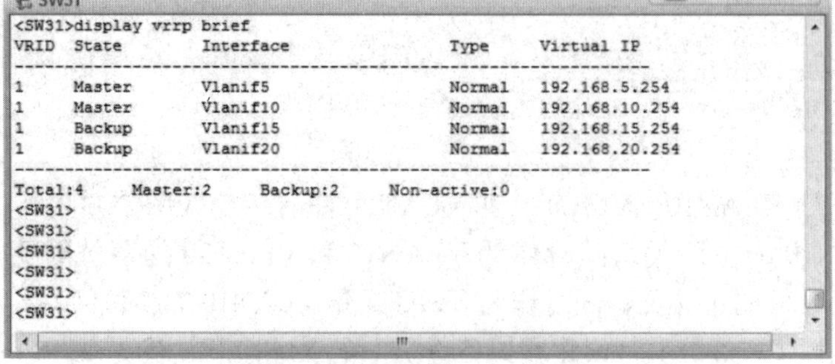

```
SW31
<SW31>display vrrp brief
VRID  State        Interface                Type     Virtual IP
----------------------------------------------------------------
1     Master       Vlanif5                  Normal   192.168.5.254
1     Master       Vlanif10                 Normal   192.168.10.254
1     Backup       Vlanif15                 Normal   192.168.15.254
1     Backup       Vlanif20                 Normal   192.168.20.254
----------------------------------------------------------------
Total:4     Master:2     Backup:2     Non-active:0
<SW31>
<SW31>
<SW31>
<SW31>
<SW31>
<SW31>
```

图 8-2-12　华为模拟器 VRRP 状态信息

8. 公网路由配置

扫一扫

华为公网路由及 GRE 隧道配置

RT3 与 RT1 和 RT2 直连，不需要配置路由协议。

对于两个私网，只需要在边界路由器 RT1 和 RT2 上配置指向公网的静态默认路由，再将这条默认路由发布到私网内部即可完成私网到公网的路由配置。RT1 和 RT2 的默认路由配置命令如下：

```
[RT1]ip route-static 0.0.0.0 0 1.1.1.2
[RT2]ip route-static 0.0.0.0 0 2.2.2.2
```

9. GRE VPN 配置

在边界路由器 RT1、RT2 上配置 GRE 隧道连接两个私网，提供私网间的数据传输通道。

RT1 上的 GRE 配置，命令如下：

```
[RT1]interface tunnel 0/0/0
[RT1-Tunnel0/0/0]ip address 192.168.22.1 30
[RT1-Tunnel0/0/0]tunnel-protocol gre
[RT1-Tunnel0/0/0]source 1.1.1.1
[RT1-Tunnel0/0/0]destination 2.2.2.1
```

RT2 上的 GRE 配置，命令如下：

```
[RT2]interface tunnel 0/0/0
[RT2-Tunnel0/0/0]ip address 192.168.22.2 30
[RT2-Tunnel0/0/0]tunnel-protocol gre
[RT2-Tunnel0/0/0]source 2.2.2.1
[RT2-Tunnel0/0/0]destination 1.1.1.1
```

从 RT1 侧隧道接口 192.168.22.1 去 ping 隧道另一侧的 192.168.22.2 接口，结果如图 8-2-13 所示，表明隧道两侧可以互通。

```
RT1
<RT1>ping -a 192.168.22.1 192.168.22.2
  PING 192.168.22.2: 56  data bytes, press CTRL_C to break
    Reply from 192.168.22.2: bytes=56 Sequence=1 ttl=255 time=120 ms
    Reply from 192.168.22.2: bytes=56 Sequence=2 ttl=255 time=70 ms
    Reply from 192.168.22.2: bytes=56 Sequence=3 ttl=255 time=50 ms
    Reply from 192.168.22.2: bytes=56 Sequence=4 ttl=255 time=80 ms
    Reply from 192.168.22.2: bytes=56 Sequence=5 ttl=255 time=100 ms

  --- 192.168.22.2 ping statistics ---
    5 packet(s) transmitted
    5 packet(s) received
    0.00% packet loss
    round-trip min/avg/max = 50/84/120 ms

<RT1>
```

图 8-2-13 华为模拟器 GRE 隧道连通性测试

如图 8-2-14 所示，公网路由器 RT3 的路由表上并未出现私网路由。这说明隧道接口间的私网报文并非直接通过 RT3 进行路由转发，而是在 GRE 封装后经隧道传输。

扫一扫

华为内网路由配置

10. 内网路由协议配置

内网（包括 GRE 隧道）运行 OSPF 路由协议进行连接。其中，RT1 侧私网属于 OSPF 区域 1；RT2 侧私网属于 OSPF 区域 2；GRE 隧道的属于 OSPF 区域 0，两个私网区域的路由信息通过隧道（区域 0）进行交换。RT1、RT2 通过 OSPF 协议分别将去往公网的静态路

由发布到两个私网。

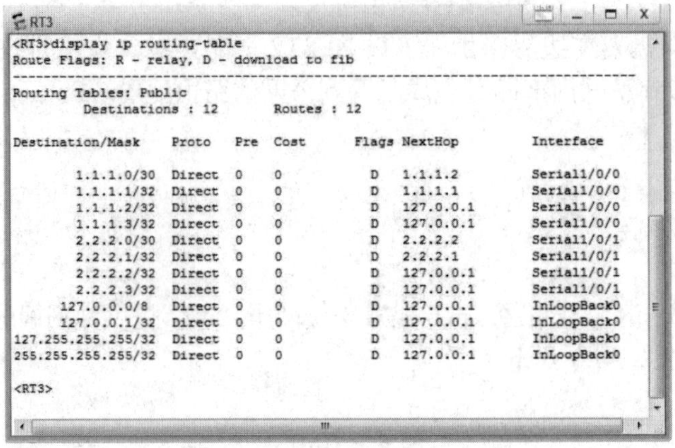

```
RT3
<RT3>display ip routing-table
Route Flags: R - relay, D - download to fib
------------------------------------------------------------------------------
Routing Tables: Public
         Destinations : 12       Routes : 12

Destination/Mask    Proto   Pre  Cost      Flags NextHop         Interface

        1.1.1.0/30  Direct  0    0           D   1.1.1.2         Serial1/0/0
        1.1.1.1/32  Direct  0    0           D   1.1.1.1         Serial1/0/0
        1.1.1.2/32  Direct  0    0           D   127.0.0.1       Serial1/0/0
        1.1.1.3/32  Direct  0    0           D   127.0.0.1       Serial1/0/0
        2.2.2.0/30  Direct  0    0           D   2.2.2.2         Serial1/0/1
        2.2.2.1/32  Direct  0    0           D   2.2.2.1         Serial1/0/1
        2.2.2.2/32  Direct  0    0           D   127.0.0.1       Serial1/0/1
        2.2.2.3/32  Direct  0    0           D   127.0.0.1       Serial1/0/1
      127.0.0.0/8   Direct  0    0           D   127.0.0.1       InLoopBack0
      127.0.0.1/32  Direct  0    0           D   127.0.0.1       InLoopBack0
127.255.255.255/32  Direct  0    0           D   127.0.0.1       InLoopBack0
255.255.255.255/32  Direct  0    0           D   127.0.0.1       InLoopBack0

<RT3>
```

图 8-2-14　华为模拟器 RT3 的路由表

在 SW31 上配置 OSPF 路由协议，命令如下：

```
[SW31]ospf 1
[SW31-ospf-1]area 1
[SW31-ospf-1-area-0.0.0.1]network 192.168.100.0 0.0.0.255
[SW31-ospf-1-area-0.0.0.1]network 192.168.5.0 0.0.0.255
[SW31-ospf-1-area-0.0.0.1]network 192.168.10.0 0.0.0.255
[SW31-ospf-1-area-0.0.0.1]network 192.168.15.0 0.0.0.255
[SW31-ospf-1-area-0.0.0.1]network 192.168.20.0 0.0.0.255
[SW31-ospf-1-area-0.0.0.1]quit
[SW31-ospf-1]quit
[SW31]
```

在 SW32 上配置 OSPF 路由协议，命令如下：

```
[SW32]ospf 1
[SW32-ospf-1]area 1
[SW32-ospf-1-area-0.0.0.1]network 192.168.200.0 0.0.0.255
[SW32-ospf-1-area-0.0.0.1]network 192.168.5.0 0.0.0.255
[SW32-ospf-1-area-0.0.0.1]network 192.168.10.0 0.0.0.255
[SW32-ospf-1-area-0.0.0.1]network 192.168.15.0 0.0.0.255
[SW32-ospf-1-area-0.0.0.1]network 192.168.20.0 0.0.0.255
[SW32-ospf-1-area-0.0.0.1]quit
[SW32-ospf-1]quit
[SW32]
```

在 SW33 上配置 OSPF 路由协议，命令如下：

```
[SW33]ospf 1
[SW33-ospf-1]area 2
[SW33-ospf-1-area-0.0.0.2]network 192.168.250.0 0.0.0.255
[SW33-ospf-1-area-0.0.0.2]network 192.168.30.0 0.0.0.255
[SW33-ospf-1-area-0.0.0.2]network 192.168.40.0 0.0.0.255
[SW33-ospf-1-area-0.0.0.2]quit
[SW33-ospf-1]quit
[SW33]
```

在 RT1 上配置 OSPF 路由协议，命令如下：

```
[RT1]ospf 1
[RT1-ospf-1]area 0
[RT1-ospf-1-area-0.0.0.0]network 192.168.22.0 0.0.0.3
[RT1-ospf-1-area-0.0.0.0]quit
[RT1-ospf-1]area 1
[RT1-ospf-1-area-0.0.0.1]network 192.168.80.0 0.0.0.255
[RT1-ospf-1-area-0.0.0.1]network 192.168.100.0 0.0.0.255
[RT1-ospf-1-area-0.0.0.1]network 192.168.200.0 0.0.0.255
[RT1-ospf-1-area-0.0.0.1]quit
[RT1-ospf-1]default-route-advertise always
[RT1-ospf-1]quit
[RT1]
```

在 RT2 上配置 OSPF 路由协议，命令如下：

```
[RT2]ospf 1
[RT2-ospf-1]area 0
[RT2-ospf-1-area-0.0.0.0]network 192.168.22.0 0.0.0.3
[RT2-ospf-1-area-0.0.0.0]quit
[RT2-ospf-1]area 2
[RT2-ospf-1-area-0.0.0.2]network 192.168.250.0 0.0.0.255
[RT2-ospf-1-area-0.0.0.1]quit
[RT2-ospf-1]default-route-advertise always
[RT2-ospf-1]quit
[RT2]
```

11. 内网连通性测试

RT1 和 RT2 私网已通过 GRE 隧道进行了互联，形成了一个完整的跨公网的局域网。查看 RT1、RT2、SW31、SW32、SW33 的路由表可以看出内网各网段路由信息完整。其中 RT1 与 SW31 的路由表信息如图 8-2-15 和图 8-2-16 所示。

```
RT1
<RT1>display ip routing-table
Route Flags: R - relay, D - download to fib
------------------------------------------------------------------------------
Routing Tables: Public
         Destinations : 32       Routes : 36

Destination/Mask    Proto   Pre  Cost      Flags NextHop         Interface

        0.0.0.0/0   Static  60   0           RD   1.1.1.2         Serial1/0/0
        1.1.1.0/30  Direct  0    0            D   1.1.1.1         Serial1/0/0
        1.1.1.1/32  Direct  0    0            D   127.0.0.1       Serial1/0/0
        1.1.1.2/32  Direct  0    0            D   1.1.1.2         Serial1/0/0
        1.1.1.3/32  Direct  0    0            D   127.0.0.1       Serial1/0/0
      127.0.0.0/8   Direct  0    0            D   127.0.0.1       InLoopBack0
      127.0.0.1/32  Direct  0    0            D   127.0.0.1       InLoopBack0
127.255.255.255/32  Direct  0    0            D   127.0.0.1       InLoopBack0
    192.168.5.0/24  OSPF    10   2            D   192.168.100.2   GigabitEthernet
0/0/1
                    OSPF    10   2            D   192.168.200.2   GigabitEthernet
0/0/2
  192.168.5.254/32  OSPF    10   2            D   192.168.100.2   GigabitEthernet
0/0/1
   192.168.10.0/24  OSPF    10   2            D   192.168.100.2   GigabitEthernet
0/0/1
                    OSPF    10   2            D   192.168.200.2   GigabitEthernet
0/0/2
 192.168.10.254/32  OSPF    10   2            D   192.168.100.2   GigabitEthernet
0/0/1
   192.168.15.0/24  OSPF    10   2            D   192.168.100.2   GigabitEthernet
0/0/1
                    OSPF    10   2            D   192.168.200.2   GigabitEthernet
0/0/2
 192.168.15.254/32  OSPF    10   2            D   192.168.200.2   GigabitEthernet
0/0/2
   192.168.20.0/24  OSPF    10   2            D   192.168.100.2   GigabitEthernet
0/0/1
                    OSPF    10   2            D   192.168.200.2   GigabitEthernet
```

图 8-2-15 华为模拟器 RT1 的路由表

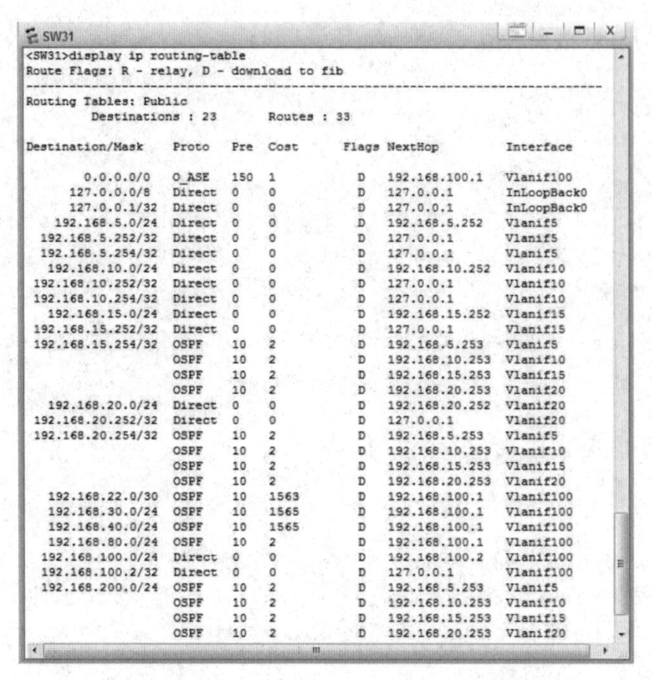

```
SW31
<SW31>display ip routing-table
Route Flags: R - relay, D - download to fib
------------------------------------------------------------------------------
Routing Tables: Public
         Destinations : 23       Routes : 33

Destination/Mask    Proto   Pre  Cost      Flags NextHop         Interface

        0.0.0.0/0   O_ASE   150  1           D   192.168.100.1   Vlanif100
      127.0.0.0/8   Direct  0    0           D   127.0.0.1       InLoopBack0
     127.0.0.1/32   Direct  0    0           D   127.0.0.1       InLoopBack0
   192.168.5.0/24   Direct  0    0           D   192.168.5.252   Vlanif5
 192.168.5.252/32   Direct  0    0           D   127.0.0.1       Vlanif5
 192.168.5.254/32   Direct  0    0           D   127.0.0.1       Vlanif5
  192.168.10.0/24   Direct  0    0           D   192.168.10.252  Vlanif10
192.168.10.252/32   Direct  0    0           D   127.0.0.1       Vlanif10
192.168.10.254/32   Direct  0    0           D   127.0.0.1       Vlanif10
  192.168.15.0/24   Direct  0    0           D   192.168.15.252  Vlanif15
192.168.15.252/32   Direct  0    0           D   127.0.0.1       Vlanif15
192.168.15.254/32   OSPF    10   2           D   192.168.5.253   Vlanif5
                    OSPF    10   2           D   192.168.10.253  Vlanif10
                    OSPF    10   2           D   192.168.15.253  Vlanif15
                    OSPF    10   2           D   192.168.20.253  Vlanif20
  192.168.20.0/24   Direct  0    0           D   192.168.20.252  Vlanif20
192.168.20.252/32   Direct  0    0           D   127.0.0.1       Vlanif20
192.168.20.254/32   OSPF    10   2           D   192.168.5.253   Vlanif5
                    OSPF    10   2           D   192.168.10.253  Vlanif10
                    OSPF    10   2           D   192.168.15.253  Vlanif15
                    OSPF    10   2           D   192.168.20.253  Vlanif20
  192.168.22.0/30   OSPF    10   1563        D   192.168.100.1   Vlanif100
  192.168.30.0/24   OSPF    10   1565        D   192.168.100.1   Vlanif100
  192.168.40.0/24   OSPF    10   1565        D   192.168.100.1   Vlanif100
  192.168.80.0/24   OSPF    10   2           D   192.168.100.1   Vlanif100
 192.168.100.0/24   Direct  0    0           D   192.168.100.2   Vlanif100
 192.168.100.2/32   Direct  0    0           D   127.0.0.1       Vlanif100
 192.168.200.0/24   OSPF    10   2           D   192.168.5.253   Vlanif5
                    OSPF    10   2           D   192.168.10.253  Vlanif10
                    OSPF    10   2           D   192.168.15.253  Vlanif15
                    OSPF    10   2           D   192.168.20.253  Vlanif20
```

图 8-2-16　华为模拟器 SW31 的路由表

RT1 侧私网连通性测试，主要包括：

- 使用 ping 命令测试业务网段 VLAN5、VLAN10、VLAN15 和 VLAN20 间的连通性。
- 使用 ping 命令测试业务网段 VLAN5、VLAN10、VLAN15 和 VLAN20 与 RT1 的 192.168.100.0/24 和 192.168.200.0/24 网段之间的连通性。

RT2 侧私网连通性测试，主要包括：

- 使用 ping 命令测试业务网段 VLAN30 和 VLAN40 间的连通性。
- 使用 ping 命令测试业务网段 LAN30 和 VLAN40 间与 RT2 的 192.168.250.0/24 网段之间的连通性。

RT1 和 RT2 两侧私网间的连通性测试，主要是使用 ping 命令测试业务网 VLAN5、VLAN10、VLAN15、VLAN20 与 VLAN30、VLAN40 间的连通性。

12. MSTP、链路聚合与 VRRP 功能测试

测试 MSTP 的步骤如下：

关闭 SW31 的 G0/0/21 端口，MST1（VLAN5 和 VLAN10）会启用备份链路，重新计算生成树。测试之后重新打开 SW31 的 G0/0/21。

关闭 SW32 的 G0/0/21 端口，MST2（VLAN15 和 VLAN20）会启用备份链路，重新计算生成树。测试之后重新打开 SW32 的 G0/0/21。

轮流关闭 SW31、SW32，分别测试 MST1、MST2 的主、从根切换情况。

测试链路聚合效果的步骤是：轮流关闭 SW31 的 G0/0/3、G0/0/4 端口，测试链路聚合效果。

测试 VRRP 的步骤如下：

轮流关闭 SW31、SW32 的上行链路 G0/0/1、G0/0/2，分别测试 VLAN5、VLAN10、VLAN15、

VLAN20 的 VRRP 备份组的 Master 切换情况。

轮流关闭 SW31、SW32 设备，分别测试 VLAN5、VLAN10、VLAN15、VLAN20 的 VRRP 备份组的 Master 切换情况。

13. 定义包过滤与 NAT 使用的 ACL

扫一扫

华为 ACL 及 NAT 配置

定义 ACL 拒绝 192.168.20.0/24 网段（财务部）源地址报文通过，命令如下：

```
[RT1]acl 2000
[RT1-acl-basic-2000]rule 5 deny source 192.168.20.0 0.0.0.255
[RT1-acl-basic-2000]rule 10 permit source any
[RT1-acl-basic-2000]quit
[RT1]
```

14. ACL 包过滤配置与测试

在 ACL 包过滤配置之前，用 VLAN20 中的计算机 PC4（IP 地址：192.168.20.1）去 ping VLAN30 中的计算机 PC5（IP 地址：192.168.30.1），发现它们可以互通。

然后，配置 ACL 包过滤，命令如下：

```
[RT1]interface g0/0/1
[RT1-GigabitEthernet0/0/1]traffic-filter inbound acl 2000
[RT1-GigabitEthernet0/0/1]quit
[RT1]interface g0/0/2
[RT1-GigabitEthernet0/0/2]traffic-filter inbound acl 2000
[RT1-GigabitEthernet0/0/2]quit
[RT1]
```

再用 VLAN20 中的计算机 PC4（IP 地址：192.168.20.1）去 ping VLAN30 中的计算机 PC5（IP 地址：192.168.30.1），发现它们已不可以互通，说明 ACL 包过滤发挥了作用。

15. Easy IP 与 NAT Server 配置与测试

未配置 NAT 时，先进行私网与公网之间的连通性测试。分别用私网的计算机 PC2（IP 地址：192.168.10.1）和计算机 PC5（IP 地址：192.168.30.1）去 ping 公网 RT3（IP 地址 1.1.1.2 或 2.2.2.2），发现它们之间不可互通。

然后，在 RT1 侧公网接口配置 Easy IP，命令如下：

```
[RT1]interface serial1/0/0
[RT1-Serial1/0/0]nat outbound 2000
```

此时，RT1 侧公司总部只有 192.168.20.0/24 网段的设备不能访问公网。

在 RT2 侧公网接口配置 Easy IP，命令如下：

```
[RT2]acl 2001
[RT2-acl-basic-2001]rule 5 permit source any
[RT2-acl-basic-2001]quit
[RT2]interface serial1/0/1
[RT2-Serial1/0/1]nat outbound 2001
```

允许所有出方向的报文进行地址转换。

分别用私网的主机 PC2（IP 地址：192.168.10.1）和 PC5（IP 地址：192.168.30.1）去 ping 公网 RT3（IP 地址：1.1.1.2 或 2.2.2.2），会发现它们之间已经可以互通，说明 Easy IP 发挥了作用。

16. NAT Server 的配置与测试

以FTP服务器为例,WWW服务器的配置类似。在RT1侧FTP服务器(FTP Server)NAT映射，首先在RT1侧FTP服务器上启动FTP Server，监听端口号“21”，配置文件根目录。然后在RT1的Serial1/0/1端口上做FTP服务器的21号端口映射，命令如下：

```
[RT1]interface serial1/0/0
[RT1-Serial1/0/0]nat server protocol tcp global 1.1.1.10 21 inside 192.168.80.1 21
[RT1-Serial1/0/0]quit
[RT1]
```

在RT3上使用ftp 1.1.1.10命令去访问内网的FTP服务器，结果会显示已经可以正常访问FTP服务器，说明NAT Server发挥了作用。

习　题

一、选择题

1. 小型局域网一般采用（　　）拓扑结构或树状拓扑结构。

A. 环状　　B. 星状　　C. 点对点　　D. 广播

2. 网络冗余设计主要是通过重复设置（　　）和网络设备，以提高网络的可用性。

A. 光纤　　B. 双绞线　　C. 网络服务　　D. 网络链路

3. 在分层网络模型中，（　　）层的主要功能是实现数据包高速交换。

A. 核心　　B. 汇聚　　C. 传输　　D. 接入

4. 在层次化网络设计中，（　　）不是核心层交换机的设备选型策略。

A. 高速数据转发　　B. 高可靠性

C. 良好的可管理性　　D. 实现网络的访问策略控制

5. 在层次化网络设计中，（　　）不是汇聚层/接入层交换机的选型策略。

A. 提供多种固定端口数量搭配供组网选择，可堆叠、易扩展，以便由于信息点的增加而进行扩容

B. 在满足技术性能要求的基础上，最好价格便宜、使用方便、即插即用、配置简单

C. 具备一定的网络服务质量和控制能力以及端到端的QoS

D. 具备高速的数据转发能力

6. 以下关于网络设备选型原则的叙述中，（　　）是不正确的。

A. 尽可能选取同一厂家的产品，以提高设备可互联互通性

B. 核心主干设备因其产品技术成熟，选择时不用考虑产品可扩展性指标

C. 选择质保时间长、品牌信誉好的产品

D. 选择性价比高、质量过硬的产品，使资金投入产出达到最大值

7. 某公司申请到一个C类IP地址，但要连接6个子公司，最大的一个子公司有26台计算机，每个子公司在一个网段中，则子网掩码要设为（　　）。

A. 255.255.255.128　　B. 255.255.255.192

C. 255.255.255.224　　D. 255.255.255.240

8. 一个网络的子网掩码为 255.255.255.240，则每个子网能够连接（　　）个主机。

A. 6　　B. 14　　C. 30　　D. 126

9. 当前企业网络内部常常采用私有IP地址进行通信，那么下列地址中(　　)属于私有IP地址。

A. 1.1.1.1　　B. 127.3.4.5　　C. 128.0.0.1　　D. 192.168.35.36

10. 使一台 IP 地址为 192.168.5.1 的主机能访问 Internet，要配置的必要技术是（　　）。

A. 静态路由　　B. 动态路由　　C. 路由引入　　D. 网络地址转换

11.（多选）下面关于 Easy IP 的说法中，正确的有（　　）。

A. Easy IP 是 NAPT 的一种特例

B. 配置 Easy IP 时不需要配置 NAT 地址池

C. 配置 Easy IP 时不需要配置 ACL 来匹配需要被 NAT 转换的报文

D. Easy IP 主要应用于将路由器 WAN 接口 IP 地址作为要被映射的公网 IP 地址的情形

12.（多选）内网中的一台主机 192.168.1.1/24 想要访问公网上的一台服务器 160.131.20.1。管理员在网关路由器上配置了如下命令：

```
[RTA]interface GigabitEthernet 0/0/0
[RTA-GigabitEthernet0/0/0]nat outbound 2000
```

下列描述正确的是（　　）。

A. 192.168.1.1 将被转换为网关路由器的 GigabitEthernet 0/0/0 接口的公网地址

B. 192.168.1.1 将被转换为公网地址池中的某一个公网地址

C. 管理员配置了 NAT Server

D. 管理员配置了 Easy IP

二、简答题

1. 在网络分层设计中，接入交换机的主要作用有哪些？
2. 简述网络拓扑结构的总线结构和星状结构的主要特点。
3. 某企业有两个部门，说明如何用最简单的设备实现通信。

第 9 章

网络故障检查与测试

作为网络管理人员，在网络环境出现故障时，及时定位故障并解决故障十分重要。本章阐述了网络故障的检查方法及网络故障原因分析。对常用的网络故障测试命令，如 ipconfig、ping、tracert、netstat、arp、nslookup、nbtstat、route 命令，说明了它们的基本功能和使用方法。介绍了 Wireshark 软件的界面和基本用法，并利用 Wireshark 软件抓包并进行分析。

学习目标

- 了解网络故障的检查方法及网络故障原因分析。
- 掌握常用网络故障测试命令的使用方法和功能，会在 Windows 环境下使用并分析执行结果。
- 了解 Wireshark 软件的界面和基本用法，能够利用 Wireshark 软件进行抓包操作并对捕获的数据包进行分析。
- 形成自主学习习惯，能够独立分析问题和解决问题。

9.1 网络故障检查

9.1.1 网络故障检查方法

网络故障检查从故障现象出发，以网络诊断工具为手段获取诊断信息，确定网络故障点，查找问题的根源，排除故障，恢复网络正常运行。

1. 分层检查方法

为了降低设计的复杂性，增强通用性和兼容性，计算机网络都设计成层次结构。这种分层体系使多种不同硬件系统和软件系统能够方便地连接到网络。网络管理员在分析和排查网络故障时，应充分利用网络分层的特点，快速准确地定位并排除故障。按层排查能够有效地发现和隔离故障。

通常有两种逐层排查方式：一种是从低层开始排查，适用于物理网络不够成熟稳定的情况，如组建新的网络、重新调整网络线缆、增加新的网络设备；另一种是从高层开始排查，适用于物理网络相对成熟稳定的情况，如硬件设备没有变动。

无论哪种方式，最终都能达到目标，只是解决问题的效率有所差别，可根据具体情况来选择排查方式。例如，遇到某客户端不能访问Web服务的情况，如果管理员首先去检查网络的连接线缆，效率就比较低下，除非明确知道网络线路有所变动。比较好的选择是直接从应用层着手，可以这样来排查：首先检查客户端Web浏览器是否正确配置，可尝试使用浏览器访问另一个Web服务器；如果Web浏览器没有问题，可在Web服务器上测试Web服务器是否正常运行；如果Web服务器没有问题，再测试网络的连通性。即使是Web服务器问题，从底层开始逐层排查最终也能解决问题，只是花费时间较多。如果碰巧是线路问题，从高层开始逐层排查也要浪费时间。在实际应用中往往采用折中的方式，凡是涉及网络通信的应用出了问题，直接从位于中间的网络层开始排查，首先测试网络连通性，如果网络不能连通，再从物理层（测试线路）开始排查；如果网络能够连通，再从应用层（测试应用程序本身）开始排查。

2. 分段检查方法

分段检查的思路是在同一网络分层上，把故障分成几个段路，再逐一排除。分段的中心思想就是缩小网络故障涉及的设备和线路，以便更快地判断故障。分段检查包括对用户端、接入设备、主干交换设备、中继设备等之间的链路连通及相应端口的状态进行检查。具体按数据终端设备、网络接入设备、网络主干设备、网络中继设备、网络主干设备、网络接入设备、数据终端设备的次序分析问题。

如果确定故障就发生在某一条连接上，则应测试、确认并更换有问题网卡。若网卡正常，则用线缆测试仪对该连接中涉及的所有网线和跳线进行测试，确认网线的连通性。如果网线不正常，则重新制作网线接头或更换网线；如果网线正常，则检查交换机相应端口的指示灯是否正常或更换一个端口再试。

3. 网络诊断工具

在故障检测时，合理利用一些工具有助于快速准确地判断故障原因。常用的故障检测工具有软件工具和硬件工具两类。网络测试的硬件工具可分为两大类：一类用作测试网线；一类用作测试网络协议、数据流量。常用的网线测试工具是线缆测试仪，如图 9-1-1 所示。

图 9-1-1 网线测试工具

9.1.2 网络故障原因分析

当网络中出现故障时，首先要确认故障原因。网络故障的原因是多方面的，通常分为物理故障和逻辑故障。物理故障又称硬件故障，包括线路、线缆、连接器件、端口、网卡、交换机或路由器的模块出现故障。逻辑故障是指因网络设备的配置原因而导致的网络异常或故障。根据故障出现的位置，网络故障可分为主机故障、网卡故障、网线和信息模块故障、交换机故障、路由器故障。

导致连通性故障的原因主要有以下几种：网卡硬件故障；网卡驱动程序没有安装正确；网卡没有安装或安装不正确，或与其他设备有冲突；网络协议没有安装或设置不正确；网线、跳线或信息插座故障；交换机电源没有打开，交换机硬件故障，或交换机端口硬件故障；交换机设置有误，如 VLAN 设置不正确；路由器硬件故障或配置有误；网络供电系统故障；UPS 电源故障。解决网络故障的过程，一般都是先定位故障的位置，然后再对具体设备的故障进行分析解决。

1. 主机故障

主机故障包括：未安装网络协议或网络协议安装不正确、协议配置不正确、网络中有一个或两个以上的计算机重名。

(1) 未安装网络协议或网络协议安装不正确

所谓网络协议未安装或安装不正确，是指没有安装相应的网络协议。比如，有些 Windows 操作系统默认只安装 NetBEUI 协议，而要想实现 Internet 访问，就必须再添加 TCP/IP 协议。而有些网络游戏和网管软件，则要求用户安装 IPX/SPX 协议。

(2) 协议配置不正确

TCP/IP 协议涉及的基本配置参数包括 IP 地址、子网掩码、默认网关和 DNS 服务器，任何一个配置错误，都可能导致故障发生。IP 地址配置不正确时，可能会与其他计算机发生 IP 地址冲突，或者无法与网络内的其他计算机通信，同时无法访问其他网络，也无法访问 Internet。子网掩码配置不正确时，可能无法与网络内某些计算机通信，同时无法访问其他网络，也无法访问 Internet。默认网关配置不正确时，虽然能够与本网络内的计算机通信，但是无法访问其他网络（包含虚拟网络 VLAN），更无法访问 Internet。DNS 服务器配置不正确时，由于无法实现 DNS 域名解析，而只好运用 IP 地址访问网络，典型故障现象是只能运用 QQ，而无法运用 Web 浏览网页。

(3) 网络中有一个或两个以上的计算机重名

计算机重名是指局域网内两台或以上的计算机名相同，对于需要用计算机名进行身份认证的场合会出现冲突，因此可能会导致某些网络应用不够稳定。

2. 网卡故障

查看网卡是否有信号，指示灯是否正常。正常情况下，在不传送数据时，网卡的指示灯闪烁较慢，传送数据时，闪烁较快。网卡指示灯不亮或长亮不闪烁，都表明有故障存在。如果网卡的信号传输指示灯不亮，在控制面版的“系统”中查看网卡是否已经安装或是否正常。如果网卡无法正确安装，说明网卡可能物理损坏，可更换一块新网卡。

3. 网线和信息模块故障

网线接头接触不良；网线物理损坏造成连接中断；检查水晶头的线序，以及网线接头的制作是否标准；信息模块的制作是否标准；链路的开路、短路、超长等。电气性能故障，诸如近端串扰、衰减、回波损耗等，这些故障可以用测线仪检测出来。

4. 交换机故障

交换机故障问题大致包括物理层故障、端口协商以及自环问题、VLAN 问题、设备兼容问题和其他问题。

通常指示灯正常为绿色，其他颜色指示灯均为异常现象，通过观察交换机端口指示灯，定位故障是硬件故障还是软件故障。如果是硬件故障则排查硬件线路；如果为软件故障，则进行下一步，登录交换机检查配置信息。比如面板上的 POWER 指示灯是绿色的，就表示电源通电是正常的；如果该指示灯灭了，则说明交换机没有正常供电。

端口故障是交换机常见的问题之一，无论是光纤端口还是双绞线的 RJ-45 端口，在插拔接头时必定要当心。如果不当心把光纤插头弄脏，可能导致光纤端口污染而不能正常通信。可以通过更换连接端口来断定其是否毁坏。

5. 路由器故障

路由器故障大致可以分为两类：一类是硬件故障，另一类是软件故障。常见的硬件故障包括系统无法正常通电或组件损坏。如果出现硬件故障，重要的是检查电源是否正常，端口是否损坏。

软件故障有很多种，如系统软件损坏、配置问题、无法实现功能等。此时可根据路由器的用户手册检查一些具体的配置，反复排除并确认是否正确，查看是否有重复使用的网段、网络掩码的计算是否正确等。

9.2 网络故障测试命令

9.2.1 常用网络故障测试命令简介

常用的网络故障测试命令有 ipconfig、ping、tracert、netstat、arp、nslookup、nbtstat 和 route 等，下面简单介绍它们的基本用法。

1. ipconfig

使用 ipconfig 命令用于查看机器的 IP 地址、子网掩码、默认网关、DNS 服务器及网卡的物理位置。ipconfig 命令采用 Windows 窗口的形式来显示 IP 协议的具体配置信息。如果 ipconfig 命令后面不跟任何参数直接运行，将会在窗口中显示主机的 IP 地址、子网掩码以及默认网关等。还可以通过此命令查看主机的相关信息，如主机名、DNS 服务器、节点类型等。使用 ipconfig 命令可以很方便地查看机器的参数设置是否正确。

命令格式：

```
ipconfig [/?] [/all] [/renew] [/release] [/flushdns] [/displaydns] [/registerdns]
[/showclassid] [/setclassid]
```

在命令提示符下输入“ipconfig /？”，可以获得 ipconfig 命令的使用帮助，可以看到其可选参数，ipconfig 命令常用的配置参数如表 9-2-1 所示。

表 9-2-1　ipconfig 常用的配置参数

参　数	参数说明	参　数	参数说明
/?	显示帮助消息	/registerdns	刷新所有 DHCP 租用并重新注册 DNS 名称
/all	显示本机 TCP/IP 配置的详细信息	/displaydns	显示 DNS 解析程序缓存的内容
/renew	更新指定适配器的 IPv4 地址	/showclassid	显示网络适配器的 DHCP 类别信息
/release	释放指定适配器的 IPv4 地址	/setclassid	设置网络适配器的 DHCP 类别
/flushdns	清除 DNS 解析程序缓存		

在这些参数中，输入“ipconfig /all”可获得 IP 配置的所有属性，显示的是所有网卡的 IP 地址、子网掩码、默认网关、DNS 服务器、MAC 地址，信息比较详细。

2. ping

ping 是 ICMP 协议的一个重要应用，用于检测网络是否连通，同时也能够收集其他相关信息。用户可以在 ping 命令中指定不同参数，如 ICMP 报文长度、发送的 ICMP 报文个数、等待回复响应的超时时间等，设备根据配置的参数来构造并发送 ICMP 报文，进行 ping 测试。

ping 可对每一个包的发送和接收报告往返时间，并报告无响应包的百分比，由此可以确定网络是否正确连接，以及网络连接的状况（丢包率）。若 ping 命令运行出现故障，则该命令也会指明到何处查询问题。

（1）ping 命令用法

命令格式：

```
    ping [-t] [-a] [-n count] [-l size] [-f] [-i TTL] [-v TOS] [-r count] [-s count]
[[-j host-list] | [-k host-list]] [-w timeout] [-R] [-S srcaddr] [-c compartment]
[-p] target_name
```

在命令提示符下输入“ping /？”，可以获得 ping 命令的使用帮助，可以看到其可选参数，ping 命令常用的配置参数如表 9-2-2 所示。

表 9-2-2　ping 常用的配置参数

参　数	参数说明
-t	ping 指定的主机，直到停止。若要停止，按【Ctrl+C】组合键
-a	将地址解析为主机名
-n count	指定要发送的回显请求数，默认值为 4
-l size	指定发送的数据包大小，默认发送的数据包大小为 32 B
-f	在数据包中设置“不分段”标记（仅适用于 IPv4），数据包就不会被路由上的网关分段
-i TTL	将“生存时间”字段设置为 TTL 指定的值
-r count	记录计数跃点的路由 (仅适用于 IPv4)，指定记录路由
-s count	指定计数跃点的时间戳 (仅适用于 IPv4)
-w timeout	指定超时间隔，单位为毫秒
-S srcaddr	指定源 IP 地址去 ping，适用于多个网卡情况

（2）Ping 命令的返回结果

Ping 命令的返回结果主要有以下几种情况：

- “Reply from×.×.×.×: bytes=32 time<1ms TTL=255”表示收到从目标主机 ×.×.×.× 返回的响应数据包，数据包大小为 32 B，响应时间小于 1 ms，TTL 为 255（TTL 所得的数值与操作系统有关），这个结果表示从源主机到目标主机之间连接正常。
- “Request timed out”，请求超时。表示没有收到目标主机返回的响应数据包，也就是网络不通、网络状态恶劣，或者是设置了 ICMP 数据包过滤（比如防火墙设置）。
- “Destination host unreachable”，目标主机无法到达。这里说明一下“Request timed out”和“Destination host unreachable”的区别，如果所经过的路由器的路由表中具有到达目标主机的路由，而目标主机因为其他原因不可到达，这时候会出现“Request timed out”结果，如果路由表中连到达目标的路由都没有，那就会出现“Destination host unreachable”结果。

- “PING: transmit failed, error code ×××××”表示传输失败，错误代码为×××××。

（3）利用 ping 命令判断网络故障

利用 ping 命令判断网络故障，主要包括以下六个步骤：

① ping 127.0.0.1。127.0.0.1 是本地环回地址，如果本地址无法 ping 通，则表明本机 TCP/IP 协议不能正常工作。

② ping 本机的 IP 地址。用 ipconfig 查看本机 IP，然后 ping 该 IP。通则表明网络适配器（网卡或 MODEM）工作正常，不通则是网络适配器出现故障。将网线断开再次执行此命令，如果显示正常，则说明本机使用的 IP 地址可能与另一台正在使用的机器 IP 地址重复了。如果仍然不正常，则表明本机网卡安装或配置有问题，需继续检查相关网络配置。

③ ping 同网段计算机的 IP。ping 一台同网段计算机的 IP，不通则表明网络线路出现故障；若网络中还包含路由器，则应先 ping 路由器在本网段端口的 IP，不通则此段线路有问题；通则再 ping 路由器在目标计算机所在网段端口的 IP，不通则是路由出现故障；通则再 ping 目的计算机 IP 地址。

④ ping 网关 IP。如果能 ping 通，则表明局域网中的网关路由器正在正常运行。反之，则说明网关有问题。

⑤ ping 远程 IP。这一命令可以检测本机能否正常访问 Internet。如果能 ping 通，则表明运行正常，能够正常接入互联网。

⑥ ping 网址。若要检测一个带 DNS 服务的网络，在上一步 ping 通了目标计算机的 IP 地址后，仍无法连接到该网址，则可 ping 该机的网络名，比如 ping www.sina.com.cn，正常情况下会出现该网址所指向的 IP，这表明本机的 DNS 设置正确而且 DNS 服务器工作正常，反之就可能是其中之一出现了故障；同样也可通过 ping 计算机名检测 WINS 解析的故障（WINS 服务是将计算机名解析到 IP 地址的服务）。

通过这六步操作，就可明确网络中的故障所在位置，进而可以进一步解决问题。

3. tracert

tracert 是 ICMP 的另一个典型应用。tracert 命令利用 IP 报头中的生存时间（TTL）字段和 ICMP 错误消息来确定从一个主机到网络上其他主机的路由。为了跟踪到达某特定目的地址的路径，源主机首先将报文的 TTL 值设置为 1。该报文到达第一个节点后，TTL 超时，于是该节点向源主机发送 TTL 超时消息，消息中携带时间戳。然后，源主机将报文的 TTL 值设置为 2，报文到达第二个节点后超时，该节点同样返回 TTL 超时消息。依此类推，直到报文到达目的地。这样，源主机根据返回的报文中的信息可以跟踪到报文经过的每一个节点，并根据时间戳信息计算往返时间。

tracert 命令用来显示数据包到达目标主机所经过的路径，并显示数据包经过的中间节点和到达时间，以及在哪个路由器上停止转发，从而对网络中的故障进行定位。命令功能与 ping 命令类似，但它所获得的信息要比 ping 命令详细，它把数据包所经过的全部路径、节点的 IP 以及花费的时间都显示出来。该命令比较适用于大型网络，主要用于检查网络连接是否可达，以及分析网络什么地方发生了故障。当 ping 一个较远的主机出现错误时，用 tracert 命令可以方便地查出数据包在哪里出错。如果数据包连一个路由器也不能穿越，则可能是计算机的网关设置错了，此时可以用 ipconfig 命令来查看。

命令格式：

```
tracert [-d] [-h maximum_hops] [-j host-list] [-w timeout] IP 地址或主机名
```

在命令提示符下输入“tracert /？”，可以获得 tracert 命令的使用帮助，可以看到其可选参数，tracert 命令常用的配置参数如表 9-2-3 所示。

表 9-2-3　tracert 常用的配置参数

参　数	参数说明
-d	不需要将地址解析成主机名
-h maximum_hops	搜索目标的最大跃点数
-j host-list	按照主机列表中地址释放源路由（仅适用于 IPv4)
-w timeout	指定超时时间间隔，默认时间单位为毫秒

注意：tracert 最多只能跟踪 30 个路由器，当大于 30 时，程序自动停止。

4. netstat

netstat 是一个监控 TCP/IP 网络的非常有用的工具，可以显示协议统计信息和当前 TCP/IP 网络连接，用户或网络管理人员可以获得非常详细的统计结果。netstat 用于显示与 IP、TCP、UDP 和 ICMP 协议相关的统计数据，一般用于检验本机各端口的网络连接情况。

命令格式：

```
netstat [-a] [-b] [-e] [-f] [-n] [-o] [-p proto] [-r] [-s] [-t] [interval]
```

在命令提示符下输入“netstat /？”，可以获得 netstat 命令的使用帮助，可以看到其可选参数，netstat 命令常用的配置参数如表 9-2-4 所示。

表 9-2-4　netstat 常用的配置参数

参　数	参数说明
-a	显示所有连接和侦听端口
-b	显示在创建每个连接或侦听端口时涉及的可执行程序
-e	显示以太网统计信息。此选项可以与 -s 选项结合使用
-f	显示外部地址的完全限定域名
-n	以数字形式显示地址和端口号
-o	显示拥有的与每个连接关联的进程 ID
-p proto	显示 proto 指定的协议的连接；proto 可以是下列任何一个：TCP、UDP、TCPv6 或 UDPv6
-r	显示路由表
-s	显示每个协议的统计信息
-t	显示当前连接卸载状态
interval	重新显示选定的统计信息，各个显示间暂停的间隔秒数。按【Ctrl+C】组合键停止重新显示统计信息

5. arp

arp 命令用于显示和修改 ARP 缓存中的项目。ARP 缓存中包含一个或多个表，它们用于存储 IP 地址及其经过解析的以太网或令牌环物理地址，计算机上安装的每一个以太网或令牌环网络适配器都有自己单独的表。如果在没有参数的情况下使用，则 arp 命令将显示帮助信息。此外，使用 arp 命令，也可以用人工方式输入静态的 IP 地址 / 网卡物理地址对，有助于减少网络上的信息量。

命令格式：

```
arp [-a] [-d inet_addr] [-s inet_addr eth_addr] [-f file]
```

在命令提示符下输入“arp / ？”，可以获得 arp 命令的使用帮助，可以看到其可选参数，arp 命令常用的配置参数如表 9-2-5 所示。

表 9-2-5 arp 常用的配置参数

参 数	参数说明
-a	显示当前 arp 表中的所有条目
-d inet_addr	从 arp 表中删除指定的 IP 地址项，此处 inet_addr 代表具体的 IP 地址。inet_addr 可以是通配符 *，以删除所有主机
-s inet_addr eth_addr	添加静态 arp 表项，实现 arp 绑定。其中 inet_addr 代表要绑定的 IP 地址，eth_addr 代表其 MAC 地址

6. nslookup

nslookup 是一个监测网络中 DNS 服务器是否能正确实现域名解析的命令行工具。nslookup 命令可以用来查询 DNS 的记录，查看域名解析是否正常，在网络故障的时候用来诊断网络问题。

nslookup 是一个在命令行界面下的网络工具，它有两种模式：交互模式和非交互模式。进入交互模式的方式是在命令行界面直接输入 nslookup 后回车。非交互模式则是 nslookup 后面跟上查询的域名或者 IP 地址后回车。一般来说，非交互模式适用于简单的单次查询，若需要多次查询，则交互模式更加适合。

命令格式：

```
nslookup [-option…] [host|server]
```

① 非交互模式下，每次查询需要输入完整的命令和参数，以 www.baidu.com 为例。nslookup www.baidu.com，查询 www.baidu.com 的域名解析地址。nslookup 的查询在不指定参数的情况下，默认查询的类型为 A。

② 交互模式下，

在命令行下输入 nslookup，回车，此时标识符变为“>”，然后输入指定网站的域名，再回车就可以显示该域名对应的 IP 地址。

进入交互模式后不再需要输入完整的命令便可以进行查询，并且可以连续的进行查询。按【Ctrl+C】组合键退出交互模式。

7. nbtstat

nbtstat 命令用于显示协议统计和查看当前基于 NETBIOS 的 TCP/IP 连接状态，通过该命令可以获得远程或本地机器的组名和机器名等。虽然用户使用 ipconfig 工具可以准确地得到主机的网卡地址，但对于一个已建成的比较大型的局域网，要去每台机器上进行这样的操作就显得过于费事。网管人员通过在自己上网的主机上使用 nbtstat 命令，可以获得另一台上网主机的网卡地址。

命令格式：

```
nbtstat [ [-a RemoteName] [-A IP address] [-c] [-n] [-r] [-R] [-RR] [-s] [-S]
[interval] ]
```

在命令提示符下输入“nbtstat / ？”，可以获得 nbtstat 命令的使用帮助，可以看到其可选参数，nbtstat 命令常用的配置参数如表 9-2-6 所示。

表 9-2-6　nbtstat 常用的配置参数

参　数	参数说明
-a	列出指定名称的远程机器的名称表
-A	列出指定 IP 地址的远程机器的名称表
-c	列出远程（计算机）名称及其 IP 地址的 NBT 缓存
-n	列出本地 NetBIOS 名称
-r	列出通过广播和经由 WINS 解析的名称
-R	清除和重新加载远程缓存名称表
-S	列出具有目标 IP 地址的会话表
-s	列出将目标 IP 地址转换成计算机 NETBIOS 名称的会话表
-RR	将名称释放包发送到 WINS，然后启动刷新
RemoteName	远程主机计算机名
IP address	用点分隔的十进制表示的 IP 地址
interval	重新显示选定的统计、每次显示之间暂停的间隔秒数。按【Ctrl+C】组合键停止重新显示统计

8. route

route 命令用于显示和操作 IP 路由表。要实现两个不同的子网之间的通信，需要一台连接两个网络的路由器，或者同时位于两个网络的网关来实现。Windows 环境下 route 命令常用于多网卡终端，默认路由指向连接访问互联网的网卡，静态路由指向内网网卡。

命令格式：

```
    route [-f] [-p] [-4|-6] command [destination][MASK netmask] [gateway] [METRIC metric] [IF interface]
```

在命令提示符下输入“route /？”，可以获得 route 命令的使用帮助，可以看到其可选参数，route 命令常用的配置参数如表 9-2-7 所示。

表 9-2-7　route 常用的配置参数

参　数	参数说明
-f	清除所有网关项的路由表
-p	与 ADD 命令结合使用时，将路由设置为在系统引导期间保持不变。默认情况下，重新启动系统时，不保存路由
-4	强制使用 IPv4
-6	强制使用 IPv6
command	PRINT，打印路由；ADD，添加路由；DELETE，删除路由；CHANGE，修改现有路由
destination	指定主机
MASK	指定下一个参数为“netmask”值
netmask	指定此路由项的子网掩码值。如果未指定，其默认设置为 255.255.255.255
gateway	指定网关
interface	指定路由的接口号码
METRIC	指定度量值，例如目标的成本

9.2.2　常用网络故障测试命令的使用

使用常见的并具有代表性的几个命令对网络连通性、网络环境等进行分析和测试。

1. ipcongfig 命令的使用

利用 ipconfig 命令可以查看和修改网络中的 TCP/IP 协议的有关配置，包括 IP 地址、网关、子网掩码等。

查阅本机物理地址和 IP 地址步骤：单击“开始”→“运行”，在打开窗口中输入“CMD”，进入 DOS 命令提示符窗口，如提示符“C:\Documents and Settings\Administrator>”等，不同的机器提示符会有所不同。

(1) 输入 ipconfig /? 并回车

获得提示信息，里面有 ipconfig 的详细用法，结果如图 9-2-1 所示。

```
命令提示符
C:\Users\jiang>ipconfig /?

用法:
    ipconfig [/allcompartments] [/? | /all |
                                 /renew [adapter] | /release [adapter] |
                                 /renew6 [adapter] | /release6 [adapter] |
                                 /flushdns | /displaydns | /registerdns |
                                 /showclassid adapter |
                                 /setclassid adapter [classid] |
                                 /showclassid6 adapter |
                                 /setclassid6 adapter [classid] ]

其中
    adapter             连接名称
                       (允许使用通配符 * 和 ?，参见示例)

    选项:
       /?               显示此帮助消息
       /all             显示完整配置信息。
       /release         释放指定适配器的 IPv4 地址。
       /release6        释放指定适配器的 IPv6 地址。
       /renew           更新指定适配器的 IPv4 地址。
       /renew6          更新指定适配器的 IPv6 地址。
       /flushdns        清除 DNS 解析程序缓存。
       /registerdns     刷新所有 DHCP 租用并重新注册 DNS 名称
       /displaydns      显示 DNS 解析程序缓存的内容。
       /showclassid     显示适配器允许的所有 DHCP 类 ID。
       /setclassid      修改 DHCP 类 ID。
       /showclassid6    显示适配器允许的所有 IPv6 DHCP 类 ID。
       /setclassid6     修改 IPv6 DHCP 类 ID。
```

扫一扫

ipconfig 命令的使用

图 9-2-1　ipconfig 命令举例 1

(2) 输入 ipconfig 并回车

显示本机 IP 的配置，显示计算机的本地连接的 IP 地址、子网掩码、默认网关等地址，如图 9-2-2 所示。

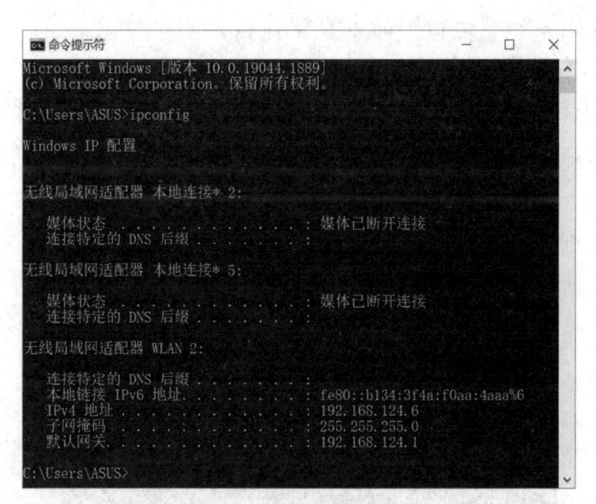

```
命令提示符
Microsoft Windows [版本 10.0.19044.1889]
(c) Microsoft Corporation。保留所有权利。

C:\Users\ASUS>ipconfig

Windows IP 配置

无线局域网适配器 本地连接* 2:

   媒体状态  . . . . . . . . . . . . : 媒体已断开连接
   连接特定的 DNS 后缀 . . . . . . . :

无线局域网适配器 本地连接* 5:

   媒体状态  . . . . . . . . . . . . : 媒体已断开连接
   连接特定的 DNS 后缀 . . . . . . . :

无线局域网适配器 WLAN 2:

   连接特定的 DNS 后缀 . . . . . . . :
   本地链接 IPv6 地址. . . . . . . . : fe80::b134:3f4a:f0aa:4aaa%6
   IPv4 地址 . . . . . . . . . . . . : 192.168.124.6
   子网掩码  . . . . . . . . . . . . : 255.255.255.0
   默认网关. . . . . . . . . . . . . : 192.168.124.1

C:\Users\ASUS>
```

图 9-2-2　ipconfig 命令举例 2

(3) 输入 ipconfig /all 并回车

显示主机的具体 TCP/IP 配置信息，本地连接的数目及其中连接具体信息，以及隧道适配器的

具体状态，如图 9-2-3 所示。

（4）输入 ipconfig /displaydns 并回车

查看本地 DNS 的缓存内容，如图 9-2-4 所示。

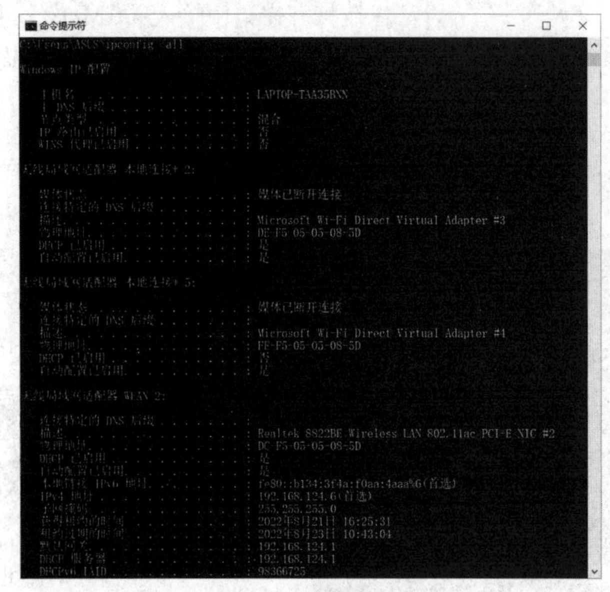

图 9-2-3　ipconfig 命令举例 3

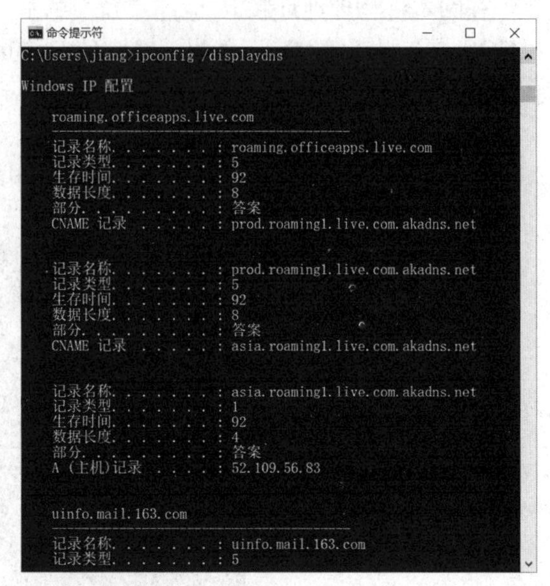

图 9-2-4　ipconfig 命令举例 4

2. ping 命令的使用

ping 是最常用的网络查询工具，主要是用于测试网络的连通性。ping 命令使用 ICMP 协议简单地发送一个网络包并请求应答，接收请求的目的主机则使用 ICMP 发回同其接收的数据一样的数据，于是 ping 命令便可对每个包的发送和接收报告往返时间，并报告无响应包的百分比，这在确定网络是否正确连接以及网络连接的状况（丢失率）十分有用。ping 是 Windows 集成的 TCP/IP 应用程序之一，可选择“开始”→“运行”命令直接执行。

（1）不间断的给相邻主机发送数据包

输入 ping -t < 相邻主机的 IP 地址 > 然后回车，例如 ping -t 192.168.124.1，不间断的给主机 192.168.124.1 发送数据包，按【Ctrl+C】组合键终止，如图 9-2-5 所示。

扫一扫

ping 命令的使用

图 9-2-5　ping 命令举例 1

（2）输入 ping www.gench.edu.cn 并回车

向目的网址 www.gench.edu.cn 的 IP 地址 211.80.112.223 发送 4 个具有 32 字节的数据包，对方返回 4 个同样大小的数据包来确定两台网络机器连接相通，具体如图 9-2-6 所示。

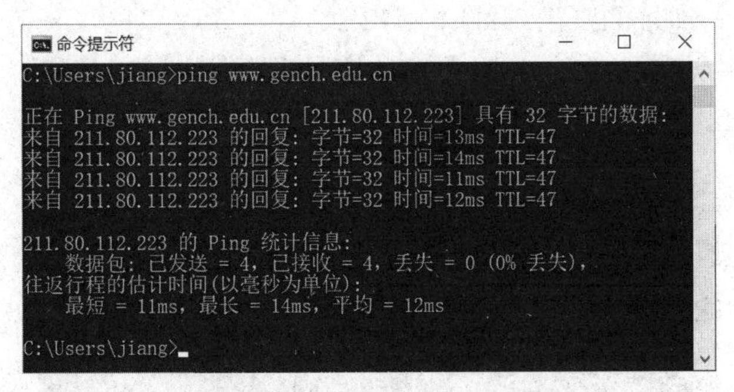

图 9-2-6　ping 命令举例 2

（3）输入 ping 211.80.112.223 并回车

向目的 IP 地址 211.80.112.223 发送 4 个具有 32 字节的数据包，对方返回 4 个同样大小的数据包来确定两台网络机器连接相通，具体如图 9-2-7 所示。

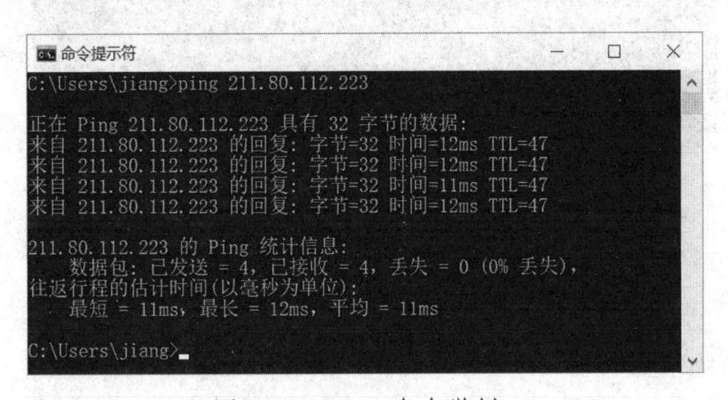

图 9-2-7　ping 命令举例 3

（4）指定源主机、数据包个数及大小

从 192.168.124.8 来 ping 36.152.44.95，ping 包数量 10 个，包的大小 64 字节，其命令为 ping -S 192.168.124.8 36.152.44.95 -n 10 -l 64，结果如图 9-2-8 所示。

图 9-2-8　ping 命令举例 4

3. tracert 命令的使用

（1）输入 tracert www.gench.edu.cn 并回车

tracert 命令的主要作用是对路由进行跟踪，本地到目标地址 www.gench.edu.cn 当中经过的路由跳跃点，最终到达目的地址的路由（211.80.112.223），具体如图 9-2-9 所示。图中每一行为所经过的一个路由地址，包括序号、时间和路由 IP。序号后面是 * 号，且有“请求超时”的提示，主要原因是路由跳跃点禁止 ping 命令，或者路由跳跃点不对 TTL 超时做响应处理。

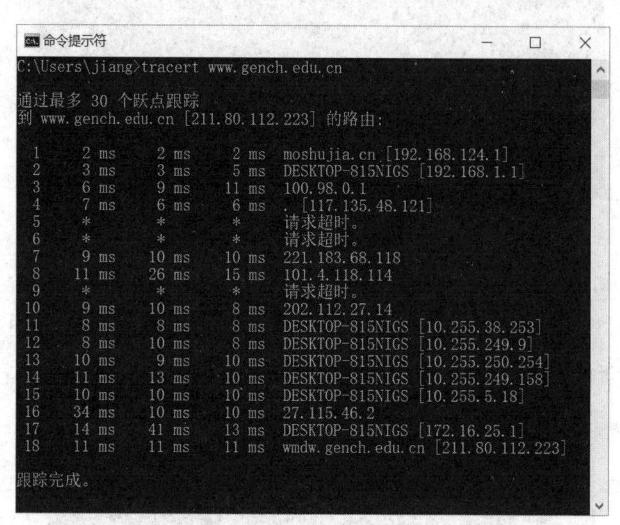

图 9-2-9 tracert 命令举例

（2）输入 tracert -d www.gench.edu.cn 并回车

出现结果与 tracert www.gench.edu.cn 命令结果几乎一样，区别仅在于 tracert -d 不解析各路由器的名称，只返回路由器的 IP 地址。

4. netstat 命令的使用

（1）输入 netstat 并回车

netstat 是控制台命令，是一个监控 TCP/IP 网络的非常有用的工具，它可以显示路由表、实际的网络连接以及每一个网络接口设备的状态信息，如图 9-2-10 所示。

```
命令提示符 - netstat
C:\Users\jiang>netstat

活动连接

  协议  本地地址              外部地址                  状态
  TCP   127.0.0.1:4012        DESKTOP-815NIGS:59591     TIME_WAIT
  TCP   127.0.0.1:54530       DESKTOP-815NIGS:59472     ESTABLISHED
  TCP   127.0.0.1:59472       DESKTOP-815NIGS:54530     ESTABLISHED
  TCP   127.0.0.1:59473       DESKTOP-815NIGS:59474     ESTABLISHED
  TCP   127.0.0.1:59474       DESKTOP-815NIGS:59473     ESTABLISHED
  TCP   192.168.124.7:49513   40.90.189.152:https       ESTABLISHED
  TCP   192.168.124.7:56407   40.90.189.152:https       ESTABLISHED
  TCP   192.168.124.7:56486   36.155.201.42:8080        ESTABLISHED
  TCP   192.168.124.7:56512   121.51.36.101:https       CLOSE_WAIT
  TCP   192.168.124.7:56549   121.51.179.182:https      CLOSE_WAIT
  TCP   192.168.124.7:56651   112.29.213.105:https      CLOSE_WAIT
  TCP   192.168.124.7:56762   a96-17-188-10:https       ESTABLISHED
  TCP   192.168.124.7:56949   120.241.186.18:https      CLOSE_WAIT
  TCP   192.168.124.7:57166   36.150.159.244:https      CLOSE_WAIT
```

图 9-2-10 netstat 命令举例 1

（2）输入 netstat -a 并回车

显示所有有效连接的信息列表，包括已建立的连接、正在监听的连接请求，如图 9-2-11 所示。

图 9-2-11　netstat 命令举例 2

（3）输入 netstat -e 并回车

在命令提示符窗口中输入“netstat -e”命令并回车，可显示以太网统计信息，包括传送的数据报总字节数、错误数、删除数、数据报数量和广播数量，既包括了发送数据报数量，也包括了接收数据报数量。具体如图 9-2-12 所示。

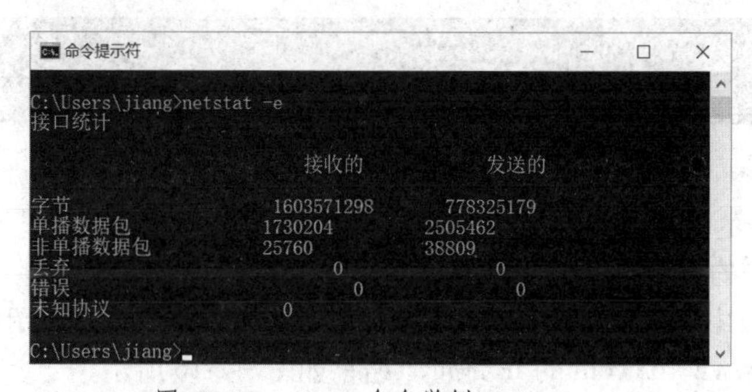

图 9-2-12　netstat 命令举例 3

扫一扫

arp 命令的使用

5. arp 命令的使用

（1）输入 arp -a 并回车

在命令提示符窗口中输入“arp -a”命令并回车，可显示所有接口的当前 ARP 缓存表，结果如图 9-2-13 所示。

（2）向 arp 缓存表添加静态项

在命令提示符窗口中输入“arp -s 169.254.112.34 00-cd-0d-33-00-34”命令并回车，如图 9-2-14 所示，可向 arp 缓存表添加一个静态项，将 IP 地址 169.254.112.34 解析成物理地址 00-cd-0d-33-00-34。注意该命令需要以管理员身份才能执行，单击系统桌面的搜索框，输入“CMD”并在搜索结果中右击“命令提示符”，在弹出的快捷菜单中选择“以管理员身份运行”即可。

（3）删除一个 ARP 缓存表项

在命令提示符窗口中输入“arp -d 169.254.112.34”命令并回车，如图 9-2-15 所示，可从 arp 缓存表中删除一个指定的静态项。

```
命令提示符
C:\Users\jiang>arp -a

接口: 192.168.231.1 --- 0x3
  Internet 地址         物理地址              类型
  192.168.231.255       ff-ff-ff-ff-ff-ff     静态
  224.0.0.2             01-00-5e-00-00-02     静态
  224.0.0.22            01-00-5e-00-00-16     静态
  224.0.0.251           01-00-5e-00-00-fb     静态
  224.0.0.252           01-00-5e-00-00-fc     静态
  239.255.255.250       01-00-5e-7f-ff-fa     静态

接口: 192.168.1.1 --- 0x9
  Internet 地址         物理地址              类型
  192.168.1.254         00-50-56-f8-c4-08     动态
  192.168.1.255         ff-ff-ff-ff-ff-ff     静态
  224.0.0.2             01-00-5e-00-00-02     静态
  224.0.0.22            01-00-5e-00-00-16     静态
  224.0.0.251           01-00-5e-00-00-fb     静态
  224.0.0.252           01-00-5e-00-00-fc     静态
  239.255.255.250       01-00-5e-7f-ff-fa     静态
  255.255.255.255       ff-ff-ff-ff-ff-ff     静态
```

图 9-2-13　arp 命令举例 1

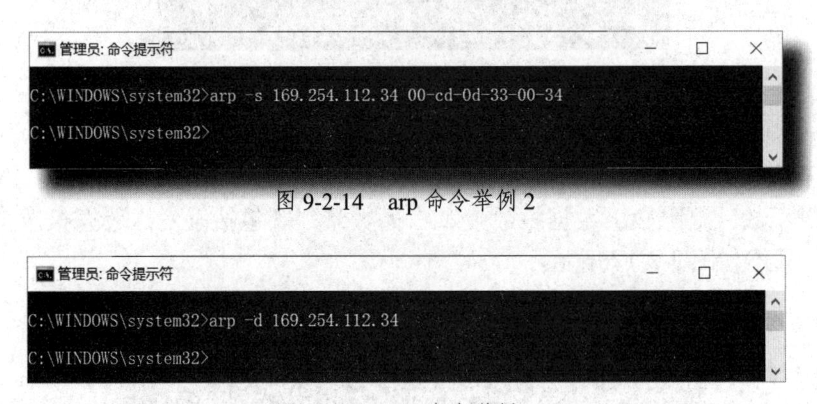

图 9-2-14　arp 命令举例 2

图 9-2-15　arp 命令举例 3

6. nslookup 命令的使用

(1) 查询域名对应的 IP 地址

在命令提示符窗口中输入“nslookup www.163.com”命令并回车，显示出本地 DNS 服务器对应的 IP 地址，并获取 www.163.com 的 IP 地址，结果如图 9-2-16 所示。

扫一扫

nslookup 命令的使用

图 9-2-16　nslookup 命令举例 1

（2）查询域名服务器

查询域名的指定解析类型的解析记录，可以指定 type 参数。在命令提示符窗口中输入“nslookup -qt=ns 163.com”或“nslookup -type=ns 163.com”命令并回车，显示出本地 DNS 服务器对应的 IP 地址，并获取 www.163.com 使用的域名服务器。结果如图 9-2-17 所示。

```
命令提示符
C:\Users\jiang>nslookup -type=ns 163.com
服务器:  moshujia.cn
Address:  192.168.124.1

非权威应答:
163.com nameserver = ns3.nease.net
163.com nameserver = ns8.166.com
163.com nameserver = ns2.166.com
163.com nameserver = ns5.nease.net
163.com nameserver = ns6.nease.net
163.com nameserver = ns1.nease.net
163.com nameserver = ns4.nease.net

C:\Users\jiang>nslookup -qt=ns 163.com
服务器:  moshujia.cn
Address:  192.168.124.1

非权威应答:
163.com nameserver = ns3.nease.net
163.com nameserver = ns8.166.com
163.com nameserver = ns4.nease.net
163.com nameserver = ns6.nease.net
163.com nameserver = ns1.nease.net
163.com nameserver = ns5.nease.net
163.com nameserver = ns2.166.com

C:\Users\jiang>
```

图 9-2-17　nslookup 命令举例 2

（3）反向解析，由 IP 地址解析域名

在命令提示符下输入“nslookup -type=ptr 111.62.30.124”并回车，或者“nslookup 回车，set type=ptr 回车，111.62.30.124 回车”，结果如图 9-2-18 所示。在 DNS 服务器中存在正向区域与反向区域；正向区域是域名对应 IP 地址；反向区域是 IP 地址的反向存储对应名称；通过这个命令，可以确认域名的反向记录有无异常。

图 9-2-18　nslookup 命令举例 3

7. route 命令的使用

(1) 显示路由表中的当前项目

在命令提示符窗口中输入“route print”命令并回车，显示路由表中的当前项目。

(2) 显示路由表中具体地址的路由表信息

在命令提示符窗口中输入“route print 192*”命令并回车，显示以192地址开头的路由表信息，结果如图9-2-19所示。

图 9-2-19　route 命令举例 1

(3) 增加一条路由信息

例如，要将目标地址为157.0.0.0/16的分组经192.168.124.1发出，命令为“route add 157.0.0.0 mask 255.255.0.0 192.168.124.1”，如图9-2-20所示。注意该命令需要以管理员身份才能执行。

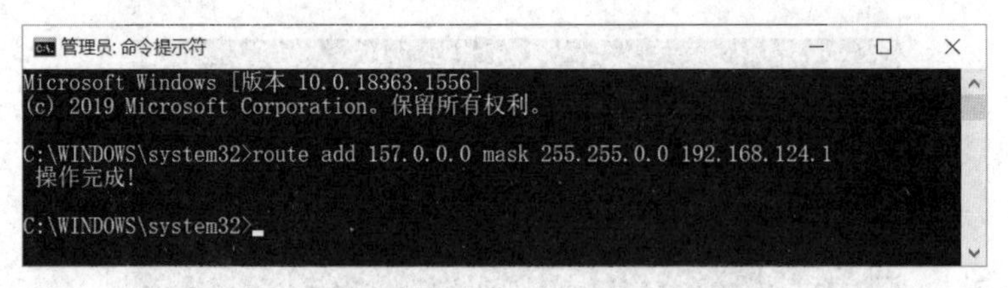

图 9-2-20　route 命令举例 2

(4) 删除一条路由信息

例如，要将目标地址为157.0.0.0的路由信息删除，命令为“route delete 157.0.0.0”，如图9-2-21所示。

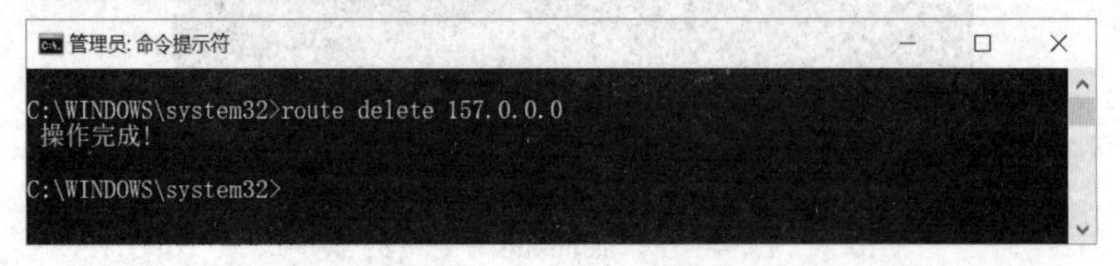

图 9-2-21　route 命令举例 3

9.3 Wireshark 抓包

9.3.1 Wireshark 简介

Wireshark 是流行的网络抓包分析软件，功能十分强大。通过 Wireshark 捕获报文并生成抓包结果，可以在抓包结果中查看到 IP 网络的协议工作过程，以及报文中所基于 OSI 参考模型各层的详细内容。网络管理员可以使用 Wireshark 来检查网络问题；软件测试工程师使用 Wireshark 抓包来分析自己测试的软件；从事 Socket 编程的工程师使用 Wireshark 来调试。启动 Wireshark 软件后，默认进入欢迎界面，如图 9-3-1 所示。

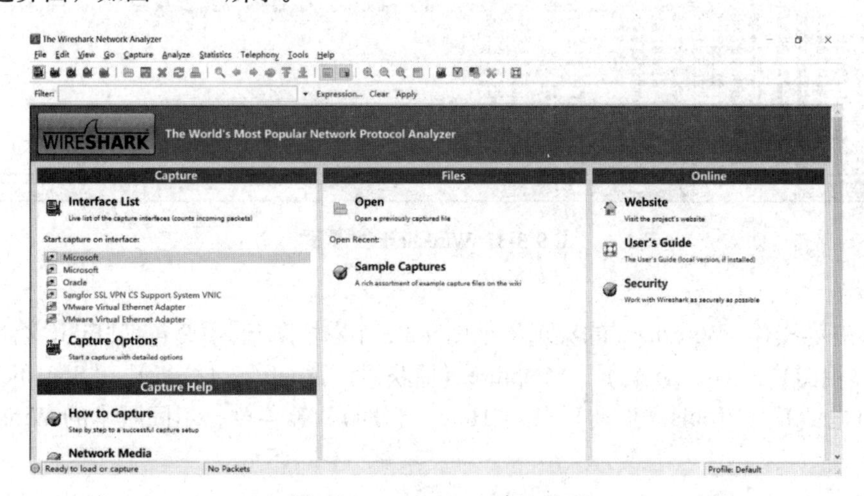

图 9-3-1 Wireshark 欢迎界面

单击 Wireshark 菜单中的“Capture(捕获)”→“Interface(接口)”，弹出“Wireshark：Capture Interface(捕获接口)”窗口，观察对话框中的所有网卡信息，并选择捕获接口。单击“Start(开始)”按钮，即开始抓包，如图 9-3-2 所示。

Wireshark: Capture Interfaces

Description	IP	Packets	Packets/s	Stop		
Microsoft	fe80::5ca0:1c79:8a88:17bb	383	0	Start	Options	Details
Microsoft	fe80::adc3:c29d:ef9d:b1e8	0	0	Start	Options	Details
Microsoft	fe80::443c:cc94:b2b3:2932	0	0	Start	Options	Details
Oracle	fe80::29ec:e104:ed2:24cf	9	0	Start	Options	Details
Sangfor SSL VPN CS Support System VNIC	fe80::9cd0:ee1:334c:7896	0	0	Start	Options	Details
VMware Virtual Ethernet Adapter	fe80::150c:c365:4daa:a1a5	9	0	Start	Options	Details
VMware Virtual Ethernet Adapter	fe80::b89f:3fcd:f716:bee6	9	0	Start	Options	Details

Help　Close

图 9-3-2 Wireshark 捕获接口列表

开始抓包后，Wireshark 主界面上就自动捕获从本机发出或接收到的网络包，并动态地显示捕获到的包。Wireshark 主界面如图 9-3-3 所示，主要由 5 个模块组成。

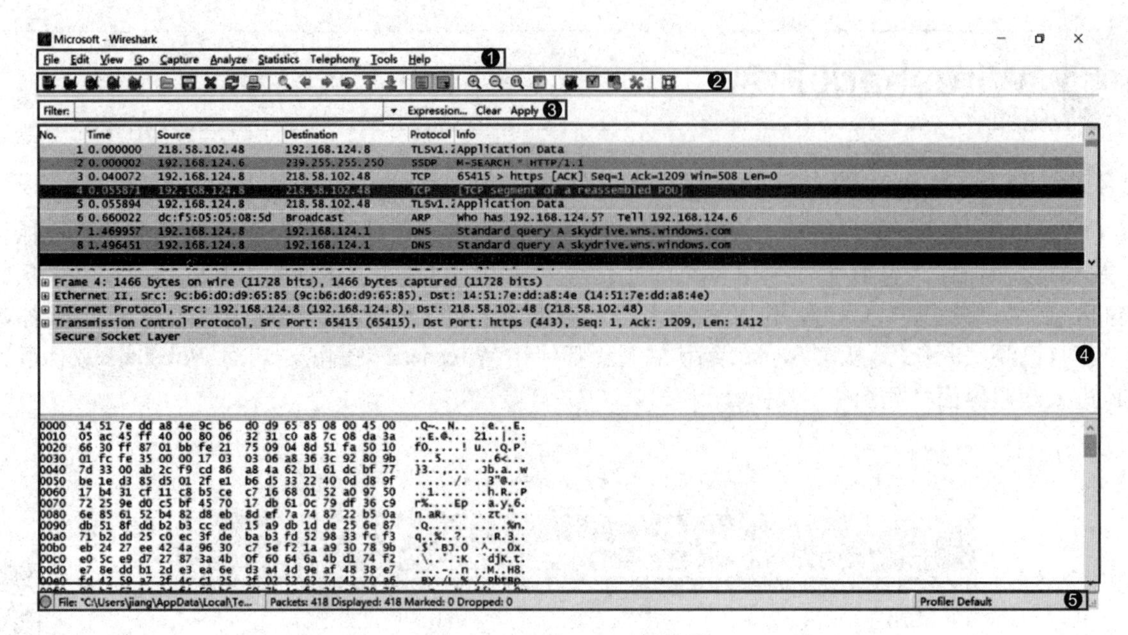

图 9-3-3　Wireshark 主界面

1. 菜单栏

菜单用于开始操作。Wireshark的菜单栏如图9-3-3中❶处所示，主要包括“File（文件）”、“Edit（编辑）”、“View（视图）”、“Go（跳转）”、“Capture（捕获）”、“Analyze（分析）”、“Statistics（统计）”、“Telephony（电话）”、“Tools（工具）”和“Help（帮助）”等菜单。不同版本的Wireshark菜单栏略有不同。

（1）“File（文件）”栏

该菜单中包含了打开和合并捕获数据文件项、部分或全部保存/打印/导出捕获数据文件项以及退出应用程序选项等。

（2）“Edit（编辑）”栏

该菜单中包含了查找数据包、设置时间参考、标记数据包、设置配置文件、设置首选项等。需要注意的是，在“Edit（编辑）”栏中，没有剪切、复制和粘贴等选项。

（3）“View（视图）”栏

该菜单主要用来控制捕获数据的显示方式。“View（视图）”栏包括了数据包着色选项、缩放字体选项、在新窗口显示数据包选项、展开/折叠数据包细节选项等。

（4）“Go（跳转）”栏

该菜单主要用来跳转到指定数据包。

（5）“Capture（捕获）”栏

该菜单中包含了开始/停止捕获选项以及编辑包过滤条件选项等。

（6）“Analyze（分析）”栏

该菜单中包含了显示包过滤宏、启用协议、配置用户指定的解码方式以及追踪TCP流等选项。

（7）“Statistics（统计）”栏

该菜单包括各种统计窗口，这些统计窗口包括捕获文件的属性选项、协议分级选项以及显示流量图选项等。

（8）“Telephony（电话）”栏

该菜单可以显示与电话相关的统计窗口，这些统计窗口包括媒介分析、VoIP 通话统计选项以及 SIP 流统计选项等。

（9）“Tools（工具）”栏

该菜单栏中包含了 Wireshark 中能够使用的工具。

（10）“Help（帮助）”栏

该栏用于为用户提供一些基本的帮助，包括了说明文档选项、网页在线帮助选项以及常见问题选项等。

2. 工具栏

Wireshark 工具栏如图 9-3-3 中❷处所示。常用的抓包功能使用工具栏都可以完成，当鼠标指针移至工具按钮时，会出现该按钮的功能说明，使用非常方便。

3. Wireshark 过滤器

Wireshark 程序包含许多针对所捕获报文的管理功能。其中一个比较常用的功能是过滤功能，可用来显示某种特定报文或协议的抓包结果。Wireshark 过滤器如图 9-3-3 中❸处所示。

在过滤器的文本框里输入过滤条件就可以使用该功能，选择只抓取符合某些协议或指定 IP 地址等条件的数据包。最简单的过滤方法是在文本框中先输入协议名称（小写字母），再回车。或者单击过滤器旁边的“Expression(表达式)”按钮，可以设置更复杂的过滤条件。例如，设置过滤器表达式为“ip.addr==192.168.1.107”，显示捕获到的到达 / 来自 IP 地址为 192.168.1.107 主机的数据；若设置过滤器表达式为“ip.dst==192.168.1.107”，显示捕获到的到达 IP 地址为 192.168.1.107 主机的数据。

4. Wireshark 面板

Wireshark 面板如图 9-3-4 所示，分 3 个部分：“分组列表”面板、“分组详情”面板、“分组字节流”面板（十六进制的数据格式）。

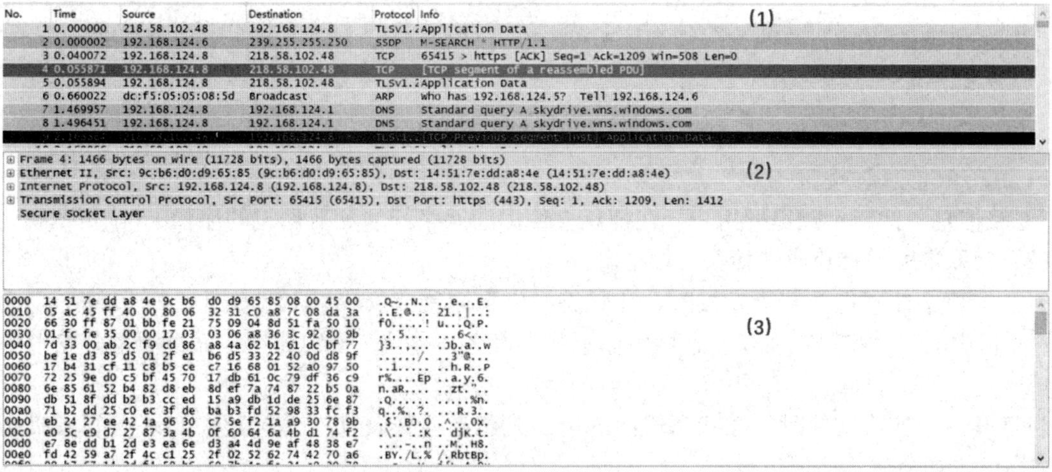

图 9-3-4　Wireshark 面板

这三个面板之间是相互关联的，如果希望在“分组详情”面板中查看一个单独的数据包的具体内容，必须在“分组列表”面板中单击选中那个数据包，选中该数据包之后，才可以通过在“分组详情”面板中选择数据包的某个字段进行分析，从而在“分组字节流”面板中查看相应字段的字节信息。

（1）“分组列表”面板

“分组列表”面板以表格的形式显示了当前捕获文件中的所有数据包，从图 9-3-5 中可以看出，一共有 6 列。分别是：

- No（Number）列：包的编号，默认 Wireshark 是按照数据包编号从低到高排序。该编号不会发生改变，即使使用了过滤也同样如此。
- Time 列：包的时间戳，时间格式可以自己设置。
- Source 列：包的源地址。
- Destination 列：包的目的地址。
- Protocol 列：包的协议类型。
- Info 列：包的附加信息。

（2）“分组详情”面板

“分组详情”面板，分层显示一个数据包中的内容，并且可以通过展开或者收缩来显示这个数据包中所捕获的全部内容。默认数据详细信息都是合并的，如果要查看，可以单击每行前面的箭头。

（3）“分组字节流”面板

显示了一个数据包未经处理的原始样子，也就是它在链路上传播时的样子。该面板中的数据以十六进制和 ASCII 格式显示帧的内容。当在“分组详情”面板中选择任意一个字段后，在“分组字节流”面板中包含该字段的字节也高亮显示。

5. Wireshark 状态栏

Wireshark 状态栏显示当前程序状态以及捕捉数据的更多详情，由一个按钮和三列组成，如图 9-3-5 所示。

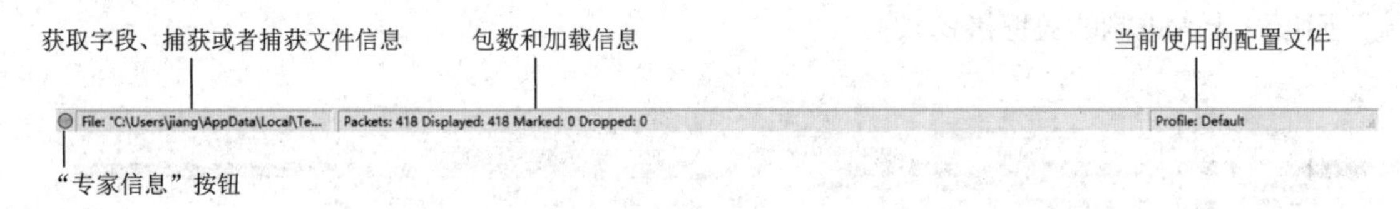

图 9-3-5　Wireshark 状态栏

（1）“专家信息”按钮

“专家信息”按钮可以提醒用户，在捕获文件中的网络问题和数据包的注释。

（2）获取字段、捕获或者捕获文件信息

当在捕获文件中选择某个字段时，在状态栏中可以看到文件名和列大小，如果单击“分组字节流”面板中的一个字段，将在状态栏中显示其字段名，并且“分组详情”面板中也会发生变化。

（3）包数和加载信息

当打开一个捕获文件时，在状态栏中的第二列将显示该文件的总包数。如果当前捕获文件中有包被标记，则会显示标记包数。

（4）当前使用的配置文件

配置文件可以自己创建，以定制自己喜欢的 Wireshark 环境。

9.3.2 Wireshark 抓包分析

扫一扫

在 eNSP 环境下抓取数据包

在计算机上利用 Wireshark 软件执行抓包操作，并对捕获的数据包进行分析。

1. 在 eNSP 环境下抓取数据包

启动 eNSP 并搭建网络拓扑，以一台交换机和两台计算机组成的网络拓扑为例，如图 9-3-6 所示。配置两台计算机的 IP 地址，PC1 配置为 192.168.1.10/24，PC2 配置为 192.168.1.20/24，并启动所有设备。

在交换机 LSW1 上右击，弹出的快捷菜单中选择“数据抓包”，如图 9-3-7 所示。选择端口“GE 0/0/1”后，Wireshark 会自动打开。

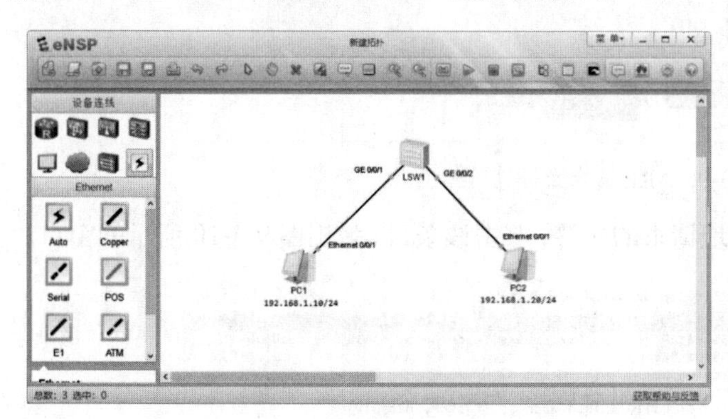

图 9-3-6　Ensp 环境下抓包用的拓扑图

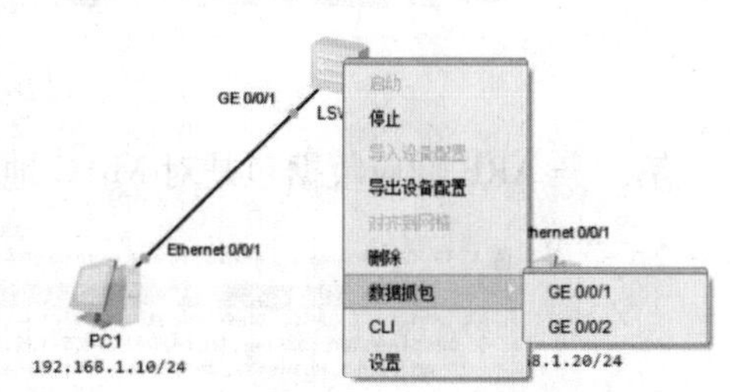

图 9-3-7　选择“数据抓包”

打开 PC1 的界面，在命令窗口运行 ping 192.168.1.20 命令。观察捕获的数据包，如图 9-3-8 所示。

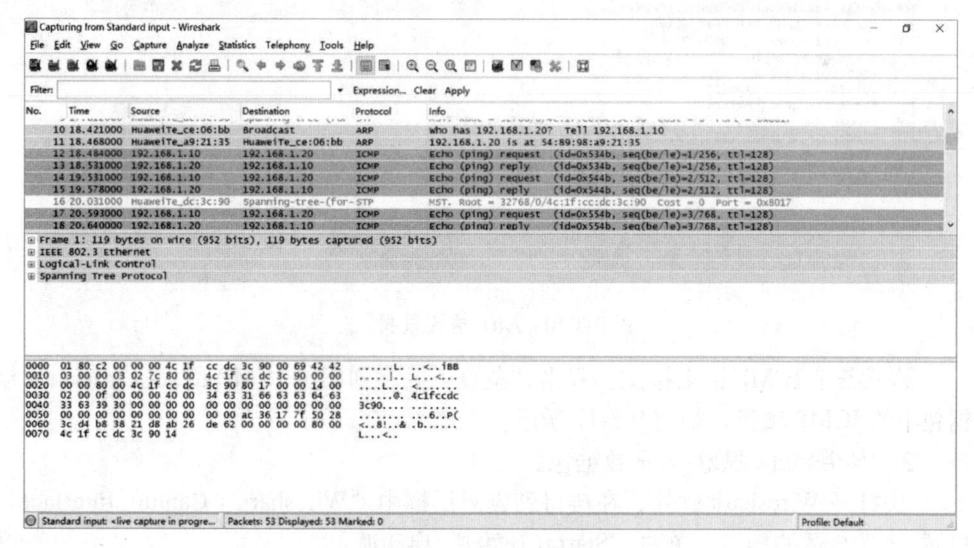

图 9-3-8　捕获的数据包

两台计算机一开始通信，会通过 ARP 协议学习 IP 地址与 MAC 地址的对应关系，然后由 ping 命令发起 ICMP 的请求与应答。第一条 ARP 请求数据包是广播请求接收方的 MAC 地址。双击该条目，弹出图 9-3-9 所示的窗口。

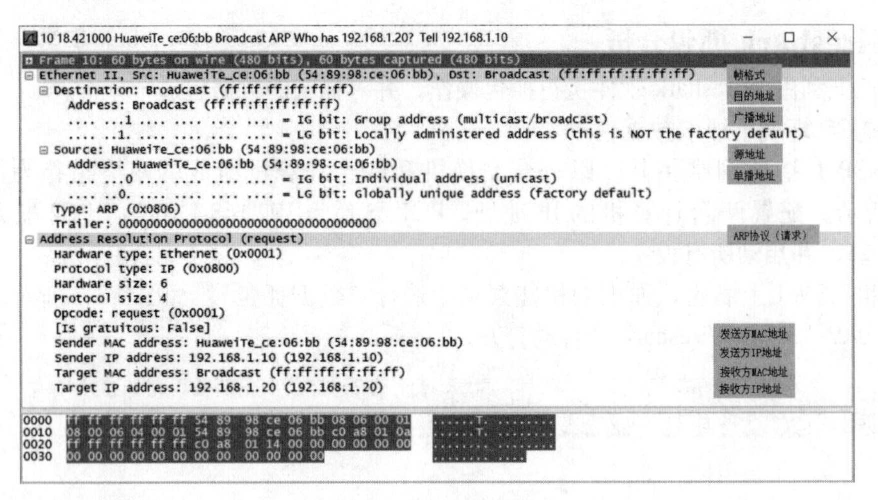

图 9-3-9　ARP 请求数据包

第二条 ARP 响应数据包是对 MAC 地址请求的应答，双击该条目，弹出图 9-3-10 所示的窗口。

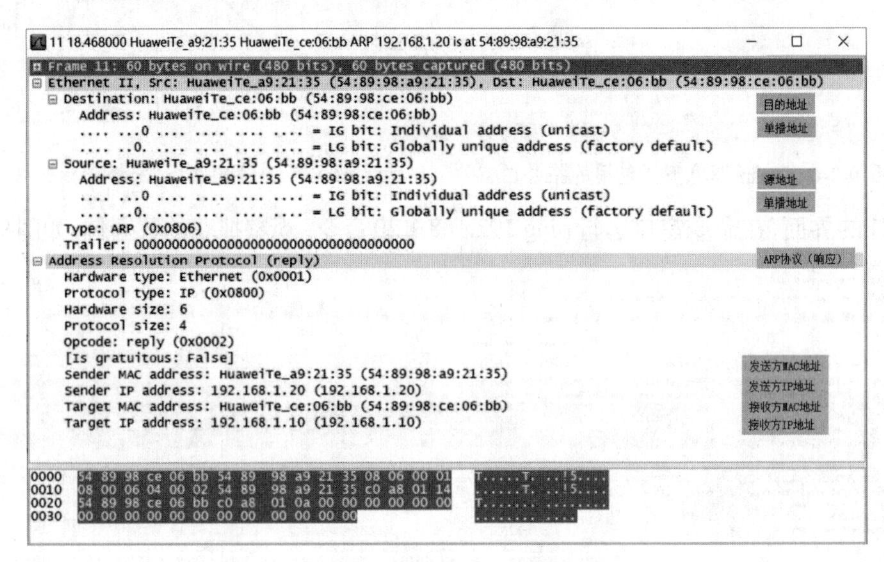

图 9-3-10　ARP 响应数据包

扫一扫

wireshark 抓取 TCP 数据包

第三条是 ICMP 请求报文，双击该条目，并在弹出的 ICMP 请求报文窗口中展开该数据包中的 ICMP 项目，如图 9-3-11 所示。

2. Wireshark 抓取 TCP 数据包

① 打开 Wireshark 软件，在接口列表对话框中“Wireshark：Capture Interface（捕获接口）”选择合适的接口，单击“Start（开始）”启动抓包。

② 打开 IE 浏览器或其他浏览器，输入网址 fanyi-pro.baidu.com，访问百度专业翻译首页，在网页打开后再把浏览器关闭。

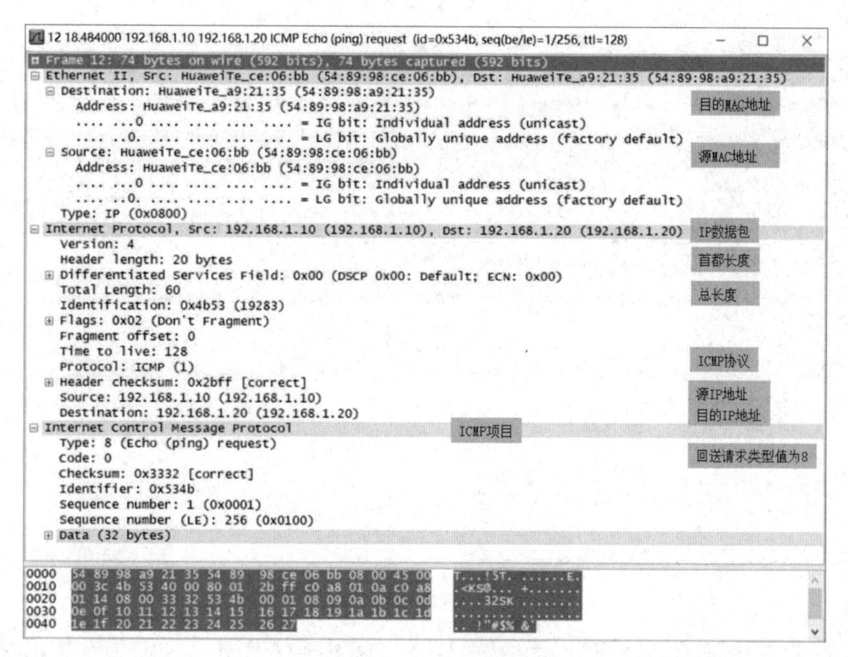

图 9-3-11 ICMP 请求报文

③ 在 Wireshark 软件主界面上，单击“Stop the running live capture（停止正在进行的抓包）”工具停止抓包。Wireshark 主界面显示捕获到的数据，如图 9-3-12 所示。

Microsoft - Wireshark

File Edit View Go Capture Analyze Statistics Telephony Tools Help

Filter: Expression... Clear Apply

No.	Time	Source	Destination	Protocol	Info
1586	14.245386	192.168.124.8	20.189.173.9	TCP	[TCP segment of a reassembled PDU]
1587	14.245388	192.168.124.8	20.189.173.9	TCP	[TCP segment of a reassembled PDU]
1588	14.245393	192.168.124.8	20.189.173.9	TLSv1.2	Application Data
1589	14.249682	192.168.124.1	192.168.124.8	DNS	Standard query response CNAME fanyi-bfe.n.shifen.com A 36.152.44.216
1590	14.250756	192.168.124.8	36.152.44.216	TCP	50598 > http [SYN] Seq=0 Win=64240 Len=0 MSS=1460 WS=8 SACK_PERM=1
1591	14.256744	192.168.124.8	36.152.44.216	TCP	50599 > http [SYN] Seq=0 Win=64240 Len=0 MSS=1460 WS=8 SACK_PERM=1
1592	14.263335	36.152.44.216	192.168.124.8	TCP	http > 50598 [SYN, ACK] Seq=0 Ack=1 Win=8192 Len=0 MSS=1412 WS=5 SACK_PERM=1
1593	14.263493	192.168.124.8	36.152.44.216	TCP	50598 > http [ACK] Seq=1 Ack=1 Win=131072 Len=0
1594	14.263923	192.168.124.8	36.152.44.216	HTTP	GET / HTTP/1.1

```
Frame 1589: 128 bytes on wire (1024 bits), 128 bytes captured (1024 bits)
Ethernet II, Src: 14:51:7e:dd:a8:4e (14:51:7e:dd:a8:4e), Dst: 9c:b6:d0:d9:65:85 (9c:b6:d0:d9:65:85)
Internet Protocol, Src: 192.168.124.1 (192.168.124.1), Dst: 192.168.124.8 (192.168.124.8)
User Datagram Protocol, Src Port: domain (53), Dst Port: 63242 (63242)
    Source port: domain (53)
    Destination port: 63242 (63242)
    Length: 94
    Checksum: 0xdfb5 [validation disabled]
Domain Name System (response)
    [Request In: 1580]
    [Time: 0.019396000 seconds]
    Transaction ID: 0x9bcf
    Flags: 0x8180 (Standard query response, No error)
    Questions: 1
    Answer RRs: 2
    Authority RRs: 0
    Additional RRs: 0
0000  9c b6 d0 d9 65 85 14 51  7e dd a8 4e 08 00 45 00   ....e..Q ~..N..E.
0010  00 72 25 5b 00 00 80 11  9b c5 c0 a8 7c 01 c0 a8   .r%[.... ....|...
0020  7c 08 00 35 f7 0a 00 5e  df b5 9b cf 81 80 00 01   |..5...^ ........
0030  00 02 00 00 00 00 09 66  61 6e 79 69 2d 70 72 6f   .......f anyi-pro
0040  05 62 61 69 64 75 03 63  6f 6d 00 00 01 00 01 c0   .baidu.c om......
0050  0c 00 05 00 01 00 00 00  1e 00 15 09 66 61 6e 79   ........ ....fany
0060  69 2d 62 66 65 01 6e 06  73 68 69 66 65 6e c0 1c   i-bfe.n. shifen..
```

File: "C:\Users\jiang\AppData\Local\Te... Packets: 3673 Displayed: 3673 Marked: 0 Dropped: 0 Profile: Default

图 9-3-12 捕获到的抓包数据

④ 设置过滤器。域名 fanyi-pro.baidu.com 对应的 IP 地址为 36.152.44.216，在 filter 中设置“ip.addr==36.152.44.216”，显示过滤后的抓包数据，如图 9-3-13 所示。

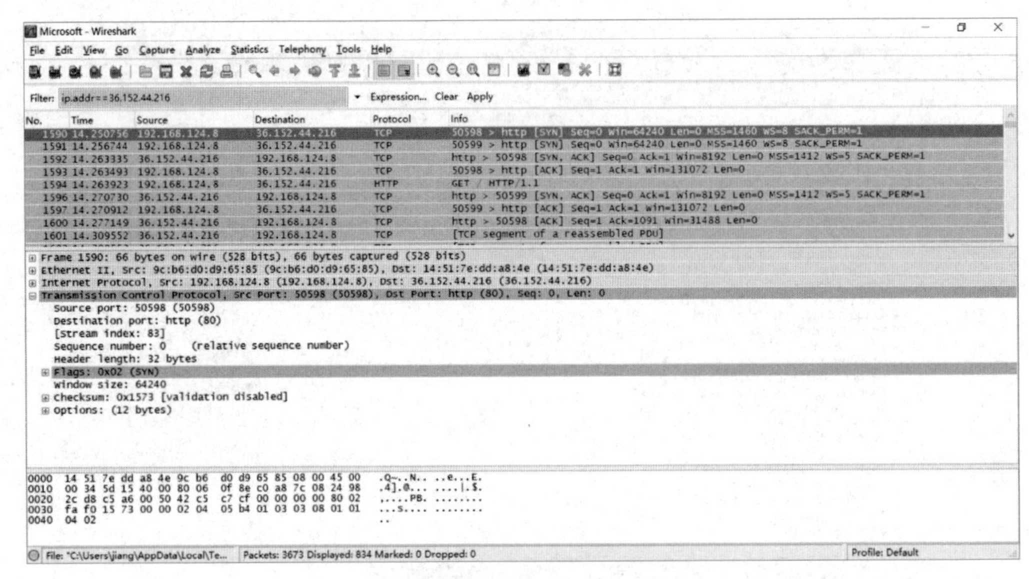

图 9-3-13　过滤后的抓包数据

⑤ 建立连接的三次握手的数据包，如图 9-3-14 ～图 9-3-16 所示，分别为发起连接请求、确认、对确认的确认。

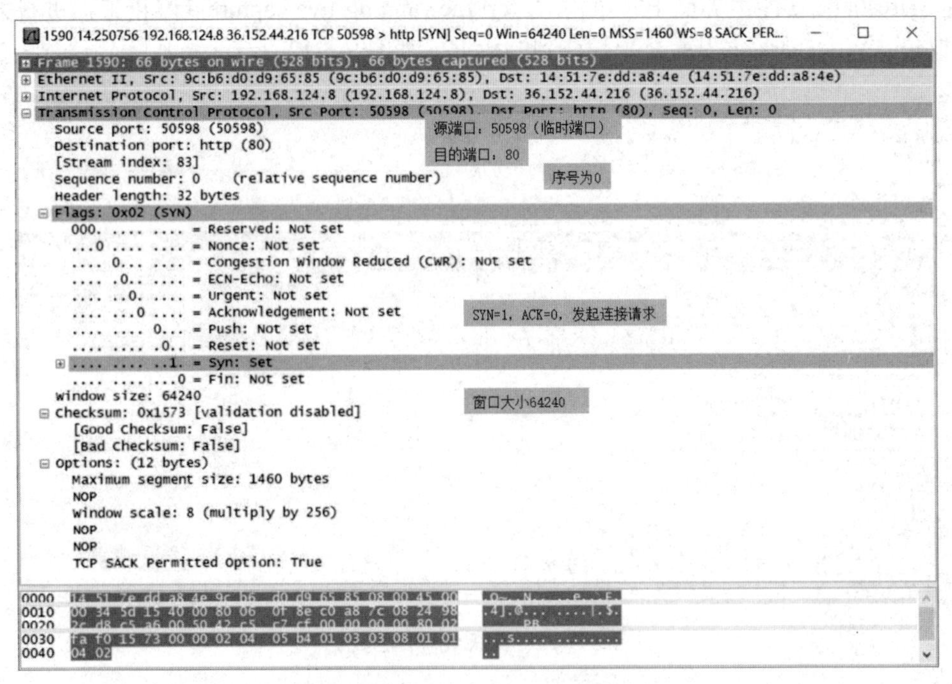

图 9-3-14　TCP 连接三次握手的数据包 1

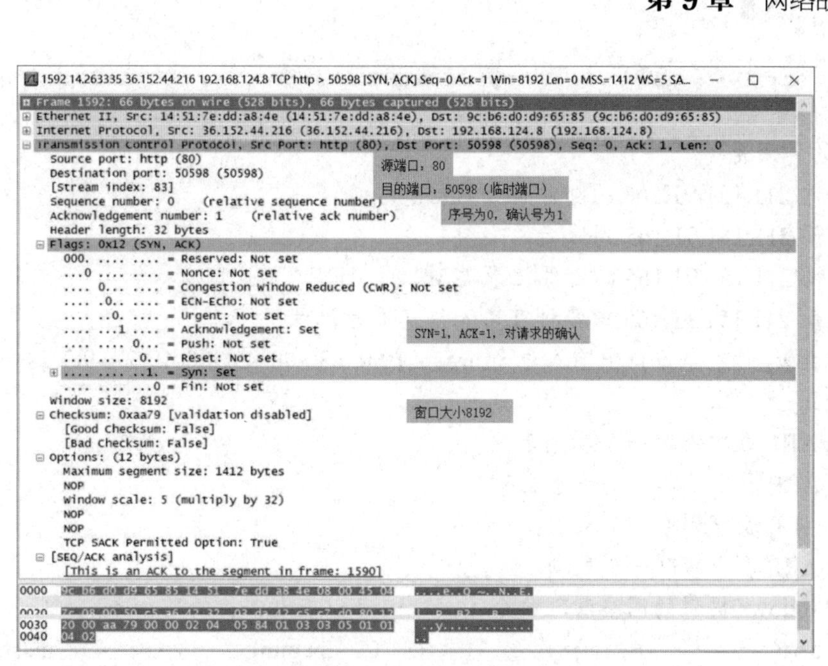

图 9-3-15　TCP 连接三次握手的数据包 2

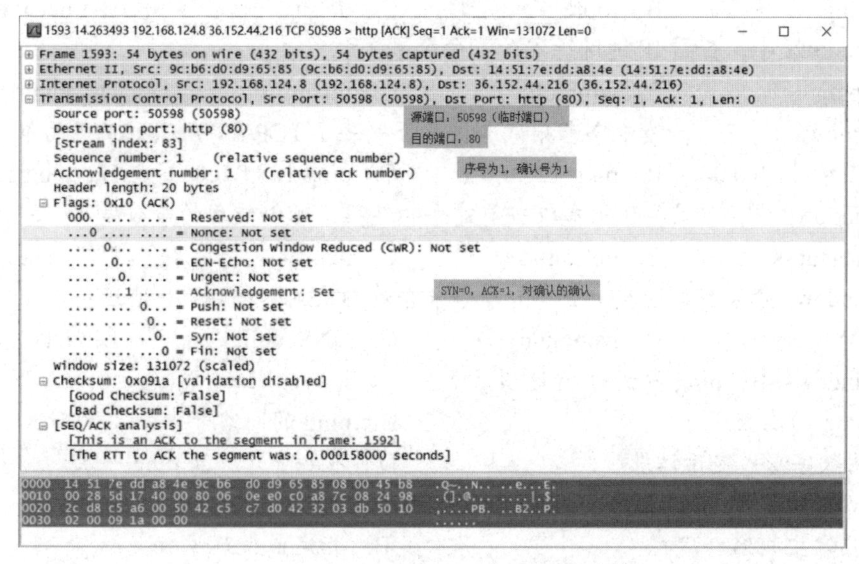

图 9-3-16　TCP 连接三次握手的数据包 3

习　　题

一、选择题

1. 在 Windows 的 DOS 窗口中输入命令：

```
C:\>nslookup
```

```
set type=ptr
>211.151.91.165
```

这个命令的作用是（　　）。

A. 查询 211.151.91.165 的邮件服务器信息

B. 查询 211.151.91.165 到域名的映射

C. 查询 211.151.91.165 的资源记录类型

D. 显示 211.151.91.165 中各种可用的信息资源记录

2. 在 Windows 的命令窗口中输入命令 arp –s 10.0.0.80 00-AA-00-4F-2A-9C，这个命令的作用是（　　）。

A. 在 ARP 表中添加一个动态表项

B. 在 ARP 表中添加一个静态表项

C. 在 ARP 表中删除一个表项

D. 在 ARP 表中修改一个表项

3. 使用 Windows 提供的网络管理命令（　　）可以查看本机的路由表。

A. tracert　　B. arp　　C. ipconfig　　D. netstat

4. 使用 Windows 提供的网络管理命令（　　）可以修改本机的路由表。

A. ping　　B. route　　C. netsh　　D. netstat

5．在 Windows 中，查看 IP 地址等参数的命令是（　　）。

A. ipcfg　　B. winipcfg　　C. ipconfig　　D. winipconfig

6. 在 Windows 中，若用 ping 命令来测试本机是否安装了 TCP/IP 协议，则正确的命令是(　　)。

A. ping 127.0.0.0　　B. ping 127.0.0.1　　C. ping 128.0.0.0　　D. ping 128.0.0.1

7. 在 Windows 中，如果要列出本机当前建立的连接，可以使用的命令是（　　）。

A. netstat -s　　B. netstat -o　　C. netstat -a　　D. netstat -r

8. 在 Windows 命令窗口输入（　　）命令来查看 DNS 服务器的 IP 地址。

A. DNSserver　　B. nslookup　　C. DNSconfig　　D. DNSip

9. 在 Windows 中，ping 命令的 -n 选项表示（　　）。

A. ping 的次数　　B. ping 的网络号

C. 用数字形式显示结果　　D. 不要重复，只 ping 一次

10. 在 Windows 中，tracert 命令的 -h 选项表示（　　）。

A. 指定主机名　　B. 指定最大跳步数

C. 指定到达目标主机的时间　　D. 指定源路由

11. 能显示 IP、ICMP、TCP、UDP 统计信息的 Windows 命令是（　　）。

A. netstat -s　　B. netstat -e　　C. netstat -r　　D. netstat -a

12. 12. 在 Windows 中，可采用（　　）命令手工释放从 DHCP 服务器获取的 IP 地址。

A.ipconfig /release　　B.netstat -r　　C.ipconfig /all　　D.netstat -a

13. 某校园用户无法访问外部站点 210.102.58.74，管理人员在 Windows 操作系统下可以使用（　　）判断故障发生在校园网内还是校园网外。

A. ping 210.102.58.74　　B. arp 210.102.58.74

C. netstat 210.102.58.74　　D. tracert 210.102.58.74

14. 能显示TCP和UDP连接信息的命令是（　　）。

A. netstat -s　　B. netstat -e　　C. netstat -r　　D. netstat -a

15. 在windows操作系统中,采用(　　)命令来测试到达目标所经过的路由器数目及IP地址。

A. ping　　B. tracert　　C. arp　　D. nslookup

16. 在Windows中运行netstat命令，该命令的作用是（　　）。

A. 查看当前TCP/IP配置信息　　B. 测试与目的主机的连通性

C. 显示当前所有连接及状态信息　　D. 查看当前DNS服务器

17. 如果要将目标地址为102.217.112.0/24的分组经102.217.115.1发出，需增加一条路由，正确的命令为（　　）。

A. route add 102.217.112.0 mask 255.255.255.0 102.217.115.1

B. route add 102.217.112.0 255.255.255.0 102.217.115.1

C. add route 102.217.112.0 255.255.255.0 102.217.115.1

D. add route 102.217.112.0 mask 255.255.255.0 102.217.115.1

18. 用Wireshark软件抓包过程中，要过滤指定IP地址10.10.10.10, 过滤规则是（　　）。

A. host 10.10.10.10　　B. ip.addr==10.10.10.10

C. udp.port==49152　　D. ip.eth==10.10.10

19. 用网络抓包工具Wireshark抓取IP地址为192.168.9.117，目的端口为80的TCP包，下列过滤规则中正确的是（　　）。

A. ip.addr eq 192.168.9.117 or tcp.port eq 80

B. ip.addr==192.168.9.117 and tcp.dstport==80

C. ip.addr=192.168.9.117 and tcp.dst=80

D. ip.dst==192.168.9.117 or tcp.port==80

20. 公司有用户反映在使用网络传输文件时，速度非常低，管理员在网络中使用Wireshark软件抓包发现了一些重复的帧，下面关于可能的原因或解决方案描述正确的是（　　）。

A. 交换机在MAC地址表中查不到数据帧的目的MAC地址时，会泛洪该数据帧

B. 公司网络的交换设备必须进行升级改造

C. 网络在二层存在环路

D. 网络中没有配置VLAN

二、简答题

1. ping命令常用的参数有哪些？可以判断哪些方面的故障？

2. 如何测试和诊断DNS设置故障?

3. 简述用ping命令诊断网络故障的步骤。

4. 简述ipconfig /release和ipconfig /renew命令的作用。

5. 简述Wireshark的作用。

附 录

习题参考答案

第 1 章

一、选择题

1．B	2．C	3．B	4．D	5．A
6．D	7．C	8．D	9．D	10．B
11．B	12．A	13．A	14．A	15．B
16．A	17．C	18．B	19．C	20．A

二、简答题

1．计算机网络的分类方式有哪些？按照覆盖的地理范围可以分为哪几种？

答 计算机网络的分类方式有很多种，可以按地理范围、拓扑结构、传输速率和传输介质等分类。

（1）按照计算机之间的距离和网络覆盖面分类，可分为：局域网、城域网、广域网。

（2）按传输速率分类，可分为：高速网、低速网。

（3）按传输介质分类，可分为：有线网、无线网。

（4）按拓扑结构分类，可分为：总线拓扑结构网、星状拓扑结构网、环状拓扑结构网、树状拓扑结构网、不规则拓扑结构网。

2．比较 OSI 参考模型和 TCP/IP 体系结构的异同之处。

答 相似之处：

（1）OSI 参考模型和 TCP/IP 体系结构都采用分层的体系结构，分层的功能大体相似。OSI 参考模型分为应用层、表示层、会话层、传输层、网络层、数据链路层、物理层。TCP/IP 体系结构分为应用层、传输层、互联网层、网络接口层。OSI 参考模型和 TCP/IP 体系结构均包括了面向应用与面向数据通信的相关层；具有功能相当的网络层、传输层；均有应用层，虽然其所提供的服务有所不同。

（2）OSI 参考模型和 TCP/IP 体系结构都是基于协议的包交换网络。OSI 参考模型和 TCP/IP 体系结构分别作为概念上的模型和事实上的标准，具有同等的重要性。

（3）二者都可以解决异构网络的互联，实现世界上不同厂家生产的计算机之间的通信。

差异之处：

（1）OSI参考模型包括了七层，TCP/IP体系结构只有四层；TCP/IP体系结构将OSI参考模型的上三层合并成了一个应用层，将OSI参考模型的下两层合并成了一个网络接口层。TCP/IP体系结构层次更少，显得比OSI参考模型更简洁。

（2）OSI参考模型产生在协议发明之前，没有偏向于任何特定的协议，通用性良好；TCP/IP体系结构正好相反，首先出现的是协议，模型实际上是对已有协议的描述，因此不会出现协议不能匹配模型的情况，但TCP/IP体系结构不适合于任何其他非TCP/IP体系结构的协议栈。

（3）TCP/IP体系结构在设计之初就考虑到了多种异构网的互联问题，并将互联网协议（IP）作为一个单独的重要层次。OSI参考模型只考虑了用一种标准的公用数据网络将各种不同的系统互联。

3．简述三层交换机的功能。

答　三层交换机是一个具有三层路由功能和二层交换功能的设备。对于数据包的转发这些有规律的过程，通过硬件得以高速实现；对于第三层路由，如路由信息的更新、路由表维护、路由计算、路由的确定等功能，用优化、高效的软件实现。三层交换机实现“一次路由，多次转发”。

4．简述双绞线、光纤的不同特点及适用场合。

答（1）双绞线：星状结构、布线工艺简单、中继间隔距离短、故障隔离和修复方便；多用于室内短距离组网。

（2）光纤：星状结构、布线工艺复杂、中继间隔距离长、电磁绝缘、故障隔离方便、维修困难；多用于长距离、大容量组网。

5．某集团总公司给下属子公司分配了一段IP地址192.168.10.0/24，现在子公司有两层办公楼（1楼和2楼），统一从1楼的路由器连接集团总公司。1楼有100台计算机，2楼有55台计算机。该怎么去规划则个子公司的IP？

答（有多种方案，下面方案为其中一种参考答案）

（1）192.168.10.0/25给1楼计算机使用。有效主机范围是192.168.10.1～192.168.10.126，子网掩码为255.255.255.128。

（2）192.168.10.128/26给2楼计算机使用。有效主机范围是192.168.10.129～192.168.10.190，子网掩码为255.255.255.192。

（3）192.168.10.192/30给1楼路由器连接到集团总公司。有效主机范围是192.168.10.193～192.168.10.194，子网掩码为255.255.255.252。

6．为什么C类地址不可以借7位主机号作为子网号？

答　C类地址借用7位主机号作为子网号后，主机号就只剩下1位，1位的主机号只有两个IP地址：0和1。这两个地址中的0需要用作网络号，而1被用作广播号，结果就再无地址分配给主机了。因此，C类地址不可以借7位主机号作为子网号。

第2章

一、选择题

1．B	2．C	3．A	4．A	5．ABD
6．B	7．C	8．A	9．D	10．C

二、简答题

1．华为交换机和路由器有哪些配置视图？

答 华为交换机和路由器主要有下列配置视图：

用户视图：<Huawei>

系统视图：[Huawei]

以太网接口视图：[Huawei-Ethernet0/1]

VLAN 接口配置视图：[Huawei-Vlan-interface2]

VLAN 配置视图：[Huawei-Vlan2]

OSPF 协议视图：[Huawei-ospf-1]

RIP 协议视图：[Huawei-rip-1]

Console 用户接口视图：[Huawei-ui-console0]

2．思科交换机和路由器常见工作模式有哪些？

答 思科交换机和路由器常见工作模式主要有以下几种：

用户模式：switch>

特权模式：switch#

全局配置模式：switch(config)#

接口配置模式：switch(config-if)#

初始化配置模式：Line 模式 switch(config-line)#

VLAN 配置模式：switch(config-vlan)#

路由协议配置模式：router(config-router)#

3．什么场景合适使用 Console 口本地访问设备？

答 Console 口是控制台管理接口，一般第一次配置需要使用，或者网络安全环境要求非常高，不开 Telnet、Web 管理方式时使用。

第 3 章

一、选择题

1．B	2．B	3．C	4．C	5．B
6．A	7．B	8．D	9．D	10．C
11．B	12．C	13．A	14．A	15．A
16．C	17．D	18．AB	19．ABD	20．B
21．B	22．A	23．A	24．A	25．B

二、简答题

1．选择交换机主要参考哪些因素？

答 选择二交换机需要参考的因素主要有：

(1) 背板带宽、二 / 三层交换吞吐率。

(2) VLAN 类型和数量。

(3) 交换机端口数量及类型。

(4) 支持网络管理的协议和方法。

（5）QoS、802.1Q 优先级控制、802.1X 的支持。

（6）堆叠的支持。

（7）交换机的交换缓存和端口缓存、主存、转发延时等参数。

（8）线速转发、路由表大小、访问控制列表大小、对路由协议的支持情况、对组播协议的支持情况、包过滤方法、机器扩展能力等都是值得考虑的参数，应根据实际情况考察。

2. 交换机的配置有哪几种方式?

答 交换机的配置一般分为两种方法：

（1）本地配置：通过计算机与交换机的 Console 口连接并配置交换机，是配置和管理交换机必须经过的步骤。

（2）远程网络配置：通过 Console 口进行基本配置后，可以通过 Web 方式、Telnet 等远程方式配置和管理交换机，这些方式往往需要借助于 IP 地址、域名和设备名称才能实现。

3．说明 VLAN 的基本定义，以及 VLAN 的划分方式包括哪些?

答 VLAN（Virtual Local Area Network，虚拟局域网）是将一组位于同一物理网段或不同物理网段上的用户在逻辑上划分成一个局域网，用户的广播流量被限制在本虚拟局域网内部。

常见的 VLAN 划分方式有以下几种：

（1）基于接口的 VLAN 划分：按照设备接口来定义 VLAN 成员，将设备上的指定接口加入到不同的 VLAN 中，则从该接口接收的报文将只能在相应的 VLAN 内进行传输。

（2）基于 MAC 地址的 VLAN 划分：按照报文的源 MAC 地址来定义 VLAN 成员，设备从接口接收到报文后，会根据报文的源 MAC 地址来确定报文所属的 VLAN，然后将报文自动划分到指定 VLAN 中进行传输。

（3）基于协议的 VLAN 划分：根据接口接收到的报文所属的协议（族）类型及封装格式来给报文分配不同的 VLAN。

（4）基于 IP 子网的 VLAN 划分：根据报文源 IP 地址及子网掩码来定义 VLAN 成员，设备从接口接收到报文后，会根据报文的源 IP 地址来确定报文所属的 VLAN，然后将报文自动划分到指定 VLAN 中进行传输。

（5）基于策略的 VLAN 划分：根据报文“MAC 地址＋IP 地址”以及“MAC 地址＋IP 地址＋接口”策略来定义 VLAN 成员，设备从接口接收到报文后，会根据报文的组合策略来确定报文所属的 VLAN，然后将报文自动划分到指定 VLAN 中进行传输。

4．简述 VLAN 的优点。

答 VLAN 的主要优点有：

（1）限制广播域。广播域被限制在一个 VLAN 内，提高了网络处理能力。

（2）增强局域网的安全性。VLAN 的优势在于 VLAN 内部的广播和单播流量不会被转发到其它 VLAN 中，从而有助于控制网络流量、减少设备投资、简化网络管理、提高网络安全性。

（3）灵活构建虚拟工作组，便于管理。用 VLAN 可以划分不同的用户到不同的工作组，同一工作组的用户也不必局限于某一固定的物理范围，网络构建和维护更方便灵活。

5．链路聚合的作用是什么?

答 链路聚合技术可以在不进行硬件升级的条件下，通过将多个物理接口捆绑为一个逻辑接口，来达到增加链路带宽的目的。而且在实现增大带宽目的的同时，链路聚合采用备份链路的机制，可以有效提高设备之间链路的可靠性。

6．简述生成树的工作过程。

答：生成树的工作过程如下：

(1) 通过比较交换机优先级选取根网交换机（给定广播域内只有一个根交换机）。

(2) 选取根端口。其余的非根交换机只有一个通向根交换机的端口称为根端口。

(3) 选取指定端口。每个网段只有一个指定端口；根交换机所有的连接端口均为指定端口。

(4) 达到收敛。根端口和指定端口处于转发状态。

7．简述 ISL 与 IEEE 802.1Q 两种封装方式的相同与不同之处。

答 相同之处：ISL 和 IEEE 802.1Q 都是 Trunk 链路上的 VLAN 的标记。

不同之处：ISL 是思科专用协议，并且是外部封装，不破坏帧格式；IEEE 802.1Q 是公用协议，是内部封装，破坏帧格式。

8．A、B 两台交换机，A 配置了命令 spanning-tree vlan 10 root primary，B 配置了命令 spanning-tree vlan 10 priority 8192，当两台交换机连接在一起后，哪个会成为根交换机？为什么？

答 交换机 B 会成为根交换机。因为交换机优先级默认为 32768，primary 优先级默认为 24576，8192 比 primary 默认值低，所以交换机 B 成为根交换机。

第 4 章

一、选择题

1．C	2．B	3．B	4．A	5．D
6．ABC	7．B	8．C	9．A	10．C
11．A	12．D	13．B	14．A	15．B
16．B	17．AB	18．C	19．B	20．B

二、简答题

1．举例说明如何实现 VLAN 间的通信。

答 (1) 通过路由器的物理接口，分别连接到不同的 VLAN，实现 VLAN 间的通信。

(2) 通过路由器的逻辑子接口，分别连接到不同的 VLAN，实现 VLAN 间的通信。

(3) 通过三层交换机。在三层交换机上启用接口路由功能，或者通过 VLANIF 接口实现 VLAN 间的通信。

2．DHCP 客户机获取不到正确的地址，需要检查哪些内容来进行排查？

答 导致 DHCP 不能正常自动分配 IP 地址的原因有很多种，一般情况下，用户要从以下方面进行排查：要检查物理连接是否通畅；检查 DHCP 的配置是否正确；检查地址池内的 IP 地址情况，如地址池内是否有可用地址、过期 IP 地址或冲突 IP 地址。

3．比较分析三层交换机和路由器异同。

答 (1) 功能：三层交换机和路由器一样属于网络层设备，能够进行三层数据包的转发。

(2) 性能：三层交换机能够基于 ASIC 芯片进行硬件的转发（一次路由多次交换）；路由器，通过 CPU ＋软件进行运算转发数据，性能低。

(3) 接口类型：三层交换机一般只具备以太网接口，类型单一，接口密度大；路由器能够提供各种类型的广域网接口，能够连接不同类型的网络链路，接口数较少。

(4) 应用环境：三层交换机一般用于局域网内不同网段间的互通，路由器一般用于网络出口或广域网互联。

4．什么是网关冗余技术，常见的网关冗余协议有哪些？

答 网关冗余技术是在两台或多台网关设备上设置相同的虚拟的IP地址，(而它们分别又有物理接口IP地址)，终端主机的网关指向这个虚拟的IP地址。通过设置优先级来指定主和备网关设备。正常情况下，网络流量走向主网关设备，主网关设备出现故障时走向备用网关设备。

常见的网关冗余协议有：VRRP（virtual router redundancy protocol)，是行业标准网关冗余协议；HSRP（hot standby router protocol）和GLBP（gateway load balance protocol)，是CISCO私有协议。

第5章

一、选择题

1．A	2．D	3．B	4．A	5．B
6．D	7．D	8．B	9．D	10．A
11．C	12．C	13．A	14．A	15．B
16．B	17．B	18．A	19．C	20．A

二、简答题

1．分析二层交换机与路由器的区别，为什么交换机一般用于局域网内主机的互联，不能实现不同IP网络的主机互相访问？路由器为什么可以实现不同网段主机之间的访问？为什么不使用路由器来连接局域网主机？

答 (1) 从OSI的角度分析交换机和路由器的区别。交换机属于数据链路层设备，识别数据帧的MAC地址信息进行转发；路由器属于网络层设备，通过识别网络层的IP地址信息进行数据转发。

(2) 数据处理方式的区别。交换机对于数据帧进行转发，交换机不隔离广播，交换机对于未知数据帧进行扩散；路由器对IP包进行转发，路由器不转发广播包，路由器对于未知数据包进行丢弃。

(3) 数据转发性能方面。交换机是基于硬件的二层数据转发，转发性能强；路由器是基于软件的三层数据转发，转发性能相对较差。

(4) 接口类型。交换机一般只具备以太网接口，类型单一，接口密度大；路由器能够提供各种类型的广域网接口，能够连接不同类型的网络链路，接口数较少。

(5) 应用环境。交换机一般应用于局域网内部，大量用户的网络接入设备。路由器一般用于网络间的互联。

2．简述静态路由的配置方法和过程。

答 (1) 为路由器每个接口配置IP地址。

(2) 确定本路由器有哪些直连网段的路由信息。

(3) 确定网络中有哪些属于本路由器的非直连网段。

(4) 添加本路由器的非直连网段的相关路由信息。

3．简述RIP协议的工作原理。

答 RIP属于距离矢量路由选择协议，它以跳数作为度量值来衡量到达目的地址的距离，最大跳数为15跳，16跳即为不可达，因此RIP只能应用于小型网络。RIP协议的工作原理是：首先路由器先学习自己的直连路由，更新到路由表，RIP在更新周期到时会以广播形式发送一次路由信息

（使用 UDP 的 520 端口）在邻居之间互传，通过这样不断的学习更新，达到收敛状态。

4．简述 RIP 协议的配置步骤及注意事项。

答（1）开启 RIP 协议进程。

（2）申明本路由器参与 RIP 协议计算的接口网段（注意：不需申请非直连网段）。

（3）指定版本（注意：路由器版本要保持一致，路由器默认可以接收 RIPv1、RIPv2 的报文）。

（4）RIPv2 支持关闭自动路由汇总功能。

5．简述 RIPv1、RIPv2 之间的区别。

答 RIPv1：有类路由协议，不支持 VLSM；以广播的形式发送更新报文；不支持认证。

RIPv2：无类路由协议，支持 VLSM；以组播的形式发送更新报文；支持明文和 MD5 的认证。

6．OSPF 路由协议有多个区域时为什么必须需要 0 区域？ 0 区域的作用是什么？

答 OSPF 路由协议有多个区域时必须需要 0 区域，为了防止区域间产生环路。

0 区域为主干区域，主干区域负责在非主干区域之间发布区域间的路由信息，在一个 OSPF 区域中只能有一个主干区域。所有非主干区域之间的路由信息必须经过主干区域，也就是非主干区域必须和主干区域相连，且非主干区域之间不能直接进行路由信息交互。

7．简述 OSPF 的基本工作过程。

答（1）OSPF 路由器相互发送 HELLO 报文，建立邻居关系。

（2）邻居路由器之间相互通告自身的链路状态信息 LSA。

（3）经过一段时间的 LSA 泛洪后所有路由器形成统一的链路状态数据库 LSDB。

（4）路由器根据 SPF 算法，以自己为根计算最短生成树，形成路由转发信息。

8．分析说明 RIP 与 OSPF 协议的区别。

答（1）路由算法不同。RIP，路由信息协议，基于距离向量的路由选择协议；OSPF，开放最短路径优先协议，基于链路状态的路由选择协议。

（2）度量值不同。RIP 以跳数作为度量值；OSPF 主要以带宽计算链路的度量值。

（3）RIP 仅和相邻路由器交换信息；OSPF 向本自治系统所有路由器发送消息，由于路由器发送的链路状态信息只能单向传送，OSPF 不存在“坏消息传播得慢”的问题，更新过程的收敛性得到保证。

（4）RIP 协议，路由器交换的信息是当前本路由器所知道的全部信息，即自己现在的路由表；OSPF 协议发送的信息是与本路由器相邻的所有路由器的链路状态，只涉及与相邻路由器的连通状态，与整个互联网的规模无关。

（5）RIP 按固定的时间间隔交换路由信息，当网络拓扑发生变化时，路由器也及时向相邻路由器通告拓扑变化后的路由信息。OSPF 在网络刚刚启动计算第一次路由表时，一定发路由信息。之后只有当链路状态发生变化时，路由器才能向所有路由器洪泛发送此消息。

（6）RIP 协议使用传输层的用户数据包 UDP 来进行传送；OSPF 的位置在网络层，直接用 IP 数据报传送（其 IP 数据报首部的协议字段值为 89）。由于 OSPF 构成的数据报很短，不仅减少了路由信息的通信量，而且在传送中不必分片，不会出现一片丢失而重传整个数据报的现象。

（7）RIP，不能在两个网络之间同时使用多条路由，选择一条具有最少路由器的路由即最短路由。OSPF，如果到同一个目的网络有多条相同代价的路径时，可以将通信量分配给这几条路径，做到路径间的负载平衡。

（8）RIP，限制了网络规模，能使用的最大距离为15，16表示不可达。OSPF，链路的度量可以是1 ~ 65 535中的任何一个无量纲的数，可供管理人员来决定。因此十分灵活。OSPF能够适用于规模很大的网络，引入了区域的概念。

（9）RIP，RIPv1不支持子网划分，RIPv2支持子网划分；OSPF在路由分组中包含子网掩码，支持可变长度的子网划分和无分类的编址CIDR。所有在OSPF路由器之间交换的分组（如链路状态更新分组）都具有鉴别功能，因而保证了仅在可信赖的路由器之间交换链路状态信息。

（10）OSPF更新过程收敛更快。由于各路由器之间频繁地交换链路状态信息，因此所有的路由器最终都能建立一个链路状态数据库，及即全网拓扑结构图。OSPF的链路数据库能较快地进行更新，使每个路由器能及时更新其路由表，OSPF的更新过程收敛得快是其重要优点。而RIP协议的每个路由器虽然知道到所有的网络距离以及下一跳路由器，但是不知道全网的拓扑结构，只有到了下一跳路由器，才能知道再下一跳应当怎样走。

第6章

一、选择题

1．A	2．D	3．A	4．B	5．B
6．D	7．B	8．C	9．B	10．AC
11．C	12．B			

二、简答题

1．PAP和CHAP各自的特点是什么？

答 PAP的特点：

（1）由被验证方发出验证请求，验证方无法区分是否为合法请求，可能引起攻击。

（2）被验证方直接将用户名和密码等验证信息以明文方式发送给验证方，安全性低。

（3）由被验证方发出验证请求，容易引起被验证方利用穷举法暴力破解密码。

（4）比CHAP性能高，两次握手完成验证。

CHAP的特点：

（1）由验证方发出挑战报文。

（2）在整个验证过程中不发送用户名和密码。

（3）解决了PAP容易引起的问题。

（4）占用网络资源，验证过程相对于PAP慢。

2．简述CHAP的验证过程。

答（1）验证方向被验证方发送一串随机产生的报文。

（2）被验证方用自己的用户密码对这串随机报文进行MD5加密，并将生成的密文发送回验证方。

（3）验证方用本端用户列表中保存的被验证方密码对原随机报文进行MD5加密，并比较两个密文，根据比较结果返回不同的响应。当比较结果相同，则认为是合法用户，CHAP认证通过；当比较结果不同，则认为是非法用户，CHAP认证失败。

3．什么是NAT？简述NAT技术的优点。

答 NAT是指网络地址转换。当在专用网内部的一些主机本来已经分配到了本地IP地址（即仅在本专用网内使用的专用地址），但现在又想和因特网上的主机通信时，可使用NAT方法。

NAT 技术的优点包括：

(1) 节省合法的公网地址。

(2) 在地址重叠时提供解决方案。

(3) 提高连接到因特网的灵活性。

(4) 在网络发生变化时避免重新编址。

4．简述 GRE 协议及其特点。

答 GRE 即通用路由封装协议，是对某些网络层协议（如 IP 和 IPX）的数据报进行封装，使这些被封装的数据报能够在另一个网络层协议（如 IP）中传输。

GRE 的特点包括：

(1) GRE 是一个标准协议，支持多种协议。

(2) 能够用来创建弹性的 VPN。

(3) 支持多点隧道。

(4) 能够实施 QoS。

(5) 不支持加密机制。

第 7 章

一、选择题

1．B	2．B	3．ABC	4．B	5．ABD
6．ABC	7．A	8．C	9．C	10．D
11．B	12．BD	13．D	14．B	15．C
16．BCD	17．B	18．D	19．A	20．A

二、简答题

1．Telnet 远程访问设备有哪三种登录方式？各有什么特点？

答 Telnet 方式远程访问设备登录方式以下三种：

(1) 无认证：没密码，直接可以登录。

(2) 纯密码登录：输入密码才能登录，默认情况就是纯密码登录。

(3) 用户名加密码认证：不用的用户输入相应的密码才能登录，安全性最高。

2．交换机的端口安全功能可以配置哪些？可以实现什么功能？

答 最大连接数限制、端口地址安全绑定。

(1) 利用最大连接数限制可以控制用户的接入数量、防 MAC 地址攻击。

(2) 利用地址安全绑定可以防止用户进行 IP 地址欺骗、MAC 地址欺骗等行为。

3．简述标准 ACL 与扩展 ACL 的区别。

答 标准 ACL 只检查数据包的源地址；扩展 ACL 既检查数据包的源地址，也检查数据包的目的地址，同时还可以检查数据包的特定协议类型、端口号等。

4．简述应用访问控制列表规则时的建议方法及其原因。

答 标准访问列表一般应用在离目的比较近的位置，扩展访问列表一般应用在离源比较近的位置。

原因：标准访问列表是根据数据的源地址进行过滤的，无法过滤数据包的目的地址，如果应用在离源比较近的位置可能会造成对其他网络的访问影响。例：拒绝 192.168.1.0 访问 192.168.2.0 但可以访问 192.168.3.0。如果在 192.168.1.0 所在的接口应用的规则，那 192.168.1.0 将无法访问 192.168.3.0。但如果将规则应用在 192.168.2.0 所在接口将不会造成影响。

扩展访问列表是根据数据的多种元素进行过滤的，根据通过多重信息对数据进行准确的过滤和处理，一般规则定义正确的话，不会对其他的网络访问造成影响，为了节省网络带宽资源，一般应用在离源近的位置。

5．简述华为 USG 防火墙默认预定义的安全区域，其安全级别分别为多少？

答 华为 USG 防火墙默认预定义了四个固定的安全区域，分别为：

（1）Trust：该区域内网络的受信任程度高，通常用来定义内部用户所在的网络。安全级别为 85。

（2）Untrust：该区域代表的是不受信任的网络，通常用来定义 Internet 等不安全的网络。安全级别为 5。

（3）DMZ（Demilitarized 非军事区）：该区域内网络的受信任程度中等，通常用来定义内部服务器（如 WWW 服务器）所在的网络。安全级别为 50。

（4）Local：防火墙上提供了 Local 域，代表防火墙本身。比如防火墙主动发起的报文以及抵达防火墙自身的报文。安全级别为 100。

第 8 章

一、选择题

1．B　　2．D　　3．A　　4．D　　5．D

6．B　　7．C　　8．B　　9．D　　10．D

11．ABD　　12．AD

二、简答题

1．在网络分层设计中，接入交换机的主要作用有哪些？

答 接入交换机作为接入层的物理实体，位于网络边界，在网络中担当着终端用户网络接口的角色，主要的作用是为终端用户提供网络连接，因此接入交换机通常都具备低成本、高端口密度、即插即用的特性，以及用户信息收集和用户管理功能，如 MAC 地址、IP 地址、地址认证、用户认证等。

2．简述网络拓扑结构的总线结构和星状结构的主要特点。

答 （1）总线结构优点：结构简单，价格低廉，安装使用方便，连接总长度小于星状结构：可靠性高，网络响应速度快，设备少，共享资源能力强，便于广播式工作。缺点：故障诊断和隔离比较困难，总线任务重，易产生冲突和碰撞问题。

（2）星状结构优点：通信协议简单，单个节点故障不会影响全网，结构简单，增、删节点及维护、管理容易，故障隔离和检测容易，网络延时较短。缺点：每个节点需要一条专用链路连接到中心节点，成本高，通信资源利用率低；网络性能过于依赖中心节点，一旦中心节点出现故障，将导致整个网络资源崩溃。

3．某企业有两个部门，说明如何用最简单的设备实现通信。

答：采用二层交换机互联两个不同部门的网络，可以不降低网络性能。使用二层交换机，属于同一个网络即可。

第9章

一、选择题

1．B	2．B	3．D	4．B	5．C
6．B	7．C	8．B	9．A	10．B
11．A	12．A	13．D	14．D	15．B
16．C	17．A	18．B	19．B	20．C

二、简答题

1．ping 命令常用的参数有哪些？可以判断哪些方面的故障？

答 ping 命令是基于 ICMP 协议的应用，ICMP 属于网络层协议，因此 ping 只可以测试基本网络层以下的故障：

（1）ping ip-address，可以测试本机到目的 IP 的链路连通性。

（2）ping –t ip-address，-t 参数表示持续不断地发送 ICMP 报文，可以检测网络链路是否为间断性不通。

（3）ping –l size ip-address，–l 参数表示发送报文的大小，默认 windows 发送的 ICMP 报文携带数据大小为 32 B，增大 ICMP 报文的大小，检测网络对大容量数据包的处理性能。

2．如何测试和诊断 DNS 设置故障？

答（1）打开命令行窗口，输入 nslookup 并回车，然后输入 www.baidu.com 并回车，如果能够解析到域名地址，则 DNS 设置没有问题，否则有问题。

（2）打开命令行窗口，用 ping 命令 ping 百度域名，如 ping www.baidu.com，如果能 ping 通，则说明 DNS 设置没问题；如果 ping 不通，则再试 ping 百度的 IP 地址，如 ping 202.108.22.5，如果能 ping 通，则说明 DNS 设置有问题，如果 ping 不通，则说明当前的网络连接有问题。

3．简述用 ping 命令诊断网络故障的步骤。

答 使用 ipconfig /all 观察本地网络设置是否正确。

ping 127.0.0.1 回环地址，检查本地的 TCP/IP 协议有没有设置好。

ping 本机 IP 地址，检查本机 IP 地址是否设置有误。

ping 本网网关或本网 IP 地址，检查硬件设备有没有问题，本机与本地网络连接是否正常。

ping 远程 IP 地址，检查本网或本机与外部的连接是否正常。

4．简述 ipconfig /release 和 ipconfig /renew 命令的作用。

答：ipconfig /release 和 ipconfig /renew 是两个附加选项，只有在向 DHCP 服务器租用其 IP 地址的计算机上起作用。如果输入 ipconfig /release，那么所有租用 IP 地址的计算机将租用的 IP 地址重新交付给 DHCP 服务器（归还 IP 地址）。如果输入 ipconfig /renew，那么本地计算机便设法与 DHCP 服务器取得联系，并租用一个 IP 地址。大多数情况下，网卡将被重新赋予和以前赋予相同的 IP 地址。

5．简述 Wireshark 的作用。

答：Wireshark 是非常流行的网络封包分析软件，功能十分强大。可以截取各种网络封包，显示网络封包的详细信息。网络管理员可以使用 Wireshark 来检查网络问题；软件测试工程师使用 Wireshark 抓包，来分析自己测试的软件；从事 Socket 编程的工程师使用 Wireshark 来调试。

参 考 文 献

[1] 斯桃枝 . 路由与交换技术实验及案例教程 [M]. 北京：清华大学出版社，2018.

[2] 汪双顶 , 姚羽 , 邵丹 . 网络互联技术与实践 [M]. 2 版 . 北京：清华大学出版社，2016.

[3] 鲁顶柱 . 网络互联技术 [M]. 北京：清华大学出版社，2021.

[4] 管华 , 张琰 , 王勇 . 网络互联技术与实训 [M]. 武汉：华中科技大学出版社，2018.

[5] 周亚军 . 网络工程师红宝书：思科华为华三实战案例荟萃 [M]. 北京：电子工业出版社，2020.

[6] 梁广民 , 王隆杰 . 网络互联技术 [M]. 2 版 . 北京：高等教育出版社，2018.

[7] 沈鑫剡 . 网络技术基础与计算思维实验教程 [M]. 北京：清华大学出版社，2020.

[8] 唐灯平 . 网络互联技术与实践 [M]. 北京：清华大学出版社，2019.